Der **Onlineservice Info Click**
bietet unter www.vogel-buchverlag.de
nach Codeeingabe zusätzliche
Informationen und Aktualisierungen
zu diesem Buch.

In 3 Schritten zum Onlineservice

1. Einfach www.vogel-buchverlag.de aufrufen.
2. Auf das Logo **Info Click** klicken.
3. Den unten stehenden Zugangscode und eine E-Mail-Adresse eingeben.

Ihr persönlicher Zugang zum Onlineservice 325005410010

Kamprath-Reihe

Prof. Dr.-Ing. Silvia Weber
Prof. Dr.-Ing. Hermann Schäffler
Prof. Dr.-Ing. Erhard Bruy
Prof. Dipl.-Ing. Günther Schelling

Baustoffkunde

Aufbau und Technologie, Arten und Eigenschaften,
Anwendung und Verarbeitung der Baustoffkunde

10., komplett neu bearbeitete Auflage

Professor Dr.-Ing. Silvia Weber

1960 in Temeschburg geboren. 1981 bis 1987 Studium des Bauingenieurwesens. 1990 bis 1996 wissenschaftliche Mitarbeiterin am Institut für Werkstoffe im Bauwesen, Universität Stuttgart, Lehrstuhl Prof. H.-W. Reinhardt. 1996 Promotion auf dem Gebiet Hochleistungsbeton. 1996 bis 1998 Forschungstätigkeiten an der Forschungs- und Materialprüfungsanstalt Baden-Württemberg. 1998 bis 2001 Bundesverband der Deutschen Zementindustrie, Bauberatung Zement Stuttgart. Seit 2001 Hochschule für Technik Stuttgart, Fakultät Bauingenieurwesen, Bauphysik und Wirtschaft, Professur für die Fachgebiete: Baustoffkunde, Betoninstandsetzung und Fertigungstechnik. Seit 2006 Leitung Labor für Baustoffkunde. Seit 2007 Prorektorin für Studium und Lehre an der Hochschule für Technik Stuttgart.

Professor Dr.-Ing. Hermann Schäffler

1916 in Tübingen geboren. 1936 bis 1939 Bauingenieurstudium an der Technischen Hochschule Stuttgart. 1944 bis 1959 Assistent bei Professor Dr.-Ing. e.h. Otto Graf sowie Prüf- und Forschungsingenieur an der Forschungs- und Materialprüfungsanstalt für das Bauwesen, Otto-Graf-Institut, an der Universität Stuttgart. 1959 bis 1980 Professor für Baustoffkunde und Baustoffprüfung sowie Leiter der öffentlichen Baustoffprüfstelle an der Fachhochschule für Technik Stuttgart. 1962 bis 1986 öffentlich bestellter und vereidigter Sachverständiger für Baustoffe.

Professor Dr.-Ing. Erhard Bruy

1939 in Stuttgart geboren. 1958 bis 1964 Bauingenieurstudium an der Technischen Hochschule in Stuttgart. Nach Baustellen- und Bürotätigkeit bei einer Baufirma von 1965 bis 1981 Assistent bei Professor Dr.-Ing. Gustav Weil sowie Prüf- und Forschungsingenieur an der Forschungs- und Materialprüfungsanstalt für das Bauwesen, Otto-Graf-Institut, an der Universität Stuttgart. Im Jahr 1974 als Stipendiat der Deutschen Forschungsgemeinschaft in den USA. Seit 1981 Professor für Baustoffkunde an der Hochschule für Technik in Stuttgart.

Professor Dipl.-Ing. Günther Schelling

1938 in Ludwigsburg geboren. 1957 bis 1963 Studium des Bauingenieurwesens an der Technischen Hochschule Stuttgart. 1963 bis 1981 Wissenschaftlicher Mitarbeiter am Otto-Graf-Institut (FMPA) an der Universität Stuttgart. 1978 bis 1979 Forschungsingenieur an der ETH Lausanne/CH am Lehrstuhl für Massivbau bei Prof. René Walther. 1975 bis 1982 Mitglied am SVA Fassadenbau am IfBt Berlin und in der FN-Arbeitsgruppe Verbindungsmittel.

Von 1981 bis 2003 Professor an der Hochschule für Technik Stuttgart, Lehrgebiet Baustoffkunde und Baustoffprüfung.

Als weiterer Titel aus diesem Themengebiet ist im Vogel Buchverlag erschienen:

Thomas Mallon: Bauchemie

Weitere Informationen:
www.vogel-buchverlag.de

ISBN 978-3-8343-3250-9
10. Auflage. 2012

Alle Rechte, auch der Übersetzung, vorbehalten. Kein Teil des Werkes darf in irgendeiner Form (Druck, Fotokopie, Mikrofilm oder einem anderen Verfahren) ohne schriftliche Genehmigung des Verlages reproduziert oder unter Verwendung elektronischer Systeme verarbeitet, vervielfältigt oder verbreitet werden.
Printed in Germany
Copyright 1975 by
Vogel Business Media GmbH & Co. KG, Würzburg
Satzherstellung:
Da-TeX Gerd Blumenstein, www.da-tex.de

Vorwort

Kenntnisse über Werkstoffe, die für Konstruktion, Bau und Ausbau von Bauwerken gebraucht werden, sind in der Berufsausbildung wie auch in der täglichen Praxis von großer Bedeutung. Für einen sinnvollen und fachgerechten Einsatz der Baustoffe sind sowohl die Kenntnis der einschlägigen Normen und Vorschriften nötig als auch das Verständnis der Zusammenhänge von Herstellung und Eigenschaften.

Das Buch vermittelt diese Zusammenhänge für wichtige Baustoffe anschaulich und übersichtlich. Diese 10. Auflage wurde völlig neu bearbeitet und mit den derzeitigen europäischen Normen erweitert.

Beschrieben werden die stofflichen Zusammensetzungen und die Eigenschaften der im Bauwesen verwendeten Werkstoffe sowie ihre fachgerechte Herstellung und Anwendung.

Die Einteilung der Baustoffe nach Entstehung, Herstellung, Verarbeitung und stofflicher Beschaffenheit sowie nach bestimmten Funktionen im Bauwerk führt zu den jeweiligen Baustoffgruppen. Eigenschaften und Qualität der Baustoffe müssen oder können mit genormten bzw. normgerechten Prüfungen festgestellt werden.

Baustoffe, vor allem Beton und Mörtel, die in Werken oder erst an der Baustelle hergestellt werden, setzen besonders umfangreiche Kenntnisse der Verantwortlichen voraus und werden deshalb ausführlicher behandelt.

Der Erstautor des Buches, Prof. Dr.-Ing. SCHÄFFLER, ist im Jahr 2007 verstorben. An seine Stelle ist Frau Prof. Dr.-Ing. SILVIA WEBER als Mitautorin getreten.

Die Autoren bedanken sich bei Frau Dipl.-Ing. (FH) DIANA MÜLLER für die Unterstützung bei der Erstellung von Tabellen und Bildern.

Silvia Weber
Erhard Bruy
Günther Schelling

Inhaltsverzeichnis

Vorwort			5
1	**Grundlagen**		**13**
1.1	Historische Entwicklung		13
1.2	Systematik der Baustoffe		14
	1.2.1	Einteilung nach der stofflichen Beschaffenheit	14
	1.2.2	Einteilung nach der Entstehung und Herstellung	15
	1.2.3	Einteilung nach der Verarbeitung	15
	1.2.4	Einteilung nach bestimmten Funktionen in den Bauteilen	16
1.3	Vorschriften		16
1.4	Eigenschaften der Baustoffe und ihre Prüfungen		18
	1.4.1	Gestalt und Maße	18
	1.4.2	Masse, Dichte und Porosität	18
	1.4.2.1	Masse	18
	1.4.2.2	Dichte, Rohdichte, Schüttdichte	19
	1.4.2.3	Porosität	19
	1.4.3	Verhalten der Baustoffe gegenüber Wasser	20
	1.4.3.1	Feuchtegehalt	20
	1.4.3.2	Wasseraufsaugen und Wasseraufnahme	21
	1.4.3.3	Wasserundurchlässigkeit	21
	1.4.3.4	Maßnahmen gegen Durchfeuchtung	22
	1.4.4	Festigkeiten	22
	1.4.4.1	Druckfestigkeit	23
	1.4.4.2	Zugfestigkeit	23
	1.4.4.3	Biegefestigkeit	24
	1.4.4.4	Weitere Festigkeitsarten und Prüfungen	25
	1.4.5	Härte und Verschleißwiderstand	25
	1.4.5.1	Härte	26
	1.4.5.2	Eindruckwiderstand	26
	1.4.5.3	Verschleißwiderstand (Abnutzwiderstand)	27
	1.4.6	Formänderungen	27
	1.4.6.1	Verformungsverhalten bei mechanischer Beanspruchung	28
	1.4.6.2	Formänderungen infolge von Temperaturänderungen	30
	1.4.6.3	Schwinden und Quellen	30
	1.4.6.4	Maßnahmen gegen Schäden durch Verformungen	30
	1.4.7	Beständigkeit	31
	1.4.7.1	Raumbeständigkeit	31
	1.4.7.2	Beständigkeit gegenüber Wasser und Frost	31
	1.4.7.3	Beständigkeit gegenüber dem Kristallisationsdruck von Salzen	31
	1.4.7.4	Alterungsbeständigkeit	32
	1.4.7.5	Chemische Beständigkeit (Korrosionswiderstand)	32
	1.4.7.6	Beständigkeit gegen pflanzliche und tierische Schädlinge	32
	1.4.7.7	Beständigkeit gegen Feuer und Hitze	32
	1.4.8	Wärmeschutz	33
	1.4.8.1	Begriffe	33
	1.4.9	Schallschutz	34
	1.4.10	Gesundheit, Emissions- und Strahlenschutz	34
1.5	Gewährleistung der Eigenschaften		35
	1.5.1	Kontrolle der Baustoffe	35
	1.5.2	Streuung und Statistik	36

2	**Metalle**		**37**
	2.1 Allgemeine Technologie und Eigenschaften		37
		2.1.1 Metallbindungen und -gefüge, Einflüsse auf das Gefüge	37
		2.1.2 Formgebung und Metallverbindungen	40
		2.1.3 Mechanische Eigenschaften	41
		2.1.4 Korrosion und Korrosionsschutz	42
		2.1.5 Alterung	43
	2.2 Eisen und Stahl		43
		2.2.1 Gusseisen	43
		2.2.2 Technologie des Stahls	44
		2.2.2.1 Herstellung	44
		2.2.2.2 Klassifizierung der Stähle	45
		2.2.2.3 Wärmebehandlung	46
		2.2.2.4 Kaltverformung	47
		2.2.2.5 Mechanisch-technologische Eigenschaften von Stahl	48
		2.2.2.6 Dauerfestigkeit	50
		2.2.2.7 Feuerwiderstand	50
		2.2.2.8 Schweißen	51
		2.2.3 Baustähle	51
		2.2.4 Stähle mit hohem Korrosionswiderstand	54
		2.2.5 Betonstähle	54
		2.2.6 Spannstähle	57
		2.2.7 Drahtseile	58
	2.3 Nichteisenmetalle		59
		2.3.1 Aluminium	59
		2.3.1.1 Technologie des Aluminiums	59
		2.3.1.2 Aluminiumwerkstoffe – Eigenschaften und Oberflächenbehandlung	60
		2.3.2 Zink	61
		2.3.3 Blei	61
		2.3.4 Kupfer	61
3	**Holz und Holzwerkstoffe**		**63**
	3.1 Aufbau des Holzes und Holzfehler		63
		3.1.1 Makroskopischer Aufbau	63
		3.1.2 Mikroskopischer Aufbau	64
		3.1.3 Chemischer Aufbau	64
		3.1.4 Inhomogenitäten und Holzfehler	64
	3.2 Holzarten		65
	3.3 Eigenschaften des Holzes		65
		3.3.1 Dichte und Feuchtegehalt	65
		3.3.2 Festigkeiten von Holz und Härte	67
		3.3.3 Sortierkriterien	68
		3.3.4 Charakteristische Werkstoffkennwerte	69
		3.3.5 Formänderungen	69
		3.3.6 Einflüsse auf die mechanisch-technologischen Eigenschaften	71
		3.3.7 Beständigkeit, Holzzerstörung und Holzschutz	72
		3.3.7.1 Zerstörung durch Pilze	73
		3.3.7.2 Zerstörung durch Insekten	73
		3.3.7.3 Schutz gegen Pilze und Insekten	73
		3.3.7.4 Zerstörung durch Feuer, vorbeugender Brandschutz	75
	3.4 Lieferformen und Behandlung des Holzes		75
		3.4.1 Lieferformen, Baumkante	75
		3.4.2 Klebeverbindungen	76
		3.4.3 Oberflächenbehandlung	76
	3.5 Holzwerkstoffe		76
		3.5.1 Technologie und allgemeine Eigenschaften	77
		3.5.2 Arten und Anwendung der Holzwerkstoffe	78

4	**Natursteine**		79
4.1	Aufbau und Hinweise für die Auswahl		79
4.2	Entstehung		79
	4.2.1	Erstarrungs-/Eruptivgestein	80
	4.2.2	Ablagerungsgestein/Sedimente	81
	4.2.3	Umwandlungsgesteine	83
4.3	Eigenschaften		83
4.4	Prüfungen von Naturstein		83
4.5	Verarbeitung der Natursteine		83
	4.5.1	Naturwerksteine	83
	4.5.2	Schotter, Splitt und Brechsand	85
5	**Gesteinskörnung**		87
5.1	Regelwerke, Definitionen		88
5.2	Arten und Bezeichnungen		88
5.3	Anforderungen		89
	5.3.1	Geometrische Anforderungen	91
	5.3.2	Physikalische Eigenschaften	92
	5.3.3	Chemische Eigenschaften	94
5.4	Kornzusammensetzung, Sieblinien		95
	5.4.1	Kornverteilung	95
	5.4.2	Siebversuch	96
	5.4.4	k-Wert und D-Summe	96
	5.4.3	Sieblinien	97
	5.4.5	Zusammensetzung eines Korngemisches	97
	5.4.5.1	Zusammensetzung von Korngemischen durch Vergleich der Siebdurchgänge	99
	5.4.5.2	Zusammensetzung von Korngemischen durch rechnerisches Verfahren	99
5.5	Qualitätskontrolle und Konformitätsnachweis		100
5.6	Allgemeine Hinweise		100
5.7	Regelungen in DIN 1045-2 im Zusammenhang mit der Betonherstellung		101
6	**Bindemittel**		103
6.1	Baukalke		103
	6.1.1	Technologie und Erhärtung	103
	6.1.2	Baukalkarten, Eigenschaften, Verarbeitung und Verwendung	104
6.2	Zemente		106
	6.2.1	Technologie und Erhärtung	106
	6.2.2	Zementarten, Eigenschaften	107
	6.2.3	Anforderungen und Prüfungen von Zement	109
	6.2.5	Lagerung und gesundheitliche Aspekte	111
6.3	Weitere hydraulische Stoffe und Bindemittel		112
6.4	Baugipse und Anhydritbinder		112
	6.4.1	Technologie und Erhärtung	112
	6.4.2	Baugipsarten, Eigenschaften und Verarbeitung	113
	6.4.3	Anhydritbinder, Eigenschaften und Verarbeitung	114
6.5	Magnesiabinder		114
7	**Beton**		115
7.1	Expositionsklassen		116
	7.1.1	Bewehrungskorrosion infolge von Karbonatisierung	119
	7.1.2	Bewehrungskorrosion infolge von Chloriden	121
	7.1.3	Betonkorrosion infolge von Frost und Frost-Taumittel	121
	7.1.4	Betonkorrosion infolge chemischer Angriffe	121
	7.1.5	Betonkorrosion infolge mechanischen Abriebs	122
7.2	Ausgangsstoffe		122
	7.2.1	Zement, Zementgehalt z	122
	7.2.2	Gesteinskörnung	123

		7.2.3	Wasser, Wassergehalt w	125
		7.2.4	Wasser-Zement-Wert ω	127
		7.2.5	Betonzusatzstoffe	128
		7.2.6	Betonzusatzmittel	131
		7.2.7	Mehlkorngehalt	132
	7.3		Eigenschaften des Frischbetons, Anforderungen	132
		7.3.1	Konsistenz	132
		7.3.2	Frischbetonrohdichte	135
		7.3.3	Luftporengehalt p	136
		7.3.4	Temperatur des Frischbetons T_{FB}	136
	7.4		Eigenschaften des Festbetons, Anforderungen	137
		7.4.1	Druckfestigkeit	137
		7.4.2	Weitere Festigkeiten/Eigenschaften	138
		7.4.3	Formänderungen	139
		7.4.4	Trockenrohdichte	140
	7.5		Zusammensetzung des Betons, Mischungsentwurf	140
	7.6		Festlegungen der Betonzusammensetzung im Regelwerk	141
	7.7		Mischen, Befördern, Fördern, Einbringen	142
		7.7.1	Mischen	142
		7.7.2	Befördern und Fördern	142
		7.7.3	Einbringen	142
		7.7.4	Zum Entmischen	144
		7.7.5	Betonieren bei niedrigen und hohen Temperaturen	144
		7.7.6	Nachbehandlung	146
	7.8		Qualitätssicherung, Konformität (Übereinstimmung)	148
		7.8.1	Qualitätssicherung im Transportbetonwerk	148
		7.8.2	Qualitätssicherung auf der Baustelle	149
	7.9		Besondere Betone	152
		7.9.1	Hochleistungsbeton	157
		7.9.2	Hochfester Beton	157
		7.9.3	Selbstverdichtender Beton	158
	7.10		Betonwaren und Fertigteile aus Normalbeton	158
		7.10.1	Betonwerksteinerzeugnisse	159
		7.10.2	Gehwegplatten, Bordsteine und Bordsteine	159
		7.10.3	Betonrohre und Formstücke	159
		7.10.4	Weitere Baustoffe aus Normalbeton	160
		7.10.5	Faserbetonbaustoffe	160
	7.11		Leichtbeton	161
		7.11.1	Konstruktionsleichtbeton und Stahlleichtbeton	162
		7.11.1.1	Ausgangsstoffe	162
		7.11.1.2	Wassergehalt	163
		7.11.1.3	Zusatzmittel	163
		7.11.1.4	Eigenschaften von Konstruktionsleichtbeton	163
		7.11.1.5	Mischungsentwurf	165
		7.11.1.6	Herstellung und Überwachung	165
		7.11.2	Arten von Leichtbeton	166
		7.11.3	Verwendung von Leichtbeton als Betonware und Fertigteile	167
		7.11.4	Verwendung von Porenbeton als Betonware und Fertigteile	169
8			**Keramische Baustoffe und Glas**	171
	8.1		Technologie keramischer Baustoffe	171
	8.2		Allgemeine Eigenschaften keramischer Baustoffe	172
	8.3		Mauerziegel und Klinker	172
		8.3.1	Arten	173
	8.4		Dachziegel	176
	8.5		Steingut, Steinzeug und Porzellan	177
		8.5.1	Keramische Fliesen und Platten	177

	8.5.2	Steinzeug für die Kanalisation	178
8.6	Feuerfeste Baustoffe		178
8.7	Glas		178
	8.7.1	Technologie, allgemeine Eigenschaften und Verarbeitung	178
	8.7.2	Flachglasarten	179
	8.7.3	Isoliergläser	179
	8.7.4	Sicherheitsgläser	180
	8.7.5	Weitere Glasbaustoffe	181
	8.7.6	Glaswolle und Glasfasern	181

9 Mauerwerk und Mörtel . . . 183

9.1	Ausgangsstoffe		183
9.2	Aufbau		184
	9.2.1	Einschaliges Mauerwerk	184
	9.2.2	Zweischaliges Mauerwerk	184
	9.2.3	Sonderformen	185
9.3	Eigenschaften von Mauerwerk		185
9.4	Mörtel		185
	9.4.1	Ausgangstoffe	186
	9.4.2	Zusammensetzung der Mörtel	186
	9.4.3	Haftung	186
	9.4.4	Prüfung	187
	9.4.5	Mörtelarten	187
	9.4.5.1	Mauermörtel	187
	9.4.5.2	Putzmörtel	189
	9.4.5.3	Verlege- und Fugenmörtel	191
	9.4.5.4	Estrichmörtel	191
	9.4.5.5	Einpressmörtel	195

10 Bitumen und bituminöse Baustoffe . . . 197

10.1	Herstellung und Gewinnung von Bitumen		197
	10.1.1	Eigenschaften von Bitumen	197
10.2	Prüfen von Bitumen		198
	10.2.1	Erweichungspunkt Ring und Kugel (EP RuK) DIN EN 1427	198
	10.2.2	Nadelpenetration DIN EN 1426	198
	10.2.3	Brechpunkt nach Fraaß DIN EN 12 593	200
	10.2.4	Prüfung der Duktilität DIN 52 013	200
	10.2.5	Weitere mögliche Prüfungen	200
10.3	Arten und Anwendungsformen		200
10.4	Mischgut für den Straßenbau		202
	10.4.1	Mineralstoffe	203
	10.4.2	Einbauweisen	204
	10.4.3	Zusammensetzung und Eigenschaften der verschiedenen Schichten	204
	10.4.4	Wiederverwendung von Asphalt	206
10.5	Bituminöse Beläge im Hochbau		206
	10.5.1	Gussasphalt-Estrich	207
	10.5.2	Asphaltplatten	207
10.6	Bituminöse Stoffe für Abdichtungen		208
	10.6.1	Anstrichstoffe	208
	10.6.2	Bitumenbahnen	208
	10.6.3	Fugenvergussmassen	209

11 Kunststoffe . . . 211

11.1	Herstellung und Arten		211
	11.1.1	Polymere Werkstoffe	214
	11.1.1.1	Elastomere (Vulkanisate, Gummi)	214
	11.1.1.2	Thermoplastische Elastomere	214

	11.1.1.3	Thermoplaste (Plastomere)	215
	11.1.1.4	Duroplaste (Duromere)	215
	11.1.2	Formgebung und Verarbeitung	215
	11.1.2.1	Halbzeug, Form- und Fertigteile	216
	11.1.2.2	Schaumkunststoffe	216
	11.1.2.3	Plastische Kunststoffe	217
	11.1.2.4	Flüssige Kunststoffe	217
11.2	Eigenschaften der Kunststoffe		219
	11.2.1	Physikalische Eigenschaften	219
	11.2.2	Mechanische Eigenschaften	220
	11.2.3	Beständigkeit	221
11.3	Kunststofferzeugnisse		221
	11.3.1	Geformte Kunststoffe	222
	11.3.2	Schaumkunststoffe	224
	11.3.3	Fugendichtungsmassen	224
	11.3.4	Anstrichstoffe und Klebstoffe	225
	11.3.5	Kunstharzmörtel und Kunstharzbeton	226

12 Dämmstoffe, organische Fußbodenbeläge, Papiere und Pappen, Anstrichstoffe, Klebstoffe und Dichtstoffe 229
- 12.1 Dämmstoffe 229
- 12.2 Organische Fußbodenbeläge 230
- 12.3 Papiere und Pappen 230
- 12.4 Anstrichstoffe 231
- 12.5 Klebstoffe und Dichtstoffe 233

13 Bauschäden 235
- 13.1 Arten und Ursachen 236
- 13.2 Häufige Schäden an Baustoffen 237
- 13.3 Verantwortlichkeit 238
- 13.4 Vermeidung von Bauschäden 238

Anhang 239

Literaturverzeichnis 259

Quellenverzeichnis der Bilder 267

Stichwortverzeichnis 269

1 Grundlagen

Alle am Baugeschehen Beteiligten haben die besondere Verantwortung, zweckmäßige, gut gestaltete, standsichere, dauerhafte Bauwerke zu erstellen, die frei von Schäden sind und die mit einem niedrigen Aufwand an Energie betrieben und mit einem vertretbarem Aufwand an Arbeit und Material erhalten werden.

Dieses Ziel lässt sich nur erreichen, wenn die anerkannten Regeln der Bautechnik beachtet werden. Diese basieren auf praktischen Erfahrungen und wissenschaftlichen Erkenntnissen. Zu den anerkannten Regeln der Technik gehört auch die richtige Auswahl und Verarbeitung der verschiedenen Baustoffe entsprechend ihren Eigenschaften und unter Berücksichtigung der möglichen späteren Einwirkungen. Bei den Planern und Ausführern werden somit profunde Kenntnisse der mechanisch-technologischen, physikalischen und chemischen Eigenschaften der Baustoffe und ein verantwortungsvolles Umgehen damit vorausgesetzt.

1.1 Historische Entwicklung

Als Baustoffe wurden von den Menschen zunächst die örtlich vorhandenen natürlichen Materialien benutzt, vor allem Naturstein, Lehm und Holz. Die Anwendung von Naturstein und Holz verbesserte sich langsam und stetig durch Erfahrungen und durch die Entwicklung der Werkzeuge für deren Bearbeitung, die von Lehm durch das Brennen zu festeren und wasserbeständigeren Ziegeln und anderen verfeinerten keramischen Baustoffen. Wegen ihrer höheren Beständigkeit gegen Feuer, Feuchtigkeit und Schädlinge wurden ausgewählte Natursteine und Ziegel vor allem für bedeutendere Bauwerke wie Paläste, Tempel und Kirchen bevorzugt. Wegen der im Vergleich zu Holz viel geringeren Biegefestigkeit dieser Baustoffe waren bei Decken und Dächern nur geringe Spannweiten der Balken möglich, oder es wurde Gewölbe verwendet.

Seit ca. 2000 v. Chr. wurden durch Brennen von Gipsstein und Kalkstein Bindemittel gewonnen, die – mit Wasser angemacht – leicht verarbeitbar waren und im erhärteten Zustand steinartige Massen ergaben. Sie erleichterten die Herstellung von Wänden und Gewölben und verbesserten deren Tragfähigkeit. Im Mittelmeerraum und später im Römischen Reich wurden die Wasserbeständigkeit und Festigkeit von Kalkmörtel durch Zusatz von vulkanischen Stoffen (Puzzolane) oder durch Brennen mergeliger Kalksteine so gesteigert, dass damit auch wasserdichte Bauteile und Gewölbe aus Beton («opus caementitium») hergestellt werden konnten.

Weitere Materialien wurden im Altertum nur selten als Baustoffe verwendet, so Glas oder Metalle (für Tore und Beschläge) oder Bitumen (in Mesopotamien für Mörtel, Bodenbeläge und im Wasserbau).

Bis ins Mittelalter hinein wurden die Baustoffe in ihrer Art und Qualität wenig weiterentwickelt; doch wurde mit ihnen schon sehr viel besser konstruiert.

Mit dem Aufschwung der Naturwissenschaften und mit der Industrialisierung fand eine quantitative und qualitative Steigerung der Produktion von keramischen Baustoffen, von Glas, von mineralischen Bindemitteln und vor allem von Eisenwerkstoffen, insbesondere von Stahl, statt. Seit Ende des 19. Jahrhunderts ist es durch besondere Auswahl der Ausgangsstoffe bzw. durch eine ganz bestimmte Zusammensetzung der Bestandteile (Synthese) und durch verfeinerte Herstellungsverfahren (Technologie) möglich geworden, gezielt Baustoffe mit bestimmten physikalischen, mechanischen und chemischen Eigenschaften sowie für besondere Anwendungsgebiete zu produzieren. Dies gilt nicht nur für die bisher bekannten traditionellen Baustoffe. Vor allem Stahlbeton, als Kombination aus Beton und Stahl, ermöglicht vielfältige wirtschaftlich und technisch günstige

Konstruktionen. Er hat die Entwicklung im Baugeschehen geprägt. Zu den neuen Baustoffen gehören auch konstruktiv eingesetztes Glas, die bituminösen Baustoffe, die Nichteisenmetalle und vor allem eine große Anzahl an Kunststoffen.

Heute wird zunehmend darauf geachtet, dass die Gewinnung der Rohstoffe und deren Verarbeitung zu Baustoffen ressourcenschonend und umweltfreundlich erfolgen. Ein besonderer Wert wird auf die Widerverwendbarkeit gelegt; z. B. werden Abfallstoffe bei der Herstellung von Baustoffen verwendet, und es werden alte ausgebrochene Baustoffe nach Aufbereitung z. T. wiederverwendet (Recycling). Der gesteigerte Umweltschutz führt zu einer geringer Belastung der Gebäude infolge von schädlichen Umwelteinflüssen. Die Entwicklung der Baustoffe wird heute durch die laufend fortgeschriebene Normung gefördert. Gleichzeitig wurden die Vorschriften so erweitert, dass die Dauerhaftigkeit und Gesundheit mitberücksichtigt werden.

Wie in der Vergangenheit werden auch in der Zukunft die verschiedenen Baustoffe und deren Weiterentwicklung die Bauweisen und die Bautechnik maßgeblich mitbestimmen.

1.2 Systematik der Baustoffe

Die Übersicht über die Vielzahl der Baustoffe und deren Eigenschaften wird erleichtert, wenn sie nach Kriterien betrachtet und unterteilt werden.

1.2.1 Einteilung nach der stofflichen Beschaffenheit

Eine Übersicht über die verschiedenen Baustoffarten zeigt Tabelle 1.1.

Nach stofflicher Beschaffenheit wird unterschieden in organische Baustoffe, wie z. B. Holz und anorganische Baustoffe, die unterteilt werden in metallische, z. B. Stahl, und mineralische Baustoffe, z. B. Naturstein.

Manche Baustoffe sind Kombinationen der verschiedenen Gruppen, wie folgende Beispiele zeigen:

Stahlbeton als Kombination aus Beton (mit geringer Zugfestigkeit) und Stahlbewehrung (mit hoher Zugfestigkeit und eigentlich sehr korrosionsempfindlich, im Beton jedoch vor Korrosion geschützt).

Holzwolleleichtbauplatten werden hergestellt aus Holzwolle (leicht, wärmedämmend, zäh, brennbar, fäulnisempfindlich) und mineralischen Bindemitteln (nicht brennbar, fäulnisunempfindlich).

Tabelle 1.1 Einteilung der Baustoffe nach der stofflichen Beschaffenheit

Hauptgruppe	anorganische Baustoffe		organische Baustoffe (aus Kohlenwasserstoffverbindungen)
	mineralische	**metallische**	
Baustoffe (Beispiele)	Natursteine Keramische Baustoffe Glas Beton und Mörtel	Gusseisen Stahl Aluminium Kupfer	Holz Holzwerkstoffe Bituminöse Baustoffe Kunststoffe
Allgemeine spezifische Eigenschaften (siehe Abschnitt 1.4)			
Dichte	mittel (bis gering)	groß [1]	gering
mechanische Eigenschaften	spröde, geringe Zugfestigkeit	zäh [2] hohe Zugfestigkeit	zäh, z. T. thermoplastisch
Brennbarkeit	unbrennbar	unbrennbar	brenn- und zersetzbar

[1] Ausnahme Leichtmetalle, z. B. Aluminium, Titan.
[2] Ausnahme Gusseisen und gehärteter Stahl.

Glasfaserverstärkte Kunststoffe bestehen aus Kunstharzen (geringer E-Modul, hohe Wärmedehnzahl) und Glasfasern (hohe Zugfestigkeit, hoher E-Modul und geringe Wärmedehnzahl).

Nach ihrer **Zusammensetzung** werden die Baustoffe wie folgt unterteilt:

Homogene bzw. **1-Komponenten-Baustoffe** weisen an jeder Stelle die gleichen makroskopischen Eigenschaften auf. Sie bestehen aus nur einer Phase oder nur aus Bestandteilen in einem Aggregatzustand. Das Werkstoffverhalten ist in allen Richtungen gleich, diese Eigenschaft wird **Isotropie** genannt, also isotropisch, z. B. Glas, Reinmetalle.

Inhomogene (heterogene) bzw. **Mehrkomponenten-Baustoffe** bestehen aus mehrere Komponenten mit unterschiedlichen Eigenschaften. Das Werkstoffverhalten ist abhängig von der Prüfrichtung – eine Eigenschaft, die **Anisotropie** genannt wird, z. B. Beton, Mörtel, Asphalt. Beton wird aus Bindemittelleim, auch als Matrix bezeichnet, sowie zerkleinertem Gestein hergestellt. Die Eigenschaften des Betons werden bestimmt durch die Eigenschaften der einzelnen Komponenten Matrix und Gestein sowie von deren Wechselwirkungen und Volumenverhältnis.

Nach dem **Gefügeaufbau** wird unterschieden:

❑ **Kristalline Baustoffe**, das sind Stoffe, deren Atome bzw. Moleküle in Kristallgittern angeordnet sind. Feinkristalline Strukturen sind isotrop. Ihre Kristalle sind so klein, dass sich die richtungsabhängigen Eigenschaften nicht auswirken. Grobkristalline Strukturen hingegen werden anisotrop, z. B.: mineralische Baustoffe haben grobkristalline Strukturen und weisen ein richtungsabhängiges sprödes Materialverhalten auf.

❑ **Amorphe Baustoffe** sind Stoffe, deren Atome bzw. Moleküle nicht in Kristallgittern angeordnet sind. Die Materialeigenschaften sind richtungsunabhängig. Sie haben eine geringere Wärmeleitfähigkeit als kristalline Stoffe, z. B. Glas, Bitumen, Kunststoffe.

❑ **Fasrige Baustoffe** sind anisotrop und weisen je nach Faserrichtung unterschiedliche Eigenschaften auf. Sie besitzen in Faserrichtung eine hohe Zugfestigkeit, z. B. Holz, Baustoffe mit Stahl- oder Kunststofffasern.

1.2.2 Einteilung nach der Entstehung und Herstellung

a) **Natürliche Baustoffe**

Natursteine sind vor Millionen von Jahren entstanden und wurden zum Teil durch Verwitterung an der Erdoberfläche und auch durch mechanische Beanspruchung in Moränen und Flüssen zu Kies, Sand und Lehm zerkleinert. Holz und, in bestimmten Regionen der Erde, Bambus sind nachwachsende Baustoffe. Außerdem gibt es Naturasphalte, das sind in der Natur vorkommende Gemische von Bitumen und feinkörnigem Gestein. Die stoffliche Beschaffenheit von Natursteinen und Holz wird bei der Bearbeitung in Stein- bzw. Säge- und Holzwerken nicht verändert.

b) **Künstliche Baustoffe**

sind alle übrigen Baustoffe. Sie werden nach bestimmten Verfahren (Technologien) aus natürlichen Rohstoffen hergestellt; dabei wird die stoffliche Beschaffenheit der Ausgangsstoffe (z. B. der chemische Aufbau) mehr oder weniger stark verändert, um Baustoffe mit bestimmten Eigenschaften herzustellen.

1.2.3 Einteilung nach der Verarbeitung

a) **Gestaltlose, ungeformte Baustoffe**

sind lose oder plastisch bis flüssig. Aus ihnen werden auf der Baustelle oder in einem Werk die endgültigen Baustoffe hergestellt: Zwischenstoffe, z. B. Bindemittel, Gesteinskörnung. Hierzu zählen auch die sogenannten Bauhilfsstoffe, wie Anstrich- und Klebstoffe, Zusätze und Holzschutzmittel. Durch diese Stoffe lassen sich bestimmte Baustoffeigenschaften gezielt verändern:

fertiggemischte Baustoffe, z. B. Frischbeton, Asphalt, Gießharze. Mit ihnen können monolithische Bauteile ohne Fugen hergestellt werden.

b) **Geformte Baustoffe**
kommen mit den endgültigen Maßen und Eigenschaften auf die Baustelle: Halbzeug, z. B. Holzbalken, Profile aus Metallen und Kunststoffen, die auf der Baustelle noch zugerichtet werden müssen; kleinformatige Baustoffe, z. B. Wandbausteine, Dachsteine oder Bodenplatten, die erst noch einer besonderen Verarbeitung (wie vermörteln u. a.) bedürfen, um im Gesamtverband ihre Funktionen erfüllen zu können; großformatige Baustoffe oder Bauelemente, z. B. Wandelemente, Dachplatten, Brückenträger, die i. Allg. nur nach einfacher Befestigung ihre Funktion erfüllen können.

1.2.4 Einteilung nach bestimmten Funktionen in den Bauteilen

Hierzu werden die Baustoffe nach ihren besonderen Eigenschaften eingeteilt, mit denen in den Bauteilen bestimmte Funktionen erfüllt werden können:

- Raumabschluss,
- Tragfähigkeit,
- Isolierung
  - gegen Kälte und Hitze = Wärmedämmung,
  - gegen Schall = Schalldämmung,
  - gegen Feuchtigkeit oder chemischen Angriff = Abdichtung (Sperrung);
- Verkleidung zur Gestaltung, Dekoration
- u. a.

Eine Übersicht über die verschiedenen Baustoffe findet sich in Tabelle 1.2. Dazu ein Beispiel für eine Außenwand:
Bei einer beiderseits mit Kalkmörtel verputzten Außenwand aus Hochlochziegeln übernehmen überwiegend die Hochlochziegeln einschließlich des Mauermörtels die Funktionen des Raumabschlusses, der Tragfähigkeit sowie der Wärme- und Schalldämmung, während der Kalkmörtelputz außen die Funktionen der Schlagregenabwehr übernimmt.

Wenn verschiedene Aufgaben auf unterschiedliche Baustoffe verteilt werden, müssen deren besondere Eigenschaften aufeinander abgestimmt werden.

1.3 Vorschriften

Nach den Landesbauordnungen werden von den obersten Baurechtsbehörden durch Erlasse bautechnische Bestimmungen eingeführt, die Gefahren für die öffentliche Sicherheit abwehren. Sie gelten als allgemein anerkannte Regeln der Technik. Ein großer Teil dieser Bestimmungen beschäftigt sich mit den Baustoffen, ihren Eigenschaften und deren Prüfung sowie ihrer Anwendung.

Für die allgemein angewandten und bewährten Baustoffe bestehen nationale und internationale Normen, z. B. die deutschen **DIN-Normen** und – wegen der Vereinheitlichung der Normen in der EG – zunehmend die europäischen Normen EN, die schon zahlreiche DIN-Normen abgelöst haben. Die Normen werden zwischen den Herstellern, Verbrauchern, Baurechtsbehörden und Materialprüfern vereinbart und geben den jeweiligen gesicherten Kenntnisstand über einen Baustoff wieder. Bei Bedarf werden die Normen entsprechend dem Fortschritt der Technologie und der Erfahrungen geändert.

DIN ist die Abkürzung von «Deutsches Institut für Normung e. V.».

Für die Anwendung vieler Baustoffe sind auch die Normen in Teil C der VOB – Verdingungsordnung für Bauleistungen – zu beachten.

a) Für wichtige und allgemein angewandte neue Baustoffe und Bauarten, die sich noch in einer bestimmten Entwicklung befinden, werden **Technische Vorschriften** (TV), **Richtlinien** oder **Merkblätter** aufgestellt, um zunächst über längere Zeit hinweg Erfahrungen sammeln zu können.

b) Für neue, noch nicht allgemein gebräuchliche und bewährte Baustoffe, Bauteile und

Tabelle 1.2 Einteilung der Baustoffe nach ihren Funktionen in den Bauteilen

Baustoffe für	Raum-abschluss	Trag-fähigkeit	Wärme-dämmung	Schall-dämmung	Ab-dichtung	Ver-kleidung	weitere besondere Funktionen und Anwendungen
Naturstein	+	+	–	(+)	(+)	+	Fußböden, Pflaster
Holz	+	+	+	(+)	–	+	Fußböden
Holzwerkstoffe	+	(+)	+	(+)	–	+	–
Ziegelwaren	+	+	(+)	(+)	(+)	(+)	Dachabdeckung
Steingut	–	–	–	–	+	+	–
Steinzeug	–	–	–	–	+	+	Fußböden, Rohre
Glas	+	(+)	(+)	(+)	+	+	Lichtdurchlässigkeit
Normalbeton	+	+	–	+	+	+	Verschleißwiderstand
Leichtbeton	+	+	+	(+)	(+)	(+)	–
Kalksandsteine	+	+	(+)	+	(+)	(+)	–
Fertige Baustoffe aus							Verschleißwiderstand, Dachabdeckung, Rohre
Normalbeton	+	+	–	+	+	+	
Leichtbeton	+	(+)	+	(+)	–	–	–
Faserbeton	+	(+)	–	–	+	+	Dachabdeckung, Rohre
Gipsbaustoffe	+	–	(+)	(+)	–	+	Feuerwiderstand
Zementmörtel	–	+	–	(+)	+	(+)	Fußböden
Kalkmörtel	–	(+)	–	–	(+)	+	–
Gipsmörtel	–	–	–	–	–	+	Feuerwiderstand
Anhydritmörtel	–	(+)	–	(+)	–	+	Fußböden
Stahl, Eisen	–	+	–	–	–	(+)	Rohre
Aluminium	–	+	–	–	+	+	⎱ Dachabdeckung,
weitere NE-Metalle	–	–	–	–	+	+	⎰ Rohre
bituminöse Baustoffe	–	(+)	(+)	–	+	–	Bodenbeläge, Dachabdeckung
Kunststoffe	+	(+)	(+)	(+)	+	+	Fußböden, Dachabdeckung, Rohre, evtl. Lichtdurchlässigkeit

\+ geeignet, (+) unter bestimmten Voraussetzungen geeignet, – ungeeignet.

Bauarten muss deren Brauchbarkeit für den jeweiligen Verwendungszweck durch eine **allgemeine bauaufsichtliche Zulassung** nachgewiesen werden. Bei bestimmten Baustoffen, z. B. bei Holzschutzmitteln oder Betonzusatzmitteln, muss dieser Nachweis durch ein **Prüfzeichen** erbracht werden.

Zulassung und Prüfzeichen werden vom **De**ut**s**chen **I**nstitut für **Ba**u**t**echnik (DIBt) in Berlin erteilt. Bei der Anwendung ist der Zulassungs- bzw. Prüfbescheid genau zu beachten.

1.4 Eigenschaften der Baustoffe und ihre Prüfungen

Die Normanforderungen an die Baustoffe beziehen sich auf die für ihre Anwendung in der Praxis wichtigen Eigenschaften. Um eine eindeutige Ausschreibung, Bestellung und Lieferung der Baustoffe zu erleichtern, sind für die meisten Baustoffe und ihre wichtigsten Eigenschaften Kurzzeichen festgelegt worden.

a) Zur Beurteilung der Normgerechtigkeit sind bestimmte Prüfungen notwendig, die in allen Einzelheiten festgelegt sind. Geprüft wird eine bestimmte Anzahl von Proben, die als repräsentativer Durchschnitt einer Lieferung zu entnehmen sind. Daraus kann man die Streuung der Baustoffeigenschaften erkennen und sich ein Bild über die Gleichmäßigkeit der Baustoffproduktion machen. Bei **Bestätigungs-** oder **Kontrollprüfungen** werden die Proben nachträglich aus den erhärteten Bauteilen herausgearbeitet. Bei fertiggemischten Baustoffen ist zumeist durch vorausgehende **Eignungsprüfungen** festzustellen, ob mit der gewählten Mischung sicher die geforderten Eigenschaften erreicht werden.

b) Spezielle Anforderungen und Prüfungen gibt es auch für die **ungeformten Baustoffe**: z. B. an die spezifische Oberfläche und an den Beginn und das Ende des Erstarrens von mineralischen Bindemitteln, an die Kornzusammensetzung der Gesteinskörnung usw. Diese Eigenschaften sind nicht nur maßgebend für eine gute Verarbeitbarkeit der Baustoffe im frischen Zustand, sondern auch für ihre Qualität im späteren erhärteten Zustand.

c) Im Folgenden werden, unter Berücksichtigung der physikalischen und chemischen Gesetzmäßigkeiten, die Begriffe und die Bedeutung der verschiedenen Eigenschaften der **geformten, festen Baustoffe** erläutert und die wichtigsten Prüfverfahren kurz beschrieben. Die Eigenschaften lassen sich auch unterscheiden in **physikalische Eigenschaften** (Dichte, Verhalten gegenüber Wasser, Frostbeständigkeit, Schwinden, Wärmedehnkoeffizient, Wärmeleitfähigkeit, akustisches Verhalten), **mechanische Eigenschaften**, wobei Kräfte auf die Baustoffe einwirken (Festigkeiten, Härte, Verschleißwiderstand, elastische und plastische Formänderungen), sowie **chemische Eigenschaften** (Beständigkeit gegen chemische Einwirkungen, Alterung, Hitze und Feuer).

1.4.1 Gestalt und Maße

> Die Gestalt der geformten Baustoffe und ihre Maße dürfen im Vergleich zu den Festlegungen nur geringe **Toleranzen** aufweisen, siehe DIN 18 202 und 18 203. Erst dadurch wird ein optimales Zusammenwirken der Einzelteile gewährleistet und eine volle Funktionsfähigkeit der Gesamtkonstruktion erreicht.

Durch eine gute Maßhaltigkeit wird die Verarbeitung der Baustoffe erleichtert und bei der Montage von großen Bauelementen die Sicherheit erhöht. Für viele Bauteile wird eine bestimmte Ebenheit der Oberfläche verlangt.

Die Maße der Baustoffe passen in der Regel in die Maßordnung nach DIN 4172. Die Baurichtmaße, aus denen sich die Einzel-, Rohbau- und Ausbaumaße ableiten, sind in Teilen von 1 m abgestuft (½, ¼, ⅛ und ¹⁄₁₆ m). Bei Bauarten mit Fugen ergeben sich die Nennmaße der Baustoffe aus den Baurichtmaßen abzüglich der Fugen. Zur Einschränkung der Sortimentsauswahl sollten möglichst Baustoffe mit Vorzugsmaßen verwendet werden. Die Maße werden mit Schieblehren, bei Werten über rd. 300 mm mit Maßstäben durch mehrere Einzelmessungen festgestellt.

1.4.2 Masse, Dichte und Porosität

1.4.2.1 Masse

Die Masse und daraus resultierend das Eigengewicht der Baustoffe sind für den Aufwand beim Transport und bei der Verarbeitung auf der Baustelle von wesentlicher Bedeutung. Sie ist auch maßgebend für das Eigengewicht der Konstruktionen und damit für die Schnittgrößen.

1.4.2.2 Dichte, Rohdichte, Schüttdichte

Die **Dichte** ϱ ist das Verhältnis der Masse m eines Stoffes zu dessen porenfreiem Volumen V.

$\varrho = m/V$ [g/cm³, kg/dm³ oder t/m³]

Baustoffe mit Poren müssen zur Prüfung der Dichte zerkleinert und gemahlen werden. Das porenfreie Volumen wird durch Verdrängung in Wasser bestimmt. Bei Stoffen, die mit Wasser reagieren, werden andere Flüssigkeiten verwendet (z. B. bei mineralischen Bindemitteln Tetrachlorkohlenstoff).
Beispiele für Dichte von porenfreien Baustoffen: Glas 2,5 g/cm³, Stahl 7,85 g/cm³.
Die **Rohdichte** ϱ_R wird aus der Masse m_d und dem Volumen V_R ermittelt.

$$\varrho_R = m_d / V_R$$

m_d ist die Masse des Stoffes nach Trocknen bei 105 °C (bei gipshaltigen Baustoffen bei 40 °C). V_R ist das Volumen einschließlich Poren und Zwischenräumen. Bei regelmäßig geformten Proben wird das Volumen V_R geometrisch ermittelt, bei unregelmäßig geformten Proben durch Wasserverdrängung. Dafür werden die Proben vor der Prüfung in Wasser gelagert und anschließend trocken abgewischt. Die Gewichtsdifferenz der an Luft bzw. in Wasser gelagerten Proben entspricht der Wasserverdrängung und damit dem Rohvolumen V_R. Die Rohdichte wird bei leichten Baustoffen vor allem als Kennwert für die Wärmeleitfähigkeit, bei schweren Baustoffen für die Festigkeit und Wasserundurchlässigkeit oder für den Strahlenschutz verwendet (Tabelle 1.3).
Die **Schüttdichte** ϱ_S wird aus der Masse der lose geschütteten Baustoffe und deren Schüttvolumen V_S ermittelt. Dabei wird ein Messgefäß mit bekanntem Volumen (= Schüttvolumen V_S) in der Regel lose, in bestimmten Fällen auch mit Verdichtung gefüllt, oben eben abgestrichen und die Masse m des eingefüllten Baustoffes ermittelt (Tabelle 1.4).

Tabelle 1.3   Beispiele für die Rohdichte

Beispiele für Rohdichte:	
Natursteine	meist 2,0…3,0 g/cm³
Holz	meist 0,4…0,8 g/cm³
Normalbeton	2,0…2,8 kg/dm³
Schaumkunststoffe	0,015…0,1 kg/dm³

Tabelle 1.4   Beispiele für die Schüttdichte

Beispiele für Schüttdichte:	[kg/dm³]
Baukalke	0,4…1,0
Zement	1,0…1,2
Sand [1]	1,0…1,6
Kies	1,5…1,6
Kiessand [1]	1,5…1,9

[1] Je nach Feuchtigkeit und Sieblinie.

Bei gebrannten Mauersteinen (mit oder ohne Lochung) werden die **Steinrohdichte** und **Scherbenrohdichte** bestimmt. Die **Steinrohdichte** ist das Verhältnis des trockenen Gewichtes zum Volumen einschließlich der Hohlräume des Steins, während die **Scherbenrohdichte** das Gewicht und Volumen eines Scherbens (Steinmaterial ohne Hohlräume) berücksichtigt. Die Ermittlung des Volumens erfolgt geometrisch.

1.4.2.3 Porosität

Die **Porosität** ist der gesamte Anteil von Poren in einem Baustoff, bezogen auf sein Volumen. Die Eigenschaften der Baustoffe hängen sowohl von der Porosität ab als auch von der Größe und Art der Poren. Die Poren werden eingeteilt in **offene Poren** – das können enge kapillare Poren oder weite Gefüge- und Haufwerksporen sein – sowie **geschlossene Poren**, z. B. Zellporen (Bild 1.1).

Aus der Dichte ϱ, der Rohdichte ϱ_R und der Schüttdichte ϱ_S lassen sich der Dichtigkeitsgrad d bzw. die Porosität p berechnen.

Bei geformten Baustoffen oder bei Gesteinsproben:

$$d = \frac{V}{V_R} = \frac{m \cdot \varrho_R}{\varrho \cdot m} = \frac{\varrho_R}{\varrho}$$

$$p = \frac{V_R - V}{V_R} \cdot 100 = \left(1 - \frac{\varrho_R}{\varrho}\right) \cdot 100 \; [\text{Vol.-\%}]$$

$$= (1 - d) \cdot 100 \; [\text{Vol.-\%}]$$

p entspricht der sogenannten «wahren Porosität». Im Gegensatz dazu steht die «scheinbare Porosität», die durch Wasserlagerung unter atmosphärischemn Druck festgestellt wird (siehe Abschnitt 1.4.3.2). Bei Gesteinskörnern spricht man auch von Kornporosität.

Bei losen Baustoffen:

$$d = \frac{V_R}{V_S} = \frac{m \cdot \varrho_S}{\varrho_R \cdot m} = \frac{\varrho_S}{\varrho_R}$$

$$p = \frac{V_S - V_R}{V_S} \cdot 100$$

$$= \left(1 - \frac{\varrho_S}{\varrho_R}\right) \cdot 100 \; [\text{Vol.-\%}]$$

Die Haufwerksporosität p_H entspricht dem Zwischenraum zwischen den Körnern eines Haufwerks. Bei Baustoffen wie Beton und Asphalt werden die Haufwerksporen mit Bindemittelleim und feinsten Füllstoffen ausgefüllt. Wenn die Gesteinskörner eine Eigenporosität besitzen, errechnet sich die Gesamtporosität zu

$$p = \frac{V_S - V}{V_S} \cdot 100 = \left(1 - \frac{\varrho_S}{\varrho}\right) \cdot 100 \; [\text{Vol.-\%}]$$

Bild 1.1
Arten der Porosität

1.4.3 Verhalten der Baustoffe gegenüber Wasser

Da das Wasser in vielfältiger Weise auf die Baustoffe je nach deren Verwendung einwirkt, werden die wichtigsten Beziehungen zwischen den Baustoffen und dem Wasser besonders herausgestellt.

1.4.3.1 Feuchtegehalt

Porige Baustoffe besitzen auch ohne direkte Einwirkung von flüssigem Wasser einen mehr oder weniger großen Feuchtegehalt. Viele Baustoffeigenschaften werden durch den Feuchtegehalt beeinflusst.

> Bei Änderung der Temperatur und der Luftfeuchte passt sich der Feuchtegehalt des Baustoffes so lange an, bis ein bestimmter Wert erreicht wird. Dieser Feuchtegehalt wird **Ausgleichsfeuchte** oder **Gleichgewichtsfeuchte** genannt. Die Baustoffe verhalten sich dabei sehr unterschiedlich: So haben Ziegel stets geringe Feuchtegehalte, Holz dagegen verhältnismäßig hohe und je nach Klima der Umgebung sehr schwankende Werte.

Nach DIN V 4108-4 beträgt der praktische Feuchtegehalt, der in 90 % der untersuchten Fälle nicht überschritten wurde, z. B. bei Ziegeln 1 M.-%, bei Beton mit geschlossenem Gefüge 2 M.-% und bei Kalksandsteinen 3 M.-%, bei Holz und Holzwerkstoffen 15 M.-%.

Der **Feuchtegehalt** h wird meist durch Wiegen von Proben unmittelbar bei der Entnahme m_h und m_d nach anschließendem Trocknen bei 105 °C (bei gipshaltigen Stoffen bei 40 °C, bei Schaumkunststoffen bei 70 °C) ermittelt. Für m_d wird die Probe so lange weitere 24 Stunden bei 105 °C getrocknet, bis die Masse des Pro-

Kapillarporen

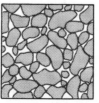

Haufwerksporen

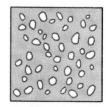

Zellporen

bekörpers nicht mehr als 1 ‰ innerhalb von 24 Stunden abnimmt und somit die Gewichtskonstanz erreicht wird. Die Massenverminderung durch Verdampfen des freien Wassers m_W wird in der Regel auf die trockene Probenmasse bezogen und in M.-% angegeben oder nach Umrechnung auf das Probenvolumen bezogen, d. h., der Feuchtegehalt wird dann in Vol.-% umgerechnet.

$$h = \frac{m_h - m_d}{m_d} \cdot 100 = \frac{m_W}{m_d} \cdot 100 \; [\text{M.-\%}]$$

$$h = \frac{m_W}{V_d} \cdot 100 \; [\text{Vol.-\%}]$$

1.4.3.2 Wasseraufsaugen und Wasseraufnahme

> Das Wasseraufsaugen entspricht der kapillaren Wasseraufnahme der Baustoffe. Es ist von Bedeutung, wenn die Baustoffe jeweils nur an einer Fläche mit Wasser in Berührung kommen, z. B. mit Schlagregen oder Bodenfeuchtigkeit.
> Das Wasseraufsaugen ist besonders groß bei Baustoffen mit hoher kapillarer Porosität; durch kugelige Poren, Haufwerksporen oder Hohlräume wird es behindert, weil die kapillare Saugfähigkeit enger Röhren durch größere Hohlräume unterbrochen wird.

Bei Vergleichsprüfungen werden die Proben meist rd. ca. 1 cm tief in Wasser gestellt, und es wird zu verschiedenen Zeiten die mittlere Saughöhe in cm über dem Wasserspiegel oder die aufgesogene Wassermenge in g je cm² eingetauchter Baustofffläche festgestellt. Der Wasseraufnahmekoeffizient w wird in kg/(m² · h^{½}) angegeben.

Wenn die Baustoffe bei der Anwendung allseitig mit Wasser in Berührung kommen oder auch auf andere Weise völlig durchfeuchtet werden können, wird zur Beurteilung, z. B. der Frostbeständigkeit und auch der Aufnahmefähigkeit von aggressiven Lösungen, die **Wasseraufnahme bei atmosphärischem Druck** nach DIN EN 13 755 ermittelt. Hierbei werden künstlich getrocknete Proben mit der Masse m_d zunächst stufenweise unter Wasser gebracht, nach dem Abwischen des Oberflächenwassers gewogen und dann wiederholt ins Wasser getaucht, bis die Masse m_S konstant bleibt. Damit berechnet sich die Wasseraufnahme bei atmosphärischem Druck:

$$A_b = \frac{m_S - m_d}{m_d} \cdot 100 \; [\text{M.-\%}]$$

Bei diesem Verfahren werden lediglich die größeren Poren und Kapillarporen gefüllt. Die daraus abgeleitete Porosität entspricht der «scheinbaren Porosität».

Sollen auch die kleinen Poren gefüllt werden, was der «echten Porosität» entspricht, wird die **Wasseraufnahme unter Druck von 150 bar** bestimmt.

Der **Sättigungswert S** ist das Verhältnis der Wasseraufnahme unter Druck von 150 bar, bezogen auf die Wasseraufnahme unter atmosphärischem Druck. Er ist ein Kennwert für den Gehalt an Mikroporen und für den zu erwartenden Frostwiderstand von porösen Stoffen. Je kleiner S ist, umso weniger frostempfindlich ist der Baustoff.
S < 0,85 Frostwiderstand wahrscheinlich.
S > 0,90 kein Frostwiderstand zu erwarten.
0,85 < S < 0,90 Frostwiderstand zweifelhaft, und es sind gezielte Prüfungen des Frostwiderstandes notwendig.

1.4.3.3 Wasserundurchlässigkeit

Wasserdichte Baustoffe werden dann verlangt, wenn unter geringerem oder auch größerem Druck kein Wasser durch die Bauteile hindurch gehen soll, z. B. bei Dacheindeckungen, Rohren und Wasserbehältern, oder wenn möglichst wenig Wasser in die Baustoffe selbst eindringen soll. Das Verhalten der Baustoffe hängt nicht nur von ihrem Dichtigkeitsgrad und ihrer Dicke ab, sondern auch von der Höhe und Dauer des aufgebrachten Wasserdruckes sowie von der relativen Luftfeuchte der Umgebung. Für unterschiedliche Baustoffe gelten unterschiedliche Prüfverfahren.

1.4.3.4 Maßnahmen gegen Durchfeuchtung

Auf Bauteile, wie Fundamente, Untergeschossbauteile, Außenwände, Dächer oder Behälter, wirken Wasser und ggf. aggressive Flüssigkeiten in unterschiedlicher Weise ein. Es werden verschiedene Abdichtungsarten unterschieden:

❑ Abdichtungen gegen Bodenfeuchtigkeit,
❑ Abdichtungen gegen nicht drückendes Wasser,
❑ Abdichtungen gegen von außen oder innen drückendes Wasser.

Die dazu geeigneten Baustoffe (siehe auch Tabelle 1.2) und die notwendigen Abdichtungssysteme sind in DIN 18 195 beschrieben.

Nach DIN V 4108-3 müssen Außenbauteile an der Außenoberfläche einen ausreichenden Schutz gegenüber einer geringen, mittleren oder starken Schlagregenbeanspruchung (Beanspruchungsgruppen I, II oder III) besitzen, wobei von keiner Schicht die Verdunstung von Wasser aus dem Bauteilinneren beeinträchtigt werden darf. Z. B. sollen Außenputze und Beschichtungen auf Außenwänden folgende äquivalente Luftschichtdicken s_d und Wasseraufnahmekoeffizienten w aufweisen:
Bei allen Beanspruchungsgruppen

$$s_d \leq 2\,\text{m}$$

Bei II als wasserhemmend

$$w \leq 2\,\text{kg}/(\text{m}^2 \cdot \text{h}^{1/2})$$

Bei III als wasserabweisend

$$w \leq 0{,}5\,\text{kg}/(\text{m}^2 \cdot \text{h}^{1/2}) \text{ und}$$
$$w \cdot s_d \leq 0{,}2\,\text{kg}/(\text{m} \cdot \text{h}^{1/2})$$

1.4.4 Festigkeiten

> In der Mechanik bezeichnet man als **Spannung** σ das Verhältnis einer Kraft F zu der Fläche A, auf die sie einwirkt:
>
> $$\sigma = F/A \text{ in } [\text{N}/\text{mm}^2 \text{ oder MN}/\text{m}^2]$$
> (gleicher Zahlenwert)

Die Beurteilung der Standsicherheit der Bauteile erfolgt unter Berücksichtigung der Spannungen, unter denen die Baustoffe versagen oder sich unzulässig verformen.

> Bei Festigkeitsprüfungen wird in Prüfmaschinen an genormten Probekörpern bei stetigem, kurzzeitigem Lastanstieg die Höchst- bzw. Bruchlast max. F ermittelt. Diese wird auf die Querschnittsfläche A bezogen; man erhält damit die Höchst- bzw. Bruchspannung, die als **Festigkeit** f bezeichnet wird:
>
> $$\sigma_{\text{Bruch i}} = f_i$$
> $$= \frac{\max F}{A} \; [\text{N}/\text{mm}^2 \text{ oder MN}/\text{m}^2]$$

Nach dem Bruchverhalten werden unterschieden:

❑ **zähe** Baustoffe, die sich vor dem Bruch bleibend verformen, und
❑ **spröde** Baustoffe, bei denen ein plötzlicher Bruch auftritt, ohne dass bleibende Verformungen diesen angekündigt hätten. Zähe Baustoffe verhalten sich vor allem bei Schlagbeanspruchung wesentlich günstiger als spröde Baustoffe.

Das Ergebnis der Festigkeitsprüfung ändert sich je nach Gestalt und Größe der Proben. So ergeben z. B. Proben aus dem gleichen Baustoff mit kleinerem Querschnitt i. Allg. eine höhere Festigkeit, mit größerem Querschnitt eine geringere Festigkeit.

Die Festigkeit hängt auch von der Geschwindigkeit und Dauer der Belastung ab, weil u. a. zur Bildung von Rissen im Baustoff, die den Bruch einleiten, eine gewisse Zeit erforderlich ist. So ergibt sich bei großer Belastungsgeschwindigkeit eine höhere Belastbarkeit. Entsprechend fällt die **Dauerstandfestigkeit**, d. i.

die maximale Spannung, die ein Baustoff unter Dauerbelastung aufnehmen kann, kleiner aus. Für Bauteile, die schwingend oder dynamisch beansprucht werden, wird für die verwendeten Baustoffe die **Dauerschwingfestigkeit** (Ermüdungsfestigkeit) ermittelt. Dabei wird das Material unter Lastwechseln schwellend (Zug oder Druck) bzw. wechselnd (auf Zug und Druck) geprüft. Die erhaltenen Werte sind in der Regel geringer als die bei den Normprüfungen festgestellte Kurzzeitfestigkeit.

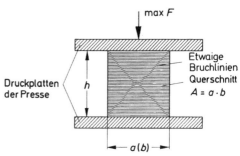

Bild 1.2   Druckfestigkeit

Die **Festigkeitsklassen** von Baustoffen werden nach einer Nenn-Festigkeit bei der Kurzzeitprüfung bezeichnet, die bei statistischer Auswertung mindestens erreicht werden muss. Der Mittelwert einer Probenserie muss außerdem mindestens einen bestimmten Wert erreichen, der höher ist als der kleinste Wert der Einzelproben.

Im Vergleich zu den Festigkeiten der Baustoffe bei den Normprüfungen sind die für die Bemessung der Bauteile verwendeten **zulässigen Spannungen** zul σ wesentlich geringer.

Der Unterschied ergibt sich daraus, dass vor allem wegen der i. d. R. größeren Abmessungen der Bauteile im Vergleich zu den Prüfkörpern und wegen der Dauerbeanspruchung die rechnerische Festigkeit geringer angesetzt wird als die Normfestigkeit. Für die zul. Spannung werden Sicherheitsfaktoren für den Baustoff, für die Konstruktionsart und für den Lastfall festgelegt.

Tabelle 1.5
Beispiele für die Druckfestigkeit f_c [N/mm²]

Beispiel für die Druckfestigkeit f_c [N/mm²]	
Natursteine	30 bis 400
Holz in Faserrichtung	30 bis 80
Beton (im Alter von 28 Tagen, Mittelwert)	mind. 8 bis 115

Druckflächen durch Reibung behindert. Beim Bruch verbleiben bei einem Würfel nach Bild 1.2 im Idealfall zwei sich gegenüberliegende Pyramiden. Die Druckfestigkeit wird beeinflusst von Gestalt und Größe, Alter und Feuchtegehalt der Proben und der Belastungsgeschwindigkeit. Bei Platten wird wegen der größeren Behinderung der Querdehnung die Druckfestigkeit größer, bei schlanken Prismen und Zylindern wegen der geringeren Behinderung kleiner.

1.4.4.2 Zugfestigkeit

Die Zugfestigkeit ist besonders bei den metallischen und einigen organischen Baustoffen von Bedeutung. Bezieht man die Höchstlast max F auf den Querschnitt A_0 vor dem Zugversuch, erhält man die **Zugfestigkeit** f_t:

$$f_t = \frac{\max F}{A_0} \; [\text{N/mm}^2]$$

1.4.4.1 Druckfestigkeit

Die **Druckfestigkeit** wird vorzugsweise an Baustoffen geprüft, die in der späteren Konstruktion auf Druck beansprucht sind. Bezieht man die Höchstlast max F auf die Druckfläche A (siehe Bild 1.2), erhält man die **Druckfestigkeit** f_c.

$$f_c = \frac{\max F}{A} \; [\text{N/mm}^2]$$

Die Druckflächen müssen planeben und parallel sein und die Probe muss zentrisch belastet werden. Die Querdehnung wird im Bereich der

Tabelle 1.6
Beispiele für die Zugfestigkeit f_t [N/mm²]

Beispiele für die Zugfestigkeit f_t [N/mm²]	
Stahl	330…2000
Holz in Faserrichtung	70…140

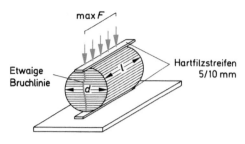

Bild 1.3 Spaltzugfestigkeit

Sie wird an zentrisch eingespannten, runden oder prismatischen Stäben geprüft.

Mineralische Baustoffe haben sehr geringe Zugfestigkeiten. Da die Einspannung von Zugproben aus diesen Baustoffen schwierig ist, wird die sog. **Spaltzugfestigkeit** nach Bild 1.3 an Zylindern und Prismen von der Länge l und dem Durchmesser bzw. der Höhe d geprüft.

$$f_{sz} = \frac{2 \cdot \max F}{\pi \cdot d \cdot l}$$

Die Spaltzugfestigkeit von Beton liegt etwa zwischen 1 bis 5 N/mm².

1.4.4.3 Biegefestigkeit

Bei auf Biegung beanspruchten Baustoffen wird die **Biegefestigkeit** β_B festgestellt; bei spröden Baustoffen, die beim Erreichen der Zugfestigkeit in der Zugzone brechen, wird sie als **Biegezugfestigkeit** β_{BZ} bezeichnet.

Wenn Stahlbetonteile mit starker Zugbewehrung in der Druckzone des Betons brechen, spricht man auch von Biegedruckfestigkeit β_{BD}. Bei homogenen Baustoffen werden prismatische Stäbe oder Balken von der Breite b und Höhe h bei vorgeschriebener Stützweite l_0 nach Bild 1.4 in der Mitte bis zum Bruch belastet. Bei nicht homogenen Baustoffen, wie Holz oder Beton, erfolgt die Prüfung in der Regel mit 2 symmetrischen Einzellasten im Abstand $l_0/3$. Die Biegefestigkeit berechnet man aus

$$\beta_B = \frac{\text{maximales Moment}}{\text{Widerstandsmoment des Bruchquerschnitts}}$$

für die Lastfälle nach Bild 1.4 bei einer mittigen Last zu

$$\beta_B = \frac{3 \cdot \max F \cdot l_0}{2 \cdot b \cdot h^2}$$

bei 2 symmetrischen Lasten zu

$$\beta_B = \frac{3 \cdot \max F \cdot a}{b \cdot h^2}$$

Mit 2 Lasten fällt die ermittelte Festigkeit geringer aus, weil der Bruch zwischen den beiden Lasten dort erfolgt, wo die Festigkeit am kleinsten ist. Die Stützweite sollte mindestens das 4-fache der Probenhöhe h sein. Die Lastan-

Bild 1.4
Biegeprüfung

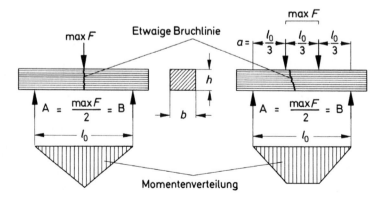

griffs- und Auflagerflächen müssen eben sein. Betonprüfkörper werden nach Wasserlagerung geprüft; beim Austrocknen würde durch Schwindzugspannungen in den Randzonen die Biegezugfestigkeit herabgesetzt werden.

1.4.4.4 Weitere Festigkeitsarten und Prüfungen

In verschiedenen Konstruktionen, z. B. in Verbindungen durch Schrauben, Dübel und Niete sowie in Kleb- und Schweißverbindungen, werden die Baustoffe auch auf Abscheren beansprucht. An besonderen Proben, bei denen die Last nach Bild 1.5 parallel zu den Scherflächen wirkt, wird die **Scherfestigkeit** β_A geprüft. Sie errechnet sich zu

$$\beta_A = \frac{\max F}{A}$$

Wirkt bei Klebverbindungen oder bei auf einen Untergrund aufgebrachten Putzen und Anstrichen die Last rechtwinklig zur Haftfläche, so wird die höchste erreichbare Spannung als **Haftfestigkeit** β_H bezeichnet.

Wenn der Bruch in der Verbindungsschicht selbst erfolgt, spricht man von Kohäsionsbruch, wenn sich die Schicht vom Untergrund ablöst, von Adhäsionsbruch.

Mit Proben, die durch Verdrehen bis zum Bruch beansprucht werden, erhält man die **Torsionsfestigkeit** β_T.

Eine besonders zutreffende Aussage über die Zähigkeit von Baustoffen erhält man durch die **Schlagfestigkeit**, bei der besondere Proben (z. B. Splitt und Schotter) in besonderen Schlaggeräten beansprucht werden.

Bei unregelmäßig geformten Baustoffen wie Dachsteinen und Decksteinen wird bei einer vorgeschriebenen Biegeprüfung statt der Festigkeit lediglich die Bruchlast oder bei Rohren bei der Belastung im Scheitel die maximale Scheiteldrucklast ermittelt.

Bei den bisher beschriebenen zerstörenden Prüfungen werden besonders hergestellte oder aus Bauteilen entnommene Proben bis zum

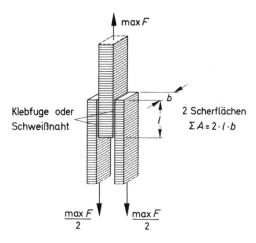

Bild 1.5 Scherprüfung

Bruch belastet. In zunehmendem Umfang werden heute, teilweise in den Bauwerken selbst, auch **zerstörungsfreie Festigkeitsprüfungen** angewandt. Man schließt dabei meist von einem bestimmten Verhalten der Oberfläche des Baustoffes oder von seiner Dichte auf seine Festigkeit. Bei Beton wird z. B. der Eindruckdurchmesser oder der Rückprallweg eines mit Federkraft aufgeschleuderten Schlagbolzens gemessen, bei Stahl der Durchmesser oder die Tiefe des Eindrucks von Stahlkugeln oder Diamantkegeln, die unter bestimmten Lasten auf die Oberfläche gedrückt wurden.

> Im Gegensatz zu den zerstörenden Prüfungen erhält man bei den zerstörungsfreien Prüfungen nur Näherungswerte für die Festigkeiten. An der geprüften Oberfläche kann der Baustoff nämlich anders beschaffen sein als unterhalb der Oberfläche.

1.4.5 Härte und Verschleißwiderstand

> Härte und Verschleißwiderstand zeigen das Verhalten der Oberfläche der Baustoffe gegenüber einer ungünstigen Einwirkung von äußeren Lasten an. «Hart» ist also nicht identisch mit «fest».

Ein Verschleiß der Oberfläche durch Wasser und mitbewegte feste Stoffe wird auch als

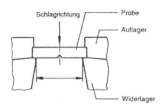
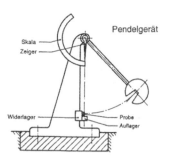
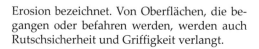

Bild 1.6 Kerbschlagbiegeversuch

Erosion bezeichnet. Von Oberflächen, die begangen oder befahren werden, werden auch Rutschsicherheit und Griffigkeit verlangt.

Kerbschlagbiegeversuch (Bild 1.6)
Eine genormte Probe bestimmter Breite und Länge wird mit einer Kerbe versehen, in ein Pendelgerät eingesetzt und mit einem Schlagpendel verformt oder durchbrochen. Die verbrauchte Schlagarbeit wird gemessen. Diese Prüfung wird vorwiegend an Stahl durchgeführt und dient zur Ermittlung des Bruchverhaltens u. a. bei unterschiedlichen Temperaturen.

Die **Härtemessung** ist eine zerstörungsfreie Prüfung am Bauteil oder an Proben. Gemessen wird der Widerstand, den der Werkstoff dem Eindringen einer Spitze oder einer Kugel entgegensetzt. Bei Metallen werden unterschieden:

- **Brinell-Härte.** Der **HB**-Wert wird aus der Eindruckkraft und den Durchmessern der Eindruckkugel und des Abdrucks auf der Werkstoffoberfläche abgeleitet (Bild 1.7).
- Bei der **Vickers-Härte** wird der **HV**-Wert mit den Diagonalen des quadratischen Eindrucks einer Diamant-«Pyramide» ermittelt und bei der
- **Rockwell-Härte HR** erfolgt die Messung der Eindrucktiefe eines Diamantkegels (HRC-Wert) oder eines Stahlkegels (HRS-Wert).

1.4.5.1 Härte

Bei Natursteinen wird als Maß für die Härte und die mineralogische Zusammensetzung, bei feinkeramischen Fliesen zur Vermeidung von Kratzern der Härtegrad nach der Mohs'schen Härteskala geprüft. Durch Ritzen des Baustoffes mit 10 verschieden harten Mineralien in der Reihenfolge Talk, Gips, Kalkspat, Flussspat, Apatit, Kalifeldspat, Quarz, Topas, Korund und Diamant wird festgestellt, welcher Härtegrad 1…10 vorliegt. Z. B. besitzt ein Baustoff den Härtegrad 7, wenn seine Oberfläche durch Topas (8) geritzt und durch Quarz (7) nicht geritzt wird.

1.4.5.2 Eindruckwiderstand

Eine andere Art der Härte ist der Eindruckwiderstand. Er ist vor allem bei Baustoffen von Bedeutung, die im Gebrauch punktförmigen Lasten ausgesetzt sein können. Es werden dabei Eindrücke von Stahlkugeln oder Stempeln bestimmter Durchmesser unter bestimmten Lasten F erzeugt.

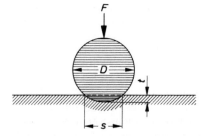

Bild 1.7 Härteprüfung durch Kugeleindruck

Tabelle 1.7 Beispiele für den Schleifverschleiß

Baustoff	Abrieb [mm]	(entsprechender Volumenverlust) [cm³/50 cm³]
Hartgesteine	1,0...1,7	(5...8,5)
Dichte Kalksteine	3,0...8,0	(15...40)
Gehwegplatten aus Beton	≤ 3,0	(≤ 15)
Hartstoffbeläge	≤ 0,4...1,4	(≤ 2...7)

Bei Fußbodenbelägen und Putzen werden Prüfungen nach Bild 1.7 mit Kugeldurchmesser $D = 10$ mm und unter $F = 500$ und 100 N durchgeführt. Aus der mit einer Messuhr gemessenen Eindrucktiefe t errechnet man die **Härte**

$$H = \frac{F}{\pi \cdot D \cdot t} \ [\text{N/mm}^2]$$

Dabei werden sowohl die «gesamte» Härte aus der unter der Last gemessenen gesamten Eindrucktiefe bestimmt als auch die «bleibende» Härte aus der nach Wegnahme der Last noch verbleibenden plastischen Eindrucktiefe.

Bei Gussasphalt im Straßenbau und im Hochbau wird die Eindringtiefe unter Stempelbelastung geprüft.

Bei weicheren Stoffen wird die «Shore-Härte» aus der Eindringtiefe eines Kegelstumpfes unter Federkraft ermittelt.

1.4.5.3 Verschleißwiderstand (Abnutzwiderstand)

Bei allen Baustoffen, die einer rollenden oder schleifenden Beanspruchung ausgesetzt werden, also bei Baustoffen für Fußböden, Treppen, Gehwegen und für Straßen, erfolgt die Prüfung des Verscheißwiderstandes meist nach DIN 52 108 mit der Böhme-Schleifmaschine: Eine trockene Probe mit 7,1 cm · 7,1 cm = 50 cm² Fläche wird unter 0,06 N/mm² Druckspannung auf eine gusseiserne Scheibe aufgepresst. Nach 16 · 22 = 352 Umdrehungen wird mit Messuhren der **Schleifverschleiß** in mm (teilweise auch als Abnutzung bezeichnet) festgestellt (Tabelle 1.7). Nach jeweils 22 Umdrehungen wird 20 g neuer Normschmirgel aufgebracht und die Probe um 90° gedreht. Bei homogenen Baustoffen mit gleichmäßiger Rohdichte kann er auch über den Massenverlust ermittelt werden. Nasse Proben ergeben wesentlich größere Werte.

Eine andere Verschleißbeanspruchung der Baustoffe erfolgt durch Sandstrahlen. Bei dieser Methode wird rechtwinklig auf die Baustoffoberfläche Quarzsand aufgestrahlt.

1.4.6 Formänderungen

Durch Einwirken von Kräften und durch Änderung der Temperatur oder des Wassergehaltes verändern die Baustoffe ihre Maße und ihre Form, d. h., sie verkürzen, verlängern oder verwölben sich oder sie biegen sich durch. Zu große Formänderungen können dazu führen, dass die Bauteile ihre Gebrauchsfähigkeit verlieren oder dass Bauschäden entstehen. Andererseits wird in bestimmten Fällen eine möglichst große Formänderungsfähigkeit verlangt, z. B. bei den meisten Metallen zur Formgebung bei normalen Temperaturen (Kaltverformung), sowie bei Dichtungsbahnen und Fugendichtungsmassen.

Die Formänderungen erreichen meist nur geringe Werte. Zu ihrer Messung werden sehr empfindliche Messgeräte, wie Messuhren oder Dehnungsmessstreifen (DMS), benötigt. Letztere enthalten einen dünnen elektrischen Leiter und werden auf die Proben, bei Großversuchen auch an bestimmten Stellen der

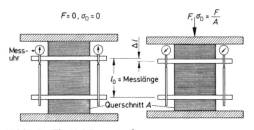

Bild 1.8 Elastizitätsversuch

28 Grundlagen

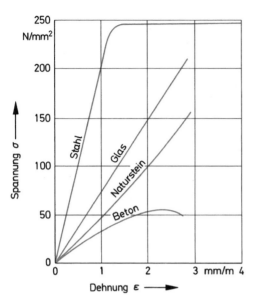

Bild 1.9 Beziehung zwischen Spannung und Dehnung

Bauteile, aufgeklebt. Die Dehnung des Baustoffes verursacht eine elektrische Widerstandsänderung im Leiter und kann an einem Messgerät abgelesen werden. Bei allen Messungen müssen andere verfälschende Einflüsse vermieden werden, z. B. bei der Messung der Längenänderung durch Kräfte die Längenänderungen durch Temperatur- oder Feuchtigkeitsänderungen der Baustoffe.

Die auf die Ausgangslänge l_0 bezogene Verlängerung bzw. Verkürzung Δl (Bild 1.8) wird als **Dehnung** ε bezeichnet:

$$\varepsilon = \frac{\Delta l}{l_0} \left[\frac{mm}{m}\right] \text{ bzw. } [‰]$$

Tabelle 1.8 Beispiele für den E-Modul

Beispiele für den Elastizitätsmodul E [N/mm²]	
Natursteine	5000…100 000
Holz (in Faserrichtung)	8000…13 000
Normalbeton	15 000…40 000
Leichtbeton	1000…28 000
Stahl	210 000
Aluminium	70 000
Kunststoffe	1…4000

1.4.6.1 Verformungsverhalten bei mechanischer Beanspruchung

Die Größe der Formänderungen bei mechanischer Beanspruchung hängt ab von

- der Art des Baustoffes,
- der Höhe der Beanspruchung,
- der Dauer der Belastung,
- der Höhe der Temperatur.

Bild 1.9 zeigt die Beziehung zwischen der Spannung σ und der Dehnung e von verschiedenen Baustoffen bei normaler Temperatur und innerhalb kurzer Zeit aufgebrachter Spannung. Man unterscheidet elastisches und plastisches Verformungsverhalten – je nachdem, ob die elastischen oder plastischen Verformungen überwiegen.

Elastisches Verhalten
Gehen die Formänderungen infolge von Kräften beim Entlasten sofort wieder vollständig zurück, spricht man von elastischen Baustoffen. Diese elastischen Dehnungen werden reversibel genannt. Bei linear-elastischen Stoffen, bzw. bei niedrigen Spannungen, ist die Dehnung proportional zur Spannung. Es gilt das *Hooke'sche Elastizitätsgesetz*, dessen Proportionalitätsfaktor, der **Elastizitätsmodul (E-Modul)**, eine wichtige Baustoffkenngröße ist:

$$E = \sigma / \varepsilon_{el} \text{ [N/mm}^2]$$

Der Elastizitätsmodul (Beispiele in Tabelle 1.8) hat die Dimension einer Spannung und gibt die Steigung der Spannungs-Dehnungs-Linien im elastischen Verformungsbereich an. Bei spröd-elastischen Stoffen, wie Glas und Naturstein, sind die Spannungs-Dehnungs-Linien bis zum Bruch nahezu gerade (Bild 1.9).

Der Bruch spröd-elastischer Stoffe wird als **Sprödbruch** bezeichnet. Er erfolgt schlagartig und kündigt sich nicht durch große bleibende Verformungen an.

Mit der Dehnung ε_1 in Längsrichtung und der gleichzeitig gemessenen Dehnung ε_q quer zur Kraftrichtung kann die **Querdehnzahl** $\mu = \varepsilon_q / \varepsilon_1$ ermittelt und daraus der **Schubmodul**

$$G = E / 2(1 + \mu) \text{ [N/mm}^2]$$

berechnet werden. Der Schubmodul stellt – wie der *E*-Modul für die Dehnung – eine lineare Beziehung zwischen Schubspannung und Verzerrung her.

Plastisches Verhalten
Bei den elastisch-plastischen Baustoffen schließt sich an den Bereich elastischer Verformungen bei niedrigen Spannungen ein Bereich bleibender (irreversibler), plastischer Verformungen bei höheren Spannungen infolge von bleibenden Gefügeverschiebungen an, so z. B. bei Stahl. Elastisch-plastische Stoffe werden auch als zähe Stoffe, ihr Bruch wird als Verformungsbruch bezeichnet. Plastische Stoffe sind weniger kerbempfindlich als spröde Stoffe und können kaltverformt werden.

Zur Beurteilung der plastischen Verformbarkeit von Metallen wird die Bruchdehnung einer vor der Zugprüfung aufgebrachten Messstrecke der Länge l_0 ermittelt. Die Länge l_0 beträgt:

$l_0 = 5 \cdot d = 5{,}65 \cdot \sqrt{S_0}$
bzw. $l_0 = 10 \cdot d = 11{,}3 \cdot \sqrt{S_0}$
bzw. $l_0 = 80 \, \text{mm}$

d Durchmesser
S_0 Querschnittsfläche

Nach dem Bruch werden die beiden Probenhälften zusammengefügt und die Bruchlänge l gemessen. Die Bruchdehnung ist dann

A oder $\delta = 100 \cdot (l - l_0)/l_0 \, [\%]$

Beim Bruch außerhalb der Messlänge kann die Bruchdehnung nicht bestimmt werden.

Zeitabhängiges Verhalten
Viele Baustoffe, z. B. Beton und viele Kunststoffe, zeigen selbst bei niedrigen Spannungen ein plastisches Verhalten: Ihre Spannungs-Dehnungs-Linien sind nicht gerade, und die Verformungen gehen beim Entlasten nicht sofort zurück. Das Maß der Verformung hängt außer von der Belastungshöhe auch von der Dauer der Belastung ab. Weil das Verhalten dieser Stoffe dem Verhalten zäher Flüssigkeiten gleicht, werden sie als **viskoelastische** Stoffe bezeichnet.

Die viskoelastischen Baustoffe bestehen aus einer elastischen und einer viskosen Komponente, z. B. Beton aus dem sich elastisch verhaltenden Gestein und dem sich teils elastisch, teils viskos verhaltenden Zementstein.

Kriechen ist eine zeitabhängige Formänderung unter ständig wirkender Spannung σ_0. Das Kriechen in Bild 1.10 setzt sich aus einem reversiblen Anteil $\varepsilon_{k,r}$ und einem irreversiblen Anteil $\varepsilon_{k,ir}$ zusammen. **Relaxation** ist eine zeitabhängige Abnahme der Spannung unter konstant bleibender Dehnung ε_0.

Bei hohen Spannungen tritt Kriechen bzw. Relaxation auch bei elastischen und elastisch-plastischen Baustoffen auf. Die **Kriechzahl** φ ist die Kriechdehnung, bezogen auf die elastische Dehnung:

$\varphi = \varepsilon_k / \varepsilon_{el}$

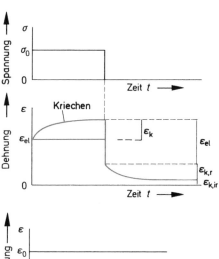

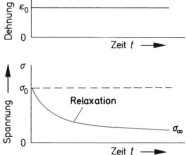

Bild 1.10 Kriechen und Relaxation [2]

Sie kann bei Beton je nach Betonalter und -festigkeit zum Zeitpunkt der Belastung, Dauer der Krafteinwirkung, Betonzusammensetzung, Qualität der Nachbehandlung bis zu $\varphi = 5$ betragen. Das Kriechen kann eine günstige Wirkung haben, wenn Spannungen infolge von Zwängungen (langsam auftretenden ungleichen Setzungen, Schwindverformungen) kleiner bleiben als bei elastischem Verhalten; es kann auch ungünstig sein, z. B. im Spannbetonbau durch Abbau der Vorspannkräfte durch Kriechen vor allem des Betons und Relaxation des Spannstahls.

Temperaturabhängiges Verhalten
Bitumen und bestimmte Kunststoffe können nach Erwärmung plastisch verformt werden: Man nennt sie **thermoplastische Baustoffe**.

1.4.6.2 Formänderungen infolge von Temperaturänderungen

Die Baustoffe besitzen unterschiedliche lineare Wärmedehnkoeffizienten α_T (= Dehnung ε_T bei 1 K Temperaturänderung). Beispiele sind in Tabelle 1.9 gegeben.

1.4.6.3 Schwinden und Quellen

Schwinden ist die Verkleinerung des Volumens eines Baustoffes infolge Wasserabgabe, Quellen die Zunahme des Volumens infolge Wasseraufnahme. Diese Formänderungen müssen bei den Baustoffen berücksichtigt werden, bei denen sich der Feuchtigkeitsgehalt ändern kann. Dies gilt besonders für Holz und holzhaltige Baustoffe, außerdem auch für kalk- und zementhaltige Baustoffe, also Mörtel und Beton.

Der Dehnkoeffizient α_S (= ε_S bei 1 M.-% Feuchtigkeitsänderung) für das Schwinden und Quellen von Holz beträgt je nach Faserrichtung und Holzart 0,05 bis 5 mm/m · M.-%, das Schwindmaß ε_S von Beton (je nach Zementgehalt, Wasserzementwert und Nachbehandlung des Frischbetons) rd. 0,2…2 mm/m.

1.4.6.4 Maßnahmen gegen Schäden durch Verformungen

Schäden durch Verformungen, die unterschiedliche Ursachen haben können (Kriechen, Feuchtigkeitsänderung, Temperaturänderung), treten dann auf, wenn die Verformungen behindert werden und die dadurch entstehenden Spannungen z. B. die (meist niedrige) Zugfestigkeit erreichen. Auch an der Befestigung von Bauteilen können beträchtliche Kräfte auftreten.

Baustoffe mit geringeren Längenänderungen sind von Vorteil; bei einigen Baustoffen (Beton, Kunststoffe) lassen sich die Verformungen durch günstige Zusammensetzung und Behandlung verringern. Durch besondere Maßnahmen sollte insbesondere die Temperaturänderung gering gehalten werden, z. B. durch äußere Wärmedämmung, durch helle Oberflächen (dadurch größere Reflexion der Sonnenstrahlen) oder bei massigen Betonbauteilen durch Verwendung eines Zements mit geringer Wärmeentwicklung. Bei kraftschlüssigen Verbindungen unterschiedlicher Baustoffe müssen die unterschiedlichen Verformungen infolge Wärme des Schwindens beachtet werden.

Um Schäden durch Verformungsbehinderungen zu vermeiden, müssen Bauteile durch eine ausreichende Anzahl von **Fugen** unterteilt werden; sonst entstehen Risse oder Aufwölbungen. Die erforderliche Breite von Dehnungsfugen hängt von der zu erwartenden Vergrößerung bzw. Verkleinerung der Fugenbreite ab, also von der Temperaturänderung gegenüber der Einbautemperatur, von Schwinden und Kriechen sowie von den Abmessungen der Bauteile.

Tabelle 1.9 Beispiele für α_T

Baustoffe	[mm/m·K]
Kalksteine und keramische Baustoffe	0,005…0,008
quarzhaltige Gesteine	0,009…0,012
Normalbeton	0,010…0,012
Stahl	0,011
Aluminium	0,023…0,024
Kunststoffe	0,02…0,20

Gegen eindringendes Wasser sind die Fugen mit geeigneten Dichtstoffen abzudichten, und zwar mit Dichtungsprofilen oder mit Dichtungsmassen, die bei Verbreiterung der Fugen weder einreißen noch sich von den Fugenflanken ablösen dürfen.

1.4.7 Beständigkeit

Die vereinbarten Eigenschaften der Baustoffe sollen nicht nur bei deren Lieferung oder bei der Abnahme eines Bauwerks vorhanden sein, sondern sollen möglichst unbegrenzt lange erhalten bleiben. Baustoffe können durch physikalische und chemische Einwirkungen ihre Beschaffenheit ungünstig verändern oder sogar ihren Zusammenhalt verlieren.

Unter **Verwitterungsbeständigkeit** versteht man einen ausreichenden Widerstand des Baustoffes gegenüber den verschiedenartigen Umwelteinflüssen. Eine schädliche Veränderung eines Baustoffes durch chemischen Angriff von außen wird i. Allg. als **Korrosion** bezeichnet.

1.4.7.1 Raumbeständigkeit

Bei unsachgemäß hergestellten Baustoffen, deren Ausgangsstoffe unerlaubte Bestandteile enthalten, kann durch chemische Umwandlung der Ausgangsstoffe eine Volumenzunahme auftreten, die zu Rissen, Absprengungen bis hin zum Zerfall der Endprodukte führen kann.

1.4.7.2 Beständigkeit gegenüber Wasser und Frost

Die Mehrheit der herkömmlichen Baustoffe hat eine poröse Struktur, wenn auch die Poren unter Umständen sehr klein sind. In Berührung mit Wasser füllen sich die Poren, und das Material quillt. Trocknet das Material wieder aus, schwindet es. Baustoffe müssen unempfindlich gegenüber oftmaligem Wechsel von Durchfeuchtung und Austrocknung sein.

Frostbeständigkeit wird in unserem Klima für alle Baustoffe im Freien gefordert. Bei Frost gefriert das Wasser in den Poren der porösen Materialien. Das volumenmäßig größere Eis bewirkt einen Druck auf die Wände der Kapillarporen und kann eine schädliche Sprengwirkung hervorrufen. Dies ist zunächst abhängig vom Wassergehalt der Baustoffe. Prinzipiell gilt: Je mehr Wasser die Baustoffe enthalten, umso geringer ist die Frostbeständigkeit. Auch bei höherem Wassergehalt der Baustoffe kann jedoch Frostbeständigkeit vorausgesetzt werden, wenn an jeder Stelle des Baustoffes noch genügend wasserfreier Porenraum vorhanden ist, in den sich das Eis ausdehnen kann. Dies trifft i. Allg. für Natursteine mit sehr gleichmäßigem Gefüge zu. Bei anderen Baustoffen erfolgt die Beurteilung des Frostwiderstandes durch besondere Prüfmethoden, bei denen Frost-Tauzyklen simuliert werden.

Bei Baustoffen, die mit Tausalzen in Berührung kommen können, wird darüber hinaus ein hoher **Widerstand gegen Frost und Tausalze** verlangt. Durch die Tausalze oder Taumittel wird die Frostbeanspruchung verschärft, weil beim Schmelzen einer Eisschicht ein plötzlicher Wärmeentzug (Temperaturabfall) auftritt, der das Wasser in den darunterliegenden Baustoffen gefrieren lässt. Durch den plötzlichen Eisdruck entsteht beim Schmelzen einer Eisschicht ein plötzlicher Wärmeentzug in den darunterliegenden Baustoffporen, der zu hohen Zugspannungen an den Oberflächen führt. Ist die Zugfestigkeit des Materials erreicht, treten Risse und Abplatzungen auf.

1.4.7.3 Beständigkeit gegenüber dem Kristallisationsdruck von Salzen

Beim Verdunsten von Lösungen, die Salze (meist Sulfate, seltener Nitrate) enthalten, können an der Oberfläche der Baustoffe **Ausblühungen** entstehen. Es können aber auch die darunterliegenden Poren so durch den Druck von wachsenden Salzkristallen beansprucht werden, dass an den Baustoffen Schichten abblättern.

1.4.7.4 Alterungsbeständigkeit

Einige Baustoffe können durch chemische, thermische und atmosphärische Einwirkungen, z. B. auch durch UV-Strahlen, ihr Gefüge verändern. Dies führt zu Verfärbungen, Versprödungen oder zur Brüchigkeit. Alterungsempfindlich sind einige Kunststoffe und kaltverformte Stähle.

1.4.7.5 Chemische Beständigkeit (Korrosionswiderstand)

Kommen Baustoffe in Kontakt mit angreifenden Lösungen oder Dämpfen, muss sichergestellt werden, dass keines der Bestandteile der Baustoffe mit diesen chemisch reagiert und Verbindungen eingeht, die sprengende oder lösliche Wirkungen haben. Die Stärke des Angriffs hängt bei den Baustoffen u. a. von der Dichte des Gefüges ab. Säuren z. B. üben eine aggressive Wirkung auf kalkhaltige Natursteine, Mörtel oder Beton aus. Sauerstoff in Verbindung mit Feuchtigkeit führt zur Korrosion von Eisen und Stahl. Die Baustoffe müssen meist durch dichte und chemisch beständige Überzüge geschützt werden.

1.4.7.6 Beständigkeit gegen pflanzliche und tierische Schädlinge

Eine Zerstörung durch Pilze und Insekten ist nur bei Holz, Holzwerkstoffen und einigen Kunststoffen möglich. Schutz davor kann in vielen Fällen nur durch chemische Holzschutzmittel bzw. Zusätze gewährleistet werden.

1.4.7.7 Beständigkeit gegen Feuer und Hitze

Brandverhalten

Tabelle 1.10 Baustoffe nach DIN 4102-1

Baustoffklassen		
Die Baustoffe werden nach DIN 4102-1 nach ihrem Brandverhalten in verschiedene Klassen eingeteilt:		
Klasse	Brandverhalten	Baustoffe
A A1 A2	nicht brennbar	mineralische und metallische Baustoffe ohne organische Stoffe, mineralische Baustoffe mit wenig organischen Stoffen
B B1 B2 B3	brennbar schwer entflammbar normal entflammbar leicht entflammbar	organische Baustoffe

Alle Baustoffe sind entsprechend ihrer Klasse zu kennzeichnen, ausgenommen alle Baustoffe der Klasse A 1 bzw. bei der Klasse B 2 Holz und Holzwerkstoffe mit $\varrho \geq 0{,}40$ kg/dm³ und $d > 2$ mm Dicke. Bei bestimmten Baustoffen ist der Nachweis durch ein Prüfzeichen oder Prüfzeugnis zu führen (Tabelle 1.10).

Feuerwiderstand

Tabelle 1.11 Baustoffe nach DIN 4102-2

Feuerwiderstand		
Nach DIN 4102-2 werden die Bauteile je nach der Feuerwiderstandsdauer beim vorgeschriebenen Brandversuch eingeteilt:		
Feuerwiderstandsklasse	Feuerwiderstandsdauer min	Temperaturerhöhung K
F30 feuerhemmend	≥ 30	822
F60	≥ 60	925
F90 feuerbeständig	≥ 90	986
F120	≥ 120	1029
F180 hochfeuerbeständig	≥ 180	1090

Die verwendeten Baustoff- und Feuerwiderstandsdauer müssen angegeben werden, z. B. F30-B, F90-AB (Tabelle 1.11).

Innerhalb der vorgeschriebenen Zeit müssen die Bauteile beim Brandversuch u. a. den Durchgang des Feuers verhindern, ihre raumabschließende Funktion behalten und dürfen unter der rechnerischen Gebrauchslast nicht zusammenbrechen.

«AB» bedeutet, dass die wesentlichen Teile des Bauteils aus nichtbrennbaren Baustoffen bestehen. Durch Ummantelungen, Putze und Beschichtungen kann die Feuerwiderstandsklasse erhöht werden. Für Brandwände gelten besondere Anforderungen, u. a. Baustoffe der Klasse A, Feuerwiderstandsklasse $\geq$ F90.

Tabelle 1.12 Rohdichte und Wärmeleitfähigkeit nach DIN V 4108-4 (Auszug)

Baustoffe	Rohdichte [kg/m³]	Wärmeleitfähigkeit [W/m · K]
Natursteine	2600...2800	2,3...3,5
Flachglas	2500	0,80
Normalbeton	2400	2,1
Wärmedämmputzmörtel	$\geq$ 200	0,06...0,1
Leichtbeton (geschlossenes Gefüge)	1200	0,62 1)
Leichtbeton (hautwerksporiges Gefüge)	1200	0,46 1)
Dampfgehärteter Porenbeton	800	0,23
Eichenholz	800	0,20
Holzspanplatten	700	0,13
Poröse Holzfaserplatten	$\geq$ 400	0,07
Faserdämmstoffe	–	0,035...0,050
Schaumkunststoffe	–	0,02...0,045

1.4.8 Wärmeschutz

Außenbauteile von beheizten Räumen müssen einen möglichst hohen Widerstand gegen Wärmedurchgang besitzen.

Die Behaglichkeit eines Raumes hängt nicht nur von einer angenehmen Temperatur und Feuchte der Luft selbst ab, sondern auch von der Temperatur der Rauminnenflächen.

Bei kalten Innenflächen besteht die Gefahr der Tauwasserbildung und vieler dadurch verursachter Mängel. Für die Grundlagen, Anforderungen und Berechnung des Wärmeschutzes ist DIN V 4108 maßgebend. Erhöhte Anforderungen werden in der Energieeinsparverordnung (ENEV) gestellt.

1.4.8.1 Begriffe

Bei Nachweisen, die den Wärmeschutz betreffen, müssen sogenannte «Rechenwerte» verwendet werden; diese sind in DIN 4108-4 enthalten.

Die **Wärmeleitfähigkeit** λ ist der Wärmestrom in Watt [W], der durch einen Baustoff von 1 m² Fläche und 1 m Dicke bei einem Temperaturunterschied der beiden Oberflächen von 1 Kelvin hindurchfließt. Die Werte werden angegeben in W/m · K. In Tabelle 1.12 sind für einige Baustoffe die Rechenwerte λ_R aufgezeichnet. Für die Wärmeleitfähigkeit wird der Rechenwert festgelegt bei einer Mitteltemperatur des Materials von 10 °C, dem praktischen Feuchtigkeitsgehalt und unter Berücksichtigung der Streubreite der Werte:

- mit Quarzsandzusatz um 20 % größere Werte.
- Bei Mauerwerk mit Leichtmauermörtel ($\varrho \leq$ 1000 kg/m³ ohne quarzhaltigen Sand kann lR um 0,06 W/m · K geringer angesetzt werden.
- Bei Leichtbetonsteinen mit quarzhaltiger Gesteinskörnung ist λ_R um bis zu 20 % zu erhöhen.

Die Wärmeleitfähigkeit hängt vor allem von der Dichte des Baustoffes ab. Sie wird durch eingeschlossene Poren wesentlich vermindert, weshalb als maßgebender Kennwert stets auch die Rohdichte des Baustoffes anzugeben ist. Dabei sind viele kleine Poren günstiger als wenige größere Hohlräume, weil in den größeren durch die Luftzirkulation ein besserer Wärmeaustausch möglich ist. Einen gewissen Einfluss hat auch das Gefüge; bei gleicher

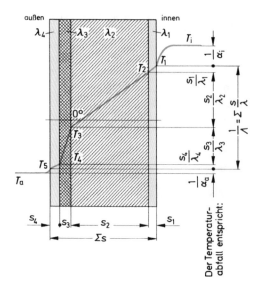

Bild 1.11 Wärmedurchgang bei einer mehrschichtigen Konstruktion

Zur Berechnung der Transmissionswärmeverluste Q_T durch ein Bauteil wird der **Wärmedurchgangskoeffizient U** benötigt. Er gibt an, welche Wärmemenge je Zeiteinheit [W] durch 1 m² der Konstruktion fließt, wenn die Temperaturdifferenz der Luft zu beiden Seiten der Konstruktion 1 K beträgt. Zur Berechnung werden die **Wärmeübergangswiderstände** R_{si} (innen) und außen R_{sa} (außen) benötigt.

1.4.9 Schallschutz

Im Hinblick auf die zunehmenden Geräuschquellen innerhalb und außerhalb der Bauten sowie auf die Anwendung leichter Bauweisen kommt dem Schallschutz immer größere Bedeutung zu. Da er vor allem auch vom Zusammenwirken verschiedener Baustoffe und Bauteile abhängt, ist eine besonders sorgfältige Planung erforderlich. Grundlagen und Vorschriften für den Schallschutz finden sich in DIN 4109. Der Schallschutz hängt von der Dichte des Baustoffes ab. Dichte Baustoffe absorbieren besser den Schall und gewähren einen besseren Schallschutz als leichte, poröse Stoffe.

1.4.10 Gesundheit, Emissions- und Strahlenschutz

In den einzelnen Kapiteln dieses Buches sind die gesundheitlich relevanten Vorschriften aufgeführt. Bei der Verwendung von Substanzen sind grundsätzlich die Angaben auf der Verpackung und die entsprechenden Vorschriften der Berufsgenossenschaften sorgfältig zu beachten.

Baustoffe, die aus Rohstoffen aus der Erdkruste gewonnen werden, z. B. Gesteinskörnung, strahlen geringfügig radioaktiv. Diese radioaktive Exhalation stellt keine Gefahren für die Gesundheit dar.

Dichte haben amorphe oder glasige Baustoffe eine geringere Wärmeleitfähigkeit als kristalline. Besondere Bedeutung hat auch der Feuchtegehalt, weil Wasser in den Baustoffporen eine um rd. 20-mal größere Wärmeleitung hat als ruhende Luft und weil außerdem Wärme durch Wasserdampfdiffusion übertragen wird.

Der **Wärmedurchlasswiderstand R** einer Konstruktion errechnet sich für s (in m) dicke Baustoffe zu

$$R = \frac{s}{\lambda} \ [m^2 K/W]$$

Bei verschiedenen hintereinander angeordneten Baustoffen (bezogen auf den Wärmedurchgang, Bild 1.11) errechnet sich für die Gesamtkonstruktion der Wärmedurchlasswiderstand zu

$$R = R_1 + R_2 + R_3 + \cdots$$
$$= \frac{s_1}{R_1} + \frac{s_2}{R_2} + \frac{s_3}{R_3} + \cdots$$

Befindet sich dazwischen eine Luftschicht, so ist deren Wärmedurchlasswiderstand R nach DIN EN ISO 6946 zu berücksichtigen.

1.5 Gewährleistung der Eigenschaften

Eigenschaften und Anforderungen an die Baustoffe sind wichtige Grundlage für eine Leistungsbeschreibung. Zur Feststellung der Eigenschaften und zum Gütenachweis sind Prüfverfahren und Prüfbedingungen festgelegt. Die Nachweise sind unter Einbeziehung der Prüfnormen zu führen. In den Normen ist u. a. im Einzelnen der Umfang der Prüfungen vorgeschrieben, mit denen der Nachweis für die Güte der Baustoffe erbracht werden muss. Die geltenden Normen und Angaben über das grundsätzliche Verfahren für die Nachweise sind der jeweils aktuellen Bauregelliste des DIBt zu entnehmen. Umfang und Häufigkeit der Prüfungen sind in den Normen oder in der Zulassung festgelegt.

Bild 1.12
Ü-Zeichen

1.5.1 Kontrolle der Baustoffe

Eignungsprüfung / Erstprüfung
Bei Fertigprodukten (Mauerziegel, Stahl) finden Erstprüfungen im Werk statt, bei zusammengesetzten Produkten (Betonrezeptur, Asphaltmischung) werden Eignungsprüfungen durchgeführt. Beide Arten der Prüfungen finden vor der Bauausführung im Labor statt mit dem Ziel, festzustellen, ob mit dem Produkt die Zielvorgaben erreicht werden.

Güteprüfung
Während der Produktion von Baustoffen werden durch eine **werkseigene Produktionskontrolle WPK** i. d. R. vom Baustoffhersteller selbst laufend die notwendigen Prüfungen vorgenommen. In den Werkstagebüchern sind auch weitere für eine gleichmäßige Produktion wichtige Daten festzuhalten. Außerdem werden in bestimmten Zeitabständen die Produktions- und Prüfeinrichtungen kontrolliert. Viele moderne Betriebe ergänzen die WPK mit einer zusätzlichen **Qualitätssicherung (QS)**, wobei nach einem bestimmten QS-System und Qualitätsmanagement alle Zuständigkeiten und weitere interne und externe Faktoren des Betriebs festgehalten werden. Nach Überprüfung durch besondere Zertifizierungsstellen erhält der Betrieb ein Qualitätszertifikat.

Zusätzlich findet je nach Baustoff/Bauprodukt und Normvorgabe eine **Fremdüberwachung** durch eine dafür autorisierte unabhängige Institution statt, die einen Überwachungsbericht anfertigt. Die fremdüberwachende Stelle prüft insbesondere, ob das Fachpersonal und die Einrichtungen eine ordnungsgemäße Baustoffproduktion gewährleisten, ob bei der Eigenüberwachung alle notwendigen Feststellungen getroffen werden und ob sie den Anforderungen genügen.

Je nach Normvorgabe, ggf. Zertifizierung der Überwachung durch eine Zertifizierungsstelle, wird für das geprüfte Produkt ein Übereinstimmungszertifikat erteilt. Das Übereinstimmungszeichen auf Gebinden, Verpackung, Lieferschein dient als Nachweis, dass es sich um ein überwachtes, normkonformes Bauprodukt handelt. Dabei steht:

- **Ü-Zeichen** für Bauprodukte nach DIN-Normen (Bild 1.12),
- **CE-Zeichen** für Bauprodukte nach harmonisierten DIN EN-Normen.

Kontrollprüfung
Die Kontrollprüfung bezieht sich auf den Bereich des Straßenbaus. Die besteht aus den Prüfungen des Auftraggebers nach Ausführung des Auftrags als Grundlage für die Abrechnung der Bauleistung.

1.5.2 Streuung und Statistik

Bei vielen Eigenschaften der Baustoffe muss zum einen ein bestimmter Mittelwert der Prüfergebnisse erreicht werden, zum anderen müssen die Einzelwerte innerhalb bestimmter Grenzen liegen, um Fehlproduktionen auszuschließen.

Die Streuung der Prüfergebnisse ist bedingt zunächst durch schwankende Eigenschaften der Baustoffe und durch Prüffehler, verursacht durch die Prüfer und die Prüfeinrichtung. Durch genaue Beachtung der Prüfvorschriften und durch Verwendung von Prüfeinrichtungen im vorgeschriebenen Zustand wird die Streuung infolge des Prüfens möglichst gering gehalten.

Um einigermaßen auf die Qualitätsstreuung der Gesamtproduktion schließen zu können, wird von jeder Baustoffsorte, gleichmäßig über eine längere Zeit verteilt, eine Mindestanzahl an Stichproben geprüft und statistisch ausgewertet.

Aus den n Einzelwerten $x_1, x_2, ..., x_i...x_n$ werden der **Mittelwert** $\overline{X}$ und, als Maß für die Streuung, die **Standardabweichung** s errechnet.

Bei geringer Standardabweichung ist die Baustoffproduktion besonders gleichmäßig. Bei genügend vielen Proben kann aus den Auswertungen mit großer Wahrscheinlichkeit auf die Gesamtproduktion geschlossen werden.

*Anmerkung: Im Anhang (zu Kapitel 1 **Grundlagen**) sind Beispiele für die Berechnung der wesentlichen physikalischen und mechanischen Eigenschaften von unterschiedlichen Baustoffen gegeben.*

2 Metalle

Die Weiterentwicklung auf dem Gebiet der metallischen Werkstoffe ist vor allem darauf gerichtet, die Festigkeiten zu steigern, wodurch eine Verringerung der Querschnitte der Bauteile möglich ist und somit eine Reduzierung der Masse vorgenommen werden kann. Gleichzeitig erforderlich sind eine gute Zähigkeit, die Eignung zum Schweißen sowie eine Verbesserung des Korrosionswiderstandes.

2.1 Allgemeine Technologie und Eigenschaften

Metalle befinden sich, mit Ausnahme von Edelmetallen und Kupfer, in der Natur vorwiegend in Form chemischer Verbindungen. Sie sind mit mineralischen Stoffen (Gangart) vermischt. Die Metalle werden in der Regel aus geeigneten bergmännisch geförderten Erzen mit technischen Aufbereitungsverfahren wie Schmelzen oder Elektrolyse gewonnen. Dabei wird das Erz von Fremdstoffen weitgehend gereinigt («raffiniert») und das Metalloxid reduziert.

> ! Die im Bauwesen verwendeten metallischen Werkstoffe sind meist Legierungen; durch bestimmte Legierungszusätze werden einige Eigenschaften des Reinmetalls deutlich verbessert, andere können sich dabei jedoch verschlechtern, z. B. eine Erhöhung der Festigkeit führt zu geringerer Zähigkeit. Die mechanischen Eigenschaften der Metalle werden einerseits durch den noch vorhandenen Gehalt an Verunreinigungen beeinflusst und anderseits dadurch, welches Gefüge während der Herstellung und infolge von mechanischen Einwirkungen entsteht.

In Tabelle 2.1 sind die im Bauwesen verwendeten metallischen Werkstoffe und einige wichtige allgemeine Eigenschaften aufgeführt. Werkstoffe werden nach bestimmten Werkstoffnummern bestellt, die genau festgelegte Zusammensetzungen und Eigenschaften garantieren.

2.1.1 Metallbindungen und -gefüge, Einflüsse auf das Gefüge

Metallbindungen sind Bindung zwischen gleichen oder verschiedenen Elementen mit etwa gleicher oder mit geringerer Anzahl von Valenzelektronen. In der Regel haben alle Metalle 2 oder 3 Valenzelektronen, die sie zu einem gemeinsamen negativ geladenen «Elektronengas» abgeben. Das Elektronengas zwischen den positiven Atomkernen bewirkt den elektrostatischen Zusammenhalt. Die Bindung ist allseits gerichtet (isotrop). Bei Verschiebung bleibt der Zusammenhalt bestehen (kein Abstoßeffekt). Diese Bindungen sind gekennzeichnet durch gute elektrische und thermische Leitfähigkeit sowie durch gute plastische Verformbarkeit.

Metallgefüge
Die idealisiert kugeligen Atome sind in der Schmelze ungeordnet und frei beweglich. Beim Erstarren der Schmelze durch Abkühlung ordnen sie sich nach einem festen, regelmäßigen System im Raum und bilden Raumgitter (Kristalle). Die für Metalle wichtigsten Kristallformen, die letztlich die Materialeigenschaften beeinflussen, lassen sich anhand einfacher Elementargitter beschreiben. Diese, räumlich aneinandergereiht, bilden das Metallgefüge.

Es sind die in Bild 2.1 dargestellten drei Elementargitterformen zu unterscheiden:

❏ **hdp**-Gitter (**h**exagonal **d**ichteste **K**ugel**pa**ckung), bei dem 6 Atome in der übereinander liegenden Fläche und 1 Atom in der Flächenmitte angeordnet sind. Die Metalle

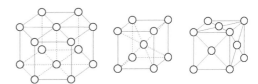

Bild 2.1 Metallgefüge

Tabelle 2.1 Wichtige Eigenschaften der metallischen Werkstoffe

Werkstoffe [1] aus	Dichte g/cm³	Elastizitätsmodul N/mm²	Wärmedehnkoeffizient mm/m · K	Farbe	Formbarkeit und Schweißeignung	Korrosion durch
Aluminium [2] (Al)	2,7	70 000	0,023 bis 0,024	Silberweiß	in der Regel gut verformbar, je nach Legierung [2] unter Schutzgas schweißgeeignet	Säuren, Rauchgase, Kalk- und Zementmörtel, Chloride
Zink (Zn)	7,15	10 000	0,029	Bläulichweiß	spröde, bei 160…150 °C formbar	Säuren, Rauchgase, Kalk- und Zementmörtel, Chloride, Tauwasser
Eisen [3] (Fe)	7,2 bis 7,9	10 000 bis 21 000	0,010 bis 0,012	Dunkel- bis Weißgrau	Je nach Kohlenstoffgehalt und Vorbehandlung spröde bis zäh bzw. schweißgeeignet	Feuchtigkeit und Sauerstoff, Säuren, Gips, Chloride
Zinn (Sn)	7,3	55 000	0,020	glänzend Weiß	sehr weich und dehnbar	Zerfall bei Kälte
Blei (Pb)	11,3	16 000	0,029	Bläulichgrau	besonders weich und dehnbar, schweißgeeignet	Salpetersäure, organische Säuren, weiches und kohlensäurehaltiges Wasser, Kalk- und Zementmörtel
Kupfer (Cu)	8,9	10 000 bis 13 000	0,017	Hellrot	sehr geschmeidig, schweißgeeignet	Ammoniak, Chloride

[1] Reihenfolge in der elektrochemischen Spannungsreihe von Al (unedler) bis Cu (edler).
[2] Besondere Eigenschaften des Aluminiums siehe Tabelle 6.7.
[3] Die kleinen Werte gelten für gewöhnliches Gusseisen, die größeren Werte für Stahl, siehe auch Tabelle 6.2.

sind spröde. Vertreter: Kobalt, Magnesium, Titan, Zink;
❏ **krz**-Gitter (**k**ubisch-**r**aum**z**entriert), bei dem 8 Atome an den Würfelecken und 1 Atom in der Raumdiagonalen angeordnet sind. Diese Metalle sind hart und schwer verformbar. Vertreter: Chrom, Vanadium, Wolfram, α-**Eisen (Ferrit)**;
❏ **kfz**-Gitter (**k**ubisch-**f**lächen**z**entriert), bei dem 8 Atome an den Würfelecken und je 1 Atom in der Flächendiagonalen angeordnet sind. Die Metalle sind weich und leicht verformbar. Vertreter: Aluminium, Blei, Kupfer, Silber, Gold, α-**Eisen (Austenit)**.

In den vereinfachten Skizzen sind die Atomkerne als kleine Kugeln dargestellt. In Wirklichkeit berühren sich die Atome. Aus der Geometrie lassen sich Angaben über die Gitterlängen und die Größe der Zwischenräume machen.
Beispiel:
Fe-Atom-$\varnothing \approx 0{,}25$ nm (= $0{,}25 \cdot 10^{-9}$ m), d. h. ideal aneinandergereiht kommen auf 1 mm Länge rd. 4 Mio. Fe-Atome.

Gitteranomalien
Die Erstarrung aus der Schmelze beginnt an sog. «Keimen», die sich später aneinander

Allgemeine Technologie und Eigenschaften 39

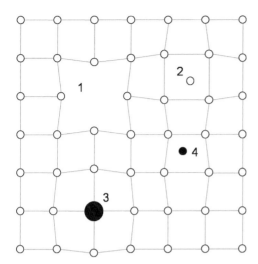

Bild 2.2 Punktförmige Gitteranomalien

Einlagerungs-Mischkristall, Kohlenstoff-Legierungen, mit Eisen Fe O und Kohlenstoff C•		Subsitutions-MK, mit anderen Legierungselementen B
a) geringe Löslichkeit von C in Eisen Fe; α-Eisen ≤ 0,02%C, γ-Eisen ≤ 2,1%C	b) höhere Anteile C, z.B. Eisenkarbid (Zementit) Fe$_3$C mit 6,7%C	c) Atom A O, z.B.Fe, Atom B◊, z.B.Ni, Cr, Mo

Bild 2.3
Einlagerungs- und Substitutions-Mischkristalle

ordnen. Daraus können Anomalien und Fehlstellen gegenüber der idealen Raumgitterstruktur resultieren. Zusätzlich können sich Fremdatome in der Kristallstruktur einbinden. Gitterspannungen sind die Folge. Die Metalle werden härter, spröder. Wichtige Gitteranomalien sind die in Bild 2.2 gezeigten punktförmigen Gitteranomalien.

Metallische Werkstoffe sind keine reinen Metalle, sondern bestehen aus mehreren Elementen und werden «Legierungen» genannt. Legierungen enthalten Zusätze, die die Werkstoffeigenschaften verbessern. Legierungen können gebildet werden (Bild 2.3) als

❑ **S**ubstitutions-**M**ischkristalle, SMK (Typ 3 bei punktförmigen Gitteranomalien). Legierungsatome mit etwa gleichem Durchmesser wie das Wirtsatom werden anstelle der Grundatome in das Kristallgitter eingebaut. Beispiel: Hauptatom = Fe, SMK = Ni, Cr, Mo;
❑ Einlagerungsmischkristall, EMK (siehe Typen 2, 4 bei punktförmigen Gitteranomalien). Legierungsatome mit kleinerem Durchmesser als das Wirtsatom werden auf Zwischengitterplätzen eingelagert. Beispiel: Hauptatom = Fe, EMK = C, H.

Die Einlagerung erfolgt über Diffusionsvorgänge. Die Diffusionsneigung nimmt mit der Temperatur (die Atome «schwingen») und mit der Konzentration der Fremdatome zu.

Übertragen auf Eisen: EMK = C; C •, Fe O

Bei Einlagerung des Kohlenstoffes C mit ∅ ≈ 0,15 nm ist bei α-Eisen eine Löslichkeit bis max. 0,02 % · C (bei T = 723 °C) möglich, während im γ-Eisen sich max. 2,1 % · C (T = 1147 °C) einlagern können, siehe Bild 2.3a. Wenn die C-Gehalte größer werden, bilden sich Gefügekörner mit höheren C-Anteilen, z. B. Eisencarbid (Zementit) Fe$_3$C mit 8,7 % · C (Bild 2.3b) oder reines Grafit als kristalline Modifikation des Kohlenstoffes mit 100 % · C in lamellarer oder kugeliger Form.

Für besondere Anforderungen werden Kombinationen der Einlagerung von SMK und EMK vorgenommen:

❑ Die **Legierungen** sind oft härter und spröder als die reinen Metalle; die Festigkeit ist dann größer, die Zähigkeit geringer.
❑ **Reine Metalle** erstarren bei einer bestimmten konstanten Temperatur. Die Legierungen erstarren zumeist bei geringeren Temperaturen und durchlaufen dabei einen Erstarrungsbereich, wobei unterschieden wird zwischen dem Beginn der Erstarrung (Liquiduslinie = untere Grenze der flüssigen Schmelze) und dem Ende der Erstarrung (Soliduslinie = obere Grenze des festen Zustands).

In dem **Eisen-Kohlenstoff-Diagramm** nach Bild 2.4 für die im Bauwesen verwendeten Stähle sind dies die Linien A–B–C bzw. A–H–I–E–C. Bei Temperaturen zwischen den beiden Linien befinden sich in der Restschmelze Mischkristalle, was einen teigigen Zustand zur Folge hat. Beim Abkühlen aus der Schmelze bleibt bei diesen Linien die Temperatur während einer bestimmten Zeit konstant. Dies gilt auch bei Veränderungen des Gitteraufbaus, z. B. bei der Linie G–S–K, bei der die γ-Mischkristalle in α-Mischkristalle umklappen. γ-Mischkristalle (Austenit) bilden sich nach der Formgebung im warmen Zustand. Beim langsamen Abkühlen unter die Linien GS bis PS klappen sie in die kleineren α-Mischkristalle um; die Fe- und C-Atome nehmen dabei einen Stellungswechsel vor. Bei 0,8 % C bestehen die α-Mischkristalle nur aus Perlit; in allen Kristallen aus weichem, zähem Ferrit sind dabei 13 % hartes, sprödes Zementit (Fe_3C mit 8,7 % C) laminar eingelagert. Unter 0,8 % C besteht das Gefüge aus Ferrit und Perlit, über 0,8 % aus Perlit und Zementit. Es lassen sich in gleicher Weise für andere Legierungen entsprechende Zustandsschaubilder aufzeichnen, aus denen sich die Vorgänge beim stetigen Abkühlen aus einer Schmelze bis zur Raumtemperatur ablesen lassen.

2.1.2 Formgebung und Metallverbindungen

Je nach ihrer Zusammensetzung und je nach den gewünschten Baustoffen erfolgt die Formgebung metallischer Werkstoffe

- durch Gießen in flüssigem Zustand in Formen aus Sand oder Metall,
- durch Walzen, Pressen und Ziehen in warmem Zustand oder
- durch Walzen, Ziehen, Pressen u. a. in kaltem Zustand.

Spröde Werkstoffe, z. B. Gusseisen, können nur durch Gießen ihre Form erhalten.

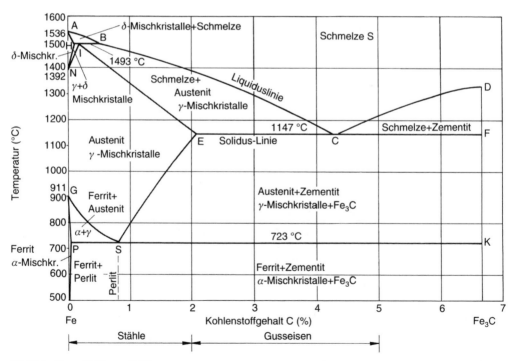

Bild 2.4 Eisen-Kohlenstoff-Diagramm

Metalle können durch Schrauben, Nieten, Kleben oder Schweißen und Löten verbunden werden. Es wird dabei unterschieden zwischen Schmelzschweißen in der Regel mit Zusatzwerkstoffen in Form von Elektroden aus dem gleichen oder einem besseren Metall als der Grundwerkstoff (Erwärmung bis oberhalb der Liquiduslinie), Pressschweißen nur unter Druck (örtliches Erwärmen bis zur Soliduslinie) und Löten mit einem anderen metallischen Werkstoff, dessen Schmelztemperatur unter der des Grundwerkstoffes liegt.

Der zu verbindende Grundwerkstoff muss eine Schweißeignung aufweisen. Zu bevorzugen sind schonende Schweißverfahren, z. B. mit Schutzgas. Schädliche Gefügeänderungen werden u. a. durch Vorwärmen und langsameres Abkühlen der Schweißung vermieden.

2.1.3 Mechanische Eigenschaften

> Für die Anwendung der Metalle müssen insbesondere ihre Festigkeiten und ihr Formänderungsverhalten bekannt sein. Die Einteilung in Festigkeitsklassen bezieht sich auf die **Zugfestigkeit** f_t in N/mm², die beim Zugversuch mindestens erreicht werden muss.

Für die weitere Beurteilung dient das Verformungsverhalten, das anhand des **Spannungs-Dehnungs-Diagramms** (Bild 2.5) beurteilt wird. Dieses ist gekennzeichnet durch einen elastischen Bereich, in dem die elastische Verformung nach Entlastung reversibel ist. Im Anschluss an die elastischen Dehnungen kommt es bei den nicht ausgesprochen spröden Metallen durch Verformungen und Verschiebungen der Kristalle zu plastischen Dehnungen.

Die **Bruchdehnung** A (δ) einer Messstrecke und die **Einschnürung** im Bereich der Bruchstelle kennzeichnen die Zähigkeit und Formbarkeit der Metalle. Auch am Bruchbild ist deutlich erkennbar, ob das Metall zäh oder spröde ist.

Beim Bruch wird je nach Verformungsverhalten unterschieden zwischen

❑ Verformungsbruch mit großer Bruchdehnung und Brucheinschnürung und
❑ Spröd- oder Trennbruch ohne plastische Verformung.

Zähe Werkstoffe sind von Vorteil, weil sie sich ohne Bruch kalt verformen lassen. Als Maß für das Formänderungsvermögen werden Mindestwerte für die Bruchdehnung verlangt. Bei-

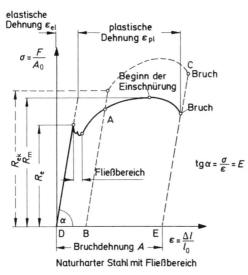
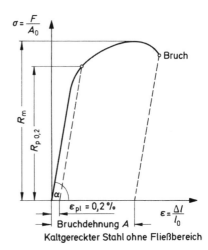

Bild 2.5 Spannungs-Dehnungs-Diagramm

spiele: Grauguss 1 %, Betonstahl 8...20 %, Aluminium ≈ 20 %, Kupfer ≈ 50 %.

Die Festigkeit von Metallen ist bei **häufig wiederholten Lastwechseln** geringer als bei einmaliger Belastung, da sich an örtlichen Inhomogenitäten oder Versprödungen ein Anriss bilden kann (auch wenn berechnete mittlere Dehnungen noch im elastischen Bereich liegen), der nach weiteren Lastwechseln fortschreitet und schließlich zum Bruch führt.

2.1.4 Korrosion und Korrosionsschutz

Die metallischen Werkstoffe besitzen einen unterschiedlichen Widerstand gegen Korrosion, siehe Tabelle 2.1. Allgemein haben sie das Bestreben, sich wieder in den energieärmeren Zustand, d. h. in den Verbindungszustand, zurückzuverwandeln. Es finden dabei chemische und vor allem elektrochemische Reaktionen statt, die sich in Gegenwart von korrosionsfördernden Stoffen erheblich verstärken können. Die weitaus wichtigste Korrosionsform ist die elektrochemische Korrosion. Dazu kommt es, wenn z. B. zwischen unterschiedlich edlen Metallen in Gegenwart von Feuchtigkeit (Elektrolyt) eine Potenzialdifferenz entsteht, d. h. wenn sich ein galvanisches Element bildet. Bei Berührung beider Metalle gleicht sich die Potenzialdifferenz aus, indem ein elektrischer Strom fließt. Dabei wird das unedlere Metall (Anode) abgebaut. Ähnliche galvanische Elemente, sogenannte Lokalelemente, können aber auch an der Oberfläche ein und desselben Metalls infolge von Unterschieden des Gefüges und der Zusammensetzung auftreten. Bei Anwesenheit von Sauerstoff aus der Luft ist die Potenzialdifferenz sehr viel größer als ohne Sauerstoff. Da an der Luft ein größerer Stromfluss stattfindet, entstehen in der Zeiteinheit sehr viel mehr Korrosionsprodukte. Die Wirkung des Sauerstoffes ist jedoch sehr unterschiedlich. Dort, wo die Korrosionsprodukte locker und porös sind (üblicherweise als «Rost» bezeichnet), wirkt der Sauerstoff korrosionsfördernd. Bildet das anfänglich entstehende Korrosionsprodukt einen festhaftenden dichten Überzug, schützt diese Schicht das darunterliegende Metall vor weiterer Korrosion. Das Korrosionsprodukt wirkt korrosionshemmend oder passivierend. Passivierbar sind vor allem Chrom und Nickel mit dünnen, oft sogar unsichtbaren Überzügen oder Aluminium und Zink mit gut sichtbaren Überzügen, desgleichen mit Chrom und Nickel legierte Stahlsorten. Die Korrosion tritt vor allem in folgenden Erscheinungsformen auf:

- **Flächenkorrosion** bei gleichmäßigem Angriff und gleichmäßige Abtragung über die ganze Oberfläche,
- **Punktkorrosion** oder **Lochfraß** bei örtlichem Angriff, meist weiter in die Tiefe wirkend,
- **interkristalline Korrosion** durch Lokalelemente aus unterschiedlich zusammengesetzten Kristalliten, ebenfalls in die Tiefe wirkend,
- **Spannungsrisskorrosion** bei gleichzeitiger Einwirkung von aggressiven Stoffen und hoher Zugspannung, wie sie insbesondere in Spannstählen herrscht; dadurch interkristallines Aufreißen,
- **Kontaktkorrosion** durch elektrisch leitende Berührung von zwei verschiedenen Metallen; bei Feuchtigkeit wird das in der elektrochemischen Spannungsreihe niederere (unedlere) Metall durch Elektrolyse angegriffen.

Punktkorrosion, interkristalline Korrosion und Spannungsrisskorrosion führen zu Kerbwirkungen. Treten Zugspannungen auf, führt die Kerbwirkung meist zu gefährlichen plötzlichen Brüchen ohne nennenswerte Verformung.

Die Dauerhaftigkeit von Metallen wird durch aktiven oder passiven Korrosionsschutz verbessert. Beim **aktiven Korrosionsschutz** werden Werkstoffe ausgewählt, die allgemein oder gegen bestimmte aggressive Einwirkungen beständig sind. Die Konstruktionen sollten glatte und geneigte Flächen besitzen sowie genügend wärmeisoliert und belüftet sein, damit sich darauf kein Tauwasser sammelt. Beim **passiven Korrosionsschutz** werden auf die entsprechend vorbehandelten Oberflächen geeignete Überzüge (metallisch) oder Beschichtungen aufgebracht. Für ihre Schutzwirkung sind eine allseitig gute Haftung und Porenfreiheit sowie eine ausreichende Dicke entscheidend; die Anforderungen richten sich nach den Umweltbedingungen und der Zugänglichkeit der Bauteile nach dem Einbau. Gegen Kontaktkorrosion müssen unterschiedliche Metalle durch schlecht leitende Stoffe, wie Bitumen- oder Kunststoffbeschichtungen, Abstandshalter aus Gummi oder Kunststoffen, voneinander galvanisch getrennt werden. Nässe, die diese Stoffe überbrücken kann, ist fernzuhalten. Eine weitere Möglichkeit ist der **katodische Korrosionsschutz**. Er kommt dadurch zustande, dass an das zu schützende Metallteil ein unedleres Metall als «Opferanode» elektrisch leitend angeschlossen wird. Das unedlere Metall wird dabei abgebaut. Dieser Schutz ist nur in einer elektrisch leitenden Umgebung möglich, z. B. bei hoher Feuchtigkeit.

2.1.5 Alterung

Bei abgeschreckten und bei kaltverformten Werkstoffen kommt es bei Raumtemperatur durch Rekristallisation zu Gefügevergröberungen, auch als Alterung bezeichnet, wodurch Festigkeit und Härte zunehmen, die Zähigkeit jedoch so weit abnehmen kann, dass ein spröder Bruch einsetzt. Dieser Vorgang tritt bei Temperaturen von 100...300 °C beschleunigt auf. Durch Wärmebehandlung bei genügend hohen Temperaturen wird das Metallgefüge wieder völlig neu gebildet, so wie es ursprünglich vor dem Abschrecken bzw. vor der Kaltverformung vorhanden war; Eigenspannungen, z. B. durch Schweißen, werden abgebaut. Unerwünscht sind zu grobe Kristallite, z. B. durch Überhitzung bei Schweißnähten, weil dadurch die Zähigkeit abnimmt.

2.2 Eisen und Stahl

Die Eisenerze werden zum überwiegenden Teil im Hochofen unter Zugabe von Koks und von Kalkstein bei 1800...2000 °C geschmolzen. Besonders hochwertige Erze werden zu kleinen Kugeln (Pellets) geröstet und dann bei rd. 1000 °C zu mind. 90 %igem Eisenschwamm reduziert. Die große Masse der mineralischen Verunreinigungen wird als flüssige Hochofenschlacke ausgeschieden, die nach entsprechender Behandlung als Straßenbaustoff, als Hüttensand für Zement, als dichte oder porige Gesteinskörnung für Beton, Mörtel und Bausteine sowie als Hüttenwolle für Dämmstoffe verwendet wird.

Als **Roheisen** werden die Eisen-Kohlenstoff-Legierungen mit Kohlenstoffgehalt > 2 M-% bezeichnet. Der Kohlenstoff (C) ist das wichtigste Legierungselement in den Eisenwerkstoffen; andere Legierungselemente werden nach DIN EN 10 001 auf folgende Gehalte begrenzt: Mangan (Mn) ≤ 30 %, Silicium (Si) ≤ 8 %, Phosphor (P) ≤ 3 %, Chrom (Cr) ≤ 10 %, Summe anderer Elemente ≤ 10 %.

Entsprechend der chemischen Zusammensetzung wird **unlegiertes Roheisen** als Stahl-Roheisen bzw. Gießerei-Roheisen mit begrenzten Gehalten an C, Si, Mn, P, S oder **legiertes Roheisen** mit Mn-Gehalt > 8...30 % unterschieden.

Roheisen ist wegen seines hohen Gehalts an Kohlenstoff, Phosphor und Schwefel nicht direkt verwendbar. Durch Umschmelzen und Reduktion der unerwünschten Begleitelemente werden die erforderlichen Eigenschaften erreicht.

2.2.1 Gusseisen

Die Baustoffe werden aus erhitztem Roheisen, das meist noch bestimmte Zusätze erhält, durch Gießen in Formen hergestellt. Gusseisen wird nach der Farbe der Bruchflächen unterschieden. Bei **grauem Gusseisen** begünstigt ein höherer Siliciumgehalt (0,5...3 %) eine Grafitausscheidung, wodurch **Lamellengrafit** oder **Kugelgrafit** entsteht. **Weißes Gusseisen** enthält keinen freien Grafit, sondern nur Kohlenstoff, gebunden in Eisenkarbid (Zementit) oder Perlit. Daraus wird **Temperguss** nach DIN EN 1582 hergestellt. Je nach weiterer Glühbehandlung des Temperrohgusses erhält man nicht entkohlend geglühten schwarzen Temperguss (GTS) oder entkohlend geglühten

Tabelle 2.2 Vergleich Gusseisen und Stahl

	Gusseisen	Stahl (im Bauwesen)
Kohlenstoffgehalt, %	2…5	i. Allg. bis 0,6, Spannstähle bis 0,9, schweißgeeignete Stähle bis 0,22
Herstellung durch	Gießen	Walzen, Schmieden, Kaltverformung, selten durch Gießen
Eigenschaften:	spröde bis zäh, nur begrenzt schmied- und schweißgeeignet	zäh, schmied- und zumeist schweißgeeignet, kaltverformbar
Elastizitätsmodul, N/mm^2 Korrosionswiderstand	100 000…180 000 größer	210 000 i. Allg. geringer
Anwendung:	Kanalgusswaren, Abfluss- und Druckrohre, sanitäre Installationen, Heizkörper und Heizkessel, Lager, Tübbings	Baustähle, Betonstähle, Spannstähle, Edelstähle, Fassadenelemente, Trapezbleche, Rohre

weißen Temperguss (GTW).

Der Korrosionswiderstand des Gusseisens ist größer als von unlegiertem Stahl; durch Zusatz von 20…30 % Nickel kann er noch weiter verbessert werden (Ni-Resist-Gusseisen). Gusseisen eignet sich wegen der leichten Formgebung durch Gießen besonders für Baustoffe und Bauelemente mit komplizierten Formen und wird außerdem auch dort eingesetzt, wo hohe Druck- und höchstens mittlere Biegebeanspruchung auftreten.

Tabelle 2.2 zeigt die Unterschiede von Gusseisen und Stahl hinsichtlich der Zusammensetzung, der Herstellung, der Eigenschaften und der Anwendung.

2.2.2 Technologie des Stahls

2.2.2.1 Herstellung

Stahl wird aus Eisen und dem Legierungselement Kohlenstoff als Einlagerungsmischkristall hergestellt. Kohlenstoff erhöht die Härte, die Streckgrenze und die Zugfestigkeit sowie den Verschleißwiderstand und die Härtbarkeit, vermindert jedoch die Zähigkeit, die Verformbarkeit, die Bearbeitbarkeit und die Schweißeignung. Bild 2.6 zeigt den Einfluss des Kohlenstoffgehaltes auf die wichtigsten mechanischen Eigenschaften des Stahls.

Als Grundmetall zur Herstellung von Stahl wird weißes Roheisen verwendet. Dieses enthält als Einlagerungsmischkristalle neben den erwünschten Elementen (siehe Tabelle 2.3) einen zu hohen Anteil an Kohlenstoff und auch unerwünschten Elementen (siehe Tabelle 2.4), vor allem an Phosphor und Schwefel. Durch das sogenannte «Frischen» wird mit bestimmten Verfahren der Anteil an Eisenbegleiter reduziert. Gleichzeitig werden durch Zugabe von Schrott oder/und Legierungselementen als Substitutionsmischkristalle die Zusammensetzung verbessert und damit die mechanisch-technologischen Eigenschaften gesteuert.

Beim **Sauerstoffaufblasverfahren** (Stahlbezeichnung Y) wird in einem Konverter mit einer wassergekühlten Lanze reiner Sauerstoff direkt auf die Schmelze aufgeblasen.

Beim **Elektro-Verfahren** (Stahlbezeichnung E) wird die Hitze, die für die Oxidation der zu entfernenden Stoffe notwendig ist, durch einen elektrischen Lichtbogen zwischen Elektrodenspitzen und der Schmelze erreicht.

Die Art des Vergießens der Stahlschmelze in den Kokillen zu Blöcken oder in Rohren zu Strängen wirkt sich auf die späteren Eigenschaften des Stahls aus. Die Stähle werden unterteilt in **unberuhigt erstarrenden Stahl** (Bezeichnung **FU**), in dem Gase enthalten sind, die zu möglichen Seigerungen im Blockinnern führen können, und **beruhigten Stahl** (**FN**) bei dem durch Zugabe von Silicium die Gase gebunden werden. Die Zugabe von Aluminium führt durch die Bindung des Stickstoffes zu einem **besonders beruhigten Stahl** (**FF**).

Zur Herstellung von Baustahl werden die Blöcke im warmen Zustand bei rd. 1000... 1300 °C durch Walzen zu den verschiedenen Stahlprofilen geformt. Sie werden dabei jeweils durch 2 gegenüberliegende Walzen mit veränderter Einstellung so lange durchgeknetet, bis das endgültige Profil erreicht ist. Warmgewalzte Erzeugnisse werden nach langsamer Abkühlung keiner weiteren Behandlung unterzogen; diese Stähle werden auch als **naturhart** bezeichnet. Die warmgewalzten Erzeugnisse können zusätzlich noch durch **Kaltverformung**, z. B. durch Ziehen und Kaltwalzen, weiterverarbeitet werden. Dadurch wird vor allem die Festigkeit erhöht. Wegen der Vorwegnahme eines Teils der Verformung werden aber die noch verbleibende Dehnbarkeit und damit die Zähigkeit deutlich geringer. Ist im kaltverformten Stahl freier Stickstoff vorhanden, kommt es bei Raumtemperatur nach und nach zu einer Alterung, die mit größerer Sprödigkeit verbunden ist.

2.2.2.2 Klassifizierung der Stähle

Die Unterteilung der Stahlsorten nach DIN EN 10 020 erfolgt in zwei Hauptgüteklassen:

- unlegierte Stähle: Legierungselemente anteilmäßig unterhalb angegebener Massenanteile in %; Grenzen: Si $\leq$ 0,5 %, Mn < 0,8 %, Al, TI $\leq$ 0,1 %, Cu $\leq$ 0,25 %;
- legierte Stähle: Legierungselemente anteilmäßig gleich oder oberhalb angegebener Massenanteile in %. Bei legierten Stählen wird unterschieden in niedrig legiert: $\leq$ 5 % Legierungselemente; hoch legiert: $\geq$ 5 % Legierungselemente.

Hauptgüteklasse unlegierte Stähle
uG – unlegierte Grundstähle (Massenbaustähle) enthalten keine Legierungselemente außer Si, Mn und sind ohne Wärmebehandlung hergestellt. Die mechanischen Kennwerte sind in Normen angegeben, aber weitere Gütemerkmale sind nicht vorgeschrieben.
Anwendung: Bauwesen (Stahlbau), Schiffbau.

uQ – unlegierte Qualitätsstähle werden im Vergleich zu Grundstählen mit zusätzlichen Anforderungen an z. B. Sprödbruchempfindlichkeit, Verformbarkeit hergestellt. Daher ist eine besondere Sorgfalt bei der Stahlherstellung erforderlich.
Anwendung: wie Grundstähle, jedoch für höhere Beanspruchung.

uE – unlegierte Edelstähle haben gegenüber unlegierten Qualitätsstählen einen höheren Reinheitsgrad bezüglich nichtmetallischer Einschlüsse. Durch besonders sorgfältige Herstellungsbedingungen sowie genaue Einstellung der chemischen Zusammensetzung wird eine hohe Festigkeit erreicht bei gleichzeitig optimierter Verformbarkeit, Schweißbarkeit und Kerbschlagzähigkeit.
Anwendung: für Oberflächenhärtung, Vergütung.

Die Eigenschaften von unlegiertem Stahl können nachträglich durch Wärmebehandlung oder Kaltverformung oder in Kombination beider Verfahrensweisen verbessert werden. Teilweise wird auch die chemische Zusammensetzung des Stahls verändert.

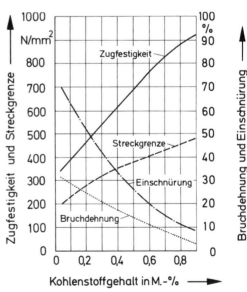

Bild 2.6 Einfluss des Kohlenstoffgehalts auf die mechanischen Eigenschaften des Stahls

Tabelle 2.3 Nachteilige Eigenschaften der unerwünschten Stahlbegleiter

P	versprödend, verbrennt beim Frischen; Massenstahl P < 0,05 %, Edelstahl P < 0,02 %
O	Oxidbindung, Abnahme der Zähigkeit, Dauerhaftigkeit; Bindung mit Si, Al, Mn ♦ Oxide steigen in der Schmelze auf = Desoxidation, Beruhigung; bei Nichtbindung Gasblasen in der Schmelze = unberuhigter Stahl
S	Sulfideinschlüsse ⇒ versprödend; Wirkung kann für Spanbrechen (Oberflächenbearbeitung) auch erwünscht sein; Massenstahl S < 0,05 %, Edelstahl S < 0,02 %
N	versprödend, Alterungsneigung; Binden an Al
H	kleinstes Atom, sehr beweglich auf Zwischengitterplatz, Sprödbruchgefahr; bei Spannstählen Gefahr der wasserstoffinduzierten Spannungsrisskorrosion

Tabelle 2.4 Wirkungsweise einiger Legierungselemente

	verbessernd/erhöhend	vermindernd
C	Festigkeit, Härte	Schweißbarkeit, Verformbarkeit
Si	Festigkeit, Härte	Schweißbarkeit, Verformbarkeit
Mn	Festigkeit, Härte, Warmverformbarkeit, > 12 %: Stahl wird unmagnetisch	Schweißbarkeit, Kaltverformbarkeit
Cr	Festigkeit, Härte, Schweißbarkeit, „Selbsthärter", Korrosionsbeständigkeit	Verformbarkeit
Ni	Verformungsvermögen	
Ti	Festigkeit, Härte, Schweißbarkeit	Verformbarkeit
Mo	Festigkeit, Härte	Kaltverformbarkeit

Hauptgüteklassen legierter Stähle
lQ – legierte Qualitätsstähle sind wie unlegierte Qualitätsstähle, haben jedoch durch Legierungselemente verbesserte Eigenschaften.
Anwendung: Druckbehälterbau, Rohre, Schienen, Leichtprofile für Kaltumformung, Spundwände.
lE – legierte Edelstähle haben eine genau eingestellte chemische Zusammensetzung. Dazu gehören nichtrostende Stähle, C ≤ 1,2 %, Cr ≥ 10,5 %, Ni ≥ 2,5 %; hitzebeständige Stähle (geringe Verformung bei großen Temperaturwechsel) und Stähle mit besonderen Eigenschaften.

2.2.2.3 Wärmebehandlung

Nach DIN EN 10 052 bedeutet Wärmebehandlung, das Werkstück ganz oder teilweise einer Zeit-Temperatur-Folge zu unterwerfen, um die Änderung der Eigenschaften und/oder seines Gefüges herbeizuführen. Die derzeit wichtigsten, industriell gebräuchlichen Verfahren der Wärmebehandlung sind Vergüten, bestehend aus Härten und Anlassen, und Glühen (verschiedene Verfahren).

Die dabei notwendigen Vorgänge Anwärmen, Durchwärmen, Halten und Abkühlen sind nur mit einem hohen technischen Aufwand möglich. Als Medien für das Erwärmen und Abkühlen dienen Heißwasser (< 90 °C), Ölbäder (< 250 °C) oder Salzschmelzen (180... 1300 °C). Beim Abkühlen werden neben flüssigen Mitteln auch Gase und Luft eingesetzt.

Härten, Anlassen, Vergüten
Härten, Anlassen, Vergüten von unlegiertem Stahl sind eine zweistufige Wärmebehandlung zur Optimierung von Festigkeit und Verformbarkeit.

❑ **Härten**
Unlegierte Stähle weisen in Abhängigkeit vom C-Gehalt im Normalfall bei Raumtemperatur folgenden Gefügezustand auf:
C < 0,8 % α-MK (Ferrit), krz
C > 0,8 % α-MK (Perlit + Zementit), krz

Bei Erwärmung über $T = 723\,°C$ tritt eine Änderung des Gefügezustandes ein. Perlit beginnt sich aufzulösen, das Eisenkarbid zerfällt in Fe und C, das α-Kristallgitter (krz) klappt um in das γ-Kristallgitter (Austenit, kfz), die gelösten C-Atome werden als EMK eingelagert.

Anm.: Das kfz-Gitter kann wegen der größeren Zwischenräume mehr Kohlenstoffatome gelöst einlagern als das krz-Gitter mit den geringeren Zwischenräumen.

Bei Abkühlung laufen die umgekehrten Vorgänge ab. Erfolgt die Abkühlung langsam, verbleibt den C-Atomen genügend Zeit, um bei der Gefügeumwandlung von ihren Gitterplätzen im kfz-Gefüge in das krz-Gefüge zu diffundieren bzw. dass sich Perlit (Ferrit und Fe-Karbid) bzw. Zementit (Perlit + Fe-Karbid) bilden.

Bei beschleunigter Abkühlung wird die Diffusionsmöglichkeit für die C-Atome eingeschränkt. Die Umwandlung von Austenit in Ferrit mit nur geringem C-Gehalt wird fast unterdrückt, die Umwandlung in Perlit kann erst bei $T < 723\,°C$ erfolgen. Bei ganz schneller Abkühlung sinkt diese Temperatur auf $T > 400\,°C$ ab. Die Umwandlung der Gitterstruktur erfolgt dann in Sekundenbruchteilen, wobei das Gefüge zwar eine krz-Struktur annimmt, diese jedoch durch eingespannte C-Atome, die sich nicht als EMK einlagern können, verzerrt und verspannt ist. Es entsteht ein extrem hartes und sprödes Gefüge, genannt Martensit.

Härten ist also das sehr schnelle Abkühlen aus einem Temperaturbereich von über 700 °C oberhalb der G-S-E-Linie, dabei Umwandlung des «weichen» kfz-Gitters in ein verspanntes krz-Gitter (Martensit).

❑ **Anlassen, Vergüten**
Nach DIN EN 10 052 ist Anlassen definiert als Wärmen auf Temperaturen zwischen 250 und 500 °C und Vergüten als Wärmen auf Temperaturen zwischen 500 und 800 °C. Dadurch wird ermöglicht, dass sich Fe-Karbide auslösen, einige C-Atome als Einlagerungsmischkristalle ordnen, Versetzungen abbauen und Eigenspannungen verringern. Damit werden die extreme Härte des Martensitgefüges vermindert und die Verformbarkeit verbessert.

Härten, Anlassen, Vergüten von unlegiertem Stahl sind eine zweistufige Wärmebehandlung zur Optimierung von Festigkeit und Verformbarkeit.

Glühen ist eine Wärmebehandlung mit langsamer, geregelter Abkühlung.

❑ **Normalglühen, Normalisieren** sind eine Erwärmung bis etwa 20…40 K oberhalb der G-S-K-Linie und einer Haltezeit von 30…80 min, gefolgt von einem langsamen Abkühlen in ruhiger Luft. Das 2-malige Durchlaufen der α-γ-Umwandlung führt unabhängig von der Art des Ausgangsgefüges zum sog. «Normalgefüge» mit einer gleichmäßigen, verfeinerten Struktur und einer Optimierung von Festigkeit und Zähigkeit.

❑ **Weichglühen** ist eine mehrstündige Wärmebehandlung dicht unter der P-S-K-(Perlit-)Linie (800…700 °C), wodurch der Werkstoff weicher wird und sich gut kaltumformen und spanabhebend bearbeiten lässt.

❑ **Spannungsarmglühen** findet durch Halten der Temperatur deutlich unter 500…800 °C statt, wobei keine Gefügeumwandlungen eintreten. Es erfolgt ein Abbau von Eigenspannungen im Gefüge (Relaxation), die beispielsweise durch mechanische oder thermische Beanspruchungen (Schweißen) entstanden sind. Die Abkühlung muss so langsam erfolgen, dass keine neuen Eigenspannungen entstehen.

❑ **Rekristallisationsglühen** erfolgt bei Temperaturen von 600…800 °C und hat als Ziel die Aufhebung der Verfestigung infolge Kaltverformung, so dass sich der Zustand des Gefüges dem ursprünglichen Zustand wieder annähert.

2.2.2.4 Kaltverformung

Bei mechanischen Verformungen im kalten Zustand, wie Ziehen, Walzen, Tordieren, erfolgen gegenseitig Verschiebungen der Kristallschichten, die zu Veränderungen des Gefüges und Verzerrungen der Kristallgitter führen. Daraus

resultieren eine größere Festigkeit, gleichzeitig eine Abminderung der Zähigkeit und ein vermindertes Formänderungsvermögen.
Die Auswirkungen sind durch Erwärmen beeinflussbar. Bei nicht zu hoher Temperatur führt die «Kristallerholung» zum Abbau von Eigenspannungen, während Kornform und Gefügegröße erhalten bleiben. Nach Überschreiten der sog. «Rekristallisationsschwelle» (800 °C) wird die Wirkung der Kaltverformung aufgehoben. Dies ist zur Beurteilung von Stahlbetonkonstruktionen (Gebäude, Tunnel, Parkhaus) nach einem Brandfall wichtig.

2.2.2.5 Mechanisch-technologische Eigenschaften von Stahl

Die wichtigsten Eigenschaften werden mit folgenden Prüfungen an Proben ermittelt:

☐ Zugversuch an einem Probenabschnitt,
☐ Faltversuch,
☐ Rückbiegeversuch,
☐ Kerbschlagbiegeversuch,
☐ Härtemessungen,
☐ Dauerfestigkeit bei Spannstählen.

Im Zugversuch nach DIN EN ISO 8892-1 wird eine Stahlprobe bis zum Bruch beansprucht; dabei werden mechanische Kennwerte (Festigkeiten, Verformungsverhalten) bestimmt. Die Proben werden entweder aus dem Produkt herausgearbeitet oder es wird das Produkt direkt geprüft. Die Querschnitte können kreisförmig, quadratisch oder rechteckförmig, unbearbeitet oder bearbeitet sein. Für Zugversuche werden sog. proportionale Proben bevorzugt. Bei diesen ist die Anfangsmesslänge

$$l_0 = k \cdot \sqrt{S_0} \text{ [mm]}$$

S_0 Anfangsquerschnitt [mm²]
k Faktor 5,85 allgemein, 11,3 bei kleinen Querschnitten

Für Kreisquerschnitte ergeben sich damit Anfangsmesslängen $l_0 = 5\,d_0$ bzw. $l_0 = 10\,d_0$ (d_0 = Anfangsdurchmesser). Gesamtprobenlänge $l_{ges} \geq l_0 + 2 \cdot$ Einspannlänge der Prüfmaschine.

Im Zugversuch erhält man die in Bild 2.5 skizzierten Spannungs-Dehnungs-Diagramme, σ-ε-Diagramm.
Bei Stahl ist das Spannungs-Dehnungs-Diagramm gekennzeichnet durch einen elastischen Bereich mit elastischer Verformung, gefolgt von einer plastischen Dehnung.
Bei naturharten Stählen wird als technischer Kennwert die **Streckgrenze** $f_{y,k}$ definiert. Sie ist jene Spannung, bei der im Zugversuch die Last erstmalig abfällt. Es schließt sich der «Fließbereich» an, in dem bei annähernd gleichbleibender Spannung die Verformung zunimmt. Der **Fließbereich** wird begrenzt durch die obere ($f_{yk,H}$) und untere Streckgrenze ($f_{yk,L}$). Bei geringen Unterschieden zwischen oberer und unterer Streckgrenze wird nur der obere Wert registriert.
Bei weiterer Laststeigerung bis zur Höchstspannung nimmt die Dehnung weiter zu. Ab der Höchstlast erfolgt eine Einschnürung des Querschnittes und damit verbunden eine weitere Zunahme der Verformungen mit anschließendem Bruch unter einer augenscheinlich abfallenden Spannung. Die Bruchspannung fällt deshalb geringer aus als die Höchstspannung, weil sie sich auf den ursprünglichen Querschnitt der Probe bezieht und somit die stattgefundene Einschnürung nicht berücksichtigt.
Belastet man einen naturharten Stahl über den Fließbereich hinaus bis zum Punkt A und entlastet den Stahl, so bleibt nach der Entlastung eine Dehnung D–B. Der so kalt verformte Stahl hat einen geringeren Querschnitt. Seine neue Spannungs-Dehnungs-Linie B–A–C (für den neuen etwas geringeren Querschnitt) weist eine höhere Streckgrenze und Zugfestigkeit auf, jedoch auch eine geringere Bruchdehnung als der Stahl vor dieser Kaltverformung.
Bei kaltverformtem Stahl ist die Streckgrenze nicht ausgeprägt und kein ausgeprägtes Fließen mehr erkennbar, weswegen als technischer Kennwert $f_{0,2k}$ die Spannung definiert wird, unter der eine plastische Dehnung von 0,2 % verbleibt.
Die Streckgrenze f_{yk} bzw. $f_{0,2k}$ dient zur Festlegung von zulässigen Spannungen. Bei weiterer Belastung bis zur Höchstspannung und der anschließend wegen der Einschnü-

rung abfallenden Bruchlast nimmt die plastische Dehnung weiter zu.

Die **Zugfestigkeit** f_{tk} = max F/S_0 [N/mm²].

Das Verhältnis zwischen Zugfestigkeit/Streckgrenze = f_{tk}/f_{yk} bzw. $f_{tk}/f_{0,2k}$ ist ein Maß für die Verformbarkeit des Werkstoffes im plastischen Bereich und wird **Duktilität** genannt. Es gibt drei Duktilitätsklassen:

A (normale Duktilität, $f_{tk}/f_{yk} \geq 1{,}05$), **B** (hohe Duktilität $f_{tk}/f_{yk} \geq 1{,}08$) und **C** ($f_{tk}/f_{yk}$ 1,15 ≤ 1,35) Die Dehnung $\varepsilon = \Delta l/l_0$ [mm/m] bzw. [‰] oder [%] ist die Längenänderung Δl, bezogen auf die Ausgangsmesslänge l_0, und stellt die bleibende Dehnung nach Wegnahme der Last dar.

Die Gleichmaßdehnung [%] ist die gleichmäßig über die Probenlänge verteilte bleibende Verlängerung. Die Einschnürdehnung [%] ist eine übergroße Dehnung im Bruchbereich, verbunden mit der in dieser Zone eintretenden Querschnittseinschnürung. Die Bruchdehnung $A_{5,85}$ bzw. $A_{11,3}$ stellt die bleibende Verlängerung l_u nach dem Bruch, bezogen auf die Anfangsmesslänge, dar und setzt sich zusammen aus der Gleichmaßdehnung und der Einschnürdehnung:

$A_{5,85}$ bzw. $A_{11,3} = (l_u - l_0)/l_0 \cdot 100$ [%]

Als Maß für das Formänderungsvermögen werden Mindestwerte für die Bruchdehnung verlangt, z. B. für Betonstahl 8…20 %.

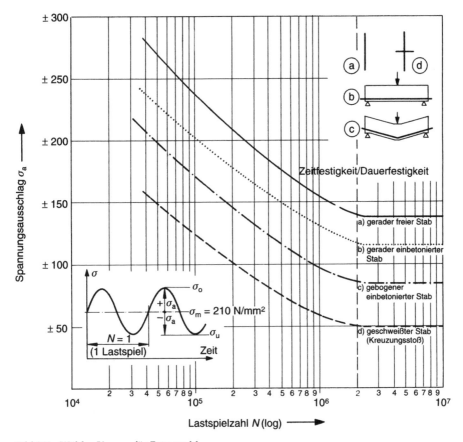

Bild 2.7   Wöhler-Kurven für Betonstahl

Tabelle 2.5 Schweißverfahren für Stahl

Schweißvorgang	Wärmequelle	Verfahren (Kurzzeichen), bevorzugte Anwendung
Schmelzschweißen, meist mit Schweißelektroden als Zusatzmaterial	Lichtbogen	Metall-Lichtbogenschweißen (E),
		Metall-Schutzgasschweißen mit aktivem oder inertem Schutzgas (MAG, MIG), MIG bei hochlegierten Stählen
		Wolfram-Inertgasschweißen (WIG), für dünne Bauteile und nichtrostende Stähle
	Gas-O$_2$-Flamme	Gasschmelzschweißen (G), z. B. im Rohrleitungsbau
Pressschweißen	elektrische Widerstandswärme	Abbrennstumpfschweißen (RA)
		Punktschweißen (RP), bei Betonstahlmatten
	Gas-O$_2$-Flamme	Gaspressschweißen (GP)

Der statische Elastizitätsmodul als Maß für das Verformungsverhalten im elastischen Bereich wird aus dem Spannungs-Dehnungs-Diagramm abgeleitet.

$E = \tan \alpha = \sigma/\varepsilon = \Delta\sigma/\Delta\varepsilon$ [N/mm^2] mit $\Delta\sigma = F/A$ und $\Delta\varepsilon = \Delta l/l_0$ und α = Neigungswinkel der sog. Hooke'schen Geraden.

Beispiel für E-Modul [N/mm^2]: Stahl 210 000 Aluminium 70 000

Der **Faltversuch** dient dem Nachweis der Biegbarkeit bei Raumtemperatur und als Nachweis der Güte von Stumpfnähten. Im Versuch wird eine Stahlprobe um einen Biegedorn gebogen. Bei vorgeschriebenem Biegewinkel α darf sich auf der gebogenen Seite kein Riss bilden.

Kerbschlagbiegeversuch
Bei Baustählen erfolgt die Zuordnung in Gütegruppen auf Basis des Nachweises der Kerbschlagzähigkeit (siehe Tabelle 2.8).

2.2.2.6 Dauerfestigkeit

Bei dynamisch beanspruchten Konstruktionen ist die Dauerschwingfestigkeit zu beachten. Sie wird in Dauerschwingversuchen ermittelt, bei denen gleichartige Proben mit gleicher Mittelspannung σ_m, aber verschiedenen Spannungsausschlägen $\pm\sigma_a$ jeweils bis zum Bruch geprüft und ihre ertragenen Lastspielzahlen N ermittelt werden. Die im sogenannten Wöhler-Diagramm (Bild 2.7) dargestellten Ergebnisse zeigen stetig abfallende «Wöhler-Kurven» im Bereich der Zeitfestigkeit (gebrochene Proben), die nach etwa $2 \cdot 10^8$ Lastspielen in einen waagrechten Verlauf (nicht gebrochene Proben) übergehen und die Dauerfestigkeit $\sigma_D = \sigma_m \pm \sigma_a$ ergeben.

Bild 2.7 zeigt am Beispiel von gerippten Betonstählen den Einfluss von Kerben (z. B. durch Einbetonieren, Kaltverformung und Schweißstelle), die die Zeit- und Dauerfestigkeiten vermindern. Im Wöhler-Schaubild kann nur das Dauerschwingverhalten für eine in der Versuchsreihe benutzte Mittelspannung abgelesen werden.

2.2.2.7 Feuerwiderstand

Bei Temperaturen über 200...500 °C nimmt die Festigkeit von Stahl allgemein ab bzw. verlieren kaltverformte und vergütete Stähle ihre höhere Festigkeit. In den Konstruktionen muss daher Stahl, je nach der Forderung des Feuerwiderstandes, durch Bekleidungen vor zu hohen Temperaturen geschützt werden, z. B. durch Putze oder Bekleidungen, bei Baustählen auch durch Feuerschutzanstriche oder Spritzbeton.

2.2.2.8 Schweißen

Das Schweißen von Stahl erfolgt nach Tabelle 2.5. Im Besonderen ist auf die Schweißeignung des Stahls zu achten. Diese ist bei Kohlenstoffgehalten über 0,2 % nicht ohne Weiteres gewährleistet. Die Schweißverbindung weist i. Allg. höhere Festigkeit auf als das Grundmaterial. In der Schweißnaht und im anliegenden Grundwerkstoff entstehen jedoch sehr verschiedene Temperaturen, so dass sich beim Abkühlen ein unterschiedliches Kristallgefüge ausbildet und die Verkürzung (Schrumpfen) der Schweißnaht behindert wird. Dies kann zu räumlichen Eigenspannungen in der Schweißnaht und im anliegenden Bauteil führen.

Bei Stählen mit hoher Schweißempfindlichkeit bzw. bei falsch gewählter Schweißelektrode, bei kaltem Grundwerkstoff, bei dicken Querschnitten und bei rascher Abkühlung kann sich in der Schweißnaht ein sprödes Martensitgefüge bilden oder/und Risse auftreten.

Die Schweißbarkeit des Bauteils hängt von der Schweißeignung des Stahls, dem möglichen Schweißverfahren und von der Konstruktion und der Art der Beanspruchung (z. B. dynamische) ab. Das Schweißen erfordert besondere Kenntnisse und Sorgfalt und darf nur unter Aufsicht eines Schweißfachmanns bzw. Schweißfachingenieurs von geprüften Schweißern und zugelassenen Betrieben vorgenommen werden. Um Gesundheitsschäden beim Schweißen zu vermeiden, sind Unfallverhütungsvorschriften sorgfältig zu beachten.

2.2.3 Baustähle

Als Baustähle kommen meist naturharte Stähle, also ohne Kaltverformung und Vergütung, zur Anwendung. Die wichtigsten Eigenschaften der vor allem im Stahlhoch- und Brückenbau verwendeten Stahlsorten nach EN 10 025 sind in Tabelle 2.6 wiedergegeben.

Die Festigkeitsklassen entsprechen für Dicken ≤ 16 mm dem Mindestwert der Streckgrenze [N/mm²]. Bei allen Sorten sind auch die Gehalte an P, S und N begrenzt. Bei S 355 werden die günstigen Festigkeitswerte durch geringe Zusätze von Si und Mn erreicht.

Die Stahlsorten werden nach ihrer Schweißeignung und den Anforderungen an die Kerbschlagarbeit in Gütegruppen unterteilt. Zum Nachweis der Kerb- und Sprödbruchunempfindlichkeit für dynamisch beanspruchte, geschweißte Konstruktionen wird eine Kerbschlagarbeit von mind. 27 J bei verschiedenen Temperaturen von 20 °C bis −20 °C gefordert. Dazu werden bestimmte gekerbte Proben mit einem Querschnitt von $10 \cdot 10$ mm² in einem Pendelschlagwerk geprüft.

Die **Schweißeignung** der Grundstähle BS (Stahlsorten S 185, E 295, E 355 und E 380) ohne Anforderungen an die chemische Zusammensetzung ist nicht gesichert. Die anderen Stähle BS und die Qualitätsstähle QS sind aufgrund ihrer begrenzten C-Gehalte bzw. des Kohlenstoffäquivalents CEV zum Schweißen nach allen Verfahren geeignet, wobei sich die Schweißeignung von der Gütegruppe JR bis zur Gütegruppe K2 verbessert.

Neben den in Tabelle 2.8 angegebenen Bezeichnungen der Stahlsorten und Gütegruppen gibt es nach DIN EN 10 027-2 auch die Bezeichnung nach **Werkstoffnummern**, die nach folgendem Schema erfolgt:

1. XX XX (XX)
   → Zählnummer
   → Stahlgruppennummer
      nach DIN EN 10 027-T2, Tab. 1
   → Werkstoffgruppennummer
      1 = Stahl.

Die **Stahlgruppennummer** ist z. B.
00 für die Grundstähle BS
01 für allg. Baustähle mit einer Zugfestigkeit < 500 N/mm², also für alle Qualitätsstähle QS der Sorte S 235 und S 275
05 für Stähle mit einer Zugfestigkeit zwischen 500 und 700 N/mm², also für die Qualitätsstähle QS der Sorte S 355.

Die **Zählnummer** ist eine 2-stellige Zahl. Bei den Feinkornbaustählen nach DIN EN 1011 sind Stahlsorten S 275…S 480 mit weiterer Kurzbezeichnung des Lieferzustandes unterteilt in N

Tabelle 2.6 Baustahlsorten und wichtige Eigenschaften

1	2	3	4	5	6	7	8	9	10	11
DIN 17100 (alte Bezeichnung)	Stahlsorten	Gütegruppen	Stahlart	C-Gehalt (M.-%)	CEV (%)	Mindestwerte Festigkeiten (N/mm²) R_{eH} ($t \leq 16$ mm)	R_m ($t = 100...3$ mm)	Bruchdehnung A (%) ($t = 3...40$ mm)	Kerbschlag Temp. T (°C)	Arbeit (J)
St 33	S 185	–	BS	–	–	185	290...510	18	–	–
St 37-2	S 235	JR, JRG1, JRG2	BS	0,17	0,35	235	340...470	26	20	27
St 37-3		J0	QS						0	
St 37-3		J2G3, J2G4	QS						–20	
St 44-2	S 275	JR	BS	0,21	0,40	275	410...560	22	20	27
St 44-3		J0	QS	0,18					0	
St 44-3		J2G3, J2G4	QS						–20	
–	S 355	JR	BS	0,24	0,45	355	400...630	22	20	27
St 52-3		J0	QS	0,20					0	
St 52-3		J2G3, J2G4 K2G3, K2G4	QS QS						–20 20	40
St 50-2	E 295	–	BS	–	–	295	470...610	20	–	–
St 60-2	E 335	–	BS	–	–	335	570...710	16	–	–
St 70-2	E 360	–	BS	–	–	360	670...830	11	–	–

Spalte 3: JR, J0, J2 K2 für Kerbschlagarbeit nach Spalte 10 und 11; Desoxidationsart G1 .... unberuhigt (FU)
G2 .... beruhigt (FN)
G3, G4 .... vollberuhigt (FF)
Spalte 5: Höchstwerte nach der Schmelzanalyse; nach der Stückanalyse sind um 0,02...0,04 höhere Werte zulässig
Spalte 6: Kohlenstoffäquivalent CEV = C + Mn/6 + (Cr+Mo+V)/5 + (Ni+Cu)/15 (für t ≤ 40 mm)

für normalgeglühte/normalisierend gewalzte und *M* für thermomechanisch gewalzte Stähle.

In der Gütegruppe sind Mindestwerte der Kerbschlagarbeit festgelegt bei Temperaturen bis $-20\,°C$ ohne weitere Bezeichnung, bei Temperaturen bis $-50\,°C$ mit dem Kennbuchstaben L.

Beispiel: Stahl EN 1011 – S 355 ML

Lieferformen der Baustähle (Bild 2.8):
- **Flachzeug** sind vor allem Feinbleche mit einer Dicke < 3,0 mm, Mittelbleche mit Dicke zwischen 3,0...4,75 mm und Grobbleche mit einer Dicke > 4,75 mm sowie Breitflachstahl mit b = 150...1250 mm und d = 5...80 mm;
- **Stabstahl** hat eine Höhe < 80 mm bzw. **Formstahl** mit einer Höhe ≥ 80 mm, z. B. Doppel-T-Träger I (schmal), IPE (mittelbreit) sowie IPBl, IPB und IPBv (breit, in leichter, normaler und verstärkter Ausführung), U- und Winkelstahl;
- **Hohlprofile**, z. B. Quadrat- und Rechteckhohlprofile, Stahlrohre, nahtlos oder geschweißt, ohne und mit Gewinde;
- **Sonderprofile**, z. B. Kranschienen, Spundwandprofile;

- durch zusätzliche Kaltverformung erzeugte **Kaltprofile** (meist feuerverzinkt oder kunststoffbeschichtet), z. B. Bandstahlleichtprofile, Trapezbleche, Wabenträger, Stahlfensterprofile, Stahlzargen, Rippenstreckmetall.

Niete und Schrauben werden aus verformungsfähigeren weicheren Stählen hergestellt als die eigentlichen Konstruktionsteile. Neben den Stählen für den Stahlbau (S) bestehen je nach Verwendungszweck weitere Kennbuchstaben, z. B. P für Druckbehälter, L für Rohrleitungen, E für Maschinenbau, B für Betonstähle und Y für Spannstähle.

Baustähle sind in der Regel durch aufgebrachte Überzüge oder/und Beschichtungen vor **Korrosion** zu schützen. Vor dem Aufbringen des Korrosionsschutzes sind die Oberflächen von Rost, Fett, Öl, lockeren Teilen und festhaftendem Zunder zu befreien, z. B. durch Sandstrahlen. Je nach Anforderungen können verschiedene Norm-Reinheitsgrade der Oberflächen vereinbart werden.

Als metallischer Überzug eignet sich insbesondere die Feuerverzinkung; durch Eintauchen der Stahlteile in ein Zinkschmelzbad von $450\,°C$ entstehen, je nach Tauchzeit sowie C- und Si-Gehalt, glänzende bis matte Schichten

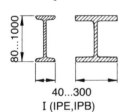
40...300
I (IPE,IPB)

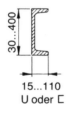
15...110
U oder C

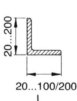
20...100/200
L

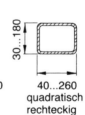
40...260
quadratisch
rechteckig

10...1000
Rohre nahtlos
geschweißt

Warmgewalzte Form- und Profilstähle   **Hohlprofile**

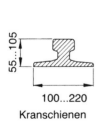
100...220
Kranschienen

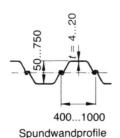
400...1000
Spundwandprofile

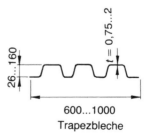
600...1000
Trapezbleche

Bild 2.8   Lieferformen von Baustählen (Abmessungen in mm; Beispiele)

Tabelle 2.7 Betonstahlsorten und wichtige Eigenschaften

Kurzname Kurzzeichen	BSt 420 S III S	BSt 500 S IV S	BSt 500 M IV M	BSt 500 G, P IV G, P
Erzeugnisform	Betonstabstahl		Betonstahl- matte	Bewehrungs- draht
C-Gehalt der Schmelze, M.-%	≤ 0,22		≤ 0,15	
Nenndurchmesser d_s, mm	6…28		4…13	
Streckgrenze, N/mm² Zugfestigkeit, N/mm²	≥ 420 ≥ 500		≥ 500 ≥ 550	
Bruchdehnung, %	≥ 10		≥ 8	
Eignung für Schweiß- verfahren, siehe Tabelle 6.3	E, MAG, GP, RA, RP		E, MAG, RP	

von 50 bis rd. 150 μm Dicke aus Reinzink und/ oder Eisen-Zink-Legierung.

Nichtmetallische Anstrichstoffe bestehen aus Bindemitteln (z. B. Öle, Kunststoffe, bituminöse Stoffe) und Pigmenten (z. B. Bleimennige, Bleiweiß) in Kombination mit Füllstoffen. Grund- und Deckbeschichtungen werden in jeweils einer oder mehreren Schichten aufgebracht.

2.2.4 Stähle mit hohem Korrosionswiderstand

Nichtrostende Stähle gehören zur Gruppe der legierten Edelstähle und bedürfen bei blanker Oberfläche keines Korrosionsschutzes und keiner Wartung. Sie enthalten mindestens 10,5 % Chrom und werden nach ihrem Nickelgehalt unterteilt in 2 Untergruppen: Ni-Gehalt < 2,5 % oder Ni-Gehalt ≥ 2,5 %. Bei hochlegierten Stählen wandeln sich γ-Mischkristalle beim Abkühlen nicht in α-Mischkristalle um; sie bleiben austenitisch.

Nichtrostende Stähle werden verwendet für Fassaden, Fenster und Bauteile mit dekorativem Charakter. Mit besonderer Zulassung werden sie für Verankerungen von Fassadenverkleidungen, für Verbindungen von Stahlbetonfertigteilen und für Behälter verwendet. Wegen der Gefahr von interkristalliner Spannungsrisskorrosion dürfen bestimmte nichtrostende Stähle nicht in chlorhaltiger Atmosphäre, z. B. in Schwimmbädern, verwendet werden.

Wetterfeste Baustähle nach DIN EN 10 025-1 enthalten Legierungszusätze von P, Cu, Cr, Ni, Mo usw. Sie weisen im Vergleich zu unlegierten Stählen einen erhöhten Widerstand gegen atmosphärische Korrosion auf, da sich auf ihrer Oberfläche eine schützende Oxidschicht bildet. Sie werden als Stahlsorte S 235 und S 355 und den Gütegruppen J0, J2 und K2, evtl. G1 bzw. G2, unterteilt. Als letzter Buchstabe wird W für Wetterfestigkeit, bei S 355 evtl. noch P für höheren Phosphorgehalt angegeben. Das Schweißen der wetterfesten Stähle erfordert auch, dass das Schweißgut selbst wetterfest ist und dass bereits gebildete Oxidschichten im Abstand von rd. 20 mm von der Schweißkante entfernt werden. Bei Verbindungen durch Nieten und Schrauben sollten zur Vermeidung der Korrosion entsprechende Maßnahmen an den Verbindungselementen getroffen werden.

2.2.5 Betonstähle

Damit in Betonkonstruktionen größere Druckkräfte und vor allem Zugkräfte aufgenommen werden können, werden Stahlstäbe einbetoniert. Es wird damit ein Verbundquerschnitt geschaffen. Für Betonstahl als «schlaffe», nicht vorge-

Eisen und Stahl 55

Tabelle 2.8 Duktilitätsanforderungen an Betonstahl nach DIN 1045

Benennung [1)	BSt 500 S(A)	BSt 500 M(A)	BSt 500 S(B)	BSt 500 M(B)
Erzeugnisform	Betonstahl	BSt-Matte	Betonstahl	BSt-Matte
Duktilität	A = normalduktil		B = hochduktil	
Verhältnis f_t/f_y [2) $\geq 1{,}08$	$\geq 1{,}05$			
Stahldehnung ε_u (unter Höchstlast)	≥ 25 ‰		≥ 50 ‰	

[1) Streckgrenze $f_y \geq 500$ N/mm².
[2) Bei nicht ausgeprägter Streckgrenze ist dafür $f_{0,2}$ einzusetzen.

spannte Bewehrung werden verwendet: Betonstabstahl mit gerippter Oberfläche, Betonstahlmatten mit tief gerippter Oberfläche oder mit bauaufsichtlicher Zulassung, sowie Bewehrungsdraht mit glatter oder profilierter Oberfläche. Betonstähle haben einen geringen Gehalt an C, P, S und N und sind somit schweißgeeignet.

Betonstähle müssen den Anforderungen der DIN 488 und 1045 entsprechen. Wichtige Eigenschaften der verschiedenen Betonstahlsorten sind in Tabelle 2.7 angegeben. In geringem Umfang wird auch glatter Betonstahl BSt 220 (Kurzzeichen I) aus S 235 (siehe Tabelle 2.9) mit $d = 8\ldots28$ mm verwendet.

Anstelle der in DIN 488 geforderten Bruchdehnung werden die Betonstähle nach DIN 1045 in 2 Duktilitätsklassen eingeteilt: **A** = normalduktil $f_{tk}/f_{yk} \geq 1{,}05$ bzw. **B** = hochduktil $f_{tk}/f_{yk} \geq 1{,}08$. Als Duktilitätsmerkmale sind nach Tabelle 2.8 das Verhältnis Zugfestigkeit/Streckgrenze f_t/f_{yk} und die Stahldehnung ε_u unter Höchstlast nachzuweisen.

Die Betonstähle werden nach Festigkeitsklasse, Erzeugnisform, Duktilität und Oberflächengestaltung eingeteilt in:

BSt 420 mit Kurzzeichen III als Stabstahl (S),
BSt 500 mit Kurzzeichen IV als Stabstahl (S), Stahlmatte (M) und Bewehrungsdraht mit glatter (G) oder profilierter (P) Oberfläche.

Die **Betonstabstähle** werden als gerippte Einzelstäbe mit $d = 8\ldots28$ mm geliefert. Die Festigkeit von 420 und 500 N/mm² wird durch

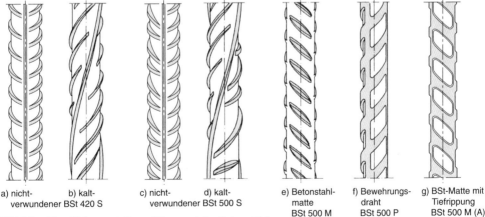

a) nicht-verwundener BSt 420 S b) kalt-verwundener BSt 420 S c) nicht-verwundener BSt 500 S d) kalt-verwundener BSt 500 S e) Betonstahlmatte BSt 500 M f) Bewehrungsdraht BSt 500 P g) BSt-Matte mit Tiefrippung BSt 500 M (A)

Bild 2.9 Oberflächengestaltung (Rippung) der Betonstähle

Legierungszusätze (naturharter Stahl), durch Kaltverformung (Verwinden oder Recken) oder durch Vergüten erreicht. Die beiden Sorten unterscheiden sich auch durch die Anordnung der Rippen, siehe Bild 2.9. Die **Betonstahlmatten** sind werkmäßig vorgefertigte Bewehrungen aus sich kreuzenden Stäben ($d = 4…12$ mm), die durch Punktschweißen scherfest miteinander verbunden sind. Die Knotenscherkraft muss mind. 30 % der Streckgrenzenlast des dickeren Stabes betragen. Die gerippten Stäbe erhalten ihre größere Festigkeit durch starke Kaltverformung (Ziehen und/oder Kaltwalzen), wodurch die Verformungsfähigkeit abnimmt. Für Matten werden Betonstähle mit **Tiefrippung** entwickelt, die der Duktilitätskategorie A entsprechen. Betonstahlmatten werden als Lagermatten mit den Abmessungen 2,15 m · 5,0 oder 8,0 m oder als Listen- oder Zeichnungsmatten auf besondere Bestellung gefertigt.

Bewehrungsdraht wird mit glatter oder profilierter Oberfläche (Kurzzeichen IV G oder IV P (siehe auch Bild 2.9f) durch Kaltverformung und mit $d = 4…12$ mm hergestellt. Er wird auf Ringen geliefert und als Grundmaterial für werkmäßig hergestellte Matten verwendet.

Der bei glatten Stählen mäßige Verbund mit dem Beton wird bei profilierten Stählen und bei Rippenstählen durch die Längsrippen und vor allem die Schrägrippen wesentlich verbessert. Der erhöhte Scherwiderstand ermöglicht eine einfachere Verankerung (z. B. ohne Endhaken) und vermindert die Rissbreiten im Zugbereich der Bauteile, was sich auch auf den Korrosionsschutz des Stahls günstig auswirkt. Bei Betonstahlmatten wird der Verbund mit dem Beton durch die angeschweißten Querstäbe zusätzlich erhöht. Bei gerippten und profilierten Stählen kann der Durchmesser nicht eindeutig mit dem Messschieber bestimmt werden. Die Bestimmung erfolgt durch die Rohdichte $\varrho = 0{,}00785$ g/mm², Masse m [kg] und Länge l [m] einer Probe. Setzt man in $\varrho = m/V$ das Volumen des runden Stabes $V = d^2 \cdot \pi \cdot l$ und löst nach Durchmesser d auf, erfolgt

$$d\,[\text{mm}] = \sqrt{\frac{m \cdot 4}{0{,}0785 \cdot \pi \cdot l}} = 12{,}74\sqrt{m/l}$$

bzw. der Querschnitt $A\,[\text{mm}^2] = 127{,}5 \cdot m/l$

Geripptes oder profiliertes Material wird durch Anordnung von besonderen Rippen bzw. Profilteilen so gekennzeichnet, dass daraus die Nummern von Herstellland und -werk ersichtlich sind. Matten und Draht werden mit Anhängern geliefert, die auch diese Angaben enthalten.

Neben den beim Kurzzeit-Zugversuch geprüften Anforderungen nach Tabellen 2.7 und 2.8 werden auch Mindestwerte für die Dauerschwingfestigkeit verlangt, die für dynamisch beanspruchte Konstruktionen wichtig ist; die Prüfung erfolgt an geraden und gebogenen Stäben bzw. an Mattenstäben mit Schweißstelle. Bei Stabstählen ist außerdem statt des Faltversuchs zum Nachweis einer ausreichenden Formbarkeit und Alterungsunempfindlichkeit der **Rückbiegeversuch** durchzuführen. Der Rückbiegeversuch simuliert die in der Praxis häufig vorkommende Rückbiegung von Betonstählen. Durch das Ausscheiden von Nitriden tritt bei Betonstählen die sogenannte Alterungsversprödung auf, gekennzeichnet durch Zähigkeitsverlust und der Gefahr der Rissbildung im Stahl beim Rückbiegen. Im Versuch wird eine Stahlprobe bei Raumtemperatur um einen 90°-Dorn gebogen, anschließend auf 250 °C erwärmt und bei dieser Temperatur 30 min lang gehalten. Nach langsamem Abkühlen auf Raumtemperatur wird die Probe um mindestens 20° rückgebogen. Bei diesem Zeitraffereffekt für Versprödung (künstliche Alterung) darf die Probe nicht brechen und keine Anrisse auf der Innenseite der Krümmung aufweisen.

Bei Mattenstäben wird der Faltversuch durchgeführt. Bei der Schweißstelle muss der Faltversuch bis $\geq 80°$ ohne Risse und Bruch möglich sein bzw. eine Mindestscherkraft in den Knoten erreicht werden.

Für die Ausführung von Schweißverbindungen mit den in Tabellen 2.5 und 2.7 angegebenen Schweißverfahren ist DIN EN ISO 17 880 zu beachten.

Betonstähle sind in Beton durch eine ausreichend dichte und dicke Betondeckung vor Korrosion geschützt. Ein zusätzlicher Korrosionsschutz ist durch vorherige Feuerverzinkung oder Beschichtung möglich.

Anmerkung: Im Anhang sind Beispiele zur Bestimmung der Stähle gegeben.

2.2.6 Spannstähle

Für Spannbeton sind Stähle besonders hoher Festigkeit notwendig. Je nach Zusammensetzung (z. B. C-Gehalt 0,4…0,9 M.-%) und Nenndurchmesser werden Spannstähle in unterschiedlicher Weise hergestellt und nach ihren Mindestwerten der Streckgrenze und Zugfestigkeit in verschiedene Festigkeitsklassen eingeteilt (Tabelle 2.9).

Die **naturharten Spannstähle** mit Durchmessern bis 40 mm werden warmgewalzt und zur Verbesserung ihrer Eigenschaften gereckt und angelassen. Die Verankerung erfolgt meist durch aufgerollte Gewinde an den Stabenden oder durch durchgehend aufgewalzte Gewinderippen in Verbindung mit zugehörigen Schraubenmuttern und Ankerplatten.

Die **vergüteten Spanndrähte** erhalten ihre Festigkeit durch eine Wärmebehandlung, die im Wesentlichen aus Härten und Anlassen besteht. Die Drähte laufen bei etwa 850 °C durch elektrisch oder gasbeheizte Durchlauföfen, werden in Öl abgeschreckt und dadurch gehärtet und anschließend im Bleibad bei rd. 450 °C angelassen.

Die **kaltgezogenen Spanndrähte** werden vom erkalteten Walzdraht in mehreren Stufen durch Ziehdüsen aus Hartmetall gezogen und dadurch verfestigt. Zwischen den Ziehvorgängen wird der Draht wärmebehandelt und schnell abgekühlt (patentiert).

Spanndrahtlitzen (7-drähtig) bestehen aus glatten kaltgezogenen Drähten, wobei 6 außenliegende Drähte um einen geraden Kerndraht verseilt sind. Nach dem Verseilen werden die Litzen angelassen. Bei der ersten Belastung lagern sich die Außendrähte enger aneinander; dabei darf die bleibende Dehnung, der sog. «Seilreck», höchstens 0,01 % betragen. Wegen der schräg zur Achsrichtung verlaufenden Außendrähte beträgt der Elastizitätsmodul von Litzen $E = 195\,000$ N/mm^2 gegenüber $E = 205\,000$ N/mm^2 bei Einzelstäben. Für alle Spannstähle ist eine Mindestbruchdehnung von 6 % gefordert. Spannglieder ohne bzw. im nachträglichen Verbund weisen eine hohe Duktilität und Spannglieder im sofortigen Verbund eine normale Duktilität auf.

Spannstähle haben eine hohe Empfindlichkeit gegen mechanische Angriffe (Kerben, Biegung) und sind stark empfindlich gegen Korrosion. Ein dauerhafter Korrosionsschutz durch Einbettung im alkalischen Milieu (Einpressmörtel), metallische Überzüge (Verzinken) oder durch Beschichtung mit Kunststoffen ist erforderlich. Die Temperatur hat starken Einfluss auf die Festigkeit. Bei Brandeinwirkung findet ein rapider Rückgang der Festigkeit

Tabelle 2.9 Spannstähle

	Stäbe	Drähte		Litzen
	naturhart	vergütet	kaltgezogen	
Festigkeitsklassen $R_{0,2}/R_m$ (N/mm^2)	835/1030 900/1100 1080/1230	1420/1570 1470/1620	1375/1570 1470/1670 1570/1770	1570/1770
Durchmesser (mm)	12,5…40	5,2…14	6…14	6,9…18,3
Form Oberfläche	rund glatt oder Gewinderippen	rund glatt oder gerippt	rund glatt oder profiliert	7-drähtig glatt, verwunden
Verankerung	aufgerollte Gewinde, Schraubenmuttern	Keile, Reibung, Haftung	aufgestauchte Köpfe, Keile, Wellung der Drahtenden	

58 Metalle

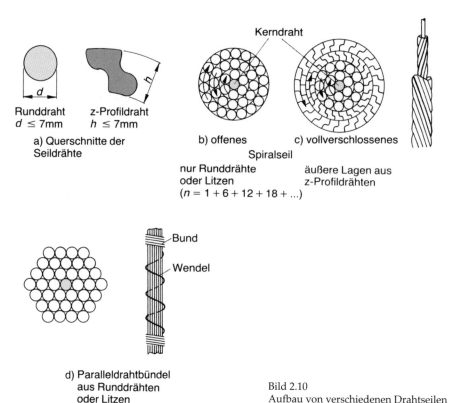

Bild 2.10
Aufbau von verschiedenen Drahtseilen

statt, verbunden mit einem starken Verlust an Spannkraft, was zu einem Versagen des Bauteils führen kann. Charakteristisch für Spannbetonkonstruktionen ist auch die Relaxation, bei der ein zeitabhängiger Verlust der Spannkraft bei konstant bleibender Verformung auftritt. Je höher die Anfangsspannung war, umso höher fällt die Relaxation aus. So zum Beispiel beträgt bei einer Anfangsspannung von 70 % je nach Spannstahlsorte der Verlust an Spannkraft 2…10 %. Höhere Temperaturen beschleunigen die Relaxation. Spannbetonkonstruktionen zeigen deutliche Kriecherscheinungen, bei denen die Spannung konstant bleibt, die Verformung aber zeitabhängig zunimmt. Kriechverformungen im Bereich zulässiger Spannungen sind i. Allg. gering. Je höher die Beanspruchung und die Temperatur, umso höher ist auch die Zunahme der Kriechverformung.

Bei dynamischer Beanspruchung von Spannstählen ist die Dauerfestigkeit im Vergleich zur Kurzzeitfestigkeit deutlich niedriger. In den bauaufsichtlichen Zulassungen sind Angaben zur Dauerfestigkeit enthalten. Diese beruhen auf Dauerschwingfestigkeitsprüfungen.

Spannstähle dürfen nicht geschweißt werden und sind auch vor herunterfallendem Schweißgut zu schützen.

2.2.7 Drahtseile

Aus hochfesten Seildrähten (kaltgezogen, patentiert) mit Kreis- oder Z-Querschnitt nach Bild 2.10 werden durch Verseilen (werkmäßig) oder Bündeln (auch auf Baustellen) Zugglieder mit hoher Tragfähigkeit hergestellt, z. B. Förderseile, Abspannseile, Kabel für Hänge- und Schrägseilbrücken, Leichttragwerke (Zeltbauten) u. a.

Spiralseile haben eine oder mehrere Lagen von Drähten, die um einen geraden Kerndraht lagenweise rechts- und linksgängig geschlagen werden. Bei Anordnung von nur runden Einzeldrähten oder Litzen entstehen offene Spiralseile, bei abschließenden Lagen aus ineinandergreifenden Z-Profildrähten voll verschlossene Spiralseile.

Paralleldrahtbündel bestehen aus parallel geführten Runddrähten oder Litzen, die kontinuierlich durch eine Wendel oder in Abständen gebündelt werden.

Die Tragfähigkeit bei den Paralleldrahtbündeln ist gleich der Summe der Tragfähigkeiten der einzelnen Drähte; bei den Spiralseilen mit verwundenen Drähten sind je nach Anzahl der Drahtlagen Verseilverluste von 8...18 % (5 Lagen) anzunehmen. Ebenso vermindert sich der Elastizitätsmodul von $E = 200\,000$ N/mm² bei Paralleldrahtbündeln auf $E = 90\,000...160\,000$ N/mm² bei den Spiralseilen.

Hochfeste Stahldrähte sind empfindlich gegenüber mechanischen und chemischen Angriffen, außerdem bieten vor allem die offenen Seile große Angriffsflächen für Korrosion. Deshalb ist ein permanenter Korrosionsschutz durch metallische Überzüge (z. B. durch Verzinken) und Beschichtung oder Ummantelung mit Kunststoffen erforderlich. In brandgefährdeten bodennahen Bereichen ist ein Feuerschutzmantel vorzusehen, da Dehnsteifigkeit und Festigkeit der kaltverformten Stahldrähte mit höheren Temperaturen rasch abnehmen.

2.3 Nichteisenmetalle

> Im Vergleich zu den Eisenwerkstoffen besitzen Nichteisen-Metalle (NE-Metalle) meist eine bessere Formbarkeit, erfahren aber im eingebauten Zustand größere Formänderungen. Dies muss bei den Konstruktionen berücksichtigt werden.

Wegen des geringeren Elastizitätsmoduls sollten tragende Teile, z. B. aus Aluminium, mit möglichst großem Trägheits- und Widerstandsmoment konstruiert werden. Dadurch werden die Verformungen verringert. Wegen der größeren Wärmedehnkoeffizienten erfordern längere Bauteile, die sich im Freien befinden, bewegliche Befestigungen und Verbindungen. Andererseits wirkt sich das hohe Reflexionsvermögen der hellen NE-Metalle gegen Sonnen- und Wärmestrahlen bauphysikalisch günstig aus. Bei Einwirkung von Luft bildet sich an der Oberfläche der NE-Metalle eine schützende dichte und feste Oxid- und Carbonatschicht, die die Korrosionsbeständigkeit in Vergleich zu Eisen und Stahl deutlich verbessert. Eine Kombination von NE-Metallen miteinander oder mit Stahl ist nur möglich, wenn eine Trennung mittels nichtleitender Stoffe vorgenommen wird.

2.3.1 Aluminium

Von den Nichteisen-Metallen (NE-Metalle) haben im Bauwesen die Aluminiumwerkstoffe wegen ihrer geringen Dichte von 2,7 g/cm³, der guten Festigkeit der Legierungen sowie der vielfältigen Möglichkeiten, die Oberflächen zu veredeln und auch dekorativ zu gestalten, die größte Bedeutung.

2.3.1.1 Technologie des Aluminiums

Reines Aluminium wird aus Bauxit durch Elektrolyse gewonnen. Durch Zusatz der Legierungselemente Mn, Mg, Si, Zn und Cu werden Legierungen mit höherer Festigkeit hergestellt.

Eine weitere Festigkeitssteigerung bei Reinaluminium und den sog. nicht aushärtbaren Legierungen mit Mn oder/und Mg kann durch Kaltverformung, z. B. Walzen, erreicht werden. Bei den sog. **aushärtbaren Legierungen**, z. B. mit Mg und Si oder Mg und Zn als Legierungselementen, führt eine nachträgliche Wärmebehandlung zu höheren Festigkeiten. Das Aushärten geschieht durch Glühen, Abschrecken und Auslagern während 1...2 Tagen. Von **Kaltaushärtung** spricht man beim Auslagern unter Raumtemperatur. Die Warmaushärtung wird bei Temperaturen um

Tabelle 2.10 Aluminiumwerkstoffe für das Bauwesen

Bezeichnung (DIN EN 573) chemische Symbole	Festigkeitsklassen	Anwendung im Bauwesen
1. Reinaluminium		
EN AW-Al 99,5…Al 99,99	W7…F13	Bedachungen, Wandbekleidungen, Abdichtungsfolien bzw. -bänder
2. Nicht aushärtbare Legierungen		
EN AW-Al Mn	W9…F19	Bedachungen, Rinnen und Rohre
EN AW-Al MnMg	W16…G26	Fassadenbekleidungen
EN AW-Al Mgl	W10…F21	
EN AW-Al Mg2Mn0,8	W18…F25	Fenster, Bekleidungen u. a. — Bleche, Profile und Rohre für tragende Bauteile nach DIN 4113
EN AW-Al Mg3	W18…F25	
EN AW-Al Mg4,5Mn	F27…G31	
3. Aushärtbare Legierungen		
EN AW-Al MgSi	F13…F32	Fenster, Türen
EN AW-Al Zn4,5Mgl	F34 und F35	u. a.
4. Gusslegierungen		
G-Al Si12	F16…F21	
G-Al Mg	F14…F19	Baubeschläge, Fassadenelemente,
G-Al Mg3	F16…F22	Kunstguss u. a.
G-Al Mg5	F16…F20	

150 °C ausgeführt und ergibt bei gleicher Legierungszusammensetzung noch bessere Festigkeitswerte als bei Kaltaushärtung.

Die Formgebung des erschmolzenen und legierten Materials erfolgt in den weiterverarbeitenden Betrieben bei Knetlegierungen durch Walzen, Strangpressen, Ziehen oder Schmieden zu Halbzeug. Bei Gusslegierungen wird das Material nach verschiedenen Verfahren zu Formgussstücken gegossen.

Im Ingenieurbau wird auch Aluminium immer mehr in Schweißkonstruktionen eingesetzt. Das Metalllichtbogen-Schweißen (E) und Gasschmelzschweißen (G) sind auch bei zusätzlicher Verwendung eines Fließmittels nur beschränkt anwendbar, weil bei den hohen Schmelztemperaturen die Aluminiumoberfläche oxidiert. Verfahren MIG mit Argon als Schutzgas eignet sich für dickere Querschnitte und WIG mit Argon als Schutzgas für dünnere Querschnitte. Bei ausgehärteten Legierungen tritt an den Schweißnähten ein beträchtlicher Verlust an Festigkeit ein. Er kann bei Kehlnahtverbindungen durch nochmalige Kalt- oder Warmauslagerung ausgeglichen werden. Bei kaltverformten Werkstoffen geht im Bereich der Schweißnaht die Festigkeit auf den weichen Ausgangszustand zurück.

2.3.1.2 Aluminiumwerkstoffe – Eigenschaften und Oberflächenbehandlung

Die wichtigsten im Bauwesen verwendeten Werkstoffe aus Aluminium finden sich in Tabelle 2.10.

Bei den genormten Kurzzeichen bedeuten: EN … europ. Norm, AW … Aluminium-Halbzeug, Al … Al-Hauptelement und Legierungselemente (Cu, Mn, Si, Mg, MgSi, Zn u. a.), die Zahlen hinter den Legierungselementen zeigen deren mittleren Gehalt in Prozent an. W bedeutet weich und G rückgeglüht nach vorausgegangener Kaltverfestigung. Für Bleche und Bänder mit $d > 0{,}35$ mm gilt u. a. DIN EN 485, für Strangpressprofile und Rohre DIN EN 754 und 755 und für Aluminiumkonstruktionen DIN 4113.

Die Eigenschaften der Aluminiumwerkstoffe und damit auch ihre Anwendung im Bauwesen hängen vor allem von den Legierungselementen ab: Durch Zugabe von Mn und Zn und mit steigenden Gehalten an Mg und Si nimmt die Festigkeit zu. Hohe Anteile an Mn beeinträchtigen jedoch die Formbarkeit. Hinsichtlich der zulässigen Spannungen entsprechen die der Festigkeitsklassen ≥ 32 einem Stahl S 235. Obwohl Legierungen mit Cu noch höhere Festigkeiten ergeben, werden sie wegen ihrer Korrosions- und Schweißempfindlichkeit i. Allg. nur für Schrauben verwendet. Falls die Festigkeit ausreicht, sollten vor allem wegen der leichteren Formbarkeit die nicht aushärtbaren Werkstoffe bevorzugt werden. Mit größerer Reinheit sowie durch Zugabe von Mn und Mg wird die i. Allg. gute Korrosionsbeständigkeit noch erhöht, die Zugabe von Zn vermindert jedoch den Korrosionswiderstand. Mit Si und vor allem mit Zn verbessert sich die Schweißeignung.

Die verschiedenen Möglichkeiten einer nachträglichen Behandlung der Oberflächen des Aluminiums werden sowohl für zusätzliche dekorative Effekte angewandt als auch zur Verbesserung des Korrosions- und Verschleißwiderstandes. Die anodische Oxidation (Eloxierung) findet Anwendung bei Fassadenverkleidungen, Fenstern, Türen und anderen Bauelementen. Die im «Eloxal-Bad» sich bildende Oxidschicht ist hart und chemisch sehr beständig und lässt sich in vielen Farbtönen einfärben. Die Schichtdicke bei Außenbauteilen beträgt $\geq 20\ldots 30$ μm. Bei besonderen Ansprüchen an dekoratives Aussehen muss das Halbzeug in «Eloxalqualität» bestellt werden; geeignet dafür sind Al $99{,}5\ldots 99{,}98$ sowie die AlMg-und AlMgSi-Legierungen. Auch durch chemische Oxidation (Chromatieren und Phosphatieren) wird die Oberfläche i. Allg. widerstandsfähiger. Die auf dieser Weise entstandenen **Passivierungsschichten** sind auch erforderlich bei nichtmetallischen Beschichtungen aus Kunststoffdispersions- und -lackfarben.

Unbehandelte Bauteile müssen durch isolierende Anstriche oder Schutzfilme vor einem Kontakt mit Beton, Zement- und Kalkmörtel geschützt werden.

2.3.2 Zink

Zinkblech von $0{,}8\ldots 1{,}0$ mm Dicke wird vor allem für Dächer, Dachrinnen und Regenfallrohre verwendet. Vor dem Aufbringen von Anstrichen müssen Zinkblech oder verzinkte Oberflächen mechanisch aufgeraut oder chemisch entfettet werden. Wegen der höheren Dauerstandfestigkeit und insbesondere wegen des geringeren Wärmedehnkoeffizienten von $0{,}020$ mm/m · K wird Titanzink bevorzugt. Die Empfindlichkeit gegen Tauwasser ist zu beachten. Von wachsender Bedeutung ist Zink auch für den Korrosionsschutz von Stahl.

2.3.3 Blei

Wegen der leichten Formbarkeit wird Blei als Blech u. a. für die Einfassung von Schornsteinen oder das Auslegen von Kehlen, als bituminiertes Band für Abdichtungen sowie für Rohre verwandt, weiter für Dichtungsringe oder als Bleiwolle zum Ausstemmen von Fugen. Wegen der hohen Dichte eignet sich Blei in besonderer Weise für Bauteile für den Strahlenschutz. Durch Zusatz von Antimon können Härte und Festigkeit von Blei deutlich erhöht werden. Bei aggressiven Wässern sind «Mantelrohre» mit einem inneren $0{,}5\ldots 1$ mm dicken Zinnrohr oder -auskleidung zu verwenden. Baustoffe aus Blei müssen durch Beschichtungen vor Kontakt mit Kalk- und Zementmörtel sowie mit Beton geschützt werden (z. B. bituminöse Stoffe).

2.3.4 Kupfer

Kupfer zeichnet sich aus durch gute Formbarkeit und eine besonders lange Dauerhaftigkeit der Bauteile. Unter der atmosphärischen Einwirkung überzieht sich die Oberfläche mit einer schützenden Schicht aus Kupferhydroxidcarbonat (Patina). Als Blech von 0,5...1 mm Dicke wird Kupfer für Dächer, Rinnen und Rohre verwendet, als Band von 0,1...0,2 mm Dicke für bituminöse Abdichtungen und Rohre für Hausinstallationsleitungen.

Von Bedeutung für das Bauwesen sind auch die Kupfer-Zink-Legierungen (Messing) zur Herstellung von Armaturen u. a. und die Kupfer-Zinn-Legierungen (Bronze).

3 Holz und Holzwerkstoffe

Als natürlicher organischer Baustoff wird Holz wegen seiner geringen Masse und Wärmeleitfähigkeit, seiner hohen Zähigkeit und seiner leichten Bearbeitbarkeit eingesetzt. Infolge der großen Artenvielfalt, des inhomogenen Aufbaus und des anisotropen Materialverhaltens treten große Unterschiede der mechanisch-technischen Eigenschaften auf, die auch von der Feuchte des Holzes stark beeinflusst werden.

Die Beständigkeit von Holz wird durch Feuchtigkeit, biologische Schädlinge und Feuer besonders gefährdet.

Holz ist nicht einfach zu normen, weil es aus verschiedenartigen Teilen aufgebaut ist (inhomogen), in verschiedenen Richtungen unterschiedliche Eigenschaften aufweist (anisotrop) und Holzfehler aufweisen kann, die das Materialverhalten beeinträchtigen. Durch das Zusammensetzen von kleinen fehlerfreien Holzteilen entstehen mehr oder weniger homogene Holzwerkstoffe, deren Eigenschaften weniger schwanken.

3.1 Aufbau des Holzes und Holzfehler

Der Nährstofftransport des Baumes von den Wurzeln bis in die Blätter erfolgt über den zellartigen Aufbau des Holzes, bei dem die langfasrigen Zellen parallel zum Stamm gerichtet sind. Bei Hölzern wird unterschieden in

- **Nadelholz (NH):** ist entwicklungsgeschichtlich älter. Es besteht aus langgestreckten, spindelförmigen Mehrzweckzellen (Tracheiden), die für Nährstofftransport und Festigkeit zuständig sind;
- **Laubholz (LH):** ist entwicklungsgeschichtlich jünger. Die Zellen sind funktionell unterteilt in langgestreckte Leitzellen (Tracheen) und kurze Speicherzellen, die als Stützzellen für die Festigkeit verantwortlich sind.

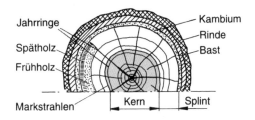

a) Querschnitt

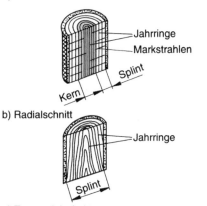

b) Radialschnitt

c) Tangentialschnitt

Bild 3.1 Schnittflächen eines Holzstammes

Dieser von anderen Baustoffen abweichende Aufbau führt zu den besonderen Eigenschaften des Holzes.

3.1.1 Makroskopischer Aufbau

In Bild 3.1 ist an unterschiedlichen Schnittflächen der makroskopische Aufbau gezeigt. Die **Borke (Rinde)** bietet einen äußeren Schutz gegen Austrocknung und mechanische Beschädigung. Darunter befindet sich der lebende Teil der Borke, genannt **Bast**, gefolgt vom **Kambium**, der eigentlichen Wachstumsschicht, in der Bastzellen nach außen und Splintzellen nach innen wachsen.

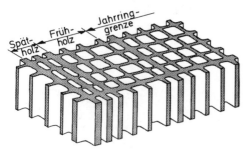

Bild 3.2 Ausbildung der Früh- und Spätholzzellen bei Nadelholz [3]

3.1.2 Mikroskopischer Aufbau

Mikroskopisch betrachtet sind die Holzzellen meist röhrenförmige Elemente. Sie hatten im lebenden Stamm ganz bestimmte Aufgaben: Die Frühholztracheiden (bei Nadelholz) und die Gefäße (bei Laubholz) dienten der Aufwärtsleitung von Wasser und Nährstoffen, die Spätholztracheiden (bei Nadelholz) bzw. die Hart- oder Libriformfasern (bei Laubholz) vor allem der Stabilität, die Parenchymzellen in den Markstrahlen der Speicherung von Nährstoffen.

Die im Frühjahr wachsenden dünnwandigen, großporigen (weitlumigen) Zellen bilden das helle und weiche **Frühholz** (Bild 3.2). Das dunklere **Spätholz** mit dickwandigen und englumigen Zellen entsteht während des Sommerwachstums. Allgemein werden die Härte und Festigkeit des Holzes durch den Anteil an Spätholz bestimmt.

Frühholz und Spätholz bilden die in gemäßigten Zonen gut erkennbaren **Jahrringe**, die die Dickenzunahme des Baumes in einem Jahr darstellen.

Die **Markstrahlen** dienen dem horizontalen Nährstofftransport, vor allem bei Laubholz.

Das lebende Holz in der äußeren Randzone des Stammes wird **Splintholz** genannt. Es ist weich und hell und dient dem Nährstofftransport.

Als **Kernholz** wird das abgestorbene Holz im Stamminneren bezeichnet. Es hat dicke Zellwände, ist schwerer und härter und weist oft eine dunklere Farbe auf.

Nach der Farbgebung im Querschnitt des Holzes werden unterschieden:

- **Splinthölzer**, wie z. B. Erle, Weißbuche, Pappel, bei denen sich das Splintholz über die gesamte Dicke des Stammes erstreckt;
- **Kernhölzer**, wie z. B. Eiche, Nussbaum; Eibe, Lärche, weisen eine schmale Splintholzzone auf, wodurch der dunkle Kern überwiegt;
- **Reifhölzer**, wie z. B. Buche, Linde, Birnbaum, Fichte, Tanne, haben einen hellen Kern und einen hellen Splint.

3.1.3 Chemischer Aufbau

Chemisch besteht das Holz vor allem aus Verbindungen von Kohlenstoff, Sauerstoff und Wasserstoff. Die Zellwände sind aufgebaut u. a. aus 40…50 % Cellulose (Zellstoff), die das Holzgerüst bildet und vor allem für die hohe Zugfestigkeit verantwortlich ist, 15…35 % Hemicellulose und 20…30 % Lignin, das vor allem den Druckwiderstand des Holzes erhöht. In den Poren des Holzes finden sich außer Wasser in unterschiedlichen Mengen vor allem im Splint Eiweiß und Stärke, bei Nadelhölzern auch Harze, bei Eiche Gerbsäure.

3.1.4 Inhomogenitäten und Holzfehler

Fast alle Holzteile weisen mehr oder weniger Inhomogenitäten und Holzfehler auf, die für den Gebrauchswert sowie für die Einteilung des Holzes in Sortierklassen maßgebend sind. Sie können entweder als Wuchsfehler oder durch ungünstige äußere Einwirkungen vor oder nach dem Einschlag entstanden sein.

Drehwuchs: Die Holzfasern laufen wendelförmig um die Stammachse. Sie werden daher bei Schnittholz durchgeschnitten, wodurch die Festigkeit des Holzes herabgesetzt wird und die Schnittware windschief werden kann.

Einseitiger Wuchs, exzentrischer Kern (Bild 3.3): Die Folge sind ungleiche Festigkeit und ungleiches Schwinden innerhalb des Stammquerschnitts.

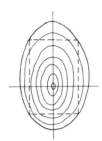

Bild 3.3 Einseitiger Wuchs

a Schwindrisse   b Kernrisse   c Ringrisse

Bild 3.4 Rissarten des Holzes

Äste: Sie verursachen eine Ablenkung der Holzfasern, die bei Schnittholz durchgeschnitten werden. Es wird insbesondere die Zugfestigkeit herabgesetzt. Bei losen Ästen (ohne Faserbindung mit dem Stamm) oder faulen Ästen wird das Holz meist unbrauchbar.

Zu breite oder **ungleichmäßige Jahrringe** sowie Harzgallen (mit Harz gefüllte Hohlräume) mindern ebenfalls die Holzqualität.

Risse: Sie können nach Bild 3.4 als Schwindrisse (a) von außen nach innen, als Kernrisse (b) von innen nach außen, als Ringrisse (c) entlang von Jahrringen sowie als Blitz- oder Frostrisse entstanden sein. Sie ermöglichen das Eindringen von Wasser und Schädlingen, erschweren die Gewinnung von Schnittware und können das Holz sogar unbrauchbar machen.

Verfärbungen: Sie entstehen vor allem bei zu feuchter Lagerung des Holzes nach dem Einschlag. Eine **Blaufärbung** des Splints vieler Nadelhölzer ist nur ein Schönheitsfehler, da der Bläuepilz nur vom Zellinhalt lebt. **Rote** und **braune Streifen** deuten auf den Anfang einer Fäulnis hin, die die Festigkeit und Haltbarkeit vermindert.

Fäulnis: Sie wird durch Pilzbefall verursacht; das Holz ist morsch und unbrauchbar.

Insektenfraßgänge: Das Holz besitzt verminderte Festigkeit und Haltbarkeit.

3.2 Holzarten

Ein Überblick über die Merkmale, die besonderen Eigenschaften und Anwendungsgebiete der einheimischen und im Bauwesen verwendeten Hölzer gibt Tabelle 3.1. Nadelhölzer wachsen meist schneller und sind daher preiswerter als Laubhölzer.

3.3 Eigenschaften des Holzes

Sie liegen allgemein in weiten Grenzen und können sogar innerhalb desselben Stammes erheblich variieren. Die Prüfungen erfolgen nach DIN 52 180 bis 52 189 und 52 192.

3.3.1 Dichte und Feuchtegehalt

Dichte

Die **Reindichte** ist ein reiner Materialkennwert und hat keine baupraktische Bedeutung. Da sie aus dem Volumen ohne Poren ermittelt wird, beträgt die Reindichte für alle Holzarten nahezu einheitlich ca. 1500 kg/m³.

Die **Trockenrohdichte, Darrdichte,** wird bei einem Feuchtegehalt $u = 0$ M.-% bestimmt und zur Einteilung der Hölzer nach DIN 4076-1 verwendet. Je nach Holzart resultieren stark unterschiedliche Werte $\varrho_0 = 360…630$ kg/m³.

Die **Rohdichte lufttrocken** oder **Normal-Rohdichte** wird für einen Feuchtegehalt von 12 M.-% angegeben, bei dem sich die Gleichgewichtsfeuchte eingestellt hat. Sie kann je nach Anteil an Früh- oder Spätholz, Splint- oder Kernholz oder Ästen stark variieren. Rechenwerte bei Gleichgewichtsfeuchte für Nadelholz $\varrho_{u12} = 380…600$ kg/m³).

Feuchtegehalt

Holz ist aufgrund des Zellenaufbaus und der Zellstruktur **hygroskopisch**. Der Feuchtegehalt kann je nach Umgebungsbedingungen stark schwanken und hat großen Einfluss auf das mechanisch-technologische Verhalten und die Dauerhaftigkeit. Bei Festlegungen von Anforderungen und Kennwerten ist daher der

Tabelle 3.1 Einheimische Holzarten, Merkmale, Eigenschaften und Anwendung

1 Holzart	2 Merkmale	3 Besondere Eigenschaften, mittlere Rohdichte nach DIN 68 364, kg/dm^3, (bei 12 % Feuchte)	4 Dauerhaftigkeit (Dauerhaftigkeitsklasse des Kernholzes)[1]	5 Hauptsächliche Anwendung
Nadelhölzer NH				
Fichte (Rottanne) FI	gelblich bis rötlich-gelb, Harzkanäle	0,46	nur im Trockenen oder unter Wasser, nicht im Wechsel (4)	Bauholz, Brettschichtholz, Verkleidungen, Sperrholzmittellager, FI zu Fenster und Türen, engringige FI zu Holzpflaster
Tanne (Weißtanne) TA	gelblich-weiß, deutliche Jahrringe, ohne Harzkanäle	0,46	im Trockenen gut, unter Wasser mäßig, nicht im Wechsel (4)	
Kiefer (Forche) KI	breiter, hellgelber Splint, rotbrauner Kern, deutlich voneinander abgesetzt, deutliche Harzkanäle	0,52 neigt zu Harzfluss und bei Feuchtigkeit zu Bläue	im Trockenen und unter Wasser sehr gut, im Wechsel ziemlich gut (3...4)	Bauholz, Fenster und Türen, Parkett, Holzpflaster
Lärche LA	schmaler, hellgelber Splint, Kern breit und rötlich bis braun, scharf abgesetzt, deutliche Jahrringe, Harzkanäle nicht sichtbar	0,6 zähe, hart, sehr harzreich, neigt nicht zu Harzfluss	auch im Wechsel gut, fast wie Eiche (3...4)	
Laubhölzer LH				
Eiche EI	Splint schmal und hell, Kern breit und braun, deutliche Jahrringe, Frühholz grob- und ringporig, im Längsschnitt feine Rillen, deutliche Mark-Strahlen	0,71 schwer und hart, Gerbsäuregeruch	allgemein sehr gut (2)	Fachwerk, Parkett, Holzpflaster, Furniere
Rotbuche BU	gelblich bis rötlich, deutliche Jahrringe und Markstrahlen	0,71 schwer, sehr hart, größeres Schwinden und Quellen	im Trockenen oder unter Wasser, dagegen nicht im Wechsel (5)	Parkett, Treppen, getränkt zu Schwellen

[1] Nach DIN EN 350-2: (1) sehr dauerhaft, (2) dauerhaft, (3) mäßig, (4) wenig, (5) nicht dauerhaft gegen holzzerstörende Pilze bei hoher Holzfeuchte und ohne Holzschutz.

zugrunde liegende Feuchtegehalt von großer Bedeutung.

Die Bestimmung des **Feuchtegehaltes** u erfolgt durch Wiegen und Darren:

$$u = \frac{m_u - m_0}{m_0} \cdot 100 \ [\text{M.-\%}]$$

m_u Holzmasse feucht [g]
m_0 Holzmasse darrtrocken (105 °C) [g]

Näherungsweise kann die Feuchte auch über elektrische Widerstandsmessung ermittelt werden.

Zur Wasserbindung: Bis rd. 8 M.-% wird die Feuchte chemisch eingebunden in die OH-Gruppen. Dieser Vorgang wird Chemosorption genannt. Bei 8 bis 15 M.-% sind die Wassermoleküle auf der Faseroberfläche durch Adsorption gebunden. Zwischen 15…30 M.-% liegt Kapillarkondensation vor; die Wassermoleküle sind zwischen den Fasern und den Zellwänden eingelagert. Ab etwa 30 M.-% füllt das Wasser die Zellräume.

Trockensortiertes Holz (TS) hat eine mittlere Holzfeuchte von $u \leq 20$ M.-%, was durch technische Trocknung zu erreichen ist.

Gleichgewichtsfeuchte oder **Ausgleichsfeuchte** ist der Feuchtegehalt, der sich im Holz nach Anpassung an das Normalklima einstellt. Je nach Luftfeuchtigkeit und Temperatur der Umgebung stellt sich eine Feuchte von ca. ¼ … ⅕ der relativen Luftfeuchte ein:

❑ im Freien ungeschützt $u = (18 \pm 6)\%$
❑ im Freien geschützt $u = (15 \pm 3)\%$
❑ in Räumen ohne Heizung $u = (12 \pm 3)\%$
❑ in Räumen mit Heizung $u = (9 \pm 3)\%$

Nach DIN 4074 werden Bauhölzer nach ihrer Feuchte eingeteilt:

❑ frisches Bauholz $u \geq 30$ M.-%,
❑ halbtrockenes Bauholz $20 < u \leq 30$ M.-%,
❑ trockenes Bauholz $u \leq 20$ M.-%.

Fasersättigungspunkt
Etwa ab $u = 30$ M.-% lagert sich freies Wasser in den Zellräumen an, die Fasern sind gesättigt. Die Holzeigenschaften (außer der Masse) verändern sich ab diesem Feuchtegehalt bei Feuchtezunahme nicht mehr. Bei Feuchtegehalten unter etwa 30 M.-% ist eine starke Beeinflussung der Eigenschaften in Abhängigkeit vom Feuchtegehalt vorhanden.

3.3.2 Festigkeiten von Holz und Härte

Die Festigkeit des Holzes hängt u. a. von folgenden Faktoren ab:

❑ Holzart,
❑ Rohdichte,
❑ Belastungsrichtung,
❑ Belastungsart,
❑ Feuchtegehalt,
❑ Fehlstellen im Holz.

Der Einfluss dieser Parameter auf die mechanisch-technologischen Eigenschaften ist in Abschnitt 3.3.6 erläutert.

Bestimmung der Festigkeit von Holz
Bei Prüfungen von Holz wird immer vor der Prüfung die Rohdichte $\varrho = m/V$ [kg/m³] und nach dem Versuch stets der Feuchtegehalt durch Darren bestimmt.

❑ Die Bestimmung der **Druckfestigkeiten** erfolgt an einer möglichst großen Anzahl an fehlerfreien Prismen mit einer Kantenlänge $a = 20$ bis 50 mm und Höhe $h = 1{,}5$ a bis 3 a. Ermittelt wird die **Druckfestigkeit** $f_{c,0}$ **parallel zur Faserrichtung (II)**, bei der Holz ein ausgeprägtes Last-Verformungsverhalten mit einem gut erkennbaren Höchstwert zeigt, und **Druckfestigkeit** $f_{c,90}$ **quer zur Faserrichtung (⊥)**, bei der kein ausgeprägtes Bruchverhalten erkennbar ist. Als rechnerische Bruchlast wird deshalb die Last bei einer Verformung entsprechend 1 % Stauchung genommen.

❑ Die Bestimmung der **Zugfestigkeit** $f_{t,0}$ **parallel zur Faserrichtung (II)** erfolgt an Schulterstäben mit starker Verjüngung des Querschnitts im Prüfbereich im Vergleich zum Einspannbereich. Der Faserverlauf liegt in Probenlängsrichtung. Als Richt-

Tabelle 3.2 Festigkeiten von Holzproben

Beanspruchung auf	Kraftrichtung, bezogen auf die Faserrichtung	Festigkeiten in N/mm²	
		bei Nadelhölzern	bei Eiche und Buche
Zug	parallel	70…110	90…140
Biegung	parallel	40…100	60…130
Druck	parallel	25…70	35…85
Druck	rechtwinklig	5…10	10…15
Abscheren	parallel	5…10	7…15

wert: Zugfestigkeit bis zu 2-fach höher als Druckfestigkeit.

- Die **Biegezugfestigkeit** bzw. der **Biege-E-Modul** wird entweder durch Biegeprüfung an kleinen, fehlerfreien Proben bei Prüfung mit Einzellast oder durch Biegeprüfung an größeren Proben (Kantholz) als Belastung durch 2 Einzellasten ermittelt. Neben der Bestimmung der Biegezugfestigkeit lässt sich aus der Durchbiegung der Biege-E-Modul errechnen.
- Im Bedarfsfall wird die **Scherfestigkeit** geprüft. Dies erfolgt mit einer Schervorrichtung an Würfeln oder an sog. Kreuzproben.
- Die **Schlagbiegefestigkeit** wird ähnlich wie bei dem Kerbschlagversuch bei Stahl im Pendelschlagwerk durchgeführt.

Bei lufttrockenem, fehlerfreiem Holz liegen die Festigkeiten der kleinen Normprüfkörper etwa wie in Tabelle 3.2. Größere Bauteile ergeben geringere Festigkeiten.

Härte und Verschleißwiderstand
Härte und Verschleißwiderstand hängen vor allem von der Dichte des Holzes ab. Hirnholzflächen ergeben die höheren Werte, tangential geschnittene Flächen haben einen großen Frühholzanteil und ergeben daher in der Regel die ungünstigsten Werte.

- Die **Härte** wird, ähnlich wie die Brinell-Härte bei Stahl, über Kugeleindruck bestimmt. Es erfolgt eine Einstufung in Hartholz, mittelhartes Holz oder Weichholz.
- Für den **Abnutzungswiderstand** wird der Abriebverlust wie bei Bodenbelägen ermittelt.

3.3.3 Sortierkriterien

Schnittholz für statisch-konstruktive Aufgaben wird je nach Beschaffenheit in Sortierklassen eingeteilt. Nach DIN 4074 Teil 1 wird Nadelschnittholz nach seiner Beschaffenheit bei **visueller Sortierung in 3 Sortierklassen** eingeteilt: S 7, S 10, S 13, wobei die Zahlen die zulässige Spannung bei Biegung in N/mm² bei einer Holzfeuchte u = 12 M.-% angeben. Die Zuordnung zu Sortierklassen erfolgt bei u = 20 M.-% auf der Basis von Sortierkriterien, die festigkeitsmindernde Eigenschaften (Äste, Faserneigung, Risse), geometrische (Baumkanten, Krümmungen) und biologische Merkmale (Insekten-, Pilz- und Mistelbefall) berücksichtigen. Die wichtigsten Sortiermerkmale sind in Tabelle 3.3 zusammengestellt.

Beispiel zur **Bezeichnung für Kantholz**, trockensortiert, Fichte:
Kantholz DIN 4074- S 10TS –FI

Bei der **maschinellen Sortierung** wird der Biege-E-Modul im Durchlaufverfahren bestimmt. Durchstrahlungsverfahren erfassen Ästigkeit und Unterschiede der Rohdichte. Bildgebende Verfahren erfassen den Oberflächenzustand (Äste, Risse). Zusätzlich werden auch die visuellen Sortierkriterien wie Risse, Baumkante, Krümmungen, Verfärbungen, Insektenfraß usw. berücksichtigt. Es gibt 3 Sortierklassen: unter C 24, C 24 bis C 35 und über C 35.

Beispiel zur **Bezeichnung für Bretter**, Festigkeitsklasse C 40, maschinell sortiert, Lärche:
Brett DIN 4074- C 40 M -LA

Tabelle 3.3 Sortierkriterien von Nadelschnittholz nach DIN 4074-1

Sortiermerkmale	Sortierklasse		
	S 13	S 10	S 7
Allgemeine Beschaffenheit (Holzfehler)			
Verfärbungen: – Bläue – nagelfeste braune und rote Streifen – Braunfäule, Weißfäule	zulässig bis zu bestimmten Querschnitts- bzw. Oberflächenanteilen zulässig nicht zulässig		
Risse – radiale Schwindrisse (Trockenrisse) – Blitzrisse Ringschäle	zulässig bis zu bestimmten Risstiefen/Querschnittsseite nicht zulässig		
Insektenfraß	Fraßgänge von Frischholzinsekten bis 2 mm Durchmesser zulässig		
Jahrringbreite (im Allgemeinen)	bis 4 mm	bis 6 mm	bis 6 mm
Äste: Summe der Astdurchmesser auf 50 mm Länge geteilt durch Breite	bis ⅕	bis ⅖	bis ⅗
Faserneigung	bis 70 mm/m	bis 120 mm/m	bis 160 mm/m
Baumkante K (siehe Bild 3.9)	bis ¼	bis ⅓	bis ⅓
Längskrümmung (bezogen auf 2 m Messlänge)	bis 8 mm	bis 8 mm	bis 12 mm

Sortierbetriebe müssen auf der Grundlage einer Fremdüberwachung für die maschinelle Sortierung zugelassen sein. Für maschinell sortierte Produkte besteht eine Kennzeichnungspflicht (Sortierklasse, Firmenname, Maschinentyp, Name des ausführenden Sortierers).

3.3.4 Charakteristische Werkstoffkennwerte

Die **Rechenwerte** für die charakteristischen Festigkeits-, Steifigkeits- und Rohdichtekennwerte sind für Nadelholz in DIN EN 338 (Tabelle 3.4), für Brettschichtholz in DIN EN 1194 angegeben (Tabelle 3.5). Eine Abstufung erfolgt dabei jeweils in Abhängigkeit von der Rohdichte bei u = 12 M.-%. Bei Brettschichtholz wird dabei unterschieden, ob es homogen (alle Brettlamellen mit gleicher Festigkeit) oder kombiniert ist (innere und äußere Brettlamellen mit unterschiedlicher Festigkeit; s. Bild 3.10).

3.3.5 Formänderungen

Unter Belastung verformt sich das Holz je nach Faserrichtung sehr unterschiedlich. Parallel zur Faserrichtung beträgt der **Elastizitätsmodul** nach DIN 68 364 bei Nadelhölzern 8000…14 000 N/mm², bei Eiche und Buche rd. 14 000 N/mm². Rechtwinklig zur Faserrichtung beträgt der Elastizitätsmodul 300…600 N/mm². Bei langanhaltenden höheren Beanspruchungen entstehen Kriechverformungen.

Bei der Anwendung des Holzes müssen vor allem das **Schwinden** und das **Quellen**, das sogenannte «Arbeiten», beachtet werden. Aus Bild 3.5 geht hervor, dass die Werte je nach Faserrichtung und Holzart sehr unterschiedlich sind. Dies betrifft sowohl Laub- als auch Nadelholz. In tangentialer Richtung sind Schwinden und Quellen etwa doppelt so groß wie in radialer Richtung; in axialer Richtung sind sie erheblich kleiner. LH (Buche) weist höhere Verformungen auf als Nadelholz (tangential ~ 2-fach, radial ~ 1,5-fach). Mit Zunahme

Tabelle 3.4 Rechenwerte für Nadelvollholz (Auszug aus DIN EN 338)

Festigkeitsklasse Sortierklasse		C 16 (S 7)	C 18	C 24 (S 10)	C 27	C 30 (S 13)	C 35	C 40
Festigkeitskennwerte in N/mm²								
Biegung	$f_{m,k}$	16	18	24	27	30	35	40
Zug parallel	$f_{t,0,k}$	10	11	14	16	18	21	24
Druck parallel rechtwinklig	$f_{c,0,k}$ $f_{c,90,k}$	17 2,2	18 2,2	21 2,5	22 2,6	23 2,7	25 2,8	26 2,9
Schub und Torsion	$f_{v,k}$	1,8	2,0	2,5	2,8	3,0	3,4	3,8
Steifigkeitskennwerte in N/mm²								
E-Modul parallel rechtwinklig	$E_{0,mean}$ $E_{90,mean}$	8000 270	9000 300	11 000 370	11 500 400	12 000 400	13 000 430	14 000 470
Schubmodul	G_{mean}	500	560	690	750	750	810	880
Rohdichtekennwerte in kg/m³								
Rohdichte	ϱ_k	310	320	350	370	380	400	420
Vorzugsklassen sind unterlegt								

Tabelle 3.5 Rechenwerte für homogenes Brettschichtholz (Auszug aus DIN EN 1194)

Festigkeitsklasse des Brettschichtholzes*		GL24h (BS 11h)	GL28h (BS 14h)	GL32h (BS 16h)	GL36h (BS 18h)
Festigkeitskennwerte in N/mm²					
Biegung	$f_{m,k}$	24	28	32	36
Zug parallel	$f_{t,0,k}$	16,5	19,5	22,5	26
Druck parallel rechtwinklig	$f_{c,0,k}$ $f_{c,90,k}$	24 2,7	26,5 3,0	29 3,3	31 3,6
Schub und Torsion	$f_{v,k}$	2,7	3,2	3,8	4,3
Steifigkeitskennwerte in N/mm²					
E-Modul parallel rechtwinklig	$E_{0,mean}$ $E_{90,mean}$	11 600 390	12 600 420	13 700 460	14 700 490
Schubmodul	G_{mean}	720	780	850	910
Rohdichtekennwerte in kg/m³					
Rohdichte	ϱ_k	380	410	430	450

* in Klammern Festigkeitsklassen nach DIN 1052

des Feuchtegehaltes findet eine lineare Zunahme der Verformungen bis zum Fasersättigungspunkt sowohl für Nadelholz als auch bei Laubholz statt. Oberhalb des Fasersättigungspunktes (über 30 % Feuchte) findet keine weitere Zunahme der Verformungen statt. Für alle Holzarten ist dieser Zusammenhang bilinear.

Die Verformungen lassen sich rechnerisch erfassen. Es gilt für die Längenänderung:

$$\Delta l = \varepsilon \cdot l = \alpha \cdot \Delta u \cdot l \text{ [mm]}$$

mit Rechenwert α für Quellen und Schwinden für Δu = 1 M.-% im Bereich u = 0 bis u = 30 M.-% und Ausgangslänge l.

In Anlehnung an DIN 1052 – Holzbauwerke – gelten die in Tabelle 3.6 gezeigten Rechenwerte für α.

Anmerkung: Im Anhang ist ein Beispiel für die Berechnung von Verformungen gegeben.

Eigenschaften des Holzes 71

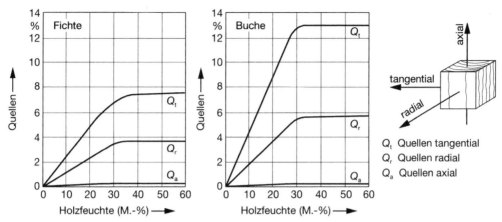

Bild 3.5 Quellen von Nadel- und Laubholz in Abhängigkeit von der Holzfeuchte [5]

Tabelle 3.6 Rechenwerte α für Quellen und Schwinden

Holzart	Rechenwerte α für Quellen und Schwinden bei $\Delta u = 1$ M.-%			
	tangential α_t	i. M.	radial α_r	längs α_l
europ. Nadelholz	0,32	0,24	0,16	0,01
Laubholz (Buche, Eiche)	0,40	0,20	0,20	0,01
Tropenholz	0,25	0,20	0,15	0,01

Um Verwölbungen, Risse und andere Mängel zu vermeiden, sollte Holz möglichst mit dem Feuchtegehalt verarbeitet und eingebaut werden, der sich später nach dem Einbau je nach Klima der Umgebung im Holz einstellen wird.

3.3.6 Einflüsse auf die mechanisch-technologischen Eigenschaften

Einfluss der Rohdichte
Da das Gerüst des Holzes einem Röhrenbündel ähnlich ist, hängt die Festigkeit vor allem von der Beschaffenheit dieser Röhren ab. Bei einem hohen Anteil an Spätholz mit dickwandigen Zellen oder auch dichterem Kernholz und damit höherer Rohdichte ist die Festigkeit größer als bei viel Frühholz oder bei weniger dichtem Splintholz. Bei Holz mit parallelen Fasern ist die Druckfestigkeit niedriger als die Zugfestigkeit, weil die Röhren bei axialer Druckbeanspruchung ausknicken. Mit zunehmender Rohdichte ϱ_{12} nehmen die Druck- und Zugfestigkeit $f_{c,k}$ und $f_{t,k}$ bei der Belastung parallel zur Faser linear zu, wobei die Zunahme der Zugfestigkeit stärker ausgeprägt ist als die Zunahme der Druckfestigkeit (Tendenz siehe Festigkeitsklassen nach DIN EN 338). Auch der E-Modul nimmt linear zu.

Einfluss der Holzfeuchte
Mit zunehmender Holzfeuchte nehmen die Druckfestigkeit und die Zugfestigkeit deutlich ab (Bild 3.7). Bei Fasersättigung ist die Druck- und Zugfestigkeit nur noch etwa halb so groß wie im lufttrockenen Zustand (Feuchtegehalt ~12 %). Mit zunehmender Holzfeuchte nimmt die Biegezugfestigkeit so ab, dass die Festigkeitswerte zwischen Druck- und Zugfestigkeit liegen. Alle drei Kenngrößen ändern sich bis zum Erreichen des Fasersättigungspunktes, bei höherer Feuchte erfolgt keine weitere Abnahme. Der E-Modul nimmt auch bei Feuchtegehalten oberhalb des Fasersättigungspunktes ab. Das führt dazu, dass nach DIN 1052 bei vorübergehender Durchfeuchtung eine Abminderung um ⅙, bei dauernder Durchfeuchtung um ¼ der Re-

chenwerte / charakteristischen Werte vorgenommen werden muss.

Einfluss des Winkels zwischen Kraftrichtung und Faserrichtung
Die Festigkeit, vor allem die Zugfestigkeit, fällt erheblich ab, wenn das Holz schräg oder rechtwinklig zu den Fasern belastet wird oder wenn die Fasern durch Äste oder Verkrümmungen abgelenkt worden sind (Bild 3.6). Mit zunehmendem Winkel α zwischen Kraft- und Faserrichtung nehmen die aufnehmbaren Beanspruchungen und der E-Modul mehr oder weniger stark ab.

In Anlehnung an DIN 1052 gilt für die Druckfestigkeit

$$f_{c,\alpha} = f_{c,0,k} - (f_{c,0,k} - f_{c,90,k}) \cdot \sin \alpha$$

für den E-Modul

$$E_\alpha = \frac{E_0 \cdot E_{90}}{E_{90} \cdot \cos^3 \alpha + E_0 \cdot \sin^3 \alpha}$$

Belastungsart
Bei **Dauerbelastung** werden rd. 50...60 % der Kurzzeittragfähigkeit, bei Wechselbelastung (Wechsel zwischen Zug- und Druckfestigkeit) rd. 20 % der Kurzzeittragfähigkeit erreicht.

3.3.7 Beständigkeit, Holzzerstörung und Holzschutz

Die Beständigkeit ist je nach Holzart und Beanspruchung sehr unterschiedlich. Für die Verwendbarkeit der Hölzer für Bauzwecke sind Hinweise zur Dauerhaftigkeit hilfreich. DIN EN 350-2 enthält dazu eine 5-stufige Klasseneinteilung:

1 = sehr dauerhaft,
2 = dauerhaft,
3 = mäßig dauerhaft,
4 = wenig dauerhaft und
5 = nicht dauerhaft.

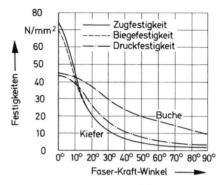

Bild 3.6 Abhängigkeit der Festigkeit vom Winkel zwischen Kraft- und Faserrichtung bei Kiefern- und Buchenholz [4]

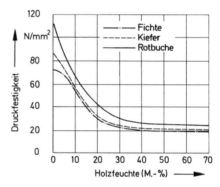

Bild 3.7 Abhängigkeit der Druckfestigkeit verschiedener Hölzer von der Holzfeuchte [4]

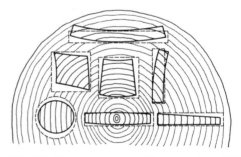

Bild 3.8 Verformungen von frisch aus einem Holzstamm herausgesägten Querschnitten beim Austrocknen [4]

Nadelhölzer, die vornehmlich für Bauzwecke eingesetzt werden, sind demnach bei wechselnder Trocknung und Befeuchtung der Klasse 4 (Fichte, Tanne), 3 bis 4 (Kiefer) und 3 (Lärche) zuzuordnen.

Chemisch ist Holz weitgehend beständig. Es kann aber durch pflanzliche oder tierische Schädlinge sowie durch Feuer angegriffen und zerstört werden. Falls mit einer solchen Möglichkeit zu rechnen ist, muss es vorbeugend durch bauliche oder/und chemische Maßnahmen geschützt werden.

3.3.7.1 Zerstörung durch Pilze

Aus Sporen oder Keimen bilden sich papierartige Gewebe oder wurzelartige Stränge, Myzel genannt, die sogar durch Poren eines Mauerwerks hindurchwachsen können, sowie Fruchtkörper, durch die unzählige neue Sporen erzeugt werden.

> Für die Entwicklung der Pilze sind vor allem eine hohe Holzfeuchte von ≥ 20 M.-% sowie Wärme und geringe Luftbewegung günstig. Die Pilze entziehen dem Holz, und zwar besonders dem weicheren Splintholz, Cellulose und Lignin und verursachen dadurch Fäulnis und Zerfall; das Holz wird morsch, meist auch braun und querrissig.

Am gefährlichsten ist der **echte Hausschwamm** mit grauweißem Myzel und braunen, gelbgerändertem Fruchtkörper; Letzterer kann bei Trockenheit die zum Wachstum notwendige Feuchtigkeit selbst erzeugen. Ununterbrochene hohe Feuchtigkeit dagegen benötigen der **Keller-** oder **Warzenschwamm** (braun-schwarzes Myzel, brauner, warziger Fruchtkörper) sowie der **Porenschwamm** (weißes Myzel, kleine weiße und porige Fruchtkörper). Ständig sehr feuchtes Holz wird durch **Moderfäule** modrigweich. (Einige Pilze, z. B. der Bläuepilz, verfärben lediglich das Holz.)

3.3.7.2 Zerstörung durch Insekten

> Die eigentlichen Schädlinge sind die Larven bestimmter Insekten («Holzwürmer»), die das Holz, und zwar vor allem das weichere und eiweißreichere Splintholz, durchfressen.

Die Larven entwickeln sich aus Eiern, die Käfer in Risse und Ritzen des Holzes ablegen. Je nach Insektenart und Entwicklungsbedingungen fressen die Käfer nach 1…8 Jahren die Holzoberfläche durch und hinterlassen dabei Fluglöcher.

Am weitesten verbreitet ist in eingebauten Nadelhölzern der **Hausbock**: Die Larven sind bis 30 mm lang, die ovalen Fluglöcher 4…7 mm groß, die Käfer 10…25 mm lang mit 2 glänzenden Höckern am behaarten Halsschild. In feuchteren Nadel- und Laubhölzern hält sich der **Poch-** oder **Nagekäfer** («Totenuhr») auf (Larven bis 6 mm lang, runde Fluglöcher 1…2 mm groß, Käfer 3…5 mm lang mit kapuzenartigem Halsschild). Der Splint von Laubhölzern, besonders in Parkett, wird vom braunen **Splintholzkäfer** befallen; der Käfer ist 3…6 mm lang.

In wärmeren Regionen richten Termiten große Schäden an Holz an.

3.3.7.3 Schutz gegen Pilze und Insekten

Die notwendigen Maßnahmen sind in DIN 68 800 beschrieben. Vor allem gegen Pilze müssen vorbeugend folgende **bauliche Regeln** beachtet werden:

> Beim Einbau soll das Holz möglichst trocken sein bzw. bald austrocknen können. Deshalb dürfen dichte Anstriche und Beläge nicht zu früh aufgebracht werden. Die Holzbauteile, z. B. im Freien oder Balkenköpfe im Bauwerk, sind gegen spätere Durchfeuchtung und gegen eine größere Wasserdampfeinwirkung zu schützen. Horizontale Flächen sollen abgeschrägt werden, damit das Wasser rasch abgeleitet wird. Die Luft sollte freien Zutritt zum Holz haben.

Darüber hinaus sind mindestens alle tragenden und mit diesen verbundenen Holzteile **vorbeugend chemisch** gegen zerstörende Pilze und Insekten zu schützen; für alles übrige Bauholz wird ein chemischer Holzschutz empfohlen.

Es werden dazu **Holzschutzmittel** verwendet, die verschiedene chemische Verbindungen mit giftiger Wirkung gegenüber Pilzen und Insekten enthalten. Es handelt sich meist um **wasserlösliche Mittel**, z. B. Fluor-, Bor-, Chrom-, Kupfer- und Arsenverbindungen oder ölige Mittel. Es dürfen nur Mittel mit gültigem Prüfzeichen verwendet werden. Beim Prüfzeichenverfahren wird der Nachweis geführt, dass bei bestimmungsgemäßer Anwendung die holzschützende Wirkung erzielt wird und dass aufgrund einer Bewertung des Bundesgesundheitsamtes keine gesundheitlichen Bedenken bestehen.

Oft werden auch kombinierte Mittel angeboten, z. B. PIvS. W und E sind nicht auswaschbare Mittel, wozu die wasserlöslichen chromhaltigen Mittel, die im Holz in schwerlösliche (= fixierende) Verbindungen übergehen, und alle öligen Mittel gehören. Die Wahl des Holzschutzmittels für tragende Bauteile richtet sich nach DIN 68 800-3 nach der Gefährdungsklasse je nach Anwendungsbereich

Tabelle 3.7 Prüfprädikate

Als Hinweis für die Wirkung, Eignung und Anwendung der Holzschutzmittel tragen die Gebinde bestimmte Prüfprädikate. Es bedeuten:	
P	Wirksam gegen Pilze (fungizid)
Iv	vorbeugend wirksam gegen Insekten (insektizid)
(Iv)	Nur bei Tiefschutz als IV wirksam
Ib	Bekämpfend wirksam gegen Insekten (insektizid)
M	Gegen Schwamm im Mauerwerk
W	Für Holz, das der Witterung ausgesetzt ist
E	Bei extremer Beanspruchung, z. B. Erdkontakt
S	Zum Streichen, Spritzen und Tauchen
St	Zum Streichen und Tauchen, in Werken zum Spritzen

des Holzes und der daraus resultierenden Gefährdung durch Insekten, Pilze, Auswaschung und Moderfäule.

Bei der Verarbeitung und Anwendung der Holzschutzmittel muss beachtet werden, dass sie mehr oder weniger starke Giftstoffe sind, was an den Gefahrensymbolen und -bezeichnungen auf den Gebinden erkennbar ist. Manche dürfen also nicht in Räumen für Menschen, Tiere und Lebensmittel verwendet werden. Einige Mittel greifen auch andere Baustoffe an. Angaben über die Verträglichkeit mit Anstrichstoffen, Klebern u. a. sind z. B. dem Prüfbescheid zu entnehmen.

> Die Holzschutzmittel sind in der vorgeschriebenen Menge möglichst gleichmäßig und tief in das Holz einzubringen sowie sparsam und nur wo erforderlich anzuwenden.

Die Aufnahmefähigkeit ist je nach Holzart, Holzfeuchte und Beschaffenheit der Oberfläche unterschiedlich. Bei Fichte und Tanne und allgemein bei Kernholz ist sie sehr gering. Bei öligen Mitteln muss das Holz mindestens halbtrocken sein. Es werden verschiedene Einbringverfahren angewandt.

Durch **Kesseldrucktränkung** können Holzquerschnitte am besten mit den Holzschutzmitteln durchsetzt werden, desgl. auch durch das Saftverdrängungsverfahren bei frisch gefällten Stämmen. Diese Behandlungen sind erforderlich bei Bauteilen im Erdbereich. Durch **Trog-** und **Einstelltränkung** während mehrerer Tage sollte ein Tiefschutz von mind. 1 cm erreicht bzw. das gesamte Splintholz getränkt werden.

Ein mindestens 2-maliges **Spritzen** oder **Streichen** oder ein **Tauchen** während mindestens 10 min ergibt nur einen Randschutz von wenigen mm und ist daher vor allem bei dickeren Querschnitten oft nicht ausreichend.

Durch Tränkung von Bohrlöchern oder Behandlungen mit Pasten ergibt sich für örtlich **besonders gefährdete Stellen ein Teilschutz**.

Die Arbeiten müssen durch erfahrene Personen durchgeführt werden. Dies gilt besonders auch für die ziemlich aufwendigen **bekämpfenden Maßnahmen**, die erforderlich

Tabelle 3.8   Gefährdungsklassen

Gefähr-dungs-klasse	Anwendungsbereich des Holzes	Erforderliches Holzschutzmittel (für tragende Bauteile) mit Prüfprädikat
0	innen eingebaut, zusätzlich z. B. kontrollierbar oder mit allseitig geschlossener Bekleidung	–
1	innen eingebaut	Iv
2	nur vorübergehende Befeuchtung möglich	Iv, P
3	bewitterte Außenbauteile	Iv, P, W
4	dauernder Erdkontakt, ständig starke Befeuchtung	Iv, P, W, E

werden, wenn eingebautes Holz von Pilzen und Insekten befallen worden ist:

> Alle zerstörten Holzteile sowie alle Pilzteile sind gründlich zu vernichten. Die noch brauchbaren Holzteile sowie auch ein von Pilzen infiziertes Mauerwerk sind intensiv mit Ib- bzw. P-Mitteln zu behandeln, desgl. auch alle neuen Holzteile.

3.3.7.4   Zerstörung durch Feuer, vorbeugender Brandschutz

> Oberhalb 150 °C zersetzt sich Holz; es bilden sich dabei Gase, die sich oberhalb rd. 200 °C selbst entzünden können. Besonders empfindlich ist trockenes und harzreiches Holz, weniger empfindlich feuchtes oder schweres Holz, insbesondere Eichenholz. Bei dickeren Querschnitten bildet die Holzkohle an der Oberfläche eine wärmedämmende Schutzschicht, die die Erhitzung des Holzinneren verzögert.

Durch Behandlung mit Feuerschutzmitteln mit Kurzzeichen F kann Holz schwer entflammbar gemacht werden (Baustoffe B1).

Schaumschichtbildende Mittel aus bestimmten Kunststoffen werden als Anstriche («S») aufgebracht; bei Hitzeeinwirkung schäumen sie zu einer Hitzedämmschicht auf.

Wasserlösliche Salze auf Phosphatbasis müssen im Kesseldruckverfahren eingebracht werden; eine Kombination mit P- und I-Mitteln ist möglich.

Inwieweit aus Holz Bauteile der Feuerwiderstandsklasse F30-B oder F60-B hergestellt werden können, richtet sich nach der Bauteilart, dem Querschnitt, der vorhandenen Spannung und einer evtl. Verkleidung. Außerdem sind besondere baurechtliche Vorschriften zu beachten.

3.4   Lieferformen und Behandlung des Holzes

Für die unterschiedliche Anwendung wird Holz in ganz bestimmten Querschnitten und Formen geliefert. Die Anwendung des Holzes wird wesentlich erleichtert durch die vielen Möglichkeiten der Holzverbindungen, bei denen stets auch auf die Besonderheiten des Holzaufbaus und der Holzeigenschaften Rücksicht genommen werden muss. Im Hochbau wird die Holzoberfläche zur Verbesserung der Eigenschaften und des Aussehens meist mit Anstrichen versehen.

3.4.1   Lieferformen, Baumkante

Als **Rundholz** werden Stämme mit mind. 14 cm Durchmesser, gemessen 1 m oberhalb des Stammendes, bezeichnet. Es besitzt bei gleicher Querschnittsfläche eine höhere Tragfähigkeit als Schnittholz. Trotzdem wird Bauholz in der Regel wegen der erforderlichen Auflager- und Verbindungsflächen als **Schnittholz** verarbeitet und dazu in verschiedenen Abmessun-

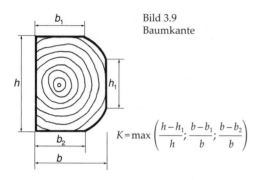

Bild 3.9 Baumkante

$$K = \max\left(\frac{h-h_1}{h}; \frac{b-b_1}{b}; \frac{b-b_2}{b}\right)$$

Tabelle 3.9 Schnitt, Holzarten

Schnitt-holzart	Dicke d bzw. Höhe h	Breite b
Latte	$d \leq 40$ mm	$b < 80$ mm
Brett	$d \leq 40$ mm	$b \geq 80$ mm
Bohle	$d > 40$ mm	$b > 3d$
Kantholz	$b \leq h \leq 3b$	$b > 40$ mm

gen geliefert. Nach DIN 4074-1 werden abhängig von den Abmessungen die in Tabelle 3.9 aufgeführten Schnittholzarten unterschieden.

Je nach Zuschnitt aus einem Stamm entstehen ein Vollholz, zwei Halbhölzer, vier Viertelhölzer usw. In DIN 4071 wird unterschieden zwischen Bohlen mit einer Dicke von 40 bis 100 mm und Brettern von 10 bis 35 mm. Die Baumkante K nach Bild 3.9 darf je nach Sortierklasse die in Tabelle 3.3 angegebenen Werte nicht überschreiten.

Für **Fußbodenbretter** sind DIN 68 365 und 18 334 maßgebend. Die «rechte» Seite der Bretter (der Stammmitte zugewandt) sollte wegen der kleineren Schwindverformungen möglichst nach oben bzw. in der Sichtfläche liegen.

Holzpflaster wird aus scharfkantigen Holzklötzen hergestellt, wobei die Hirnholzfläche als Lauffläche dient.

3.4.2 Klebeverbindungen

Im Vergleich zu den anderen Holzverbindungen setzen die Klebeverbindungen besondere Werkstoffkenntnisse und Einrichtungen voraus. Sie dürfen daher für Holzbauwerke nach DIN 1052 nur von bauaufsichtlich zugelassenen Werken ausgeführt werden. Die ausgewählten Holzteile sind schonend auf den später zu erwartenden Feuchtegehalt ($\leq 15\%$) zu trocknen. Die zu verklebenden Flächen müssen passgenau und sauber sein.

Es dürfen nur Holzklebstoffe nach DIN 68 141 verwendet werden, und zwar für überdachte Bauteile ohne Nässe-Einwirkung bewährte Casein- und Kunstharzkleber, für Bauteile mit kurzzeitiger Nässe-Einwirkung Harnstoff-Formaldehyd- oder Resorcin-Formaldehyd-Kunstharzkleber und für Bauteile mit Nässe-Einwirkung und tropenähnlichen Einwirkungen nur Resorcin-Formaldehyd-Kunstharzkleber.

Der Pressdruck muss gleichmäßig wirken, die Raumtemperatur i. Allg. mind. 20 °C betragen. Durch Wärme kann die Kleberhärtung beschleunigt werden. Gegen Witterungseinflüsse müssen geklebte Träger geschützt werden.

3.4.3 Oberflächenbehandlung

Holzflächen im Freien, z. B. Verkleidungen und Türen, werden beschichtet mit wasserabweisenden, wasserdampfdurchlässigen, pigmentierten, teilweise auch leicht filmbildenden Lasuranstrichen oder mit deckenden Lacken, meist auf Acryl- und Alkydharzbasis. Bei empfindlichen Hölzern ist ein holzschützender Voranstrich notwendig.

3.5 Holzwerkstoffe

Aus dem inhomogenen und anisotropen Massivholz können wegen des richtungsabhängigen Schwindens und Quellens kaum schwind- und verwölbungsfreie plattenförmige Werkstücke gefertigt werden. Holzwerkstoffe, aus größeren bis kleinsten Holzteilen hergestellt, haben einen gleichmäßigeren Aufbau; die Unterschiede des Schwindens und teilweise auch der Festigkeit werden weitgehend ausgeglichen.

3.5.1 Technologie und allgemeine Eigenschaften

Für Holzwerkstoffe kann auch Holz minderer Qualität verwendet werden. Als Kleber und Bindemittel werden meist UF- und MF-Kunstharze für Innenplatten und PF-Kunstharze für Außenplatten verwendet, bei Faserplatten auch Naturkleber und Bitumen. Die Art und auch die Menge des Bindemittels (rd. 10...60 kg/m³) sind entscheidend für die spätere Wetterbeständigkeit der Holzwerkstoffe. Für die Herstellung werden verschiedene Verfahren angewandt.

- **Vergütetes Vollholz**: Pressen, Dämpfen oder chemische Behandlung von Vollholz;
- **Brettschichtholz (BSH)**: Durch Zusammenleimen von Einzelbrettern entsteht ein vergütetes «Vollholz». Die Festigkeitsstreuungen werden verringert, die charakteristischen Kennwerte können gegenüber einem üblichen Vollholz angehoben werden. Es werden mindestens 3 Einzelbretter über die Breitseiten miteinander verleimt, dabei ist jeweils eine «linke» (der Stammmitte abgewandte) Seite mit einer «rechten» (der Stammmitte zugewandten) Seite zu verkleben; an den Außenseiten sollen nur «rechte» Seiten liegen (Bild 3.10). So entstehen bei Feuchteänderungen in den Klebfugen und im Holz geringere Querzugspannungen. Die Bretter sind vorgetrocknet ($u \leq 5$ M.-%), die Holzoberflächen sind staubfrei und eben, die Dicke der Einzelbretter i. Allg. ≤ 30 mm, Breiten i. Allg. ≤ 200 mm. Breitere Träger werden mit nebeneinander liegenden Brettern hergestellt, die übereinander liegend längsversetzt sind. Einzelbretter mit einer Breite ≥ 200 mm erhalten in Längsrichtung eine Entlastungsnut. Es sind Regellängen bis 35 m und Höhen bis 2,20 m möglich (sog. Leimbinder). Die verwendeten Leime sind auf Resorcinharzbasis, auch Polyamid- oder Polyurethanharze mit guter Witterungsbeständigkeit können verwendet werden;
- **Lagenholz**: Aufteilen des Holzes in Furniere, Stäbe oder Stäbchen, Verkleben unter Druck;
- **Holzspanwerkstoffe**: Zerkleinern zu Holzspänen oder Holzwolle. Verbindung mit Bindemitteln, wobei sich teilweise die groben Späne in der Mitte, die feinen Späne außen befinden;
- **Holzfaserwerkstoffe**: Zerkleinern des Holzes zu Fasern, Verbindung unter Druck mit oder ohne Bindemittel.

Je nach aufgebrachtem Druck bei der Herstellung entstehen poröse Holzwerkstoffe geringer Festigkeit oder dichte Holzwerkstoffe größerer Festigkeit. Die mechanischen Eigenschaften sind auch je nach Anordnung der Holzteile und je nach Kunstharzgehalt sehr verschieden. Die Oberflächen werden in unterschiedlicher Weise behandelt oder beschichtet. Um unerwünschte Formänderungen infolge von Schwinden und Quellen zu vermeiden, müssen vor allem die porösen Holzwerkstoffe mit einem der späteren Umgebung entsprechenden Feuchtegehalt eingebaut und vor Durchfeuchtung geschützt werden. Nach DIN 68 800 T 2 sind je nach Klebstoff- oder Bindemittelart Holzwerkstoffe der **Klasse 20** nur in Räumen mit niederer Luftfeuchte beständig (Stofffeuchte ≤ 15 M.-%), **Klasse 100** auch in einer Umgebung mit höherer Luftfeuchte und bei höchstens nur kurzfristiger Befeuchtung (Stofffeuchte ≤ 18 M.-%). Die Proben der Klasse 20 werden vor der Prüfung unter Wasser von 20 °C gelagert, Proben der Klasse 100 in kochendem Wasser von 100 °C. Bei länger andauernder Befeuchtung, z. B. in Nassräumen, bei

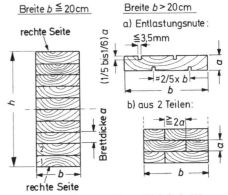

Bild 3.10 Aufbau von Brettschichtholz [3]

nicht belüfteter Außenbeplankung oder bei Dachschalung müssen Holzwerkstoffe der **Klasse 100 G** (Stofffeuchte ≤ 21 M.-%) verwendet werden, die schon bei der Herstellung mit Holzschutzmitteln geschützt worden sind. Mit Feuerschutzmitteln können Holzwerkstoffe schwerentflammbar gemacht werden.

3.5.2 Arten und Anwendung der Holzwerkstoffe

Unter höherem Druck entsteht **Schichtpressholz** mit $\varrho > 1{,}0$ kg/dm³ und mit hoher Beanspruchbarkeit.

Die wichtigsten Vertreter des Lagenholzes sind das **Sperrholz** nach DIN EN 636, das aus mindestens 3 kreuzweise verklebten Holzlagen hergestellt wird, sowie das **Stab-** oder **Stäbchensperrholz** nach DIN 68 705-2 aus beidseitigen Furnierlagen und einer dazwischengeklebten Mittellage aus Holzstäben oder -stäbchen (früher als Tischlerplatten bezeichnet). Je nach der Verklebung werden für allgemeine Zwecke Platten IF (nicht wetterbeständig) und AW (bedingt wetterbeständig), für Bauzwecke Platten aus Bau-Furniersperrholz BFU und aus Bau-Stab- oder Stäbchensperrholz BST oder BSTAE jeweils in den Klassen 20, 100 und 100 G geliefert.

Spanplatten nach DIN 68 762 werden mit unterschiedlicher Rohdichte von 0,45…0,85 kg/dm³ hergestellt, und zwar mit vorzugsweise liegenden Spänen als Flachpressplatten V 20, V 00 und V 100 G, mit vorzugsweise stehenden Spänen als Strangpressvollplatten SV 1 und SV 2 bzw. Strangpressröhrenplatten SR 1 und SR 2.

Holzwolleleichtbauplatten werden mit mineralischen Bindemitteln hergestellt (siehe Kapitel 6).

Bei **Holzfaserplatten** nach DIN EN 316 wird u. a. unterschieden zwischen porösen Platten HFD mit $\varrho = 0{,}23…0{,}35$ kg/dm³, mittelharten Platten HFM mit $\varrho > 0{,}35…0{,}80$ kg/dm³ und harten bzw. extraharten Platten HFH bzw. HFE mit $\varrho > 0{,}80$ kg/dm³. Im Trockenverfahren mit UF hergestellte Platten HFM und HFH können Formaldehyd emittieren.

Die Anwendung der Holzwerkstoffe ist sehr vielseitig: poröse Platten für Wärme- und Schallschutz bzw. Schallschluckung, dichte Werkstoffe u. a. für Innenausbau, Dachschalungen, Betonschalungen, Bausperrholz und Flachpressplatten auch für tragende und aussteifende Bauteile.

Für besondere Anwendungen werden die Holzwerkstoffe mit Dekorfilmen oder Kunststoffen beschichtet oder als **Holzverbundwerkstoffe** mit Aluminium- oder Stahlblechen oder glasfaserverstärkten Kunststoffen beplankt.

4 Natursteine

Unter dem Begriff «Naturstein» werden alle natürlichen vorkommenden Gesteine zusammengefasst. Natursteine kommen in großer Vielfalt vor. Sie werden im Bauwesen in unbearbeiteter und bearbeiteter Form für vielerlei technische Aufgaben verwendet:

Als Fassadenbekleidungen werden sie als großformatige, dünnwandige Platten durch Dübel an der Tragkonstruktion befestigt. Als Verblendmauerwerk oder Massivmauerwerk werden kleinformatige Steine als Vorsatzschalen oder zur Verkleidung von Stützmauern und Brückenpfeilern verwendet. Im Hochbau wird außer einer guten architektonischen Wirkung vor allem ein dauerhafter Schutz der Bauwerke gegen Witterungseinflüsse und mechanische Einwirkungen erwartet.

Bei der Gestaltung von Außenanlagen werden Natursteine bei Treppen und als Gehwegplatten oder Gartenplatten verwendet, im Innenausbau als Bodenbeläge oder Fensterbänke. Bei Treppen, Pflaster und Bordsteinen ist ein hoher Verschleißwiderstand erforderlich. Zur Verringerung der Rutschgefahr sollte die Oberfläche griffig sein. Größere gebrochene Steine dienen im Gleisbau als grober, fester Schotter zur Bettung der Gleise und verbessern im Tiefbau die Stabilität der Konstruktionen. Kleinere ungebrochene oder gebrochene Körnungen werden als Ausgangstoff zur Herstellung von Beton und Asphalt verwendet, wo sie die Tragfähigkeit, den Verschleißwiderstand und die Griffigkeit erhöhen. Fein gemahlene Gesteinsmehle werden bestimmten Natursteinarten als Bindemittel oder als Zusatzstoff eingesetzt oder bei der Herstellung von Kalk, Gips, Zement weiterverarbeitet.

4.1 Aufbau und Hinweise für die Auswahl

Die Natursteine bestehen aus verschiedenen Mineralien mit unterschiedlicher chemischer Zusammensetzung, Farbe, Festigkeit und Härte. Die Eigenschaften der Mineralien sind zusammen mit der Porosität maßgebend für die physikalischen, mechanischen und chemischen Eigenschaften der Natursteine. Die Form und Größe von Kristallen und Einschlüssen bestimmen das Aussehen.

Von Natursteinen, die im Freien vielfachen ungünstigen Einwirkungen der Witterung ausgesetzt sind, wird gemäß DIN 52 106 eine gute Verwitterungsbeständigkeit, vor allem die Frostbeständigkeit, gefordert.

Da infolge der Einwirkung von aggressiven Medien und Wasser unter Umständen Ausblühungen, Auslaugungen und Verschmutzungen auftreten können, ist eine geringe Wasseraufnahme vorteilhaft. Das tatsächliche Verhalten der Natursteine wird nach Möglichkeit an besonders exponierten Teilen von ausgeführten Bauwerken beobachtet.

Bei der Auswahl von Natursteinen muss auch der notwendige und je nach Härte oft sehr unterschiedliche Aufwand für die Bearbeitung berücksichtigt werden.

4.2 Entstehung

Der Entstehung der Natursteine liegt ein Zyklus zugrunde, der mit der Erstarrung der Erdkruste beginnt und der sich fortsetzt in der Plattentektonik (Verschiebung der Erdschollen) und Vulkanaktivitäten, der Verwitterung durch klimatische Einflüsse, im Weitertransport der Verwitterungsprodukte durch Wasser und Wind, in der Sedimentation und/oder in der Umwandlung durch Druck und chemische Einwirkungen.

Tabelle 4.1 Erstarrungsgesteine

Steinart	Mineralien	Farbe	Eigenschaften	ungünstig	hauptsächliche Verwendung
Tiefengesteine: Langsam abgekühlt, daher grobkristallin					
Granit	Feldspat, Quarz (hart), Glimmer (weich)	grau bis rot	meist sehr dicht, hart und beständig, polierfähig, Verschleißfläche immer rau	zu grobkörnig, matte verfärbte Flächen (Schwefelkies), zu viel Glimmer	Werksteine, Bordsteine und Pflaster, Splitt und Schotter
Syenit Diorit Gabbro	Feldspat, Glimmer, Augit und Hornblende	dunkelgrün bis schwarz, z. T. gesprenkelt		ähnlich Granit	
Ganggesteine: Mit größeren Kristallen in feinkristalliner Grundmasse					
Porphyr	Quarz und Feldspat	meist rötlich	meist sehr hart und beständig, polierfähig	geringer Quarzgehalt, mürbe Grundmasse, Tongeruch	Werksteine, Pflaster, Splitt und Schotter
Ergussgesteine: Rasch abgekühlt, daher feinkristallin					
Basalt	Augit und Hornblende	dunkel bis schwarz	sehr dicht, hart und beständig, Verschleißfläche glatt	Einsprenglinge und helle Flecken («Sonnenbrenner»)	Splitt und Schotter, Schmelzbasalt, Steinwolle
Basaltlava und Basalttuffe		blaugrau	porig, leichter bearbeitbar	–	Werksteine, Treppen
Trachyt	vorwiegend Feldspat	grau	dicht bis porig, leichter bearbeitbar	bei hellgrauer Farbe weniger beständig	Werksteine, Trassmehl
Diabas	Feldspat und Augit	grünlich	meist hart und beständig	schwaches Aufbrausen mit HCl	Werksteine, Splitt und Schotter

Darauf aufbauend unterscheidet die Geologie 3 Hauptgruppen:

❑ Erstarrungs-/Eruptivgesteine,
❑ Ablagerungsgesteine, Sedimente,
❑ Umwandlungsgesteine/metamorphe Gesteine.

4.2.1 Erstarrungs-/Eruptivgestein

Erstarrungsgesteine entstanden aus einer siliziumhaltigen Schmelze aus dem Erdinneren, als Magma bezeichnet, die durch Hitze, Druck und Erdkrustenbewegungen in höhere Gesteinsstockwerke an die Erdoberfläche (Vulkanausbruch) gelang. Je nach Gesteinslage unterscheidet man dabei Tiefengesteine, Ganggesteine, Ergussgesteine. Abhängig von der Abkühlungsgeschwindigkeit beim Erstarren ist das Gefüge grobkristallin bis feinkristallin. Bei einem Kieselsäuregehalt von über 65 % wird das Gestein als «sauer» (z. B. Granit), bei weniger als 52 %, als «basisch» (z. B. Basalt) bezeichnet. Gesteine mit hohem Quarzgehalt sind heller, leichter und etwas spröder als mit geringem Quarzgehalt.

Einzelheiten über die verschiedenen Erstarrungsgesteine finden sich in Tabelle 4.1.

❑ Beim **Tiefengestein** ist das Magma in der oberen Erdkruste steckengeblieben und kühlte sehr langsam ab. Durch die langsame Kristallbildung entsteht eine grobe

und dichte Kristallstruktur. Beispiel: Granit, «saures» Gestein mit einem SiO_2-Gehalt von etwa 65…82 %, besteht aus den Hauptmineralen Feldspat, Quarz und Glimmer. Je nach Zusammensetzung hat Granit eine weißliche Farbe, gelblich-rötlich, wenn Eisenoxide vorhanden sind. Wegen seiner hohen Festigkeit (f_c bis 240 N/mm²) und Dichte ($\varrho \approx$ 2650 kg/m³) wird er vielseitig verwendet.
- Gelangt Magma an die Oberfläche und kühlt schockartig ab, entstehen sogenannte **Ergussgesteine**, die eine feinkörnige Struktur aufweisen. Aus sauren Magmen (siliziumreicher), die zähflüssig sind und die vulkanischen Gase nur schwer entweichen lassen, bilden sich blasenreiche Bimssteine. Aus basischen Magmen (siliziumärmer), die dünnflüssiger sind und Gase entweichen lassen, entstehen dichte, feinkörnige, schwere und dunkle Natursteine, Beispiel Basalte. Basalte sind splittrig, haben eine hohe Festigkeit (f_c bis 400 N/mm²) und sind durch ihre hohe Dichte $\varrho \approx$ 3000…3200 kg/m³ wetterbeständig, weshalb Basalte als Straßenbaugesteine verwendet werden.
- **Ganggesteine** sind eine Zwischenstufe zwischen Tiefen- und Ergussgesteinen, meist mit feinkörniger Struktur, oder grobe Kristalle, die in einer feinkörnigen Grundmasse eingebettet (porphyrisch) sind.

4.2.2 Ablagerungsgestein/Sedimente

Sie entstehen durch mechanisch-physikalische Zerstörung (= klastische Sedimente) oder chemische Zerstörung von Felsgestein. Mit zunehmender Überdeckung, Druck und Temperatur entstehen Verbackungen und Verkittungen an den Kontaktflächen.

Die **klastischen Sedimente** werden unterteilt in loses und verfestigtes Trümmergestein.

Zum **losen Trümmergestein** zählen:
- **Ton** – Gemisch aus den Mineralen Kaolinit und feinen Quarz-Feldspat-Kalkspat und Glimmerteilchen;
- **Lehm** – sandhaltiger Ton, je nach Gehalt an Eisenverbindungen gelb bis braun;
- **Löß** – kalkhaltiger Sand, porös, durch Windtransport abgelagert;
- **Sand** ($d \leq 4$ mm), **Kies** ($d = 4…63$ mm), **Geröll** ($d > 63$ mm). Als Material aus Flüssen gewonnen sind die Oberflächen glatt und sauber. Gewonnen aus Gruben sind die Körner oberflächenrau und lehmhaltig.

Zum **verfestigten Trümmergestein** zählen:
- **Tonschiefer** – geschichteter Ton, Verwendung als Dachschiefer (Sauerland).
- **Sandstein** besteht aus Sandkörnchen, meist aus Quarz, die durch ein Bindemittel Kalk, Ton oder Kieselsäure miteinander verkittet sind. Mit Rot- oder Brauneisen als Bindemittel sind die Sandsteine meist fest und beständig. Sie erhalten dadurch eine rötliche Farbe, mit glaukonitischen Bindemitteln (aus FeAl-Silikaten) eine grüne Farbe. Die Beschaffenheit des Bindemittels ist sowohl für die Farbe des Sandsteins als auch für die Festigkeit und Beständigkeit entscheidend. Kieselig gebundene Sandsteine sind witterungsbeständig und widerstandsfähig. Tonige Bindungen sind nicht witterungsbeständig. Die kalkige Bindung ergibt im Allgemeinen noch eine gute Festigkeit und Frostbeständigkeit, ist jedoch nicht beständig bei saurem Regen. Besonderheiten der verschiedenen Sandsteine sind in Tabelle 4.2 zusammengestellt. Verwendung finden sie meist als Werksteine. Aus härteren Sandsteinen, z. B. Grauwacke, werden auch Kleinpflaster, Schotter und Splitt hergestellt.
- **Konglomerate** bestehen aus festverkitteten Kieskörnern, z. B. Nagelfluh in den Alpen, Breccien aus verkitteten gebrochenen Gesteinsteilen. Sie werden als Werksteine benutzt.
- Die **Quarzite** bestehen aus verwachsenen Quarzkristallen. Da sie weitgehend durch Umwandlungen von Sandsteinen entstanden sind, werden sie teilweise auch zu den Umwandlungsgesteinen gerechnet. Sie besitzen eine hellgraue bis weiße Farbe und zählen zu den Hartgesteinen. Auch als zerkleinerter Quarzitsand und Quarzmehl finden sie im Bauwesen Anwendung, z. B.

Tabelle 4.2 Sandsteine

Steinart	Vorkommen	Farbe	Bindemittel	Gefüge
Grauwacke	Sauerland, Harz, Lausitz	Grau bis Braun	überwiegend quarzitisch	dicht, z. T. mit Einschlüssen
Karbonsandstein	Ruhr, bei Osnabrück	Gelblich-grau	kieselig	feinkörnig
Buntsandstein	Eifel, Odenwald, Pfalz, Schwarzwald, Unterfranken, Weserland	Rötlich	Eisenverbindungen, z. T. verkieselt	fein- bis mittelkörnig
Schilfsandstein	Oberfranken, Württemberg	Grünlich, Gelblich, Rot geflammt	tonig bis kieselig	feinkörnig
Stubensandstein	Württemberg	Weiß-gelblich, z. T. mit braunen Flecken	kalkig bis kieselig	grobkörnig
Burgsandstein	Mittelfranken, Thüringen	Rötlich-weißgrau	kieselig	grobkörnig, z. T. porig
Rätsandstein	Oberfranken, Pfalz, Württemberg	Hellgelb bis Braun	kieselig	feinkörnig
Oberkirchner und Elb-Sandstein	Weserland Elbsandsteingebirge	Graugelblich	kalkig bis kieselig	feinkörnig
Flysch-Sandstein	Allgäu	Grünlich bis Blaugrau	kalkig bis kieselig	feinstkörnig

Tabelle 4.3 Kalksteine und Dolomite

Steinart	Vorkommen	Farbe	Gefüge
Kalksteine			
Marmor	Alpen, Eifel, Fichtelgebirge, Hessen, Westfalen	verschiedenfarbig, z. T. mit Adern, «marmoriert»	dicht, bei echtem Marmor körnig-kristallin
Muschelkalk (insbesondere Trochitenkalk)	Unterfranken, Württemberg, Thüringen	Grau bis Graublau bzw. Gelbbraun	mit Versteinerungen, teils porös, teils dicht (z. B. Blaubank)
Jurakalk (weißer Jura)	Fränkischer und Schwäbischer Jura	Weiß, Hellgelb, Hellgrau	z. T. porig und mit Versteinerungen, z. T. dicht
Juraschiefer	Fränkischer Jura (Solnhofen)	Grau bis Gelb	schiefrig, mit tonhaltigen Zwischenschichten
Kalktuffe oder Travertine, meist als Ablagerungen kalkhaltiger Quellen entstanden			
	Baden-Württemberg, Thüringen	Hellgrau, Gelblich, z. T. mit braunen Streifen	grob- bis feinporig
Dolomite			
	Oberfranken, Fränkischer Jura, Alpen	Grau bis Graublau und Graubraun	i. Allg. dicht

bei feuerfesten Steinen, Glas, Beton und dampfgehärteten Baustoffen.
- **Chemisch-organische Sedimentgesteine** sind aus Lösungen von Verwitterungsprodukten anderer Gesteine sowie vielfach auch durch Organismen entstanden. Die verschiedenen Steinarten sind in Tabelle 4.3 beschrieben. Wegen der leichteren Bearbeitbarkeit werden daraus vor allem Werksteine hergestellt, aus dichten Gesteinen auch Schotter und Splitt.
- **Kalksteine** bestehen vorwiegend aus $CaCO_3$, teilweise auch mit Beimengungen von $MgCO_3$, Eisenverbindungen und Ton. Dichte Kalksteine und auch grobporige Kalksteine (Travertine) haben in der Regel eine gute Festigkeit und sind beständig gegen Frost, sind jedoch an der Oberfläche mehr oder weniger empfindlich gegen Verschleiß und säurehaltige Luft. Weiche, feinporige Kalktuffe sind nicht witterungsbeständig. Die geringe Härte erleichtert die Bearbeitung. Die Kalksteine sind außerdem wichtige Rohstoffe für die Herstellung der Baukalke und der Zemente.
- **Dolomite** bestehen aus $CaMg(CO_3)_2$. Sie sind i. Allg. härter und beständiger als die Kalksteine.

4.2.3 Umwandlungsgesteine

Die ursprüngliche Struktur und häufig auch der Mineralbestand wurden bei diesen Gesteinen durch spätere Einwirkungen, wie hohem Gebirgsdruck oder Hitze, verändert. Manche Umwandlungsgesteine sind deutlich schichtig oder auch schiefrig. Durch einfaches Spalten können daher plattenförmige Baustoffe gewonnen werden. Sie sind jedoch u. U. empfindlich bei Frosteinwirkung. So z. B. entspricht Gneis im Großen und Ganzen einem geschichteten Granit, und Schiefer sind verfestigte Tone.

4.3 Eigenschaften

Für Natursteine gelten DIN 52 100 bis 52 115. In Tabelle 4.4 sind Richtwerte nach DIN 52 100 für die wichtigsten technischen Eigenschaften der verschiedenen Natursteine angegeben mit Unterteilung nach ihrer Entstehung.

4.4 Prüfungen von Naturstein

Bei der **Prüfung nach Augenschein** sind für die technischen Eigenschaften günstig: glänzende Bruchflächen, gleichmäßiges, mittel- bis feinkörniges Gefüge und kieselige Kornbindung. Ungünstig wirken sich aus: matte oder verfärbte Bruchflächen, Tongeruch, schiefriges oder grobkörniges Gefüge, Risse, schädliche Einsprengungen.

Die **mechanisch-technologischen Eigenschaften** werden entsprechend der Verwendung des Natursteins geprüft. Für Fassadenelemente ist eine wasserabweisende Oberfläche, eine geringe Wasseraufnahme nach DIN EN 1925 oder geringe Porosität nach DIN EN 1936 vorteilhaft. Für Treppen und Flächen mit Abrieb sind harte Oberflächen (nach Mohs'scher Skala «nicht ritzbar») mit geringem Abrieb gefordert. Die Druckfestigkeit wird geprüft nach DIN EN 1925. Bei dynamischen Belastungen liefert der Schlagzertrümmerungswert Hinweise auf die Kantenfestigkeit. Die Frostbeständigkeit kann über den Sättigungswert S ermittelt werden oder nach DIN EN 12 371 und DIN EN 1367.

Zur Verwendung in Beton und Mörtel gibt es bestimmte Prüfmethoden mit denen der Frostwiderstand (Frostprüfung) oder Widerstand gegen Frost-Tausalz (Magnesiumsulfatprüfung) geprüft wird. Bei Schotter bzw. Splitt wird außerdem eine Schlagprüfung durchgeführt.

Diese Prüfungen sind in Kapitel 5 ausführlich beschrieben.

4.5 Verarbeitung der Natursteine

4.5.1 Naturwerksteine

Die Naturwerksteine werden aus Gesteinsblöcken mit Steinsägen, bei plattigen und schiefrigen Gesteinen teilweise auch durch einfa-

Tabelle 4.4 Eigenschaften der Natursteine, Richtzahlen nach DIN 52 100

Gesteinsgruppen	Rohdichte kg/dm³	Wasseraufnahme (scheinbare Porosität) Raum–%	Druckfestigkeit N/mm²	Schleifverschleiß mm (cm³/50 cm²)
Magmatische oder Erstarrungsgesteine				
Granit, Syenit, Porphyr	2,55...2,80	0,4...1,8	160...300	1...1,6 (5...8)
Doirit, Gabbro, Diabas	2,80...3,00	0,3...1,2	170...300	1...1,6 (5...8)
Basalt, Melaphyr	2,95...3,00	0,2...0,8	250...400	1...17 (5...8,5)
Basaltlava	2,20...2,35	9...24	80...150	2,4...3 (12...15)
Sedimentgesteine				
Quarzit, dichte kieselige Sandsteine	2,60...2,65	0,4...1,3	120...300	1,4...1,6 (7...8)
Sonstige Sandsteine[1]	2,00...2,65	0,5...24	30...180	2...2,8 (10...14)
Dichte Kalksteine einschl. Marmor[1]	2,65... 2,85	0,4...1,8	80...180	3...8 (15...40)
Dolomite				
Travertin	2,40...2,50	4...10	20...60	–
Tuffsteine[1]	1,80...2,00	12...30	20...30	–
Metamorphe oder Umwandlungsgesteine				
Gneis	2,65...3,00	0,3...1,8	160...280	0,8...3 (4...10)
Serpentin[1]	2,60...2,75	0,3...1,8	140...250	1,6...3,6 (8...18)
Dachschiefer	2,70...2,80	1,4...1,8	Biegezugfestigkeit 50...80	–

ches Spalten als Mauersteine oder Platten gewonnen. Die Sichtflächen werden maschinell oder manuell in verschiedenster Weise bearbeitet, z. B. scharriert oder poliert. Der Einbau erfordert besondere Erfahrung. Werksteine aus Schicht- und Umwandlungsgesteinen sollten grundsätzlich so verlegt werden, dass die Lagerfugen parallel zur ursprünglichen horizontalen Lage im Steinbruch bzw. zu einer möglichen Schichtfuge sind. Weichere und saugende Gesteine sollten zur Vermeidung von Ausblühungen nur mit hydraulischem Kalkmörtel oder Trasskalkmörtel verlegt werden. Wegen der Besonderheiten für den Einbau von Fassadenbekleidung ist DIN 18 515 zu beachten.

Zur Verminderung ungünstiger Witterungseinflüsse sollten alle Außenflächen möglichst eben gestaltet werden. Anstrichstoffe (Imprägnierungen) zur Verbesserung der Witterungsbeständigkeit empfindlicher Natursteine müssen wasserabweisend und gleichzeitig wasserdampfdurchlässig sein, z. B. Siliconharze, Silane und Akrylharze.

4.5.2 Schotter, Splitt und Brechsand

Schotter (von 32…56 mm Größe), Splitt (von 2…32 mm) und ggf. Brechsand (0…2 mm) werden aus dem gesprengten Gestein in mehreren Arbeitsgängen durch Zerkleinerung in Brechmaschinen gewonnen und durch Siebmaschinen in Korngruppen getrennt. Mit Prall- und Kreiselmühlen lässt sich die vor allem bei Edelsplitt geforderte günstige gedrungene Kornform leichter erreichen. Dadurch wird auch die Schlagfestigkeit erhöht. Die Kornoberfläche sollte möglichst staubfrei sein.

Das in Lieferkörnungen getrennte Material (Brechsand, Splitt, teilweise auch Schotter, sowie ungebrochener Sand und Kies) wird als Ausgangsstoff für Beton und bituminöses Mischgut verwendet.

Zur Herstellung von tragenden Schichten im Straßenbau werden Körnerhaufwerke maschinell durch statisch oder dynamisch wirkende Walzen verdichtet. Für eine hohe Tragfähigkeit günstig wirken sich raue, unregelmäßige und scharfkantige Körner sowie eine gleichmäßige Kornabstufung aus. Die Anforderungen für diese Mineralstoffe im Straßenbau finden sich in den Technischen Lieferbedingungen (TL Min) sowie in den Technischen Vorschriften und Richtlinien für Ausführung von Tragschichten (TVT), für Frostschichten in den Zusätzlichen Technischen Vorschriften für Erdarbeiten im Straßenbau (ZTVE-StB). Für die Prüfung sind besondere Merkblätter MP Min, für die Güteüberwachung die Richtlinien Rg Min maßgebend.

Schotter wird außerdem im Gleisbau benutzt; noch grobkörnigere Steinschüttungen dienen im Wasserbau der Ufer- und Untergrundbefestigung.

Anmerkung: *Im Anhang ist ein Beispiel zum Nachweis der Eignung von Naturstein gegeben.*

5 Gesteinskörnung

Die Gesteinskörnung ist ein Gemenge (Haufwerk) von Körnern, die natürlich oder industriell hergestellt oder rezykliert sind. Sie sind mineralischen Ursprungs und werden durch mechanische, thermische oder sonstige Prozesse aufbereitet. Sie liegen in ungebrochenem oder gebrochenem Zustand vor und weisen ein dichtes oder poriges Gefüge auf. Für Normalbeton wird Gesteinskörnung mit dichtem Gefüge verwendet. Es gibt natürliche Gesteinskörnungen oder künstlich hergestellte wie z. B. Hochofenschlacke. Die natürliche Gesteinskörnung wird entweder als Lockergestein aus den Ablagerungen von Flüssen, Seen und Gruben im Nass- bzw. Trockenabbau oder in Steinbrüchen aus Felsgestein durch Trockenabbau gewonnen und folgendermaßen aufbereitet: Nach einer Vorabsiebung gelangt das Material zum Brecher, wird eventuell gereinigt und anschließend durch Siebung in Kornfraktionen getrennt, die in Silo oder auf Halden gelagert werden.

Als künstlich hergestellte Gesteinskörnung mit dichtem Gefüge werden zerkleinerte Hochofenschlacke, ungemahlener Hüttensand und Schmelzkammergranulat verwendet.

Natürliche leichte Gesteinskörnungen sind vulkanischen Ursprungs und werden als Lockergestein aus gasreichen Lavamassen, die porös erstarrt sind, gewonnen. Dazu gehören Naturbims, Lavaschlacke, Schaumlava, Tuff und Kalktuff. Wegen ihrer stark schwankenden Güteeigenschaften dürfen sie nicht für Konstruktionsleichtbeton verwendet werden. Sie werden bei der Herstellung von Mauersteine und Fertigteile eingesetzt. Zu den künstlich hergestellten leichten Gesteinskörnungen zählt der häufig verwendete Blähton, Blähschiefer, Ziegelsplitt, schnell gekühlte und kleingemahlene Hochofenschlacke (kantig) und gesinterte Steinkohlenflugasche (kugelig). Blähton und Blähschiefer werden aus Ton bzw. Tonschiefer hergestellt, die beim Brennen bei rd. 1100...1200 °C durch Gasbildung aufblähen und dadurch porig werden; durch Sintern wird die Kornoberfläche weitgehend porenfrei. Blähton hat eine kugelige Kornform, Blähschiefer ist eckig. Bei einigen Verfahren sind die größeren Körner poröser als die kleineren Körner. Es kann jedoch durch Steuerung des Brennvorgangs auch gezielt unabhängig von der Korngröße eine bestimmte Porosität erreicht werden. Hüttenbims entsteht durch Aufschäumen der Hochofenschlackenschmelze mit Wasser, Sinterbims durch thermische Behandlung von Flugasche, Müll- und Feuerungsschlacken u. a. Beide sind wegen der meist grobporigen Kornoberfläche und der oft ungünstigeren Kornform betontechnologisch weniger günstig.

> ! Alle anderen Arten künstlicher Körnungen bedürfen für die Verwendung in Mörtel oder Beton einer bauaufsichtlichen Zulassung.
> Zur Herstellung von Beton kann unter Beachtung der Richtlinie des Deutschen Ausschusses für Stahlbeton auch rezyklierte Gesteinskörnung, z. B. Abbruchmaterial, verwendet werden.

Bei der Herstellung von Beton und Mörtel haben die Gesteinskörnungen eine wirtschaftliche und eine technische Bedeutung, in Sonderfällen auch eine gestalterische Aufgabe zu erfüllen. Da Gesteinskörnungen überall vorkommen, können sie preiswert sein und sie ergeben mit Bindemittel verbunden einen robusten Baustoff. Die Gesteinskörnung dient als Füllstoff. Die technische Bedeutung liegt in der hohen Festigkeit der Körner, die eine dreidimensionale Verteilung der Spannungen gewährleisten und einen erheblichen Teil am Abtrag der Lasten haben, die auf das Bauteil wirken.

5.1 Regelwerke, Definitionen

Die wichtigsten Stoffnormen sind:
DIN EN 12 620 *Gesteinskörnungen für Beton und Mörtel, Normale und schwere Gesteinskörnung* mit DIN 1045-2 *Deutsche Anwendungsregeln* und DIN EN 13 055-1 *Leichte Gesteinskörnungen für Beton, Mörtel und Einpressmörtel* mit DIN 1045-2 *Deutsche Anwendungsregeln.* Für beiden Stoffnormen gilt auch *DIN V 18 004 (Vornorm) Prüfverfahren.* In DIN 4226-100 ist die rezyklierte Gesteinskörnung geregelt.

In diesen Stoffnormen sind Definitionen für Gesteinskörnungen enthalten sowie die Eigenschaften, Anforderungen, Prüfungen und das Vorgehen beim Konformitätsnachweis von Gesteinskörnungen aufgeführt.

Als Technische Normen und Regelwerke sind zu beachten *DIN EN 206 Beton* und *Deutsche Anwendungsregeln DAR DIN 1045-2* und *DIN 1045-3.*

TL Gestein-StB (**T**echnische **L**ieferbedingungen für **Gestein**skörnungen im **Straßen**bau) ist ein technisches Regelwerk des Bundesministeriums für Verkehr mit zusätzlichen Anforderungen an Gesteinskörnungen für die Verwendung im Verkehrswegebau und **ZTV-ING** (**Z**usätzliche **T**echnische **V**ertragsbedingungen für **Ing**enieurbauwerke) ein Technisches Regelwerk des Bundesministeriums für Verkehr mit zusätzlichen Anforderungen an Gesteinskörnungen für den Einsatz bei Ingenieurbauwerken, z. B. Brücken.

5.2 Arten und Bezeichnungen

In den Stoffnormen sind folgende Definitionen für Gesteinskörnungen enthalten:

- ❑ normale Gesteinskörnungen:
  Kornrohdichte ϱ_R = 2000...3000 kg/m³
- ❑ schwere Gesteinskörnung:
  Kornrohdichte $\varrho_R \geq$ 3000 kg/m³
- ❑ leichte Gesteinskörnungen:
  Kornrohdichte $\varrho_R <$ 2000 kg/m³
- ❑ rezyklierte Gesteinskörnungen.

Tabelle 5.1a Rohdichte von normaler Gesteinskörnung (ϱ_R = 2 bis 3 kg/dm³)

Gesteinskörnungsart	Kornrohdichte [kg/dm³]
Granit	2,60…2,65
Diorit, Gabbro	2,80…3,00
Quarzporphyr	2,55…2,80
Basalt	2,90…3,05
Quarzistischer Sandstein	2,60…2,65
dichte Kalksteine	2,65…2,85
sonstige Kalksteine	1,70…2,60

Tabelle 5.1b Rohdichte von schwerer Gesteinskörnung ($\varrho_R \geq$ 3 kg/dm³)

Gesteinskörnungsart	Kornrohdichte [kg/dm³]
Baryt (Schwerspat)	4,00…4,30
Magnetit	4,65…4,80
Hämatit	4,70…4,90
Illmenit	4,55…4,65
Stahlgranalien	7,80

Tabelle 5.1c Rohdichte von leichter Gesteinskörnung ($\varrho_R \leq$ 2 kg/dm³)

Gesteinskörnungsart	Kornrohdichte [kg/dm³]
Naturbims	0,40…0,90
Schaumlave	0,70…1,50
Blähton	0,60…1,60
Blähschiefer	0,80…1,80
Hüttenbims	0,50…1,50
Sinterbims	0,50…1,80
Ziegelsplitt	1,20…1,80
Blähglimmer	0,10…0,20
Blähperlit	0,10…0,30
Holzspäne, Holzwolle	0,40…0,06
Polystyrolschaumkugeln	0,04

Tabelle 5.2
Arten und Gewinnung von Gesteinskörnung

Größe		Zusätzliche Bezeichnungen
Größtkorn bis 4 mm	bei Natursand	Sand
	bei gebrochenem Korn	Brechsand, Edelbrechsand
Kleinstkorn > 4 mm Größtkorn ≤ 32 mm	bei Rundkorn	Kies
	bei gebrochenem Korn	Splitt, Edelsplitt
Kleinstkorn > 32 mm	bei Rundkorn	Grobkies
	bei gebrochenem Korn	Schotter

Die Einteilung der Gesteinskörnung erfolgt nach der Trockenrohdichte. Beispiele für normale und schwere Gesteinskörnungen sind in Tabelle 5.1a, für schwere Gesteinskörnung in Tabelle 5.1b, für leichte Gesteinskörnung in Tabelle 5.1c enthalten.

Aus Tabelle 5.2 sind die aus der Korngröße und Gewinnung hervorgegangenen Bezeichnungen ersichtlich.

Wegen der oft unterschiedlichen Beschaffenheit wird die Gesteinskörnung auch nach ihrer Herkunft oder Gesteinsart bezeichnet, z. B. Rheinkies, Basaltbrechsand, Moränesplitt.

Rezyklierte Gesteinskörnung nach DIN 4226-100 sind Typ 1, bestehend aus Betonsplitt und Betonbrechsand – gewonnen aus der Aufbereitung von Betonabbruchmaterial; Typ 2, Bauwerkssplitt und Bauwerksbrechsand – gewonnen aus der Aufbereitung von Bauwerkabbruch; Typ 3, Mauerwerkssplitt und Mauerwerksbrechsand – gewonnen aus der Aufbereitung von Mauerwerkabbruch; Typ 4, Mischsplitt und Mischbrechsand. Splitt hat einen Durchmesser $D > 4$ mm, Brechsand $D < 4$ mm.

5.3 Anforderungen

DIN EN 12 620 enthält die Anforderungen an Gesteinskörnung für die Verwendung im Beton. Da Beton im Mittel zu ca. 70 Vol.-% (‰) aus Gesteinskörnung besteht, wirken sich deren mechanische, technische und chemische Eigenschaften (Dichte, Elastizitätsmodul, Wärmedehnkoeffizient, Verschleißwiderstand) maßgeblich auf die entsprechenden Betoneigenschaften aus.

Für die Herstellung von Beton sind Gesteinskörnungen mit hoher Festigkeit und Dichtigkeit erforderlich, die eine gedrungene Form haben. In Kontakt mit Zementleim oder Wasser dürfen sie nicht erweichen oder sich nicht zersetzen und keine schädlichen Verbindungen mit dem Zement eingehen. Sie dürfen den Korrosionsschutz der Bewehrung nicht beeinträchtigen und müssen einen Mindestwiderstand gegen Frosteinwirkung aufweisen. In der Regel müssen sie sauber sein und dürfen nur begrenzte Anteile an schädlichen Bestandteilen aufweisen.

An die Gesteinskörnungen für Beton werden folgende Bedingungen gestellt:

❑ geometrische Anforderungen (Korngruppe, Kornzusammensetzung, Kornform),
❑ physikalische Eigenschaften (Widerstand gegen Zertrümmerung, Verschleiß, Polieren, Abrieb),
❑ Dauerhaftigkeit (Frost- und Tausalzwiderstand, Raumbeständigkeit, Alkali-Kieselsäure-Reaktion),
❑ chemische Anforderungen (Chloride, Schwefel, organische Stoffe).

Bei Gesteinskörnung für Konstruktionsbeton nach DIN EN 206 entfallen einige der o. g. Anforderungen, z. B. die physikalischen Eigenschaften, die im Straßenbau wegen der dort vorhandenen dynamischen Beanspruchungen wichtig sind.

Für Konstruktionsbeton werden an die Gesteinskörnungen Regelanforderungen gestellt, die je nach Anwendung und Beanspruchung des Betons entsprechend seinen Expositionsklassen in weiteren Kategorien verschärft oder vermindert sein können.

Für Konstruktionsleichtbeton werden zusätzlich eine möglichst geringe Rohdichte ($\varrho_R \leq 1600$ kg/m^3) und eine Begrenzung der Wasseraufnahme gefordert.

Die Anforderungen an mineralische Stoffe für den Straßenbau sind in Kapitel 10 Bitumen und bituminöse Baustoffe aufgezeigt.

Tabelle 5.3 Anforderungen an die Zusammensetzung von Korngruppen

Korn-gruppe	Durchgänge in M.-% durch die Siebe														Kategorien		Unter-Korn	Über-Korn
	0,063	0,25	0,5	1	2	4	5,6	8	11,2	16	22,4	32	45	63	G_D	f	u [%]	$ü$ [%]
1) Feine Gesteinskörnungen																		
0/1	≤ 4	(≤ 25)		85…99	100										G_{D85}	f	–	15
0/2	≤ 4	(≤ 25)			85…99	100									G_{D85}	f	–	15
0/4	≤ 4	(≤ 20)				85…99	98…100	100							G_{D85}	f_4	–	15
2) Korngemisch ($d = 0/D ≤ 45$ mm)																		
0/16	≤ 2					20…60		50…90		90…99	98…100	100			G_{D90}	f_2	–	10
0/32	≤ 2							20…60		50…90		90…99	98…100	100	G_{D85}	f_2	–	10
3) Grobe Gesteinskörnungen																		
2/4	≤ 1			0…5	≤ 20	85…99	98…100	100							G_{D85}	f_1	20	15
2/8	≤ 1			0…5	≤ 20	25…70		85…99	98…100	100					G_{D85}	f_1	20	15
2/16	≤ 1			0…5	≤ 15			25…70		85…99	98…100	100			G_{D90}	f_1	15	10
4/8	≤ 1				0…5	≤ 20		85…99	98…100	100					G_{D90}	f_1	20	15
4/16	≤ 1				0…5	≤ 15		25…70		85…99	98…100	100			G_{D90}	f_1	15	10
4/32	≤ 1				0…5	≤ 15			25…70			85…99	98…100	100	G_{D90}	f_1	15	10
8/16	≤ 1					0…5		≤ 20		85…99	98…100	100			G_{D90}	f_1	20	15
8/32	≤ 1					0…5		≤ 15		25…70		85…99	98…100	100	G_{D90}	f_1	15	10
16/32	≤ 1							0…5		≤ 20		85…99	98…100	100	G_{D85}	f_1	20	15

(1…) Grenzabweichungen für vom Lieferanten angegebene Zusammensetzung.
25…70 Durchgang durch «mittleres Sieb».

5.3.1 Geometrische Anforderungen

Die Gesteinskörnung wird unterteilt in Korngruppen. Die **Korngruppe** z. B. 4/8 ist gekennzeichnet durch die untere Siebgröße d (4 mm) und die obere Siebgröße D (8 mm). Damit aus unterschiedlichen Korngruppen ein für Beton geeignetes Gemisch der dichtesten Packung zusammengesetzt werden kann, muss die **Kornzusammensetzung** innerhalb bestimmter Grenzen verlaufen (Tabelle 5.3). Für die Kornzusammensetzung sind besonders wichtig die Begrenzung der Feinanteile (< 0,063 mm) sowie Durchgänge von 25…70 % durch ein «mittleres Sieb». Da verfahrenstechnisch bei allen Korngruppen auch Körner enthalten sind, die kleiner als d oder größer als D sind, werden bestimmte Anteile erlaubt, die von diesen Grenzwerten abweichen. Diese werden als Unter- bzw. Überkorn einer Korngruppe d/D bezeichnet. **Unterkorn** sind alle Anteile, die bei der Siebung durch das untere Prüfsieb d hindurchfallen, bzw. **Überkorn** jene, die auf dem oberen Prüfsieb D liegen bleiben. Der zulässige Anteil an Unter- und Überkorn ist begrenzt (Tabelle 5.4).

Die **Siebdurchgänge** der einzelnen Korngruppen mit Über- und Unterkorn sind unterschiedlich für feine und grobe, eng und weit gestufte Gesteinskörnungen und für Korngemische, in Abhängigkeit der Siebe $2D$, $1,4D$, D, d, und $d/2$.

Diese Bedingungen für die Siebdurchgänge, gemeinsam mit der Forderung für den Durchgang bei D mit max. 99 %, sollen eine möglichst gleichmäßige Kornabstufung sicherstellen.

Die **Kornverteilung** von Korngruppen bzw. Lieferkörnungen umfasst die Körner zwischen 2 Prüfkorngrößen und wird durch Siebversuche festgestellt. Dabei werden trockene Proben durch die Prüfsiebe gesiebt und die **Rückstände** R_i gewogen. Für die Kornverteilung eines Korngemisches werden Siebsätze mit unterschiedlichen Sieben verwendet. Als Prüfsiebe der Größe 0,125 mm, 0,25 mm 0,5 mm, 1 mm und 2 mm werden Maschensiebe verwendet, für Siebdurchgänge 4 mm, 8 mm, 16 mm, 22 mm, 31,5 mm, 63 mm und 125 mm Quadratlochsiebe. Für eine genauere

Tabelle 5.4 Über- und Unterkorn

Korngruppe	Unterkorn	Überkorn
Feine Gesteinskörnung	–	≤ 15 M.-%
Korngemische	–	≤ 10 M.-%
Grobe Gesteinskörnung		
$D/d ≤ 2$	≤ 20 M.-%	≤ 15 M.-%
$D/d > 2$	≤ 15 M.-%	≤ 10 M.-%

Siebung können zusätzlich die Siebe der Ergänzungsreihe I (5,6 mm, 11,2 mm, 22,4 mm, 45 mm und 90 mm) und Ergänzungsreihe II (6,3 mm, 10 mm, 12,5 mm, 14 mm, 20 mm, 40 mm) verwendet werden. Von besonderer Bedeutung sind die Körnchen unter 0,125 mm, die dem Mehlkorngehalt zugerechnet werden und auf Anfrage dem Verwender vom Herstellwerk anzugeben sind, sowie der Feinstsand von 0,125…0,25 mm.

Bei der Gesteinskörnung wird unterschieden in

❑ **grobe Gesteinskörnung**: mit $D ≥ 4$ mm, unterteilt in
– enggestuft: $D/d ≤ 2$ oder $D ≤ 11,2$ mm
– weitgestuft: $D/d > 2$ und $D > 11,2$ mm
❑ **Korngemisch**: $D ≤ 45$ mm und $d = 0$
❑ **feine Gesteinskörnung**: $D ≤ 4$ mm und $d = 0$

Die Regelanforderungen an die Kornverteilung der Gesteinskörnung sind die in Tabelle 5.5 gezeigte **Kategorie G_D**. Sie gewährleisten, dass eine gleichmäßige Kornverteilung in der Korngruppe oder im Gemisch vorhanden ist; z. B. bedeutet GD_{85}, dass für die Lieferkörnung 4/8 ein Durchgang von 85…99 % durch das Sieb 8 mm und somit ein Überkorn (Körner > 11,2 mm) von maximal 2 % vorhanden und 20 % Unterkorn (Körner < 4 mm) enthalten ist.

! Als **Kornform** werden gedrungene Gesteinskörnungen bevorzugt. Das sind kugelige oder würfelige Körner, die durch geringere Reibung die Verarbeitung des Frischbetons erleichtern und im erhärteten Beton eine dreidimensionale Spannungsverteilung gewährleisten, wodurch der Beton größere Spannungen infolge von Druck aufnehmen kann.

Ungünstig geformte Körner haben ein Verhältnis Länge : Dicke ≥ 3 : 1. Das Ausmessen erfolgt mit einer speziellen Kornformschiebelehre an einer Prüfgutmenge von mind. 250 Körnern. Die Körner werden einzeln beurteilt/vermessen und getrennt in günstig (m_g) und ungünstig (m_u). Der Anteil ungünstig geformter Körner wird rechnerisch ermittelt.

$$\frac{m_u}{m_g + m_u} \cdot 100 \ [\text{M.-\%}]$$

Die Regelanforderung ist erfüllt, wenn der Anteil ungünstig geformter Körner < 50 Masse-% bzw. < 20 Masse-% bei Edelsplitt beträgt.

Flache und längliche Körner verschlechtern die Verarbeitung. Die Kornform von groben Gesteinskörnungen wird angegeben entweder als **Plattigkeitskennzahl FI$_{xx}$** (*Flakiness Index*) oder **als Kornformkennzahl SI$_{xx}$** (*Shape Index*), wobei mit den tiefgestellten xx-Werten die M.-% der ungünstig eingestuften Körner angegeben werden. Die Plattigkeit wird durch Aussieben von Kornklassen d_i/D_i (von 63/80...4/5 mm) auf Stabsieben mit parallelen Stäben mit Schlitzweite $D_i/2$ ermittelt. FI = (m_1/m) · 100 mit m_1 = Siebdurchgang der Körner mit $l : d ≥ 3 : 1$ und m = Masse der Probe.

Mäßig raue und saubere Kornoberflächen verbessern die Haftung des Zementsteins und sind vor allem für Beton mit Zug- und Biegebeanspruchung und allgemein für eine hohe Festigkeitsklasse von Vorteil. Ungünstig sind Kornoberflächen, die besonders glatt oder durch Feinanteile verschmutzt sind, weil dadurch die Haftung zwischen Korn und Zementstein verringert wird.

5.3.2 Physikalische Eigenschaften

Kornrohdichte und **Wasseraufnahme** werden nach DIN EN 1097-6 bestimmt. Die dichte Gesteinskörnung nach DIN EN 12 620 eignet sich für die Verwendung in Konstruktionsbeton. Für Konstruktionsleichtbeton wird für die leichte Gesteinskörnung eine möglichst geringe Rohdichte ($\varrho_R ≤ 1600$ kg/m³) gefordert.

> Die Wasseraufnahme ist bei leichter und rezyklierter Gesteinskörnung von besonderer Bedeutung. Das in die Poren der Körner aufgesaugte Wasser steht dem Zement im Frischbeton nicht zur Verfügung. Die Menge Wasser, die die Gesteinskörnung in einem Zeitraum von 30 Minuten aufnimmt, muss der Betonmischung zusätzlich zugegeben werden. Bei rezyklierter Gesteinskörnung ist im Rahmen der werkseigenen Produktionskontrolle zusätzlich die Wasseraufnahme nach 24 h zu ermitteln.

Beim Austrocknen des erhärteten Betons stellt sich ein Feuchtegradient ein, der bewirkt, dass das Wasser aus den Poren der Gesteinskörnung mit dem noch unhydratisierten Zement reagiert – ein Vorgang, der als innere oder autogene Nachbehandlung bezeichnet wird. Eine gedrungene Kornform mit geschlossener Oberfläche bewirkt eine geringere Wasseraufnahme.

> Die Feuchte der Gesteinskörnung setzt sich zusammen aus der Oberflächenfeuchte und der Kernfeuchte.

Sie wird an Durchschnittsproben durch Darren oder nach Übergießen mit einer brennbaren Flüssigkeit durch Abflammen im AM-Gerät ermittelt. Der Wasserverlust wird in M.-% angegeben, bezogen auf die Trockenmasse der Probe. Kleine Proben von Sand können im CM-Gerät (Calciumcarbid-Methode) überprüft werden. Die Feuchtigkeit des Sandes reagiert mit dem in einer Glasampulle zugegebenen CaC_2 und bildet Acetylengas C_2H_2. Der dadurch entstehende Überdruck wird am Manometer der Druckflasche abgelesen und ergibt über eine Überdruck-Einwaage-Tabelle den Feuchtigkeitsgehalt der Probe. Die Oberflächenfeuchte kann bei Sand und sandreichen Gemischen wegen der großen Oberfläche der Körner ziemlich hoch sein. Je nach Gegebenheiten kann sie bis zu rd. 10 M.-% erreichen. Bei gröberem Korn verringert sich die Oberflächenfeuchte entsprechend der abnehmenden spezifischen Oberfläche. Die Kernfeuchte besonders dichter Gesteinskörnung ist ≤ 1 M.-%, weshalb sie meist vernachlässigt wird, bei weniger dichten Körnungen beträgt sie i. Allg. < 2 M.-%, bei poriger Gesteinskörnung kann sie hoch sein.

Die Gesteinskörnung nach DIN EN 12 620 wird im Allgemeinen als ausreichend fest für die Herstellung von Beton angesehen. Die Gesteinskörnung aus Felsgestein muss im durchfeuchteten Zustand eine Druckfestigkeit von mindestens 100 N/mm² aufweisen. Die Druckfestigkeit beträgt 80...180 N/mm² bei dichtem Kalkstein, 150...300 N/mm² bei quarzitischem Gestein, 160...240 N/mm² bei Granit und 250...400 N/mm² bei Basalt. Besonders für hochfesten Beton können Gesteinskörnungen mit hoher Festigkeit benötigt werden. Bei Leichtbeton liegt die Festigkeit des Korns in der Regel unterhalb der Festigkeit des Zementsteins. Für Konstruktionsleichtbeton ist eine hohe Korneigenfestigkeit erforderlich. Diese wird geprüft durch Druckzertrümmerung im Drucktopf (die Kraft nach einer Zusammendrückung von 20 mm ergibt den D-Wert). Da die so ermittelte Kornfestigkeit mit der Druckfestigkeit des Leichtbetons nicht korrelierbar ist, wird die Festigkeit der Gesteinskörnung durch das Verhalten im Beton geprüft.

Zur Beurteilung des **Frost-** und **Frost-Tausalz-Widerstandes** werden petrographische Untersuchungen vorgenommen: mürbe/stark saugende Körner mit mehr als 1 % Wasseraufnahme (z. B. Schiefer, Kreide, Mergel, poröser Basalt, verwittertes Felsgestein u. a.) sind Hinweis auf fragliche Widerstandsfähigkeit gegen Frost. Körner mit weniger als 1 % Wasseraufnahme werden als widerstandsfähig angesehen. Es gibt jedoch auch Gesteine (z. B. Jurakalk, Sandsteine, Dolomite u. a.) mit höherer Wasseraufnahme, die trotzdem ausreichend widerstandsfähig sein können.

Bei der Prüfung des **Frostwiderstandes** nach DIN EN 1367-1 wird die Gesteinskörnung unter Wasser eingefroren und nach 10 Frost-Tau-Wechseln der Massenverlust infolge Absplitterung als Durchgang durch das dem unteren Korndurchmesser nächstkleinere Sieb (d/2) bestimmt. Bei Massenverlust von 4 % bzw. 2 % entspricht die Gesteinskörnung den **Kategorie F4** bzw. **F2** (Frost). Für Beton, der einer Einwirkung von Frost und Taumittel ausgesetzt ist, wird an der Gesteinskörnung der Frost-Tausalz-Widerstand mit dem Magnesiumsulfat-Verfahren nach DIN EN 1367-2 geprüft. Bei diesem Verfahren werden die Gesteinskörnungen in **Kategorien MS$_{25}$ und MS$_{18}$** entsprechend dem Massenverlust infolge Absplitterung nach einer Anzahl vorgeschriebenen Frost-Tau-Wechsel eingeteilt. Alternativ kann eine Prüfung mit NaCl-Lösung nach DIN 1367-6 durchgeführt werden. Hier ist der Grenzwert für die Absplitterung 8 M.-%.

> ! Gesteinskörnungen, die ausreichenden Frost-Tau-Widerstand aufweisen, entsprechen in der Regel auch den Anforderungen der Kategorien F2 und F4. Hingegen besteht eine Gesteinskörnung der Kategorie F2 oder F4 nicht automatisch auch die Frost-Tau-Widerstandsprüfung.

Da sich jedoch die Gesteinskörnung im Beton anders verhält als bei direkter Prüfung und die Frostbeständigkeit eines Betons durch verschiedene Faktoren bestimmt wird – neben der Gesteinskörnung sind dies vor allem die Festigkeit und der Mikroporengehalt des Betons –, ist laut DIN V 18 004 erlaubt, Gesteinskörnung, die die Frost-Tau-Widerstandsprüfung mit dem oben beschriebenen Verfahren nicht bestanden hat, an einem Standard-Luftporenbeton zu prüfen. Diese Prüfung wird auch zur Bestimmung des Frostwiderstandes von leichter und rezyklierter Gesteinskörnung nach DIN 4226-100 angewandt.

Der **Widerstand gegen Zertrümmerung** ist ein wichtiger Kennwert für Straßenbaugestein und liefert Werte für die Kantenfestigkeit der Gesteinskörnung. Die Prüfung erfolgt nach DIN EN 1097-2, bei der das Prüfmaterial durch das Herabfallen eines geeichten Fallkörpers aus 50 cm Höhe erfolgt. Nach 10 Belastungen wird das Material durch einen festgelegten Siebsatz gesiebt. Die Durchgangssumme geteilt durch Siebanzahl ergibt den **Schlagzertrümmerungswert SZ** in M.-%. Alternativ kann als europäisches Referenzprüfverfahren der **Los-Angeles-Koeffizient LA** hinzugezogen werden. Die Zerkleinerung einer Korngruppe erfolgt in einer Drehtrommel, danach folgt die Absiebung. Das Verhältnis Absiebung / Ausgangszusammensetzung ergibt den **LA** in **M.-%**.

Widerstand gegen Polieren ist wichtig für die dauerhafte Griffigkeit von Fahrbahnoberflächen. Die Prüfung erfolgt nach DIN EN 1097-8. Geprüft wird die Polierbeanspruchung des Prüfmaterials im Vergleich zu einem Referenzmaterial in einer Schleifmaschine bei anschließender Messung der Reibung. Aus dem Vergleich zum Referenzmaterial wird der **PSV** (*polished stone value*)-Wert abgeleitet.

5.3.3 Chemische Eigenschaften

> An der Gesteinskörnung haftende **Feinanteile** bis 0,063 mm (abschlämmbare Bestandteile) vor allem aus Ton und Staub, haben negative Auswirkungen auf das Frost- und Frost-Taumittel-Verhalten und auf die Raumbeständigkeit wie Schwinden und Quellen. Außerdem erhöhen sie den Wasseranspruch des Betons und vermindern dadurch seine Festigkeit.

Beim orientierenden Absetzversuch bzw. beim genaueren Auswaschversuch gelten die genannten Werte. Bei der Gesteinskörnung werden Anforderungen an den maximalen Gehalt an Feinanteilen in Form von **Kategorien** f_i formuliert. Die Regelanforderungen sind feine Gesteinskörnung f_3, grobe Gesteinskörnung $f_{1,5}$ und Korngemisch f_3. Die tiefgesetzten Zahlen bedeuten Siebdurchgang in M.-%, ermittelt im Absetz- oder Auswaschversuch. Im Auswaschversuch wird eine Probenmenge von 500 g mäßig feuchter oder trockener Gesteinskörnung in einen 1000-cm³-Messzylinder eingefüllt und danach bis zur 750-cm³-Messmarke mit Wasser aufgefüllt. Der Messzylinder wird verschlossen und 3-mal im Abstand von 20 Minuten kräftig geschüttelt und anschließend auf einer ebenen Unterlage erschütterungsfrei abgestellt. Aus der Dicke der abgesetzten Schlämmeschicht (V) abgelesen nach 1 oder 24 h wird der Gehalt an abschlämmbaren Bestandteilen ermittelt: bei Ablesung nach 1 h: $0,6 \cdot V$ [M.-%] und bei Ablesung nach 24 h: $0,9 \cdot V$ [M.-%].

> **Erhärtungsstörende Stoffe** wie Humus oder zuckerhaltige Verunreinigungen beeinträchtigen die Festigkeitsbildung von Beton oder Mörtel.

Die Prüfung erfolgt nach DIN EN 1744-1 durch Vermischung der Gesteinskörnung mit 3 %iger Natronlauge und der Bewertung einer eventuellen Verfärbung der ursprünglich farblosen Natronlauge. Je stärker die Färbung von Hellgelb in Richtung Farbe der Referenzlösung übergeht, desto größer der Anteil an erhärtungsstörenden Stoffen. Gegebenenfalls sind vergleichende Festigkeitsprüfungen an Beton mit einwandfreier Gesteinskörnung und Gesteinskörnung mit Verdacht auf erhärtungsstörende Stoffe vorzunehmen. Bei Eignungsprüfungen am Beton darf der Festigkeitsabfall nicht größer als 15 % sein. In körniger Form können quellfähige Braunkohlenteile, Holzreste u. Ä. durch Quellen zu Absprengungen und auch zu Verfärbungen des Betons führen. Der **Gehalt an organischen Verunreinigungen Q** darf bei feiner Gesteinskörnung 0,5 M.-%, bei grober Gesteinskörnung und Korngemischen 0,1 M.-% nicht überschreiten; für Sichtbeton, Estriche u. Ä. müssen die Werte geringer sein.

Wie alle anderen Ausgangsstoffe darf auch die Gesteinskörnung keine schädlichen Mengen von stahlangreifenden Stoffen enthalten; der **Gehalt an Chlorid** Cl_i in der Gesteinskörnung darf bei unbewehrtem Beton 0,15 M.-%, bei Stahlbeton 0,04 M.-% nicht übersteigen. Schwefelverbindungen, z. B. Gipsstein, Anhydrit sowie Gestein mit alkalilöslicher Kieselsäure (z. B. Grauwacke), können zusammen mit Bestandteilen des Zements vor allem in feuchter Umgebung zum Treiben führen. Der **Gehalt an schwefelhaltigen Bestandteilen** AS_i darf 0,8 M.-% nicht überschreiten; bei mehr SO_3 sind besondere Untersuchungen notwendig. Bei größeren Gehalten an alkalilöslicher Kieselsäure kann man dem Treiben durch NA-Zemente vorbeugen.

> Zur Vermeidung einer schädlichen Alkali-Kieselsäure-Reaktion ist in Deutschland die DAfStb-Richtlinie «Vorbeugende Maßnahmen gegen eine schädliche Alkalireaktion im Beton» einzuhalten.

Tabelle 5.5 Anforderungen an normale und schwere Gesteinskörnungen

Eigenschaft	Anforderungen (Kategorien) [1]			Regelanforderung nach DIN V 20 000-103
Kornzusammensetzung	feine Gk	nach Herstellerangaben mit zulässigen Grenzabweichungen		
	grobe Gk	enggestuft	Überkorn / Unterkorn (15 M.-% / 20 M.-%) $G_C85/20$	$G_C85/20$
			Überkorn / Unterkorn (20 M.-% / 20 M.-%) $G_C80/20$	
		weitgestuft	10 M.-% Überkorn	$G_C90/15$
	Korngemisch	10 M.-% Überkorn (G_A90) 15 M.-% Überkorn (G_A85)		G_A90
Kornform	Plattigkeitskennzahl FI_{15}; FI_{20}; FI_{35}; FI_{50}; FI_{NR} oder Kornformkennzahl SI_{15}; SI_{20}; SI_{40}; SI_{55}; SI_{NR}			FI_{50} SI_{55}
Muschelschalengehalt	für grobe Gesteinskörnungen SC_{10}; SC_{NR}			SC_{10}
Feinanteile	feine Gk	f_3; f_{10}; f_{16}; f_{NR}		f_3
	grobe Gk	$f_{1,5}$; f_4; f_{NR}		$f_{1,5}$
	Korngemisch	f_3; f_{11}; f_{NR}		f_3
Frostwiderstand	nach Frostversuch in Wasser F_1; F_2; F_4; F_{NR}			F_4
Chloridgehalt				$Cl_{0,04}$ M.-%
schwefelhaltige Bestandteile	Säurelöslicher Sulfatgehalt $SO_3 AS_{0,2}$; $AS_{0,8}$; AS_{NR}			$AS_{0,8}$
organische Stoffe	Natronlaugenversuch			
leichtgewichtige organische Verunreinigungen	feine Gk	max 0,50 M.-% ($Q_{0,50}$) max 0,25 M.-% ($Q_{0,25}$)		$Q_{0,50}$
	grobe Gk und Korngemische	max 0,10 M.-% ($Q_{0,10}$) max 0,05 M.-% ($Q_{0,05}$)		$Q_{0,10}$

[1] Die Zahlen entsprechen zulässigen Grenzwerten in M.-%, NR = keine Anforderung

Eine Übersicht der wichtigsten Anforderungen an normale und schwere Gesteinskörnung für Beton nach DIN 1045 ist in Tabelle 5.5 dargestellt.

5.4 Kornzusammensetzung, Sieblinien

Ein Korngemisches für Beton wird in der Regel aus mehreren Korngruppen/Lieferkörnungen so zusammengesetzt, dass der Hohlraumgehalt der Gesteinskörnung möglichst gering ist.
Körner mit ungünstiger Kornform erfordern dazu mehr Sand. Bei zu geringem Sandgehalt benötigt man mehr Zementleim, oder die Verarbeitung wird so erschwert, dass «Nester» im Betongefüge zurückbleiben. Gesteinskörnung mit ungünstiger Kornform und vor allem mit viel Sand besitzt eine wesentlich größere Oberfläche und benötigt daher für eine ausreichende Verarbeitbarkeit mehr Zementleim bzw. mehr Wasser.

5.4.1 Kornverteilung

Die Kornverteilung der einzelnen Korngruppen wird durch den Siebversuch unter Verwendung eines Normsiebsatzes (Grundsiebsatz plus Ergänzungssiebsatz 1) ermittelt.

Tabelle 5.6   Rückstand und Durchgang auf dem Sieb

Versuch	Gesamtrückstand	Rückstand in g auf dem Sieb												
	g	0,125	0,25	0,5	1	2	2,8	4	5,6	8	11,2	16	22,4	32	63
Probe-Kennzeichen ......1...... Korngruppe[1] / Lieferkörnung[1] ......0/2......mm Kennwert ...$k = 1{,}558$...														
1	641,2	631,4	539,3	298,2	118,7	26,9	4,1	0	0	0	0	0	0	0	0
2	737,2	726,1	628,8	355,7	145,7	34,6	5,7	0,3	0	0	0	0	0	0	0
Summe	1378,4	1357,5	1168,1	653,9	264,4	61,5	9,8	0,3	0	0	0	0	0	0	0
Rückstand %		98,5	84,7	47,4	19,2	4,5	0,7	0	0	0	0	0	0	0	0
Durchgang %		1,5	15,3	52,6	80,8	95,5	99,3	100	100	100	100	100	100	100	100

Tabelle 5.7   Kennlinien der Korngruppen siehe Gesteinskörnung AB / 32 (Beispiel)

Korngruppe [mm]	Gesteinsart	Durchgang in Massen-% / Volumen-% durch die Siebe									Kennwert k
		0,125	0,25	0,5	1	2	4	8	16	31,5	63	
0/2	Sand	3,9	14,7	57,2	84,8	96,6	99,4	100,0	100,0	100,0	100,0	1,47
2/8	Sand	0,1	1,5	2,6	3,5	5,9	34,5	95,5	100,0	100,0	100,0	4,56
8/16	Kies	0,0	0,1	0,2	0,4	1,1	1,5	9,4	94,8	100,0	100,0	5,93
16/32	Kies	0,0	0,0	0,0	0,1	0,1	0,1	0,2	8,3	99,2	100,0	6,92

5.4.2   Siebversuch

Unter Verwendung eines Siebsatzes (größtes Sieb oben, kleinstes Sieb unten) werden je Korngruppe zunächst, beginnend mit dem größten Sieb, die Rückstände R auf den einzelnen Sieben nacheinander in [g] gewogen und in Folge von Sieb zu Sieb aufaddiert. Die Siebung wird wiederholt. Anschließend werden die Rückstände der einzelnen Siebe und die Gesamtrückstände beider Siebungen in [g] addiert. Zulässige Abweichung des Gesamtrückstandes von der Einwaage ≤ 1 M.-%. Die Summe des Rückstandes der jeweiligen Einzelsiebe wird durch die Summe des Gesamtrückstandes geteilt und ergibt für jedes Einzelsieb den **Rückstand in M.-%**. Die **Durchgänge** D in [M.-%] errechnen sich aus dem Siebversuch wie folgt: D = 100 %-Rückstände in M.-%.

! Es gilt für jedes Sieb: % Rückstand + % Durchgang = 100 %.

5.4.4 k-Wert und D-Summe

Für Korngruppen und Korngemische lassen sich Kennwerte angeben, die als charakteristisch für die spezifische Oberfläche der Körnung angesehen und für die Abschätzung des Wasserbedarfs eines Frischbetons herangezogen werden können. Die gebräuchlichsten Kennwerte sind die **Körnungsziffer k** und die damit zusammenhängende **Durchgangssumme D-Summe**.

! Die **Körnungsziffer k** errechnet sich aus der Summe der Rückstände der 9 Siebe des Grundsiebsatzes (0,25 mm bis 63 mm), geteilt durch 100. Der Anteil der Gesteinskörnung ≤ 0,125 mm wird dem Mehlkorngehalt (siehe Tabelle 5.7) angerechnet.

$$k = \frac{1}{100} \cdot (R_{0,25} + R_{0,5} + \cdots + R_{63})$$

Die D-Summe (ΣD) ist die Summe der Durchgänge der 9 Siebe $D0{,}25 + D0{,}5 + \ldots + D63$
  Kontrolle: $\Sigma D + 100 \cdot k$ = 900 (9 Siebe zu je 100 %)

Damit erhält man eine zweite Bestimmungsgleichung für die Körnungsziffer k:

$$k = \frac{900 - \Sigma D}{100}$$

In der einschlägigen Literatur sind Tabellen aufgenommen, aus denen der Wasseranspruch für einen Frischbeton in Abhängigkeit vom k-Wert und der angestrebten Frischbetonkonsistenz abgeschätzt werden kann.
Korngemische mit gleicher Körnungsziffer k sind betontechnologisch etwa gleichwertig, auch wenn die Sieblinien voneinander abweichen.

Unterschiede der Sieblinie im Bereich über 8 mm wirken sich auf die Betoneigenschaften nur wenig aus.

Anmerkung: Im Anhang ist ein Rechenbeispiel für die Bestimmung der Körnungsziffer k gegeben.

5.4.3 Sieblinien

DIN EN 206 bzw. DIN 1045-2 enthalten Angaben für die Kornzusammensetzung eines Korngemisches nach Sieblinien.

Die Sieblinien charakterisieren die Durchgänge des Korngemisches in M.-% durch die einzelnen Prüfsiebe. Sie stellen grafisch den Siebdurchgang D in M.-% dar, aufgetragen über die im logarithmischen Maßstab aufgezeichneten Lochweiten der Prüfsiebe.

Zur weiteren Bearbeitung ist es zweckmäßig, die errechneten Durchgänge in M.-% für die einzelnen Lieferkörnungen über den Sieben zusammenzustellen.

Anmerkung: Im Anhang ist ein Rechenbeispiel für die Zusammensetzung von Sieblinien gegeben.

Bei Gemischen aus Gesteinskörnung mit unterschiedlicher Gesteinsrohdichte (zum Beispiel für Leichtbeton, hergestellt aus leichter Gesteinskörnung und Flusssand) muss der Durchgang auf die Stoffraumanteile V der verschiedenen Gesteinskörnungen bezogen werden:

z. B.

$$V_{0/4} + V_{4/32} = \frac{m_{0/4}}{\varrho_{0/4}} + \frac{m_{4/32}}{\varrho_{4/32}}$$
$$= V_{0/32} \cong 100 \text{ Vol.-\%}$$

Bild 5.1 zeigt die Sieblinien für Gesteinskörnung zur Herstellung von Beton nach DIN 1045 jeweils für ein Größtkorn von 8, 16, 32 und 63 mm. Sie enthalten die stetigen Sieblinien A, B, und C und Bereiche 1, 2, 3, 4 und 5.

5.4.5 Zusammensetzung eines Korngemisches

Natürliche Gemische sind ungleichmäßig und können deshalb als ungetrennte Gesteinskörnung nur für Beton mit niedrigen Betonfestigkeitsklassen benutzt werden.

Für Beton höherer Festigkeit muss das Korngemisch aus mindestens 2 Korngruppen oder Lieferkörnungen zusammengesetzt werden; dabei sind Sand 0/4 mm und eine Lieferkörnung mit $D > 4$ mm zu verwenden.
Für Beton mit stetiger Sieblinie bis 32 mm sind wenigstens 3 Korngruppen oder Lieferkörnungen erforderlich. Bei Beton mit stetiger Sieblinie bis 8 mm oder 16 mm sowie mit Ausfallkörnungen muss das Gemisch aus mindestens 2 Korngruppen oder Lieferkörnungen zusammengesetzt werden. Alle gefügedichten Betone müssen Sand enthalten (Korngruppe 0/2 mm bzw. 0/4).

Eine günstige oder zweckentsprechende Zusammensetzung von Korngemischen aus verschiedenen Korngruppen kann durch Vergleich der Siebdurchgänge oder rechnerisch mit Hilfe der Körnungsziffer ermittelt werden.
Bei der Kornzusammensetzung leichter bzw. schwerer Gesteinskörnung greift man zweckmäßigerweise auf die Sieblinienbereiche wie für Normalbeton zurück (Sieblinie 0/8 mm, 0/16 mm, ggf. 0/22 mm). Wegen der teilweise jedoch stark unterschiedlichen Korn-

98 Gesteinskörnung

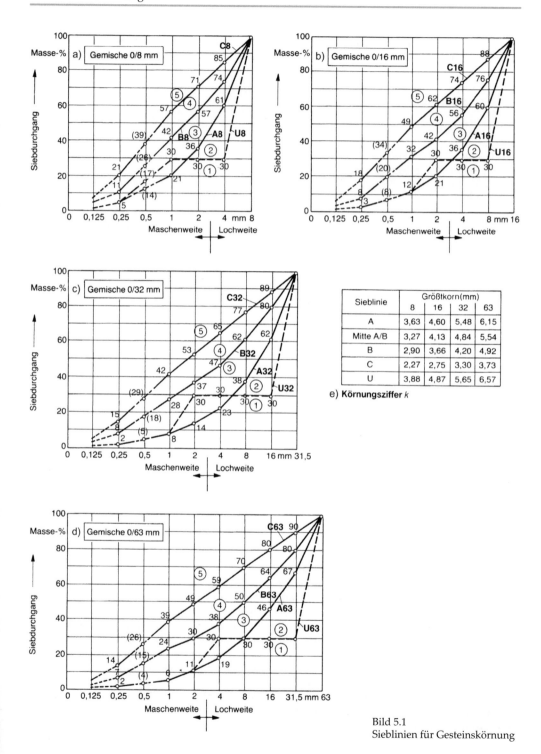

Bild 5.1
Sieblinien für Gesteinskörnung

rohdichten erfolgt die Zusammenstellung des Korngemisches volumetrisch.

5.4.5.1 Zusammensetzung von Korngemischen durch Vergleich der Siebdurchgänge

Für den Vergleich der Siebdurchgänge wird bei der Wahl der Korngruppenanteile für die Zusammenstellung des Korngemisches entsprechend einer vorgegebenen oder gewählten Sieblinie beispielsweise wie folgt vorgegangen:

Schritt 1: Beginnend mit der kleinsten Korngruppe d_a/D_a wählt man aus dem betreffenden Sieblinienbild den prozentualen Durchgangsanteil an der Gesamtmischung bei Sieb D_a.

Schritt 2: Mit der nächstgrößeren Korngruppe d_b/D_b legt man den gewünschten Durchgang bei Sieb D_b fest; der Anteil dieser Korngruppe d_b/D_b an der Gesamtmischung ist dann die Differenz der Durchgangsprozente $D_b - D_a$.

Schritt 3: Wiederholung des Schrittes 2 mit den nächstgrößeren Korngruppen sinngemäß. Für die größte zur Verfügung stehende Korngruppe ist der prozentuale Anteil an der Gesamtmischung so zu wählen, dass die Summe aller Anteile 100 % ergibt.

Schritt 4: Die Durchgangsprozente bei jedem Sieb der einzelnen Korngruppen werden mit dem jeweils gewählten Anteil des Gesamtgemisches multipliziert. Diese umgerechneten Durchgangsanteile werden zusammengestellt.

Schritt 5: Für jedes Sieb werden die umgerechneten Durchgangsanteile aller einbezogenen Korngruppen zusammengezählt. Man erhält damit die Ist-Sieblinie des Korngemisches.

Schritt 6: Vergleich der Ist-Sieblinie mit der Soll-Sieblinie. Es empfiehlt sich, die Ist-Sieblinie im entsprechenden Sieblinendiagramm zu skizzieren, da die optische Erfassung eindeutiger ist als die zahlenmäßigen Angaben.

Schritt 7: Stimmt die Ist-Sieblinie mit der Soll-Sieblinie nicht genügend genau überein, so sind die Schritte 1) bis 6) mit variierten Anteilen zu wiederholen.

Schritt 8: Errechnung der Körnungsziffer der Ist-Sieblinie. Mit der Körnungsziffer lässt sich in Abhängigkeit von der gewünschten Konsistenz der Wasseranspruch für den Frischbeton abschätzen; entsprechende Tabellen stehen zur Verfügung.

> Für diese Vorgehensweise bieten sich fertige Rechenprogramme an (z. B. Excel-Tabellen), mit deren Hilfe die oben genannten Einzelschritte schnell und effizient im Hinblick auf eine optimal zusammengesetzte Sieblinie zu handhaben sind.
> Ein Beispiel für die Vorgehensweise bei der Zusammensetzung eines für die Herstellung von Beton geeigneten Korngemisches ist im Anhang gegeben.

Anmerkung: Im Anhang ist ein Beispiel für die Vorgehensweise bei der Zusammensetzung eines für die Herstellung von Beton geeigneten Korngemisches gegeben.

5.4.5.2 Zusammensetzung von Korngemischen durch rechnerisches Verfahren

As rechnerisches Verfahren zur Bestimmung der Sieblinie eignet sich beispielsweise unter Heranziehung der Körnungsziffern die Mischkreuz-Methode.

Für ein Korngemisch mit der Körnungsziffer k_m aus 2 Lieferkörnungen g_1 und g_2 mit den Körnungsziffern k_1 und k_2 lassen sich folgende 2 Gleichungen angeben:

$$g_1\% + g_2\% = 100\% \qquad \text{Gl. 5.1)}$$

$$g_1\% \cdot k_1 + g_2\% \cdot k_2 = 100\% \cdot k_m \qquad \text{(Gl. 5.2)}$$

Gleichung 5.2 jeweils für g_1 und g_2 aufgelöst und in Gleichung 5.1 eingesetzt, ergibt für die Anteile g_1 und g_2 die folgenden Beziehungen (Gl. 5.3 und Gl. 5.4):

$$g_1\% = 100\% \cdot \frac{k_2 - k_m}{k_2 - k_1} \qquad \text{(Gl. 5.3)}$$

$$g_2\% = 100\% \cdot \frac{k_m - k_1}{k_2 - k_1} \qquad \text{(Gl. 5.4)}$$

Die beiden Anteile g_1 und g_2 sind damit zu errechnen.

Das Rechenverfahren lässt sich wie folgt schematisieren (sog. Mischkreuz-Methode):

g_2:	k_2		$(k_m - k_1) : (k_2 - k_1) \cdot 100 = g_2 \%$
g_m:		k_m	
g_1:	k_1		$(k_2 - k_m) : (k_2 - k_1) \cdot 100 = g_1 \%$
	$k_2 - k_1$		$k_2 - k1$

Die Durchgangsprozente der einzelnen Korngruppen sind mit den errechneten Anteilen zu multiplizieren. Je Sieb sind die Anteile zu addieren. Damit ergibt sich die Ist-Sieblinie. Diese ist zur Kontrolle in das Siebliniendiagramm einzuzeichnen.

Ein Beispiel für die Vorgehensweise bei der Zusammensetzung eines für die Herstellung von Beton geeigneten Korngemisches ist im Anhang gegeben.

Anmerkung: Im Anhang ist ein Beispiel für die Vorgehensweise bei der Zusammensetzung eines für die Herstellung von Beton geeigneten Korngemisches gegeben.

5.5 Qualitätskontrolle und Konformitätsnachweis

Auf der Grundlage des Bauproduktengesetzes erfolgt die Konformitätserklärung durch den Hersteller. Voraussetzung ist die Erfüllung der in den Normen festgelegten Anforderungen.

Der Konformitätsnachweis besteht aus einer **Erstprüfung** des Werkes und der **werkseigenen Produktionskontrolle** (WPK), beide durch eine unabhängige sogenannte notifizierte Stelle zertifiziert (Zertifizierungsstelle). Für die WPK muss ein Handbuch vorliegen, das Auskunft gibt über die Organisation, Verantwortlichkeiten, Kontrollverfahren, Produktionslenkung, Überwachung und Prüfung (Ausstattung und Prüfmittel, Prüfhäufigkeit), Aufzeichnungen, Lenkung fehlerhafter Produkte, Handhabung, Lagerung und Weiterbehandlung auf dem Produktionsgelände, Transport und Verpackung, Personalschulungen.

> Nach erfolgter Zertifizierung erstellt der **Hersteller** eine **Konformitätserklärung** und ist berechtigt bzw. verpflichtet, z. B. auf den Verpackungen und Lieferdokumenten (Lieferschein, Sortenverzeichnis) das CE-Kennzeichen zu führen. Die vollständige CE-Konformitätskennzeichnung besteht aus dem CE-Symbol und ergänzenden Angaben (u. A. Hersteller, Zertifikatnummer, Angabe der Europäischen Norm, Angaben zum Produkt und seinen Merkmalen).

Im Sortenverzeichnis des Lieferanten der Gesteinskörnung sind festzuhalten (Beispiel): CE-Zeichen, Art (normale Gesteinskörnung), Herkunft (Kieswerk N. N.), Zertifizierer und Nummer des Zertifikats, petrographischer Typ (Oberrhein-Kies), nähere Angaben zum Produkt (z. B. Korngruppe 8/16 mm, Kornform FI_{20}, Schlagzertrümmerung SZ_{18}, Frostwiderstand F_2).

Die **Bestellung** einer normalen Gesteinskörnung erfolgt stets unter der Angabe «Gesteinskörnung nach DIN EN 12 620».

Der **Lieferschein** muss u. a. enthalten: CE-Zeichen, Zertifizierungsstelle, Herstellwerk, Produktangabe, Hinweis auf die Europäische Norm + Deutsche Anwendungsnorm, Lieferdatum, Seriennummer des Lieferscheins, ggf. Angaben zu Produkteigenschaften (z. B. Kornrohdichte, Feinanteile).

5.6 Allgemeine Hinweise

Bei der Lagerung dürfen sich die verschiedenen Korngruppen und Lieferkörnungen nicht vermischen.

Für Beton geringer Festigkeit kann auch **werkgemischte Gesteinskörnung** mit festgelegter Sieblinie bis 32 mm Größtkorn verwendet werden. Wegen der Entmischungsgefahr ist eine Zwischenlagerung unzulässig bzw. auf der Baustelle besondere Sorgfalt beim Entladen und Lagern notwendig.

Gemische zwischen den Sieblinien A und C aus überwiegend ungebrochener Gesteinskörnung können ohne Eignungsprüfung verwendet werden. Bei der Prüfung der Kornzusammensetzung darf der Durchgang durch die einzelnen Prüfsiebe um höchstens 5 % der Gesamtmenge (bei 0,25 mm um höchstens 3 %) von der z. B. bei der Eignungsprüfung festgelegten Sieblinie abweichen. Außerdem soll der Kennwert für die Kornverteilung und den Wasseranspruch nicht ungünstiger sein, d. h., die Körnungsziffer k soll i. Allg. nicht kleiner, bei A- und U-Linien auch nicht größer sein.

5.7 Regelungen in DIN 1045-2 im Zusammenhang mit der Betonherstellung

Die Wahl des Größtkorns ist auf die Bauteilabmessungen und die Betondeckung abzustimmen ($D \leq \frac{1}{3}$ der größten Bauteilabmessungen, der überwiegende Teil nicht größer als die Betondeckung c). Der Mehlkorngehalt in der Betonmischung ist in Abhängigkeit vom Zementgehalt zu begrenzen. Detaillierte Angaben dazu sind in Abschnitt 7.3 (Frischbeton) enthalten.

Das Abmessen der Gesteinskörnung hat mit einer Genauigkeit von $\leq$ 3 M.-% zu erfolgen. Die Oberflächenfeuchte der Gesteinskörnung ist bei der Wasserzugabe für die Betonherstellung zu berücksichtigen.

Die Lieferkörnungen sind nach Korngruppen getrennt zu lagern.

6 Bindemittel

Die zur Herstellung von Mörtel, Beton und Estrich verwendeten Bindemittel werden aus bestimmten Gesteinen durch Brennen gewonnen und mehlfein gemahlen, wodurch die reagierende Oberfläche vervielfacht wird. In diesem Zustand sind sie empfindlich gegen Luftfeuchtigkeit und Kohlensäure aus der Luft, weshalb sie in trockenen Räumen gelagert werden. Sie sind zeitlich begrenzt lagerungsfähig. Mit Wasser angemacht, entsteht zunächst der Bindemittelleim; seine Verarbeitbarkeit, insbesondere die Geschmeidigkeit und die Eigenschaft, Wasser abzusondern oder zurückzuhalten, ist je nach Bindemittelart, Feinheit und ggf. Zugabe von Zusätzen sehr verschieden. Durch chemische Umsetzungen, teilweise auch durch physikalische Oberflächenkräfte verfestigt sich der Bindemittelleim in einen steinartigen Zustand, wobei Füllstoffe miteinander verkittet werden.

Eine Übersicht über die verschiedenen Bindemittel findet sich in Tabelle 6.1.

Es werden unterschieden: Luftbindemittel, die entweder CO_2 aus der Luft zur Erhärtung benötigen (Luftkalke) oder die nach der Erhärtung wasserlöslich sind (Baugipse, Anhydritbinder, Magnesiabinder), und hydraulische Bindemittel, bei denen durch Reaktion mit Wasser wasserunlösliche Verbindungen entstehen, so dass die Weitererhärtung auch unter Wasser möglich ist. Dazu zählen: hydraulisch erhärtende Baukalke, alle Zemente, Putz- und Mauerbinder, hydraulische Tragschichtbinder.

6.1 Baukalke

6.1.1 Technologie und Erhärtung

Je nach der chemischen Zusammensetzung des Kalkgesteins entstehen beim Brennen in Schachtöfen bei 1100…1300 °C Baukalke mit unterschiedlichen Eigenschaften.

Tabelle 6.1 Einteilung der Bindemittel

Bindemittel	Gestein	Brennen	Erhärtung	Hauptsächliche Verwendung
Baukalke	Kalkstein $CaCO_3$	unterhalb der Sintergrenze	an der Luft (Luftkalke)	Putz- und Mauermörtel, dampfgehärtete Baustoffe
	Kalkmergel		an der Luft und unter Wasser (hydraulische erhärtende Kalke)	
Zemente	Kalkstein und Mergel [1]	oberhalb der Sintergrenze	an der Luft und unter Wasser	Beton und Mörtel, Betonwaren, Fertigteile
Baugipse	Gipsgestein [2] $CaSO_4 \cdot 2 H_2O$	bei 100…800 °C	an der Luft	Innenputzmörtel, Gipsbauplatten
Anhydritbinder	Anhydritgestein [2] $CaSO_4$	(nur vermahlen, mit Anreger)		Estrichmörtel, Innenputzmörtel
Magnesiabinder	Magnesitgestein $MgCO_3$	bei 700…800 °C	(mit $MgCl_2$-Lösung angemacht) an der Luft	Estrichmörtel (Steinholz), Leichtbauplatten

[1] Für Portlandzemente. Bei weiteren Zementen werden nach dem Brennen des Portlandzementklinkers noch Hüttensand, Trass, Ölschieferschlacke u. a. zugemahlen.
[2] Gewinnung auch aus Rauchgas-Entschwefelungs-Anlagen.

Luftkalk

Zur Herstellung von Luftkalken wird reiner Kalkstein (entsprechend auch dolomitischer Kalkstein) zunächst zu Branntkalk gebrannt: Branntkalk $CaCO_3$ kann i. Allg. nicht unmittelbar verwendet werden, sondern muss zunächst mit Wasser gelöscht werden. Beim Löschen zerfällt der Branntkalk unter beträchtlicher Wärmeentwicklung und Volumenzunahme zu sehr feinem Kalkhydrat (Calciumhydroxid). Es wird überwiegend fabrikmäßig als Pulver hergestellt. Gelöschter Kalk (Calciumhydroxid) ist wasserlöslich und bildet eine starke Lauge (Vorsicht: Verätzungsgefahr!). Die Erhärtung von Luftkalkmörtel erfolgt nur in Kontakt mit der Luft.

> ! Das in der Luft enthaltene Kohlendioxid löst sich im Mörtelwasser und bildet Kohlensäure. Diese reagiert mit dem gelösten Calciumhydroxid, dabei entsteht unlösliches, neutrales Calciumkarbonat. Diese Reaktion wird Karbonatisierung genannt.

Das Calciumkarbonat bildet Kristalle aus und verkittet die Sandkörner untereinander.

Durch den zugegebenen Sand wird der Mörtel ausreichend porös, so dass Luft eindringen kann. Bei dichten Anstrichen, dichtem Mörtel sowie auch innerhalb von dicken Mauern kann weniger Kohlendioxid eindringen, weshalb die Erhärtung und damit auch das Austrocknen sehr verlangsamt werden. Die Erhärtung kann nur beschleunigt werden, wenn künstlich Kohlendioxid zugeführt wird. Eine wesentlich raschere Erhärtung und größere Festigkeit ist unter Dampfdruck (i. Allg. von 8…16 bar, entspricht 170…200 °C) möglich, sofern feinkörnige kieselsäurehaltige Gesteinskörnung vorhanden ist. Das Calciumhydroxid verbindet sich dabei mit der Kieselsäure zu Calciumsilikathydrat, einem sehr festen Mineral.

Hydraulische Kalke

Hydraulische Kalke bestehen vorwiegend aus Calciumsilikaten, Calciumaluminaten, Calciumferriten und Calciumhydroxid, die nach dem Anmachen des Mörtels mit Wasser reagieren, wobei wasserunlösliche Verbindungen entstehen. Die natürlichen hydraulischen Kalke werden durch Brennen, nachfolgendem Löschen und Mahlen eines tonhaltigen Kalksteins hergestellt, der Kieselsäure, Tonerde und Eisenoxid enthält. Bei hydraulischen Kalken werden puzzolanische bzw. latent hydraulische Stoffe beigemengt.

6.1.2 Baukalkarten, Eigenschaften, Verarbeitung und Verwendung

Tabelle 6.2 zeigt eine Übersicht der verschiedenen Baukalkarten nach DIN EN 459-1. Sie unterscheiden sich u. a. auch in der Schüttdichte und im Wasseranspruch. Durch Prüfungen der Raumbeständigkeit wird gewährleistet, dass vor allem die Luftkalke keine ungelöschten, treibenden Teile enthalten bzw. dass die hydraulisch erhärtenden Kalke von einem bestimmten Zeitpunkt an wasserbeständig geworden sind.

Stückkalk und **Feinkalk** sind gebrannte Kalke in stückiger bzw. gemahlener Form und müssen vor der Verarbeitung genügend lange eingesumpft werden. Weißfeinkalk wird vor allem für die Herstellung von Kalksandsteinen und Porenbeton verwendet (siehe Abschnitt 7.11.4).

Kalksandsteine nach DIN 106/DIN EN 771-2 werden aus Weißkalk und quarzreichem Sand zu Formlingen mit unterschiedlichen Formaten gepresst und anschließend in Autoklaven unter Dampfdruck von rd. 16 bar (200 °C) gehärtet. Die Verfestigung erfolgt innerhalb von 4…8 h durch Bildung von Calciumsilikathydrat. Kalksandsteine sind meist weiß, selten farbig. Bei den Hohlblock- und Lochsteinen (KSL) beträgt der Anteil an Löchern und Schlitzen über 15 %, bei Block- und Vollsteinen (KS) bis höchstens 15 %. Hohlblock-, Block- und Lochsteine haben, abgesehen von den durchgehenden Grifföffnungen, 5-seitig geschlossene Flächen. Hohlblocksteine sind großformatig (> 8 DF). Kalksandsteine werden mit der Festigkeitsklasse 6, 12, 20 und 28 N/mm^2 und in den Rohdichteklassen 1,0 bis 2,0 kg/dm^3 hergestellt. Die Steine werden wie im nachfolgenden Beispiel gekennzeichnet: DIN 106 – KSL – 12 – 1,2- 3 DF.

Tabelle 6.2 Baukalke nach DIN EN 459-1

Baukalkart *⁾	Kurzzeichen	Mindestanforderungen		Sorte
		M.-% CaO + MgO	28-Tage-Druckfestigkeit N/mm²	
Weißkalk 90	CL 90	90	–	Luftkalke
Weißkalk 80	CL 80	80	–	
Weißkalk 70	CL 70	70	–	
Dolomitkalk 85	DL 85	85	–	
Dolomitkalk 80	DL 80	80	–	
Hydraulischer Kalk 2	HL 2	–	2	Hydraulische Kalke
Hydraulischer Kalk 3,5	HL 3,5	–	3,5	
Hydraulischer Kalk 5	HL 5	–	5	
Natürlicher hydraulischer Kalk 2	NHL 2	–	2	
Natürlicher hydraulischer Kalk 3,5	NHL 3,5	–	3,5	
Natürlicher hydraulischer Kalk 5	NHL 5	–	5	

*⁾ Luftkalke werden außerdem nach ihren Lieferbedingungen als ungelöschte Kalke (Q) oder Kalkhydrate (S) klassifiziert. Bei gelöschten Dolomitkalken wird der Grad der Hydratation mit S1 (halbgelöscht) und S2 (vollständig gelöscht) bezeichnet.

Tabelle 6.3 Phasen des Zementklinkers und ihre zementtechnischen Eigenschaften

Klinkerphase	Chemische Formel	Kurzbezeichnung *⁾	Gehalt in M.-%	Zementtechnische Eigenschaften	Hydratationswärme Joule/g
Tricalciumsilikat	$3\,CaO \cdot SiO_2$	C_3S	45…80	schnelle Erhärtung, hohe Hydratationswärme	500
Dicalciumsilikat	$2\,CaO \cdot SiO_2$	C_2S	0…30	langsame, stetige Erhärtung, niedrige Hydratationswärme	250
Tricalciumaluminat	$3\,CaO \cdot Al_2O_3$	C_3A	7…15	in größerer Menge schnelles Erstarren, schnelle Anfangserhärtung, anfällig gegen Sulfatwässer, erhöhtes Schwinden	1340
Calciumaluminatferrit	$2\,CaO \cdot (Al_2O_3, Fe_2O_3)$	$C_2(A, F)$	4…14	langsame Erhärtung, widerstandsfähig gegen Sulfatwässer	420
freier Kalk	CaO	–	0,1…3	in größerer Menge: Kalktreiben	–
freie Magnesia	MgO	–	0,5…4,5	in größerer Menge: Magnesiatreiben	–

*⁾ In der Zementchemie bedeuten C = CaO, S = SiO_2, A = Al_2O_3 und F = Fe_2O_3.

Für **Mauer-** und **Putzmörtel** (siehe Abschnitt 9.4) werden meist nur abgelöschte, pulverförmige Kalkhydrate oder gemahlene hydraulische und hochhydraulische Kalke benutzt. Bei den hydraulisch erhärtenden Kalken muss beachtet werden, dass ihre Mörtelliegezeit wegen der Reaktion mit dem Mörtelwasser begrenzt ist. Alle Baukalke finden außerdem Anwendung im Straßenbau zur Verfestigung des Untergrundes, hydraulisch erhärtende Kalke auch für hydraulisch gebundene Kies- und Schottertragschichten.

6.2 Zemente

Zement ist ein anorganisch hydraulisch erhärtendes Bindemittel. Nach dem Anmachen mit Wasser erhärtet Zement sowohl an der Luft als auch unter Wasser und bleibt nach dem Erhärten auch unter Wasser fest und raumbeständig.

6.2.1 Technologie und Erhärtung

Zemente werden durch Vermahlen von verschiedenen Ausgangsstoffen hergestellt, deren Hauptbestandteile Portlandzementklinker (ggf. Hüttensand, Trass) u. a. durch Sinterung oder in einer Schmelze entstanden sind. Dabei bilden sich im Gegensatz zu den Baukalken höherwertige Calciumsilicate, Calciumaluminate und Calciumferrite mit höheren Festigkeiten.

Der wichtigste Hauptbestandteil aller Normzemente ist der Portlandzementklinker (PZ-Klinker). In den Zementwerken wird aus Kalkstein oder Kreide und einem tonhaltigen Gestein, z. B. Mergel, in einem Verhältnis $CaCO_3 : Ton = 3 : 1$ durch Brechen und Mahlen das Rohmehl gewonnen. Dieses wird im Brennofen bei Temperaturen von rd. 1450 °C bis zur Sinterung zum PZ-Klinker gebrannt. Die wichtigsten Klinkerphasen und deren Bedeutung für die Eigenschaften der Zemente sind in Tabelle 6.3 zusammengestellt.

Der PZ-Klinker wird allein oder mit anderen Hauptbestandteilen in der Zementmühle sehr fein gemahlen. Da gemahlener PZ-Klinker sehr rasch mit Wasser reagiert, werden zur Regulierung des Erstarrens geringe Mengen von Calciumsulfat $CaSO_4$ als Gipsstein, Anhydrit oder Rauchgasentschwefelungsgips zugemahlen. Zementfremde Stoffe dürfen nur bis höchstens 1 M.-% zugegeben werden, zementverwandte Stoffe, z. B. Füller als Nebenbestandteile, bis zu 5 M.-%.

Das Gemisch aus Zement und Wasser wird **Zementleim** genannt.

> Die Erhärtung von Zement erfolgt durch die Reaktion mit Wasser und wird **Hydratation** genannt. Dies ist eine exotherme Reaktion, bei der Wärme (Hydratationswärme) frei wird. Bei der Hydratation reagieren die unterschiedlichen Klinkerphasen mit Wasser und bilden dabei zu unterschiedlichen Zeiten unterschiedlich lange und feste faserförmige Calciumsilikathydrate sowie Aluminathydrate, die für die Dichtigkeit und Festigkeit des Zementsteins verantwortlich sind.

Die Hydratation des Zements ist in Bild 6.1 schematisch dargestellt. Sie beginnt an der Oberfläche des Zementkorns, dabei bildet sich das Zementgel, und schreitet zum Korninnern hin fort. Bei der Hydratation des Zements können die Zementgele bis rd. 25 % des Zementgewichtes an Wasser chemisch binden. Weitere 15 % an Wasser sind physikalisch gebunden. Bei einem Verhältnis Wasser zu Zement (w/z-**Wert**) von 0,40 wird das gesamte verfügbare Wasser gebunden, und jedes Zementkorn kann vollkommen hydratisieren. Das größere Volumen des Gels bewirkt eine hohe Dichtigkeit des **Zementsteins** (erhärteter Zementleim). Bei einem niedrigeren w/z ist nicht ausreichend Wasser für die komplette Hydratation des Zementkorns vorhanden. Der Kern des Gels besteht aus Portlandzementklinker, der eine höhere Druckfestigkeit hat als das Zementgel. Der Zementstein weist daher eine sehr hohe Druckfestigkeit und Dichtigkeit auf. Bei einem größeren Angebot an Wasser (w/z-Wert > 0,40) bilden sich im Zementstein wassergefüllte Hohlräume. Die Festigkeit des Zementsteins ist geringer, seine Durchlässigkeit gegen Gase und Flüssigkeiten wird größer, und wenn der Zementstein in Kontakt mit der Luft austrocknet, bilden sich luftgefüllte Poren. Bei der Reaktion des gemahlenen Portlandzementklinkers mit Wasser werden große Mengen an Kalkhydrat $Ca(OH)_2$ abgespalten. Dieses reagiert mit dem CO_2 aus der Luft, wodurch sich Calciumcarbonat bildet. Infolge der Carbonatisierung verwandelt sich das flüssige Kalkhydrat an den Poreninnenwänden in Kalkstein. Sind die Poren klein, werden sie durch die Ablagerung des Kalksteins «geschlossen».

Die Hydratation verläuft je nach Zusammensetzung des Zements, seiner Feinheit und der Umgebungstemperatur schneller oder langsamer und ist u. U. erst nach Jahren abgeschlossen.

Durch das bei der Hydratation freiwerdende Ca(OH)$_2$ stellt sich im Zementstein ein hoher pH-Wert (≈10) ein. Am Betonstahl, der im Zementleim eingebettet ist, bildet sich an der Oberfläche eine hauchdünne Schicht, die den Stahl vor Korrosion durch Luft und Wasser schützt.

Durch die Anwesenheit von Ca(OH)$_2$ erhalten auch bestimmte andere Mineralgemenge hydraulische Eigenschaften. Dies gilt insbesondere für den bei der Stahlherstellung anfallenden Hüttensand.

Ferner werden Zemente mit natürlichen Puzzolanen hergestellt, vor allem mit Trass. Diese bestehen zum überwiegenden Teil aus hydraulisch wirkenden Stoffen, insbesondere aus reaktionsfähiger Kieselsäure. Als weitere Hauptbestandteile werden kieselsäurereiche Flugasche, Kalkstein sowie gebrannter Ölschiefer verwendet.

6.2.2 Zementarten, Eigenschaften

Die in Europa verfügbaren verschiedenen Zementarten sind in DIN EN 197-1 erfasst. Dazu kommen noch Zemente mit besonderen Eigenschaften nach DIN 1164 und nach bauaufsichtlicher Zulassung durch das DIBt. DIN EN 197-1 unterscheidet folgende 5 **Hauptarten**:

CEM I   Portlandzement,
CEM II Portlandkompositzement,
CEM III Hochofenzement,
CEM IV Puzzolanzement,
CEM V   Kompositzement.

In Tabelle 6.4 sind die **Kurzzeichen der Zemente** und ihre Zusammensetzungen angegeben. Bei den Kurzzeichen bedeuten die Zusatzbezeichnungen A, B und C den Prozentsatz der Zusatzstoffe.

Reiner **Portlandzement** CEM I kann für die Herstellung von Beton und Mörtel zur Verwendung in allen Bereichen des Bauwesens verwendet werden.

CEM II oder **Portlandkompositzemente** enthalten als Hauptbestandteil Portlandzementklinker und unterschiedliche Zumahlstoffe in unterschiedlichen Zugabemengen, gekennzeichnet durch den Buchstaben-Zusatz, der den Prozentsatz der Zusatzstoffe angibt: A = 6...20 M.-%, B = 21....35 M.-%. Hauptsächlich werden Hüttensand (S), natürliches Puzzolan (P) – dabei handelt es sich am häufigsten um Trass –, kieselsäurereiche Flugasche(V), gebrannter Schiefer (T) und Kalkstein (L) verwendet. Die mit M gekennzeichneten Zemente enthalten mehrere Hauptbestandteile. Portland-

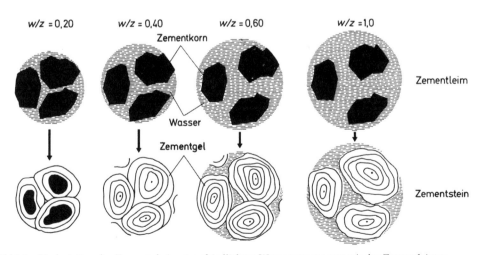

Bild 6.1 Hydratation des Zements bei unterschiedlichem Wasserzementwert w/z des Zementleimes

Tabelle 6.4 Zementarten und Zusammensetzung nach DIN EN 197-1, DIN EN 197-4, DIN EN 14 216

Zementart				Hauptbestandteile neben Portlandzementklinker	
Hauptart	Benennung		Kurzzeichen	Art	Anteil in M.-%
CEM I	Portlandzement		CEM I	–	0
CEM II	Portlandhüttenzement		CEM II/A-S CEM II/B-S	Hüttensand (S)	6…20 21…35
	Portlandsilicastaubzement		CEM II/A-D	Silicastaub (D)	6…10
	Portlandpuzzolanzement		CEM II/A-P CEM II/B-P	natürliches Puzzolan (P)	6…20 21…35
			CEM II/A-Q CEM II/B-Q	künstliches Puzzolan (Q)	6…20 21…35
	Portlandflugaschezement		CEM II/A-V CEM II/B-V	kieselsäurereiche Flugasche (V)	6…20 21…35
			CEM II/A-W CEM II/B-W	kalkreiche Flugasche (W)	6…20 21…35
	Portlandschieferzement		CEM II/A-T CEM II/B-T	gebrannter Schiefer (T)	6…20 21…35
	Portlandkalksteinzement		CEM II/A-L CEM II/B-L	Kalkstein (L)	6…20 21…35
			CEM II/A-LL CEM II/B-LL	Kalkstein (LL) [*)]	6…20 21…35
	Portlandkompositzement		CEM II/A-M CEM II/B-M	möglich sind: S, D, P, Q, V, W, T, L, LL	6…20 21…35
CEM III	Hochofenzement		CEM III/A CEM III/B CEM III/C	Hüttensand (S)	36…65 66…80 81…95
CEM IV	Puzzolanzement		CEM IV/A CEM IV/B	Puzzolane (D, P, Q, V)	11…35 36…55
CEM V	Kompositzement		CEM V/A CEM V/B	Hüttensand (S) und (P, Q, V)	18…30 31…50

[*)] Entspricht dem bisher in DIN 1164 festgelegten Kalkstein L.

puzzolan- und -kalksteinzement können die Verarbeitbarkeit und die Wasserundurchlässigkeit von Beton verbessern. Portlandpuzzolanzemente (Trasszemente) haben nach der Erhärtung nur wenig freies Calciumhydroxid (dieses wird zum großen Teil durch die reaktionsfähige Kieselsäure gebunden). Sie bieten daher einen geringeren Korrosionsschutz für Betonstähle.

CEM III oder **Hochofenzemente** werden durch Zugabe von gemahlenem Hüttensand (S) wie bei Portlandhüttenzement hergestellt, allerdings mit einem höheren Gehalt an Hüttensand: A = 36...65 M.-%, B = 66...80 M.-%. CEM III/C (S 81...95 M.-%) bedarf zur Verwendung in Deutschland einer baufaufsichtlichen Zulassung. Hochofenzemente haben geringere Hydratationswärme und höhere chemische Beständigkeit, vor allem, wenn der Hüttensandgehalt über 50 % liegt; sie eignen sich daher besonders für den Tiefbau.

Mit Ausnahme der Zemente mit niedriger (LH-Zemente) und mit sehr niedriger Hydratationswärme (VLH-Zement in DIN EN 14 216) gibt es für Zemente mit besonderen Eigenschaften keine europäische Norm. Aus diesem Grund gilt in der BRD zusätzlich zu DIN EN 197-1 auch DIN 1164. Die deutsche Zementnorm 1164 enthält Regelungen für Normalzemente mit hohem Sulfatwiderstand (HS) und niedrigem wirksamen Alkaligehalt (NA). Ergänzend stellen die Hersteller Zemente für besondere Zwecke bereit: Zement mit frühem Erstarren (FE) für z. B. die Betonfertigteilindustrie, schnellerstarrender Zement (SE) für z. B. Trockenspritzbeton, Zement mit erhöhtem Anteil an organischen Zusätzen (HO), Straßenbauzement usw.

6.2.3 Anforderungen und Prüfungen von Zement

EN 196 und DIN 1164 enthalten Festlegungen und Prüfungen für Mahlfeinheit, Erstarren, Festigkeit, Hydratationswärme, Raumbeständigkeit und Sulfatwiderstand. In bestimmten Fällen sind noch weitere Eigenschaften des Zements von Bedeutung.

Durch die **Mahlfeinheit** steuert das Herstellwerk die Festigkeit des Zements. Sie beeinflusst viele Eigenschaften des Zements, besonders sein Reaktionsvermögen mit Wasser. Eine feinere Mahlung führt zu geringerem Wasserabsondern, zu einer größeren Anfangsfestigkeit und einer höherer Hydratationswärme sowie einem größeren Schwinden. Die Mahlfeinheit DIN EN 196-6 wird durch die spezifische Oberfläche S angegeben, die nach BLAINE durch Bestimmung der Luftdurchlässigkeit einer Zementprobe ermittelt wird. Sie wird in cm²/g angegeben und stellt die Oberfläche von 1 g gemahlenem Zement dar. Als «grob» werden Zemente mit einem Blaine-Wert von bis zu 2800 cm²/g eingestuft, «mittel» jene mit Werten größer als 4000 cm²/g. «Sehr fein» gemahlene Zemente haben eine spezifische Oberfläche zwischen 5000 und 7000 cm²/g. Für Sonderfälle werden auch Zemente mit S 14 000...16 000 cm²/g hergestellt.

Die **Farbe** des Zements hängt vor allem vom Gehalt der Rohstoffe an Fe_2O_3 und an Mangan ab. Weißer Portlandzement wird aus eisenfreien Rohstoffen gewonnen. Rötlicher Portlandschieferzement entsteht aus besonders gebranntem Ölschiefer.

> Je nach Mahlfeinheit und Wassergehalt des Zementleims kann eine unterschiedlich starke Sedimentation der Zementkörnchen auftreten, wobei Wasser abgesondert wird. Dieser Vorgang wird Bluten genannt.

Das **Erstarrungsverhalten** gibt einen Hinweis über die Verarbeitungszeit eines Frischbetons oder Frischmörtels. Kurz nach Zugabe des Wassers steift der Zementleim an. Dieser Vorgang ist jedoch ein sogenanntes «falsches Ansteifen», denn wird der Mörtel oder Beton umgerührt, ist dieser weiter verarbeitbar. Nach DIN EN 196-3 wird das **Erstarren (Erstarrungsbeginn, Erstarrungsende)** mit dem VICAT-Nadelgerät in 2 Stufen als Eindringen verschieden ausgebildeter Prüfnadeln in einem mit **Normsteife** hergestellten Zementleim geprüft. In der ersten Stufe wird am Zementleim der Erstarrungsbeginn festgestellt – charakterisiert dadurch, dass die Prüfnadel

Tabelle 6.5 Zementfestigkeitsklassen nach DIN EN 197

Festigkeitsklasse	Druckfestigkeit N/mm²				Kennfarbe/Aufdruck der Papiersäcke und der Begleitpapiere (bei losem Zement)
	Anfangsfestigkeit nach		Normfestigkeit N_{28} nach 28 Tagen		
	2 Tagen mind.	7 Tagen mind.	mind.	höchst.	
32,5 N	–	16	32,5	52,5	Hellbraun/Schwarz
32,5 R	10	–			Hellbraun/Rot
42,5 N	10	–	42,5	62,5	Grün/Schwarz
42,5 R	20	–			Grün/Rot
52,5 N	20	–	52,5	–	Rot/Schwarz
52,5 R	30	–			Rot/Weiß

nicht tiefer als 35 bis 37 mm eindringt. In dieser Phase bilden sich kleine Hydratationsprodukte ohne festes Gefüge. Im Normalfall darf der Erstarrungsbeginn nicht früher als 45 min bei CEM 52,5, bei den anderen Zementen nach 1 Stunde nach dem Anmischen des Zementleimes eintreten. Als Erstarrungsende gilt der Zeitpunkt, bei dem eine Prüfnadel auf der Zementleimoberfläche keinen Abdruck mehr hinterlässt. Das Erstarrungsende liegt spätestens bei 12 Stunden. Die anschließende Verfestigung, auch **Erhärten** genannt, ist gekennzeichnet durch eine Verdichtung des Gefüges infolge der Entstehung von weiteren Hydratationsprodukten und durch die Abspaltung von Calciumhydroxid.

Der Prüfung der Druckfestigkeit nach DIN EN 196-1 erfolgt an Prismen 40 mm · 40 mm · 160 mm aus **Normmörtel** mit einem w/z-Wert von 0,50. Das Mischungsverhältnis der Massen an Zement und Normsand beträgt 1 : 3. Die Proben werden feucht bzw. unter Wasser bei 20 °C gelagert. Im Alter von 28 Tagen wird zunächst eine Biegeprüfung durchgeführt. Daraus resultieren zwei Bruchhälften, die jeweils unter einer Druckplatte von 4 · 4 cm bis zum Bruch belastet werden.

Die Einteilung der Zemente in die **Festigkeitsklassen** (Tabelle 6.5) erfolgt entsprechend der Mindestdruckfestigkeit in [N/mm²] im Alter von 28 Tagen und der Einhaltung von oberen Grenzwerten für die Klassen 22,5, 32,5 und 42,5. Die Festigkeitsklassen unterscheiden sich besonders in den Anfangsfestigkeiten. Es wird unterschieden zwischen Festigkeitsklassen mit **normaler Anfangsfestigkeit (N)** und mit **hoher Anfangsfestigkeit (R)**. Für die Baupraxis sind insbesondere die Anfangsfestigkeiten von Bedeutung. Für normal und schnell erhärtende Zemente wird die Anfangsfestigkeit nach 2 Tagen geprüft, für Zemente mit langsamer Festigkeitsentwicklung hingegen erfolgt die Prüfung nach 7 Tagen.

Die **Hydratationswärme** (Tabelle 6.6) wird mit der isothermen Wärmeflusskalorimetrie bestimmt und in [J/g] angegeben. Welche Wärmemenge zu welchem Zeitpunkt entsteht, hängt von der Zusammensetzung des Zementklinkers und der Feinheit des Zements ab. Zemente mit niedriger Hydratationswärme, so genannte LH-Zemente, dürfen nach 7 Tage den charakteristischen Wert von 270 J/g Zement (für VLH-Zement max. 220 J/g) nicht überschreiten.

Die Bezeichnung der Zemente erfolgt wie im folgenden Beispiel:

CEM I 42,5 R

Portlandzement, Festigkeitsklasse 42,5 (Mindestnormfestigkeit 42,5...62,5 N/mm²), R = schnelle Festigkeitsentwicklung

Tabelle 6.6
Anhaltswerte für die Hydratationswärme

Temperatur °C	Hydratstufe	Versteifen und Erhärten
120...190	$CaSO_4 \cdot \frac{1}{2} H_2O$ als Halbhydrat	rasch
190...300	$CaSO_4$ als Anhydrit III	langsam
300...700	$CaSO_4$ als Anhydrit II	sehr träge
900...1050	$CaSO_4$ + CaO	sehr langsam

Tabelle 6.7   Dichten von Zementen

Zementart	Dichte [kg/dm³]	Schüttdichte [kg/dm³]	
		Lose eingelaufen	eingerüttelt
Portlandpuzzolanzement Portlandflugaschezement	2,9	0,9…1,3	1,2…1,7
Hochofen-, Portlandhütten-, Portlandölschiefer-, Portlandflugaschehütten-, Portlandkalksteinzement	3,0		
Portlandzement	3,1		
Portlandzement-HS	3,2		

Beim Austrocknen des erhärteten Zementsteins wird das Porenwasser verringert; dies führt zu umso größerem Schwinden, je größer die Mahlfeinheit des Zements und der w/z-Wert sind. Eine Wasseraufnahme führt zu geringem Quellen. Eine lang andauernde Krafteinwirkung verursacht vor allem bei geringer Luftfeuchte ein ziemlich großes Kriechen des sich teilweise viskos verhaltenden Zementsteins.

Um die **Raumbeständigkeit der Zemente** zu gewährleisten, ist durch chemische Analyse sicherzustellen, dass der Gehalt an treibenden Bestandteilen wie z. B. SO_3, MgO und CaO begrenzt ist. Zusätzlich wird nach DIN EN 196-3 die Volumenvergrößerung mit dem LE-CHATE-LIER-Ring geprüft. In diesem Verfahren mit Zeitraffeffekt werden 24 h alte Zementzylinder durch 3-stündiges Kochen künstlich gealtert und die Verformung ermittelt.

Der normale Zementstein ist gegenüber Säuren und bestimmten Salzlösungen chemisch nicht beständig. Um die Dauerhaftigkeit auch unter solchen Bedingungen zu gewährleisten, werden Zemente mit besonderen Eigenschaften, wie z. B. HS-Zemente eingesetzt. Als Zemente HS mit hohem Sulfatwiderstand gelten: Portlandzemente mit höchstens 3 % C_3A und 5 % A_{l2O3} und Hochofenzemente mit mindestens 70 % Hüttensand. Bei einem größeren Gehalt an alkaliempfindlicher Gesteinskörnung muss ein NA-Zement mit niedrigem wirksamen Alkaligehalt (Na_2O-Äquivalent) verwendet werden.

Wegen des Korrosionsschutzes der Stahleinlagen dürfen Zemente keine Chloride enthalten. Günstig sind CaO-reichere Zemente, weil sie nach der Erhärtung mehr freies $Ca(OH)_2$ enthalten und langsamer karbonatisieren.

6.2.5   Lagerung und gesundheitliche Aspekte

Zement ist trocken zu lagern und während der Lagerung vor Feuchtigkeit zu schützen. Die Lagerung von Gips und Zement im gleichen Raum ist nicht erlaubt. Die empfohlene Lagerungsdauer beträgt maximal 2 Monate, für die Festigkeitsklasse 52,5 R jedoch max. 1 Monat. Ein Vermischen verschiedener Normzemente der gleichen Festigkeitsklasse miteinander ist unbedenklich, jedoch wegen der Farbunterschiede nicht zu empfehlen. Bei losem Zement muss ein mitgeliefertes Blatt DIN A5 mit genauen Angaben sowie Kennfarbe und Aufdruck gemäß Tabelle 6.5 im Silo angeheftet werden. Heiß gelieferter Zement erhöht geringfügig die Betontemperatur, ergibt aber sonst keine Nachteile. Weil die Schüttdichte des Zements (Tabelle 6.7) nach Lagerungsart stark variiert, ist die Zugabe von Zement immer durch Abwiegen vorzunehmen.

> Der Kontakt mit Zement, Zementleim, Mörtel oder Frischbeton kann Hautreizungen hervorrufen. Dies betrifft besonders Siloware, die im Gegensatz zu Sackware nicht chromatreduziert ist. Deshalb sollten die von der Zementindustrie empfohlenen Sicherheitsratschläge beachtet werden (Tragen von Schutzkleidung, Handschuhe, Staubmaske).

6.3 Weitere hydraulische Stoffe und Bindemittel

Latent-hydraulische Stoffe weisen einen hohen Gehalt an reaktionsfähiger Kieselsäure und Tonerde auf. Ihre hydraulische Eigenschaft ist zunächst latent, d. h. verborgen, und wird erst bei Vorhandensein von Calciumhydroxid oder Portlandzement zusammen mit Wasser wirksam. Zu diesen Stoffen gehört vor allem gemahlener Hüttensand. **Puzzolane** haben zwar kein eigenes, latentes Erhärtungsvermögen, sie reagieren aber mit Calciumhydroxid und Wasser und bilden dabei hydraulische Erhärtungsprodukte. Der wichtigste Vertreter der natürlichen Puzzolane ist gemahlener **Trass** nach DIN 51 043. Künstliche Puzzolane sind u. a. **Steinkohleflugaschen**, die für die Verwendung als Zusatzstoff Typ II in DIN EN 450-1 genormt sind. Durch Zusatz von latent-hydraulischen Stoffen und Puzzolanen können die Verarbeitbarkeit, Festigkeit und Dichte von Beton verbessert werden.

Putz- und Mauerbinder nach DIN EN 413-1 bestehen aus Zement und Gesteinsmehl. Zur weiteren Verbesserung der Verarbeitbarkeit werden meist noch Kalkhydrat oder Zusatzmittel z. B. Luftporenbildner, zugegeben. Es gibt 2 Druckfestigkeitsklassen: 5 und 12,5 N/mm². Die Papiersäcke sind gelb mit blauem Aufdruck.

Hydraulische Boden- und Tragschichtbinder HRB 12,5 und HRB 32,5 (N28 ≥ 12,5 bzw. 32,5 N/mm²) nach DIN 18 506 werden aus Portlandzement, Luftkalk oder/und hoch-hydraulischem Kalk, Trass, Flugasche u. a. hergestellt und für hydraulisch gebundene Tragschichten u. Ä. unter Verkehrsflächen verwendet.

6.4 Baugipse und Anhydritbinder

Beide Bindemittelgruppen gehören zu den Luftbindemitteln. Sie bestehen aus Calciumsulfat und werden auf unterschiedliche Weise hergestellt.

6.4.1 Technologie und Erhärtung

Baugipse entstehen durch Entwässerung (Dehydratation) von Calciumsulfat-Dihydrat $CaSO_4 \cdot 2\,H_2O$, das in der Natur als Naturgips vorkommt oder das als Chemiegips bei der Herstellung von Phosphorsäure oder bei der Entschwefelung von Verbrennungsgasen in Großverbrennungsanlagen (Rauchgasgips) als Abfallstoff anfällt. Je nach der gewünschten Baugipssorte wird das Rohmaterial nach geeigneten Verfahren zerkleinert, in Drehöfen, Großkochern, Rostbandöfen u. a. gebrannt und gemahlen. Je nach Brenntemperatur entstehen unterschiedliche Hydratstufen des Calciumsulfats.

Anhydrit wird künstlich als Nebenprodukt bei der Flusssäuregewinnung oder durch Mahlen von Anhydritgestein gewonnen. Als Anreger dienen Kalkhydrat, Zement, Kalium- oder Natriumsulfat; sie können auch erst auf der Baustelle zugegeben werden. Durch Zusätze können bestimmte Eigenschaften verändert werden.

Je nach Zusammensetzung, Feinheit und Zusätzen haben die Bindemittel einen unterschiedlichen Wasserbedarf, was auch einen unterschiedlichen Wasserbindemittelwert des Bindemittelleimes zur Folge hat. Nach dem Anmachen mit Wasser bilden sich bei der Hydratation je nach Bindemittelart nadelförmige Kristalle aus $CaSO_4 \cdot 2\,H_2O$ (Dihydrat). Bei Baugipsen kann dies durch bereits vorhandene Dihydratkristalle, z. B. abgebundene Gipsreste, erheblich beschleunigt werden.

Die Festigkeit und Härte hängen wie beim Zement vom Wasserbindemittelwert des Bindemittelleimes ab, vom Alter und vor allem vom Austrocknungsgrad. Optimale Werte erhält man erst, wenn das vom Calciumsulfat bei der Hydratation nicht gebundene Anmachwasser weitgehend verdunstet ist. Da Calciumsulfat auch nach der Erhärtung wasserlöslich bleibt, sind die Bindemittel nur in weitgehend trockener Umgebung zu gebrauchen.

Tabelle 6.8 Baugipsarten

Baugipsart	Versteifungsbeginn min	Biegezugfestigkeit N/mm²	Druckfestigkeit N/mm²	Besondere Eigenschaften	Verwendung für
Baugipse ohne werkseitige Zusätze					
Stuckgips	8...25	≥ 2,5	–	feingemahlen, rasches Versteifen	Innenputz, Stuck- und Rabitzarbeiten, Gipsbauplatten
Putzgips	≥ 3	≥ 2,5	–	rasches Versteifen, längere Bearbeitbarkeit	Innenputz, Rabitzarbeiten
Baugipse mit werkseitigen Zusätzen					
Fertigputzgips	≥ 25	≥ 1,0	≥ 2,5	langsames Versteifen	Innenputz
Haftputzgips z. T. mit Füllstoffen	≥ 25	≥ 1,0	≥ 2,5	langsames Versteifen, gute Haftung	meist einlagige Innenputze, auch auf schwierigem Putzgrund, z. B. Beton
Maschinenputzgips z. T. mit Füllstoffen	≥ 25	≥ 1,0	≥ 2,5	langsames Versteifen, kontinuierlich maschinell verarbeitbar	Innenputz, mit Putzmaschinen aufgebracht
Ansetzgips	≥ 25	≥ 2,5	≥ 6,0	langsames Versteifen, gute Haftung, hohes Wasserrückhaltevermögen	Ansetzen von Gipskartonplatten
Fugengips	≥ 25	≥ 1,5	≥ 3,0	langsames Versteifen, hohes Wasserrückhaltevermögen	Verfugen und Verspachteln von Gipsbauplatten
Spachtelgips	≥ 15	≥ 1,0	≥ 2,5		

6.4.2 Baugipsarten, Eigenschaften und Verarbeitung

Eine Übersicht über die verschiedenen Baugipsarten nach DIN EN 12 860 sowie über ihre wichtigsten Eigenschaften und ihre Verwendung findet sich in Tabelle 6.8. Stuckgips besteht überwiegend aus Halbhydrat, Putz- und Maschinenputzgips aus Halbhydrat, Anhydrit III und II. Die übrigen Baugipse werden auf der Basis von Stuckgips oder Putzgips hergestellt.

Die Hydratation der Baugipse ist mit einem Quellen von ca. 1 Vol.-% verbunden. Dagegen schwinden die Gipsmörtel beim Austrocknen praktisch nicht. Sie weisen eine günstige feuerhemmende Wirkung: Bei Hitze- und Feuereinwirkung wird zunächst durch Verdampfen des Kristallwassers Wärmeenergie verbraucht, und die entwässerte mürbe Gipsschicht bleibt weitgehend als wärmedämmende Schicht ohne Rissbildung an der Tragkonstruktion haften.

Stuck- oder **Putzgips** erfordert wegen des raschen Versteifens einen verhältnismäßig hohen Wassergipswert und eine rasche Verarbeitung. Nach dem Versteifungsbeginn darf dem Gipsmörtel kein Wasser mehr zugegeben werden; nach dem Versteifungsende darf der Mörtel nicht weiter verrieben werden. Die langsamer versteifenden Baugipsarten lassen sich leichter mit Sand oder anderen Füllstoffen mischen und verarbeiten; die Verarbeitungshinweise der Hersteller sind zu beachten. Um das eingestellte Versteifen des Gipses nicht zu verändern, muss mit sauberen Geräten ohne Mörtelreste gearbeitet werden, und die Sande dürfen keine störenden Verunreinigungen enthalten.

6.4.3 Anhydritbinder, Eigenschaften und Verarbeitung

Nach DIN EN 13 454 werden die Anhydritbinder mit Kürzel CAB (**Ca**lciumsulfat-**B**inder) benannt, gefolgt von einer Zahl, die die Mindestdruckfestigkeiten eines genormten Estrich-Prüfkörpers, geprüft an einem Normmörtel im Alter von 28 Tagen, darstellt. Für Estriche wird z. B. CAC 20 oder CAC 30 verwendet. Anhydritbindermörtel ist normal erstarrend, darf nur wenig quellen und schwindet nicht.

Um die erwarteten Eigenschaften sicher zu erhalten, muss die Mischanweisung genau beachtet werden; dies gilt vor allem, wenn der Anreger erst auf der Baustelle zugegeben wird. Die Anforderungen an die Reinheit der Sande sind zu beachten.

6.5 Magnesiabinder

Er besteht aus gebrannter Magnesia MgO. Als Anreger dienen Magnesiumchlorid $MgCl_2$ oder Magnesiumsulfat $MgSO_4$. Gebrannte Magnesia wird durch Brennen von Magnesitgestein bei 700…800 °C und anschließendes Mahlen erzeugt; sie ist besonders lagerempfindlich. Die Magnesiumchloridlösung ist sehr hygroskopisch und korrosionsfördernd. Wichtig ist ein ausgewogenes Mischungsverhältnis, i. Allg. (in Masseanteilen) 2,0…3,5 MgO : 1 wasserfreies $MgCl_2$. Das Mischungsverhältnis ist auch von Temperatur und Luftfeuchte bei der Herstellung abhängig. Bei zu viel $MgCl_2$ zeigt der Magnesiamörtel erhöhte Hygroskopizität, verminderte Festigkeit, starkes Quellen und erhöhte rostfördernde Wirkung auf Metalle. Bei zu viel MgO treten eine verminderte Festigkeit sowie starkes Schwinden auf. Die Anforderungen und Prüfungen finden sich in DIN EN 14 016 geregelt. Bei der Verarbeitung ist vor allem auf die genaue Zugabe der richtigen Salzmenge zu achten.

7 Beton

Die maßgebenden Normen für die Bemessung, Konstruktion und Ausführung von Tragwerken aus Beton, Stahlbeton und Spannbeton sind DIN EN 206 und DIN 1045 Teil 1–4. DIN 1045 gilt für Leicht-, Normal-, Schwer- und Spannbetone, die als Baustellen-, Transportbeton oder Beton in einem Fertigteilwerk für Hoch- und Ingenieurbau hergestellt werden. DIN 1045 gilt nicht für Porenbeton, Schaumbeton, Beton mit haufwerksporigen Gefüge, Leichtbeton mit Rohdichte $\varrho < 800$ kg/m³ u. a.

Anforderungen für Beton können auch in anderen Normen angegeben sein, z. B. für Straßenbeton, Spritzbeton, Beton für massige Bauteile, Trockenbeton u. a.

Die Tragwerke aus Beton, Stahlbeton und Spannbeton werden entsprechend DIN 1045 Teil 1 bemessen und nach Teil 3 ausgeführt. Die Herstellung von Beton ist in DIN 1045 Teil 2 geregelt. Im Mittelpunkt der Norm steht die Gewährleistung der Dauerhaftigkeit.

> Beton ist ein künstlicher Stein. Im vereinfachten Modell wird Beton als Dreistoffsystem dargestellt, bei dem die Gesteinskörnung mit einem Leim, bestehend aus Zement und Wasser, so zusammengehalten wird, dass der Beton im frischen Zustand in eine Form gegossen werden kann, wo er zu einem festen und dauerhaften Material erhärtet.

Solange er sich im verarbeitbaren und verdichtbaren Zustand befindet, wird Beton als **Frischbeton** bezeichnet. Seine endgültigen Eigenschaften erreicht Beton erst durch die chemische Reaktion des Zementes mit Wasser und den daran sich anschließenden Erhärtungsprozessen. Durch das Erhärten des Zementleims zu Zementstein wird die steife Gesteinskörnung in die Zementmatrix eingebettet und fest und dauerhaft mit ihr verbunden. Das erhärtete Material ist wasserbeständig und relativ spröde. Es kann hohe Drucklasten, aber nur geringe Zugkräfte aufnehmen. Durch die einfache Formgebung des Betons und die Möglichkeit, die Zugkräfte durch eine eingebettete Bewehrung aus Stahl abzutragen, wurden bedeutsame Fortschritte auf allen Gebieten der Bautechnik erzielt. Die Betontechnologie hat in letzten Jahrzehnten eine große Entwicklung erlebt, sowohl hinsichtlich der zweckentsprechenden Zusammensetzung des Betons als auch seiner maschinellen Verarbeitung. Die Verwendung neuer Produkte aus der Bauchemie hat dazu geführt, dass das Dreistoffsystem Beton zu einem Mehrkomponentenstoff wurde. Verschiedene Mischungsverhältnisse der Ausgangsstoffe führen zu Betonen mit unterschiedlichen Eigenschaften.

> Die wichtigsten mechanisch-technologischen Eigenschaften des Betons sind jedoch Festigkeit und Dichte. Diese stehen beim Betonentwurf gleichrangig im Vordergrund und werden im frischen und festen Zustand des Betons von einer Vielzahl von Parametern beeinflusst, wie z. B.:
> ❑ der Wasserzementwert w/z,
> ❑ die Eigenschaften der Gesteinskörnung,
> ❑ der Zementgehalt, die Zementleimmenge, die Zementart,
> ❑ die Art und Güte des Mischens des Frischbetons,
> ❑ die Konsistenz und die Verarbeitbarkeit,
> ❑ die Art und die Güte der Verdichtung,
> ❑ die Umgebungsbedingungen beim Einbau, die Temperaturen von Beton und Luft,
> ❑ die Nachbehandlung,
> ❑ die Erhärtungsbedingungen, das Erhärtungsalter.

Zusammenfassend sind dies:

❑ die Wahl der Ausgangsstoffe,
❑ die Zusammensetzung des Betons,
❑ die Herstellung,
❑ die Verarbeitung.

> Beton sollte daher bei einem möglichst niedrigem Wasserzementwert ein dicht gelagertes Korngerüst aufweisen, das die Kraftabtragung über die Gesteinskörnung ermöglicht, und eine angepasste Zementleimmenge enthalten, wodurch die Wirtschaftlichkeit und Dauerhaftigkeit und der Korrosionsschutz der Bewehrung erreicht werden.

> Bei der **Betonkorrosion** wird vorwiegend der Beton angegriffen, wodurch der Zementstein oder die Gesteinskörnung zerstört werden. Bei der **Bewehrungskorrosion** wird unterschieden, ob sie durch Verlust des Passivschutzes des Stahls infolge von Karbonatisierung oder durch Angriff von Chloriden verursacht wird.

Für das Erreichen von Festigkeit und Dauerhaftigkeit im erhärteten Zustand des Betons sind neben Zusammensetzung und Nachbehandlung im frischen Zustand das Zusammenhaltevermögen, die Verarbeitbarkeit und Verdichtungswilligkeit von ausschlaggebender Bedeutung. Jede Sorgfalt, die diesbezüglich dem Frischbeton gewidmet wird, kommt der Dauerhaftigkeit und Festigkeit des später erhärteten Betons zugute.

Da die korrekte Zuordnung zu Expositionsklassen eine wichtige Voraussetzung für die Zusammensetzung des Betons ist, sind in Tabelle 7.2 einige Beispiel für die Zuordnung von Bauwerken in Expositionsklassen angegeben.

7.1 Expositionsklassen

> In der Regel sind Stahlbetonbauten oder -bauteile mehreren Umgebungseinflüssen gleichzeitig ausgesetzt. Bei der Zuordnung sind alle auf das Bauteil bzw. Bauwerk zutreffenden Expositionsklassen zu berücksichtigen.
> Die Expositionsklassen enthalten die wichtigsten Angaben für die Zusammensetzung des Betons (Tabelle 7.3):
> ❑ maximaler w/z-Wert,
> ❑ w/z_{eq}-Wert bei Anrechnung von Zusatzstoffen des Typs II,
> ❑ Mindestfestigkeitsklasse des Betons,
> ❑ Mindestzementgehalt.

> Um die Dauerhaftigkeit von Stahlbetonbauten zu gewährleisten, werden die Betone so zusammengesetzt, dass sie den Einflüssen, denen ein Bauteil oder Bauwerk während seiner geplanten Nutzungsdauer ausgesetzt sind, ohne technisch komplizierte und teure Instandhaltungsmaßnahmen Widerstand leisten können.

An manche Betone werden zusätzliche Anforderungen gestellt, wie z. B.:

❑ der Mindestluftgehalt bei Betonen mit Frost-Tausalz-Belastung,
❑ besondere Anforderung an die Gesteinskörnung,
❑ Mehlkorngehalt,
❑ Art des zu verwendenden Zements,
❑ Oberfläche,
❑ Nachbehandlung.

Die in Tabelle 7.1 zusammengefassten Expositionsklassen unterscheiden nach der im Bauteil oder am Bauwerk von den Umgebungsbedingungen hervorgerufenen Zerstörung zwischen **Betonkorrosion** und **Bewehrungskorrosion**.

Tabelle 7.1 Expositionsklassen nach DIN 1045

Klasse	Umgebungs- und Korrosionsbedingungen
X0	kein Korrosions- oder Angriffsrisiko
XC	Bewehrungskorrosion ausgelöst durch Carbonatisierung
XD	Bewehrungskorrosion verursacht durch Chloride, außer Meerwasser
XS	Bewehrungskorrosion verursacht durch Chloride aus Meerwasser
XF	Betonkorrosion durch Frostangriff ohne und mit Taumittel
XA	Betonkorrosion durch chemischen Angriff
XM	Betonkorrosion durch Verschleißbeanspruchung

Tabelle 7.2 Beispiele für Expositionsklassen

Klassenbezeichnung		Umgebung	Beispiele für die Zuordnung
Expositionsklassen bei Bewehrungskorrosion, verursacht durch Karbonatisierung			
XC1		trocken oder ständig nass	– Bauteile in Innenräumen mit üblicher Luftfeuchte – Bauteile ständig in Wasser
XC2		nass, selten trocken	– Teile von Wasserbehältern – Gründungsbauteile
XC3		mäßige Feuchte	– Bauteile, zu denen die Außenluft häufig oder ständig Zugang hat, aber vor Regen geschützt
XC4		wechselnd nass und trocken	– Außenbauteile mit direkter Beregnung
Expositionsklassen bei Bewehrungskorrosion, verursacht durch Chloride			
ausgenommen Chloride aus Meerwasser	XD1	mäßige Feuchte	– Einzelgaragen – Beuteile im Sprühnebelbereich von Verkehrsflächen
	XD2	nass, selten trocken	– Solebäder – Bauteile, die chloridhaltigen Industrieabwässern ausgesetzt sind
	XD3	wechselnd nass und trocken	– Teile von Brücken mit häufiger Spritzwasserbeanspruchung – Fahrbahndecken – direkt befahrene Parkdecks
Chloride aus Meerwasser	XS1	salzhaltige Luft ohne Meerwasserkontakt	– Außenbauteile in Küstennähe
	XS2	unter Wasser	– Teile von Meerwasserbauwerken
	XS3	Tidebereich; Spritzwasser- und Sprühnebelbereiche	– Teile von Meerwasserbauwerken
Expositionsklassen bei Betonkorrosion verursacht durch Frost ohne und mit Taumittel			
XF1		mäßige Wassersättigung, ohne Taumittel	– Außenbauteile
XF2		mäßige Wassersättigung, mit Taumittel	– Bauteile im Sprühnebel- und Spritzwasserbereich taumittelbehandelter Verkehrsflächen, soweit nicht XF4 – Bauteile im Sprühnebelbereich von Meerwasser
XF3		hohe Wassersättigung, ohne Taumittel	– offene Wassergehälter – Bauteile in der Wasserwechselzone von Süßwasser
XF4		hohe Wassersättigung, mit Taumittel	– Verkehrsflächen – überwiegend horizontale Bauteile im Spritzwasserbereich von taumittelbehandelten Verkehrsflächen – Räumerlaufbahnen von Kläranlagen – Meerwasserbauteile in der Wasserwechselzone
Expositionsklassen bei Betonkorrosion, verursacht durch chemischen Angriff			
XA1		chemisch schwach angreifend	– Bauteile in Kläranlagen – Güllebehälter
XA2		chemisch mäßig angreifend	– Bauteile in betonangreifenden Böden – Bauteile, die mit Meerwasser in Berührung kommen
XA3		chemisch stark angreifend	– Industrieabwasseranlagen – Gärfuttersilos – Kühltürme mit Rauchgasableitung

Tabelle 7.2 Beispiele für Expositionsklassen (Fortsetzung)

Klassenbe-zeichnung	Umgebung	Beispiele für die Zuordnung
Expositionsklassen bei Betonkorrosion, verursacht durch Verschleißbeanspruchung		
XM1	mäßige Beanspruchung	– Industrieböden mit Beanspruchung durch luftbereifte Fahrzeuge
XM2	starke Beanspruchung	– Industrieböden mit Beanspruchung durch luft- oder vollgummibereifte Gabelstapler
XM3	sehr starke Beanspruchung	– Oberflächen, die häufig mit Kettenfahrzeugen befahren werden – Industrieböden mit Beanspruchung durch elastomer- oder Stahlrollenbereifte Gabelstapler – Wasserbauwerke in geschiebebelasteten Gewässern (z. B. Tosbecken)

Um die Dauerhaftigkeit von Betonteilen zu gewährleisten, ist die Zusammensetzung der Betonmischungen so zu wählen, dass sie den strengsten Anforderungen aller zutreffenden Expositionsklassen genügt, denen das Bauteil zugeordnet wird.

> Die Auswahl der Ausgangsstoffe und die Festlegung des w/z-Wertes haben so zu erfolgen, dass sowohl der Beton, bestehend aus Zementmatrix und Gesteinskörnung, als auch der Stahl seine Funktion erfüllt. Das sind: der kleinste maximale w/z-Wert, die höchste Mindestdruckfestigkeit und der höchste Wert für den Mindestzementgehalt. Wenn in einer Expositionsklasse zusätzliche Anforderungen gestellt werden, ist ihre Einhaltung bei der Zusammensetzung des Betons verbindlich.

Um die Dauerhaftigkeit des Bauteils zu gewährleisten, ist ein maximal zulässiger w/z-Wert einzuhalten. Dieser ist in Abhängigkeit der zu erwartenden Beanspruchungen, die auf das Bauteil wirken, in den Anforderungen der Expositionsklassen vorgegeben. Wird dieser maximal zulässige Wert überschritten, entsteht eine erhöhte Porosität, die zu einer stärkeren Aufnahme von Flüssigkeiten und Gasen führt. Der höhere Gehalt an Wasser bewirkt beim Verdichten eine Absonderung von Wasser an der Oberfläche (starkes **Bluten**) und beim Erhärten ein verstärktes Schwinden, wodurch Schwindrisse entstehen. Bei der späteren Erhärtung und Austrocknung verdunstet das an der Oberfläche des Betons sich angesammelte Wasser, und die Betondeckung der Bewehrung wird porös.

Ein besonderes Problem der Dauerhaftigkeit eines bewehrten Bauteils ist der Korrosionsschutz des im Beton eingebetteten Stahls.

> Um Stahlkorrosion zu vermeiden, muss der überdeckende Beton ausreichend dicht und dick sein. Die notwendige Dichtigkeit wird erreicht durch
> ❑ ausreichend hohen Zementgehalt,
> ❑ niedrigen w/z-Wert,
> ❑ vollständige Verdichtung und
> ❑ sorgfältige Nachbehandlung.

Die Betondeckung c_{min} muss nach DIN 1045 je nach Expositionsklasse betragen: bei Betonstahl c_{min} = 1…4 cm bzw. $c_{min} \geq$ Stabdurchmesser d (Bild 7.1). Bei Spannstahl sind um je 1 cm größere Werte erforderlich: c_{min} = 2…5 cm, bzw. $c_{min} \geq 2,5 \cdot d$ für Litzen und $c_{min} \geq 3 \cdot d$ für gerippter Draht, $c_{min} \geq 1 \cdot d$ für Hüllrohr.

Damit die o. g. Mindestmaße sicher eingehalten werden, ist bei Entwurf und Ausführung von bewehrtem Beton ein um 1…1,5 cm größeres Nennmaß der Betondeckung (c_{nom}) zugrunde zu legen.

Tabelle 7.3 Zusammensetzung der Expositionsklassen

Klasse	Umgebung	max. w/z bzw. w/z_{eq}	Mindestfestigkeit	min z [kg/m³]
X0	Kein Korrosions- oder Angriffsrisiko			
		–	C8/10	–
XC	Bewehrungskorrosion, ausgelöst durch Karbonatisierung			
XC 1	trocken oder ständig nass	0,75	C16/20	240
XC 2	nass, selten trocken			
XC 3	mäßige Feuchte	0,65	C20/25	260
XC 4	wechselnd nass und trocken	0,60	C25/30	280
XD	Bewehrungskorrosion, verursacht durch Chloride, ausgenommen Meerwasser			
XD 1	mäßige Feuchte	0,55	C30/37*	300
XD 2	nass, selten trocken	0,50	C35/45*	320
XD 3	wechselnd nass und trocken	0,45	C35/45*	320
XS	Bewehrungskorrosion, verursacht durch Chloride, aus Meerwasser			
XS 1	salzhaltige Luft	0,55	C30/37*	300
XS 2	unter Wasser	0,50	C35/45*	320
XS 3	Tide-, Spritzwasserbereiche	0,45	C35/45*	320
XF	Frostangriff mit und ohne Taumittel			
XF 1	mäßige Wassersättigung, ohne Taumittel	0,60	C35/30	280
XF 2	mäßige Wassersättigung, mit Taumittel	0,55 / 0,50	C35/30 / C35/45	300 / 320
XF 3	hohe Wassersättigung, ohne Taumittel	0,55 / 0,50	C25/30 / C35/45	300 / 320
XF 4	hohe Wassersättigung, mit Taumittel	0,50	C30/37	320
XA	Betonkorrosion durch chemischen Angriff			
XA 1	chemisch schwach angreifend	0,60	C25/30	280
XA 2	chemisch mäßig angreifend	0,50	C35/45*	320
XA 3	chemisch stark angreifend	0,45	C35/45*	320
XM	Betonkorrosion durch Verschleißbeanspruchung			
XM 1	mäßiger Verschleiß	0,55	C30/37*	300
XM 2	starker Verschleiß	0,55 / 0,45	C30/37* / C35/45*	300 / 320
XM 3	sehr starker Verschleiß	0,45	C35/45*	320

* = bei LP-Beton wg. XF eine Festigkeitsklasse niedriger

7.1.1 Bewehrungskorrosion infolge von Karbonatisierung

Bei der Bildung von Calciumhydroxid stellt sich im Beton ein pH-Wert von ca. 12 ein. An der Oberfläche des im alkalischen Beton eingebetteten Stahls bildet sich eine dünne Oxidschicht, genannt **Passivschutz**. Bei genügend dicker und dichter Betonüberdeckung gewährleistet sie einen ausreichenden Korrosionsschutz der Bewehrung. Dieser Passivschutz bleibt bis zu einem **pH-Wert des Betons von ca. 9** erhalten. Tritt eine stärkere Karbonatisierung ein (siehe Kapitel 6), wird Calciumhydroxid verbraucht, wodurch der pH-Wert sinkt.

Beton

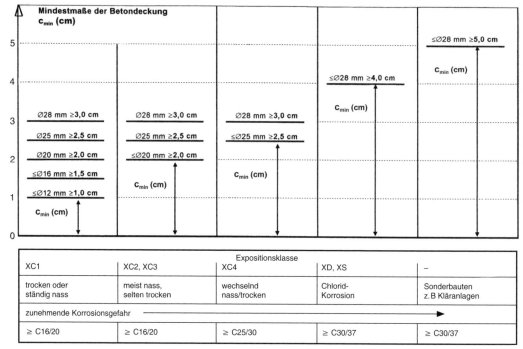

Bild 7.1 Mindestmaße der Betondeckung je nach Umweltbedingung und Stabdurchmesser (∅)

Erreicht die Karbonatisierungsfront die Bewehrung, baut der Stahl seinen Passivschutz ab. Bei Vorhandensein von Sauerstoff und Feuchte besteht die Gefahr der Korrosion der Bewehrung. Das größere Volumen der entstandenen Eisenoxide übt einen Druck auf den karbonatisierten Beton aus, der beim Erreichen der Zugfestigkeit reißt, wodurch ein weiterer Zutritt von Luft und Feuchte ermöglicht wird. Bei starker Minderung des Bewehrungsquerschnittes infolge von Korrosion kann die Zugkraft nicht mehr aufgenommen werden und die Bewehrung reißt.

Bei einer geringen Wasserzugabe und einer guten Verarbeitbarkeit des Frischbetons bildet sich ein System von gleichmäßig verteilten unterschiedlich kleinen Kapillarporen, die miteinander netzartig verbunden sind. Poren mit sehr geringem Durchmesser werden dadurch quasi «verstopft». Je kleiner die Poren zu Beginn der Austrocknung waren und je länger die Reaktion andauert, umso mehr Calciumhydroxid verwandelt sich in Calciumkarbonat, wodurch der Beton dichter wird.

Bei der Zugabe von einer größeren Menge an Anmachwasser bleibt in den größeren Poren das nicht chemisch gebundene Wasser in flüssiger Form erhalten. Trocknet der Beton aus, bildet sich ein System von luftgefüllten Kapillarporen, das den Transport von Flüssigkeiten, Gasen und Schadstoffen in das Betoninnere ermöglicht.

Für das Ausfüllen der Haufwerksporen und zur Bildung einer für den Korrosionsschutz ausreichenden Menge basischen Calciumhydroxids ist ein hoher Zementgehalt erforderlich. Die **Mindestzementgehalte** (Tabelle 7.5) sowie die höchstzulässigen w/z-Werte nach Tabelle 7.3 müssen eingehalten werden.

Tabelle 7.4   Angriffsgrade von Wässern und Boden nach DIN 4030/EN 206

Angriff durch	Chemischer Angriff [1] Expositionsklasse		schwach XA1	mäßig XA2	stark XA3
Grundwasser	pH-Wert	–	6,5…5,5	< 5,5…4,5	< 4,5…4,0
	Kalklösende Kohlensäure CO_2	mg/l	15…40	> 40…100	> 100 bis Sättigung
	Ammonium NA_4^+	mg/l	15…30	> 30…60	> 60…100
	Magnesium Mg^{2+}	mg/l	300…1000	> 1000…3000	> 3000 bis Sättigung
	Sulfat SO_4^{2-}	mg/l	200…600	> 600…3000	> 3000…6000
Böden	Säuregrad nach BAUMANN-GULLY	–	> 200	Nicht vorkommend	
	Sulfat SO_4^{2-}	mg/l	2000…3000	> 3000…12 000	> 12 000…24 000

[1] Für die Beurteilung des Angriffs ist der Schärfste Wert der Tabelle maßgebend, auch wenn er nur von einem Angriffsmedium erreicht wird. Wenn 2 oder mehr Werte zu derselben Klasse führen, so ist die nächsthöhere Klasse maßgebend.

7.1.2 Bewehrungskorrosion infolge von Chloriden

Gelangen in Wasser gelöste Chloride (z. B. aus Tausalz oder Meerwasser) in Kontakt mit einem ungeschützten Bewehrungsstahl, findet die so genannte Chlorid- oder Lochfraßkorrosion statt, bei der Anode und Katode räumlich voneinander getrennt sind und zu einem punktuellen Materialabtrag führen, der sich zu einer Narbe vertieft. An den Korrosionsnarben treten Querschnittsminderungen und Spannungskonzentrationen auf. Der Korrosionsfortschritt verläuft schnell, und die Tragfähigkeit des Stahls und dadurch des Bauteils wird in kurzer Zeit beeinträchtigt. Bei hochfestem Stahl führt die lokale Konzentration von Spannungen zur Spannungsrisskorrosion.

7.1.3 Betonkorrosion infolge von Frost und Frost-Taumittel

> Bei niedrigen Temperaturen gefriert das nicht chemisch gebundene Wasser und übt einen Druck auf die Porenwände aus, wodurch Risse im Zementstein auftreten können. Unter Umständen kann auch eine Schädigung der Gesteinskörnung auftreten. Dies liegt in der Regel an deren Porosität und Wasseraufnahmevermögen.

Die für die Herstellung von Beton nach Expositionsklasse XF1 und XF3 verwendete Gesteinskörnung muss einen Frostwiderstand der Kategorie F4 bzw. F2 aufweisen. Bei Einwirkung von Frost und Taumittel kann auch eine Schädigung der Gesteinskörnung eintreten, wenn diese nicht ausreichend widerstandsfähig gegen Frost und Taumittel ist. Dies liegt in der Regel an deren Porosität, Wasseraufnahmevermögen und chemischen Zusammensetzung. Nach DIN 1045 ist für die Expositionsklassen XF2 und XF4 eine Gesteinskörnung entsprechend den Kategorien MS_{25} bzw. MS_{18} gefordert.

7.1.4 Betonkorrosion infolge chemischer Angriffe

Für die Zuordnung in die Expositionsklassen XA ist der in Tabelle 7.4 gezeigte Angriffsgrad von Wasser und Böden nach DIN 4030/EN 206 zu berücksichtigen.

> Schädliche Flüssigkeiten und Gase, die durch das Porensystem in das Betoninnere eindringen, reagieren mit den Bestandteilen des Betons.

Ist der Beton in Kontakt mit fließendem Wasser, kann sich das angreifende Medium ständig erneuern und die Schädigungen sind stärker.

Der Angriff kann **lösend** oder **treibend** sein und kann entweder an der Betonoberfläche auftreten oder durch Diffusion der Stoffe im Betoninnern stattfinden. Die Calciumverbindungen des Zementsteins können durch folgende Stoffe zerstört werden: Einen überwiegend lösenden Angriff üben Säuren aus, die u. a. in Abwässern, Moorwässern und in landwirtschaftlichen Betrieben oder als kalklösende Kohlensäure in weichen Quellwässern aus kalkarmen Gebirgen vorkommen können, ebenso Schwefelwasserstoff, Magnesium- und Ammonium-Ionen, sowie organische Öle und Fette. Ein treibender Angriff wird u. a. durch Sulfate verursacht, die vor allem im Grundwasser aus sulfathaltigen Gebirgen enthalten sind.

7.1.5 Betonkorrosion infolge mechanischen Abriebs

> ! Bauteile, die ungeschützt einem hohen Verschleiß durch Abrieb ausgesetzt sind, müssen besonders an den Oberflächen und in den randnahen Zonen dicht und fest sein.

Bei starker mechanischer Beanspruchung durch Schleifen und Schläge oder durch Feststoffe führendes Wasser muss die Betonoberfläche besonders widerstandsfähig sein. Die grobe Gesteinskörnung sollte eine gedrungene Kornform haben und überwiegend aus harten, in der Tiefe fest verankerten Körnern bestehen, der Sand aus Quarz. Bei besonders hoher Beanspruchung werden künstliche Hartstoffe verwendet. Um eine harte Feinmörtelschicht an der Oberfläche zu erhalten, werden der Zement- und Mehlkorngehalt nach oben begrenzt und der Beton möglichst mit steifer Konsistenz eingebaut.

7.2 Ausgangsstoffe

7.2.1 Zement, Zementgehalt z

Der Zement verbessert zusammen mit Wasser als Zementleim durch seine Schmierwirkung und Klebekraft die Verarbeitbarkeit und den Zusammenhalt des Frischbetons. Nach der Erhärtung ist er als Zementstein maßgebend für die Dichtigkeit, Festigkeit und Beständigkeit des Festbetons verantwortlich.

Der Zement muss DIN EN 197-1 bzw. DIN 1164 entsprechen. In DIN 1045 Teil 2 wird für die einzelnen Zementarten ihre Verwendbarkeit zur Herstellung von Beton in Abhängigkeit der Expositionsklassen (siehe Tabelle 7.3) angegeben. Die Menge muss so groß sein, dass die Anforderungen bezüglich Druckfestigkeit und Dauerhaftigkeit in Abhängigkeit von der Expositionsklasse des Betons und den statischen Erfordernissen erfüllt werden. Für Betone nach Eigenschaften sind bei Verwendung eines Zementes CEM I 32,5 in vereinfachter Form in Ta-

Tabelle 7.5 Mindestzementgehalt

Expositionsklasse/Angriffsart		Mindestdruckfestigkeitsklasse	Mindestzementgehalt kg/m³
X0	kein Angriff	C 8/10	keine Anforderung
XC1....XC4	Karbonatisierung	C 16/20 u. höher	240....280
XD1....XD3 XS1....XS3	Chloridangriff	C 30/37 u. höher	300....320
XF1....XF4	Frost, Frost-Taumittel	C 25/30 u. höher	280....320
XA1....XA3	chemischer Angriff	C 25/30 u. höher	280....320
XM1....XM3	Verschleiß	C 30/37 u. höher	280....320
bei Anrechnung von Zusatzstoffen	XC1...XC3		240
	alle anderen X...		270

Tabelle 7.6 Mindestzementgehalte für Standardbeton mit Größtkorn 32 mm, Zement 32,5 (nach DIN 1045-2)

Expositionsklasse/ Angriffsart	Mindestdruckfestigkeitsklasse	Mindestzementgehalt [1] kg/m³
X0	C 8/10	210…260… (Konsistenz steif bis weich)
XC1, XC2	C 12/15	270…330… (Konsistenz steif bis weich)
	C 16/20	290…380… (Konsistenz steif bis weich)

[1] Bei Größtkorn 16 mm Erhöhung um 10 %, bei Größtkorn 8 mm Erhöhung um 20 %, Verringerung zulässig bei CEM 42,5 um 10 %, bei Größtkorn 63 mm um 10 %

Tabelle 7.7 Zementfestigkeitsklasse nach DIN EN 197-1

Festigkeitsklasse	Druckfestigkeit [N/mm²]			Kennfarbe [1) 2)]	Farbe des Aufdrucks [2)]
	Anfangsfestigkeit		Normfestigkeit		
	2 Tagen	7 Tagen	28 Tagen		
32,5 N	-	≥ 16	≥ 32,5	≤ 52,5	hellbraun	schwarz
32,5 R	≥ 10	-				rot
42,5 N	≥ 10	-	≥ 42,5	≤ 62,5	grün	schwarz
42,5 R	≥ 20	-				rot
52,5 N	≥ 20	-	≥ 52,5		rot	schwarz
52,5 R	≥ 30	-				weiß

[1] Farbe des Sacks bzw. bei losem Zement des Siloheftblatts
[2] Für Normalzemente nach DIN EN 197-1 nicht verbindlich

belle 7.5 die erforderlichen Mindestzementgehalte zusammengestellt. Diese sind unabhängig von der verwendeten Zementart einzuhalten.

Für Standardbeton (siehe Abschnitt 7.6) gelten die Mindestzementgehalte der Tabelle 7.6.

Je nach Bauteilgegebenheiten kann auch die Zementart bedeutend werden, z. B.: Zement mit niedriger Hydratationswärme, mit hohem Sulfatwiderstand, mit geringem Alkaligehalt, Zement für Straßenbeton.

Die Festigkeitsklasse des Zementes ist besonders wichtig. Die Zementfestigkeiten sind in der Regel größer als die verlangten Mindestwerte nach Tabelle 7.7. Wenn die tatsächliche Normdruckfestigkeit im Alter von 28 Tagen nicht bekannt ist, kann etwa von folgenden Mittelwerten ausgegangen werden: Mit verschiedenen Zementen hergestellte Betone, die sonst gleich zusammengesetzt, verarbeitet und bei gleichen Temperaturen und Umgebungsfeuchte gelagert werden, verhalten sich in ihrer Druckfestigkeit etwa proportional zur tatsächlichen Normdruckfestigkeit N_{28} des Zements (siehe dazu das Rechenbeispiel im Anhang).

Die Wahl der Festigkeitsklasse des Zementes kann auch durch die Gegebenheiten auf der Baustelle beeinflusst werden. So sind zur Verkürzung von Schalfristen evtl. Zemente der höheren Festigkeitsklasse mit einer schnelleren Festigkeitsbildung zweckmäßig. Je nach Temperaturbedingungen sind wegen des Einflusses auf die Erstarrungszeiten höher- oder niederfeste Zemente zu wählen. Die Verwendung von höherfesten Zementen für niederfeste Betone könnten den Mehlkorngehalt (siehe Abschnitt 7.2.6) zu weit abmindern und zu Entmischungen führen.

7.2.2 Gesteinskörnung

Die Gesteinskörnung ist bei üblichem Beton aus Gestein mit großer Härte, Dichte und Festigkeit. Granulometrisch werden die zu verwendenden Gemische so zusammengesetzt, dass die Körner in dichtester Packung liegen. Durch dieses Korngerüst wird eine hohe Festigkeit des erhärteten Betons erreicht.

Die Anforderungen an die Gesteinskörnung sind in der Stoffnorm DIN EN 12 620 für normale und schwere Gesteinskörnung, im Teil 2 für leichte Gesteinskörnung und im Teil 100 für rezyklierte Gesteinskörnung definiert.

Als technische Normen für die Anforderungen an die Gesteinskörnung zur Verwendung im Beton sind DIN EN 206 und DIN 1045 Teil 2 maßgebend. Als Stoffnormen für die Baustoffe Beton und Stahlbeton verweisen sie auf zusätzliche Anforderungen in bestimmten Fällen.

Damit der Beton die Anforderungen an die Dauerhaftigkeit erfüllen kann, muss auch der verwendete Sand, Kies oder Splitt den Einwirkungen aus den Umweltbedingungen widerstehen. Zum Beispiel muss für die Frostbeständigkeit des Betons auch die Gesteinskörnung selber frostbeständig sein, sonst führt das Versagen der Gesteinskörnung infolge von Abplatzungen zu einem Versagen des gesamten Betons.

> **!** Bei der Verwendung von gebrochener Gesteinskörnung ist zusätzlich die DAfStb- Richtlinie «Vorbeugende Maßnahmen gegen schädigende Alkalireaktionen im Beton» (die so genannte «Alkali-Richtlinie») zu beachten.

Für die Kornzusammensetzung sind die Sieblinien der DIN 1045-2 bindend. Diese können **stetig** oder **unstetig** sein. Bei Rundkorn sollen sie im günstigen oder brauchbaren Bereich (Bereich 3 oder 4) liegen, bei gebrochenem Korn hat sich ein S-förmiger Sieblinienverlauf für die Verarbeitbarkeit als zweckmäßig erwiesen (Annäherung an eine Ausfallkörnung mit «Bauch» im Sandbereich).

> **!** Erfahrungsgemäß liegt zwischen den Sieblinien A und B mit großer und mittlerer Körnungsziffer der günstige Bereich 3 mit geringerem Wasseranspruch und i. Allg. noch ausreichender bis guter Verarbeitbarkeit des Frischbetons.

Tabelle 7.8 Hinweise für die Wahl einer zweckentsprechenden Kornzusammensetzung

Größtkorn Bauteile (Abmessung, Bewehrung)	8 mm	16 mm	32 mm	63 mm
	feingliedrig, eng bewehrt _____ normal __ groß, massig			

Sieblinie	C	B	A	U
Bereich	----⑤--------	----④----	----③----	----②---- ◄-------①-
Oberfläche des Zuschlags	zu sandreich	brauchbar groß_____	günstig grob ____ mittel ____	Ausfallkörnung _____klein	zu grobkörnig
Wasseranspruch Zementgehalt Wärmeentwicklung Schwinden und Kriechen		hoch	mittel	gering	
Gefahr des Entmischens (Blutens)		gering	mittel	groß	
Pumpbeton Sichtbeton Massenbeton Waschbeton			————	————	
Beton mit besonderen Eigenschaften: Wasserundurchlässigkeit Frostwiderstand, FT-Widerstand Verschleißwiderstand		————	————		

Gesteinskörnung mit einer Sieblinie im brauchbaren Bereich 4 zwischen den Sieblinien B und C bzw. mit kleiner Körnungsziffer hat einen hohen Wasseranspruch und ergibt meist Beton minderer Qualität. Oberhalb der Sieblinie C (Bereich 5) wäre der Wasseranspruch sehr hoch. Korngemisch mit Sieblinie A ist zwar schwer verarbeitbar und eignet sich i. Allg. nur für steifen Rüttelbeton, ergibt aber wegen des geringen Wasseranspruchs bei besonders sorgfältiger Verarbeitung eine hohe Betonqualität. Bei geringerem Zementgehalt, bei ungünstigerer Kornform und weicher Konsistenz erleichtert eine Gesteinskörnung mit einer Sieblinie näher bei B die Verarbeitbarkeit und verringert die Entmischungsgefahr. Außer den stetigen Sieblinien sind auch unstetige Sieblinien, sog. Ausfallkörnungen, möglich, die oberhalb der Linien U liegen müssen. Ausfallkörnungen eignen sich für steifen bis plastischen Rüttelbeton und vor allem für Waschbeton; durch eine Eignungsprüfung muss vor allem die ausreichende Verarbeitbarkeit der Mischung für die vorgesehene Verwendung nachgewiesen werden.

Tabelle 7.8 gibt Hinweise für die Wahl einer zweckentsprechenden Kornzusammensetzung.

> Das Größtkorn der Sieblinie ist so zu wählen, wie es die Verarbeitung erlaubt. Es sollte jedoch kleiner sein als
> ☐ ¼ der geringsten Bauteildicke,
> ☐ der lichte Abstand der Bewehrung abzüglich 5 mm,
> ☐ 1,3-fache Dicke der Betondeckung der Bewehrung.

Mit zunehmendem Größtkorn werden der Beton inhomogener, die Verarbeitung erschwert und die Festigkeit etwas verringert.

Leichte Gesteinskörnung zur Herstellung von Konstruktionsleichtbeton hat herstellungsbedingt einen Durchmesser von maximal 25 mm.

Anmerkung: Im Anhang ist ein Rechenbeispiel für das Vorgehen bei der Zusammensetzung von Sieblinien für Beton gegeben.

7.2.3 Wasser, Wassergehalt w

Das Wasser ermöglicht die Verarbeitung und die Hydratation des Zementes.

> Das zur Hydratation des Zementes erforderliche Wasser setzt sich aus dem Zugabewasser und dem Anteil zusammen, der aus der Eigenfeuchtigkeit (Oberflächenfeuchte) der Gesteinskörnung stammt.

Zugabewasser
Als Zugabewasser für Beton sind Trinkwasser sowie auch alle in der Natur vorkommenden Wässer geeignet, soweit sie nicht Bestandteile wie Säuren, Sulfate, organische Verbindungen in schädlicher Menge enthalten, die die Betoneigenschaften und den Korrosionsschutz der Bewehrung beeinträchtigen. Die Höchstwerte des Chloridgehalts im Zugabewasser betragen 4500 mg/l bei Beton, 2000 mg/l bei Stahlbeton und 600 mg/l bei Spannbeton. Meerwasser sollte für bewehrten Beton nicht verwendet werden. Zugabewasser ist zunächst nach Farbe, Geruch, Geschmack sowie auf Schaumbildung zu überprüfen. Im Zweifelsfall ist eine chemische Untersuchung des Wassers vorzunehmen.

Restwasser
In der Betontechnologie wird zur Herstellung von Beton auch Restwasser verwendet, das z. B. beim Reinigen des Mischers, der Betonpumpen o. a. anfällt. Es enthält Feinststoffe < 0,25 mm des ausgewaschenen Betons, die entweder homogen verteilt oder in einem Absetzbecken ausgeschieden sein müssen. Restwasser kann für Normalbeton und Leichtbeton bis C 50/60 bzw. LC 50/55 unter Beachtung der DIN EN 1008 verwendet werden. Nicht zugelassen ist die Verwendung von Restwasser aus Frischbetonrecycling bei hochfestem Beton oder bei Beton mit Luftporenbildnern.

Feuchte der Gesteinskörnung

> Die Feuchte der Gesteinskörnung setzt sich zusammen aus der Oberflächenfeuchte und der Kernfeuchte.

Sie wird an Durchschnittsproben durch Darren oder nach Übergießen mit einer brennbaren Flüssigkeit durch Abflammen im AM-Gerät ermittelt. Der Wasserverlust wird in M.-% angegeben, bezogen auf die Trockenmasse der Probe. Kleine Proben von Sand können im CM-Gerät (Calciumcarbid-Methode) überprüft werden. Die Feuchtigkeit des Sandes reagiert mit dem in einer Glasampulle zugegebenen CaC_2 und bildet Acetylengas C_2H_2. Der dadurch entstehende Überdruck wird am Manometer der Druckflasche abgelesen und ergibt über eine Überdruck-Einwaage-Tabelle den Feuchtigkeitsgehalt der Probe.

Die **Oberflächenfeuchte** kann bei Sand und sandreichen Gemischen wegen der großen Oberfläche der Körner ziemlich hoch sein. Je nach Gegebenheiten kann sie bis zu rd. 10 M.-% erreichen. Bei gröberem Korn verringert sich die Oberflächenfeuchte entsprechend der abnehmenden spezifischen Oberfläche.

Die **Kernfeuchte** besonders dichter Gesteinskörnung ist ≤ 1 M.-%, weshalb sie meist vernachlässigt wird, bei weniger dichten Körnungen beträgt sie i. Allg. < 2 M.-%, bei poriger Gesteinskörnung kann sie hoch sein.

Erforderlicher Wassergehalt w

Die erforderliche Wassermenge hängt stark von der Art, dem Größtkorn, der Sieblinie der Gesteinskörnung und vom Mehlkorn ab.

> Für die Abschätzung des Wasserbedarfs für einen m³ Frischbeton in Abhängigkeit von der Körnungsziffer k der Gesteinskörnung und der gewünschten Verarbeitbarkeit stehen Tabellenwerte zur Verfügung (Tabelle 7.9).

Für Beton mit Gesteinskörnung durchschnittlicher Beschaffenheit können mittlere Werte näherungsweise auch nach der folgenden Formel berechnet werden: c

$$w = \frac{c}{k+3} \ [\text{kg/m}^3 \text{ oder dm}^3/\text{m}^3]$$

Konsistenz	steif	plastisch	weich
Parameter c	1100	1250	1350

Die Richtwerte gelten für Beton ohne Zusatzmittel und Zusatzstoffe. Sie sind ggf. zu erhöhen, wenn gebrochenes Korn verwendet wird und ggf. zu verringern, wenn Betonverflüssiger, Fließmittel, Luftporenbildner oder Flugasche zugegeben werden.

Tabelle 7.9 Richtwerte für den Wassergehalt w in kg/m³ für einen m³ Frischbeton

Gesteinskörnung		Richtwerte für den Wassergehalt w in kg/m³ Frischbeton bei steifer, plastischer, weicher Konsistenz und Gesteinskörnungen mit					
Sieblinie nach DIN 1045-2	Körnungsziffer k	großem Wasseranspruch			geringem Wasseranspruch		
		steif	plastisch	weich	steif	plastisch	weich
A 63	6,15	120±15	145±10	160±10	95±15	125±10	140±10
A 32	5,48	130±15	155±10	175±10	105±15	135±10	150±10
A 16	4,61	140±20	170±15	190±10	120±20	155±15	175±10
A 8	3,64	155±20	190±15	210±10	150±20	185±15	205±10
B 63	4,91	135±15	160±10	180±10	115±15	145±10	165±10
B 32	4,20	140±20	175±15	195±10	130±20	165±15	185±10
B 16	3,66	150±20	185±15	205±10	140±20	180±15	200±10
B 8	2,89	175±20	205±15	225±10	170±20	200±15	220±10
C 63	3,72	145±20	180±15	200±10	135±20	175±15	190±10
C 32	3,30	165±20	200±15	220±10	160±20	195±15	215±10
C 16	2,75	185±20	215±15	235±10	175±20	205±15	225±10
C 8	2,27	200±20	230±15	250±10	185±20	215±15	235±10

Folgende Anhaltswerte sind für den Wasserbedarf zu nennen:
- bei Verwendung von gebrochener Gesteinskörnung: Erhöhung um rd. 5 bis 10 %,
- bei Zugabe von Gesteinsmehl: Erhöhung des Wasserbedarfs um rd. 1 l/m³ je 10 kg/m³,
- bei LP-Zugabe kann für 1 Vol.-% zusätzlicher Luftporen der Wassergehalt um rd. 5 l/m³ verringert werden.

Wenn Wasser in zu großer Menge dazugegeben wird, verursacht dieses eine Entmischung des Frischbetons und verschlechtert die Eigenschaften des Festbetons.

Der tatsächlich erforderliche Wassergehalt ist an einer Probemischung (Eignungsprüfung) zu bestimmen; eine Kontrolle des festgelegten Wassergehalts ist über eine Konsistenzprüfung auf der Baustelle oder durch Darren (schnelles Trocknen der Frischbetonprobe) möglich.

7.2.4 Wasser-Zement-Wert ω

Als Wasserzementwert $w/z = \omega$ wird das Masseverhältnis von Wassermenge w und Zementmenge z bezeichnet. Die Kenngröße ist von ausschlaggebender Bedeutung für den Porenraum im Zementstein und damit für die Dauerhaftigkeit und Festigkeit des Betons.

Zur vollständigen Hydratation des Zements benötigt dieser rd. 40 % seines Gewichtes an Wasser. Das entspricht einem w/z-Wert von 0,40. Das darüber hinausgehende Wasser ist Überschusswasser und hinterlässt nach dem Erhärten und Austrocknen im Zementstein ein System an Kapillarporen. Je geringer der w/z-Wert ist, umso dichter, fester und dauerhafter wird der spätere Beton.

In DIN 1045-2 sind für Betone nach Eigenschaften in Abhängigkeit von den Expositionsklassen höchstzulässige w/z-Werte festgelegt. Sie variieren von

- $w/z \leq 0{,}75$ (Expositionsklassen XC1, XC2)
- bis $w/z \leq 0{,}45$ (Expositionsklassen XD3, XS3, XA3, XM2, XM3).

Dabei darf der festgelegte w/z-Wert im Mittel nicht überschritten werden, die Einzelwerte um nicht mehr als 0,02. Für hochfeste Betone sind i. d. R. geringere w/z-Werte als 0,45 erforderlich.

Bei Verwendung von Flugasche oder Silikastaub ist statt des w/z-Wertes der **äquivalente** w/z_{eq} in Ansatz zu bringen (siehe Abschnitt 7.2.4).

Den Zusammenhang zwischen dem w/z-Wert und der Druckfestigkeit des Betons (Würfel nach Trockenlagerung!) in Abhängigkeit von der Zementfestigkeitsklasse zeigen die sog. WALZ-Diagramme bzw. WALZ-Bänder (Bild 7.2). Die Bänder stellen die Streubereiche für die jeweilige Zementnormfestigkeit dar.

Mit Hilfe der WALZ-Bänder kann für übliche Betone für eine bestimmte Festigkeit des Zementes die zu erwartende Betondruckfestigkeit in Abhängigkeit vom Wasserzementwert abgeschätzt werden. Dieses Diagramm ist ein wichtiges Hilfsmittel für den Mischungsent-

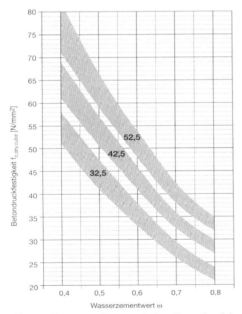

Bild 7.2 Zusammenhang zwischen Betondruckfestigkeit (Würfel trocken gelagert), Wasserzementwert und Zementfestigkeitsklasse nach WALZ [1]

> wurf und gilt nur für gut verdichteten Beton mit üblichem Luftgehalt bis rd. 1,5 Vol.-% ohne zusätzliche Luftporen.

Ein Mehr an **Luftporen** Δp ist hinsichtlich der Betondruckfestigkeit technologisch gleichbedeutend mit einem Mehr an Wasser. Sind zusätzliche Luftporen vorhanden, ist für die Festigkeit der sog. **wirksame Wasserzementwert** maßgebend, bei dem der zusätzliche Luftporengehalt Δp wie folgt berücksichtigt wird: wirksamer $w/z = (w + \Delta p)/z$
dabei sind z und w in kg/m³, Δp in dm³/m³ einzusetzen.

Bei geringerem w/z entsteht ein dichterer, festerer Zementstein. Die Gesteinskörnung ist gewöhnlich dichter und fester als der Zementstein. Somit ist – eine gute Verarbeitung und Behandlung des Betons vorausgesetzt – der w/z-Wert der maßgebende Kennwert für die Dichtigkeit und Festigkeit des Normalbetons.

Der w/z-Wert ist bei den Güteprüfungen täglich an Frischbetonproben mit Hilfe des Massenverlustes nach Darren zu prüfen.

Der durch die Eignungsprüfung festgelegte w/z-Wert darf im Mittel nicht überschritten werden, Einzelwerte dürfen bis zu 10 % höher sein.

Anmerkung: Im Anhang ist ein Rechenbeispiel zum Umgang mit dem w/z-Wert und dem W$_{ALZ}$-Diagramm gegeben.

7.2.5 Betonzusatzstoffe

> Betonzusatzstoffe sind fein verteilte, meist mineralische Zusätze. Sie werden in größerer Menge zugegeben und sind daher bei der Mischungsberechnung als Volumenanteil des Betons und beim Mehlkorngehalt zu berücksichtigen.

Unterschieden wird in:
- Typ I – ist nahezu inaktiv. Dazu gehören Quarzmehl und Kalksteinmehl nach DIN EN 12 620 sowie Pigmente DIN 12 878;
- Typ II – ist puzzolanisch oder latenthydraulisch. Dazu gehören Flugasche nach DIN EN 450-1, Trass nach DIN 51 043 sowie Silikastaub nach DIN EN 13 263-1.

Für alle weiteren Betonzusatzstoffe kann der Eignungsnachweise für Beton nach DIN 1045 mit einer allgemeinen bauaufsichtlichen Zulassung oder Europäischen technischen Zulassung erfolgen.

Steinkohleflugasche f ist ein mehlfeiner Mineralstoff, gewonnen aus den Elektrofiltern von Großkraftwerken mit Steinkohlenfeuerung. Die kugelförmigen grauen Partikel haben eine glasig amorphe Struktur und bestehen hauptsächlich aus Silicium, Aluminium und Eisenoxiden.

> Nach der Hydratation des Zementes reagiert die Flugasche mit dem abgespaltenen Calciumhydroxid und bildet Calciumsilikathydrate-, -aluminate und -ferrite. Diese zusätzlich gebildeten Kristalle wachsen in die Hohlräume der Zementmatrix, verdichten diese und führen somit zu einer Steigerung der Festigkeit. Die kugeligen Partikel sind Füllstoff und komplettieren granulometrisch die Kornverteilung zwischen Zement und Sand, was zu einer Verbesserung der Verarbeitbarkeit von Frischbeton führt. Als Teilersatz für Zement reduziert die Flugasche die Hydratationswärme und erhöht den Sulfatwiderstand.

Durch die spätere Bildung von zusätzlichem C-S-H trägt sie zur Nacherhärtung des Betons bei. Die Wirkung von reaktiven Zusätzen im Beton wird pauschal berücksichtigt, und gemäß DIN 1045 kann eine Zugabe von Flugasche im Beton so erfolgen, dass die Flugasche auf den w/z-Wert angerechnet wird, wenn folgende 2 Kriterien erfüllt sind:

(1) $f \leq 0{,}33 \cdot z$
(2) $w/z_{eq} = w/(z + 0{,}4 \cdot f)$

Anmerkung: Im Anhang ist ein Rechenbeispiel für die Anrechnung von Zusatzstoff Typ II aufgeführt.

Silika-Staub (SF oder Mikrosilika) s wird bei der Herstellung von Legierungsgrundstoffen in Filtern als staubförmiges, amorphes Siliciumdioxid SiO_2 gewonnen und hat einen Durchmesser etwa Faktor 100 kleiner als Zement, was zu einem guten Füllereffekt im Beton führt.

> Bei der puzzolanen Reaktion des Staubes mit dem Calciumhydroxid des Zements entstehen hauptsächlich festigkeitssteigernde Calciumsilikathydrate.

Da sich das Calciumhydroxid in flüssiger Form ursprünglich an der Kornoberfläche der Gesteinskörnung befindet, verdichtet sich diese Schwachstelle und ergibt einen sehr guten Verbund zwischen dem Korn der Gesteinskörnung und dem Zementstein. Damit verbessern sich die mechanischen / physikalischen Eigenschaften des Betons erheblich. Unter Druck ist nicht mehr die Kontaktzone zwischen Gesteinskörnung und Zementstein die schwächste Stelle, sondern das Versagen des Betons erfolgt infolge des Bruchs der Gesteinskörnung. Die Zugabe von Silikastaub wird in DIN 1045 auf maximal 11 % des Zementgehaltes begrenzt, Silikastaub wird dem w/z wie folgt angerechnet:

$s \leq 0{,}11 \cdot z$
$w/z_{eq} = w/(z + s)$

Bei gleichzeitiger Verwendung von Flugasche und Mikrosilika gilt:

$f \leq 0{,}33 \cdot z$
$s \leq 0{,}11 \cdot z$
$w/z_{eq} = w/(z + 0{,}4 \cdot f + s)$

Bei Zugabe von Mikrosilika als Suspension ist für die Dosierung der Feststoffanteil zu berücksichtigen (Achtung! Muss zum Mehlkorngehalt dazugerechnet werden) und der Anteil an Wasser ist vom Zugabewasser abzuziehen.

Betone mit Mikrosilika erreichen hohe Festigkeiten und hohe Anfangsfestigkeiten, sind wegen ihrer Klebrigkeit jedoch schwerer zu verarbeiten und entwickeln eine hohe Hydratationswärme.

Anmerkung: Im Anhang ist ein Rechenbeispiel für die Anrechnung von Zusatzstoff Typ II aufgeführt.

Als **Pigmente** dienen hauptsächlich:
- Eisenoxide für Gelb, Rot, Braun, Schwarz,
- Titanoxide für Weiß,
- Chromoxide für Grün,
- Rußsuspensionen für Schwarz,
- Cobalt für Blau.

Die Farbwirkung hängt ab von der Feinheit und Reinheit der Farben sowie auch von der Zementfarbe; eine endgültige Beurteilung kann nur am trockenen Festbeton vorgenommen werden. Beton mit hellen Farben, auf den Nässe einwirkt, sollte mit weißem Zement hergestellt werden.

Faser sind Betonzusatzstoffe, die ohne Rezepturveränderungen verwendet werden können, wenn sie bestimmte Zugabemengen (bis zu 40 kg/m³, bei Ortbeton: 20...50 kg/m³, bei Spritzbeton: 30...80 kg/m³) nicht überschreiten. Verwendet werden Fasern aus Stahl, Kunststoff oder Glas. Sie werden dem Beton mit dem Ziel zugemischt, die Druckfestigkeit und/oder Zugfestigkeit zu erhöhen, die Schlagfestigkeit zu verbessern, als Ersatz für herkömmliche Bewehrung oder zum Beispiel Polypropylen zum Verbessern des Brandschutzes.

Die Wirkung hängt ab vom Faserwerkstoff selber und dessen Beständigkeit im alkalischen Medium, von den mechanischen Eigenschaften und der Geometrie der Fasern, vom Fasergehalt, insbesondere der Anzahl der Einzelfasern, von der Faserorientierung (1-, 2- oder 3-dimensionale Anordnung), vom Verbund zwischen Beton und Fasern und vom Herstellverfahren des Faserbetons.

> Häufig verwendet werden **Stahlfasern**. Als Drahtfasern sind sie gebogen und geschnitten oder gestanzt und haben einen Endhaken zur besseren Verankerung in der Betonmatrix. Für die Herstellung von Stahlfaserbeton und die Anrechnung der Stahlfaser bei der Bemessung ist die DAfStb-Richtlinie Stahlfaserbeton zu berücksichtigen.

Tabelle 7.10 Wirkung und Anwendung der Betonzusätze

Betonzusatzmittel Kurzzeichen/ Kennfarbe	Hauptwirkungen	Nebenwirkungen	Anwendung
Betonverflüssiger BV / Gelb	Verflüssigung bzw. Wassereinsparung und Festigkeitssteigerung	evtl. Luftporenbildung und Erstarrungsverzögerung	allg. im Hoch- und Tiefbau
Fließmittel FM / Grau	besonders starke Verflüssigung	evtl. geringe Festigkeitsminderung	weiche bis fließfähige Betone, leichtere Verarbeitung
Luftporenbildner LP / Blau	Erhöhung des Frost- und Tausalzwiderstandes	Wassereinsparung, bess. Verarbeitbarkeit, Festigkeitsminderung	Beton im Freien, vor allem Fahrbahnen und im Wasserbau
Betondichtungsmittel DM / Braun	geringere Wasseraufnahme und Wasserdurchlässigkeit	evtl. Luftporenbildung, Wassereinsparung, Festigkeitsminderung	wasserundurchlässiger Beton
Erstarrungsverzögerer VZ / Rot	Verzögerung von Erstarren und Wärmeentwicklung	Wassereinsparung, Festigkeitssteigerung	Betonierunterbrechung, Transportbeton, bei heißer Witterung
Erstarrungsbeschleuniger BE / Grün	Beschleunigung von Erstarren, Festigkeits- und Wärmeentwicklung	evtl. Festigkeitsminderung	Fertigteile, Spritzbeton, bei kalter Witterung
Einpresshilfe EH / Weiß	Verflüssigung, Volumenzunahme, geringeres Wasserabsondern	evtl. Festigkeitsminderung	Einpress-, Vergussmörtel, schwindarme Mörtel und Betone
Stabilisierer ST / Violett	Verminderung von Entmischen	–	Sichtbeton, Leichtbeton, Unterwasserbeton
Chromatreduzierer CR / Rosa	Minderung des Chromanteils im Zement	–	Vorbeugen gegen Hautallergien
Recyclinghilfe RH / Schwarz	Reinigung des Wachwassers, Verzögerung der Zementhydratation	–	Reinigung von Betonmischern, Wiederverwendung des Waschwassers
Schaumbildner SB / Orange	Einführung von Luftporen, Schaumerzeugung	Festigkeitsminderung	Schaumbeton, porosierter Zementstein
Gesteinsmehle, Bentonit	bessere Verarbeitbarkeit und Wasserundurchlässigkeit	evtl. Wassereinsparung, größeres Schwinden	Pump-, Spritzbeton, wasserundurchlässiger Beton, Sichtbeton
Silika-Staub (Silica-Fume SF) Silika-Suspension	bessere Festigkeit, Wasserundurchlässigkeit und Dauerhaftigkeit	schlechtere Verarbeitbarkeit, klebrig, haftend	für hochfesten Beton, Spritzbeton
Latenthydraulische Stoffe, z. B. Flugaschen; Puzzolane, z. B. Trass	wie bei Gesteinsmehlen, Festigkeitssteigerung, geringere Wärmeentwicklung[1]	wie bei Gesteinsmehlen, evtl. größerer chemischer Widerstand	wie bei Gesteinsmehlen, Massenbeton[1]
Farben, Farbpigmente	farbiger Beton	i. Allg. gering	Betonwerkstein, Fahrbahnen, Sichtbeton
Organische Stoffe (Kunststoffe u. a.)	größere Zähigkeit, Haftfestigkeit und Wasserundurchlässigkeit	Druckfestigkeitsminderung, größeres Schwinden und Kriechen	Ausbesserungen, Arbeitsfugen Betoninstandsetzung

[1] Wenn der Zement teilweise durch die latenthydraulischen Stoffe ersetzt wird.

7.2.6 Betonzusatzmittel

Die Betonzusatzmittel (Tabelle 7.10) werden dem Beton flüssig oder pulverförmig in sehr geringen Mengen (je kg Zement etwa 2…50 cm³ oder g) zugegeben und wirken physikalisch oder/und chemisch.

Zusatzmittel für Beton müssen den Anforderungen der DIN EN 934-2 entsprechen. Sind sie in der europäischen Produktennorm nicht erfasst und bedürfen daher einer bauaufsichtlichen Zulassung. Da ihre Wirkung abhängig vom verwendeten Zement ist, ist eine Eignungsprüfung durchzuführen. In geringen Mengen dem Beton zugegeben, werden sie in der Stoffraumrechnung mengenmäßig nicht berücksichtigt. Bei flüssigem Zusatzmittel ≥ 3 l/m³ Beton ist die enthaltene Wassermenge beim w/z-Wert zu berücksichtigen. Bei der Zugabe dieser Mittel muss darauf geachtet werden, dass die empfohlene Dosierung eingehalten wird. **Überdosierungen** können zu ungünstigen Wirkungen wie «Umschlagen» führen. Bei sehr steifem Beton sind die Betonzusatzmittel meist ohne Wirkung. Zu den in Tabelle 7.10 aufgeführten Einflüssen auf die Betoneigenschaften sind noch folgende Besonderheiten zu beachten:

Betonverflüssiger BV vermindern die Oberflächenspannung des Betonwassers, was zu einer Verflüssigung des Betons führt. Damit kann eine weichere Konsistenz bei etwa gleicher Festigkeit erreicht oder bei gleicher Konsistenz der Wasseranspruch vermindert und damit die Festigkeit erhöht werden. Unter Umständen kommt auch eine Kombination zustande, bei der Frischbeton mit einem geringen Wasseranspruch und weicherer Konsistenz auch eine höhere Festigkeit des Festbetons aufweist.

Fließmittel FM sind sehr wirksame Betonverflüssiger, mit denen auf der Baustelle ein Beton weicher Konsistenz mit geringem Verdichtungsaufwand erreicht werden kann. Für fließfähige Betone ist die DAfStb-Richtlinie zu beachten. Bei gleichzeitiger Verwendung mit anderen Zusatzmitteln, z. B. Luftporenbildner, ist zur Vorbeugung einer evtl. schädlichen Wechselwirkung eine Eignungsprüfung erforderlich.

Luftporenbildner LP erzeugen beim Mischen viele kleine Luftbläschen, die im Frischbeton stabil bleiben. Wenn sie einen Durchmesser kleiner als 0,3 mm haben und in geringem Abstand untereinander (Abstandsfaktor $\leq 0,2$ mm) gleichmäßig im Zementstein verteilt sind, unterbrechen sie das System an Kapillarporen und unterbinden den Transport von Flüssigkeiten und Gasen in das Betoninnere. Wirkt Frost auf den Beton und gefriert das Wasser in den Poren, kann sich das Eis in die kugelförmigen Luftporen hinein ausdehnen; die Luft wird komprimiert, wodurch Spannungen abgebaut werden. Sind keine Luftporen vorhanden, übt das Eis (größeres Volumen als physikalisch flüssiges Wasser) durch sein größeres Volumenausdehnen eine Sprengwirkung aus, was zu Rissen und Schädigungen im Beton führt. Da der Luftporengehalt des Frischbetons

Tabelle 7.11 Mehlkorngehalte für Beton mit Größtkorn bis 63 mm nach den DAR DIN 1045-2

Höchstzulässiger Gehalt an Mehlkorn für Betone mit einem Größtkorn					
Betonfestigkeitsklasse $\leq$ C 50/60			Betonfestigkeitsklasse ab C 55/67		
Zementgehalt	Mehlkorn: XF, XM	andere X…	Zementgehalt	Mehlkorn	
≤ 300 kg/m³	400 kg/m³…[2]	550 kg/m³	≤ 400 kg/m³	500 kg/m³	
≥ 350 kg/m³	450 kg/m³ [1] [2]	550 kg/m³	450 kg/m³	550 kg/m³	
–	–	–	≥ 500 kg/m³	600 kg/m³	

[1] Wert darf um bis zu 50 kg/m³ erhöht werden
  – wenn der Zementgehalt 350 kg/m³ übersteigt um den über 350 kg/m³ hinausgehenden Gehalt,
  – wenn ein puzzolanischer Betonzusatzstoff des Typs II verwendet wird um dessen Gehalt
[2] Werte dürfen um 50 kg/m³ erhöht werden, wenn das Größtkorn 8 mm beträgt

von vielen Einflüssen abhängt und bei zu großem Luftporengehalt die Festigkeit beträchtlich abfällt, muss er laufend überwacht werden, z. B. nach dem Druckausgleichsverfahren nach DIN EN 12350-6 mit dem Luftgehalt-Prüfgerät.

Erstarrungsverzögerer VZ und **Erstarrungsbeschleuniger BE** erfordern besonders sorgfältige Eignungsversuche, weil das Maß der Verzögerung oder Beschleunigung des Erstarrens auch von der Zusammensetzung und Temperatur des Betons abhängt. Bei Beton, dessen Verarbeitungszeit durch VZ um mehr als 3 Stunden verlängert werden soll, muss die «DAfStb-Richtlinie für Beton mit verlängerter Verarbeitbarkeitszeit» beachtet werden.

7.2.7 Mehlkorngehalt

Besonderes Augenmerk gilt dem Gehalt an Feinstbestandteilen im Beton.

> Als Mehlkorn werden alle festen Bestandteile im Beton mit einer Korngröße kleiner als 0/0,125 mm genannt. Dazu zählen: Zement, Gesteinskörnung $\leq$ 0,125 mm und ggf. Steinkohlenflugasche, Gesteinsmehle, Silikastaub. Er ist für eine gute Verarbeitbarkeit und für ein dichtes Gefüge von besonderer Bedeutung.

Ein Mindestmehlkorngehalt im Beton ist notwendig, damit er im frischen Zustand gut verarbeitbar ist, ein geschlossenes Gefüge aufweist und sich nicht entmischt. Bei zu geringem Mehlkorngehalt kann es zum Wasserabsondern («Bluten») des Frischbetons kommen. Dies gilt besonders für das Pumpen und beim Betonieren dünnwandiger, eng bewehrter Bauteile. Zu viele Feinteile machen den Frischbeton zäh und klebrig und damit schlechter verarbeitbar, erhöhen den Wasseranspruch und verschlechtern damit die Eigenschaften des Festbetons. Eine obere Begrenzung des Mehlkorns ist erforderlich, da es den Wasseranspruch der Mischung erhöht und im Festbeton den Frost-, Frost-Tausalz-Widerstand und den Widerstand gegen chemischen Angriff und gegen Abrieb herabsetzt sowie Schwinden begünstigt. Deshalb wird der Mehlkorngehalt auf das für die Verarbeitung notwendige Maß beschränkt. In Tabelle 7.11 sind die Grenzwerte angegeben. Sie dürfen nicht überschritten werden.

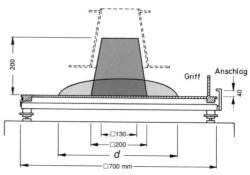

Bild 7.3 Ausbreitversuch, Bestimmung des Ausbreitmaßes a

Tabelle 7.12 Ausbreitmaßklassen F

Klasse	⌀ Ausbreitmaß in mm	Konsistenz-bezeichnung
F 1	$\leq$ 340	steif
F 2	350 bis 410	plastisch
F 3	420 bis 480	weich
F 4	490 bis 550	sehr weich
F 5	560 bis 620	fließfähig
F 6	$\geq$ 630	sehr fließfähig

7.3 Eigenschaften des Frischbetons, Anforderungen

Wichtige Kenngrößen des Frischbetons sind Konsistenz, Rohdichte, Luftgehalt.

7.3.1 Konsistenz

Die Konsistenz des Frischbetons ist ein Maß für die Steife und damit für die Verarbeitbarkeit der hergestellten Mischung. Sie wird im Wesentlichen beeinflusst durch

- den Wassergehalt,
- den Zementgehalt,
- die Form, Oberfläche, Zusammensetzung der Gesteinskörnung,

Eigenschaften des Frischbetons, Anforderungen   133

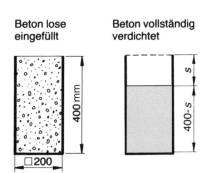

Bild 7.4   Verdichtungsversuch, Bestimmung des Verdichtungsmaßes v

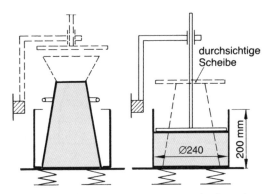

Bild 7.5   Vébé-Versuch zur Bestimmung der Setzzeit

Tabelle 7.13   Verdichtungsmaßklassen C

Klasse	Verdichtungs-maß	Konsistenz-bezeichnung
C 0	≥ 1,46	sehr steif
C 1	1,45 bis 1,26	steif
C 2	1,25 bis 1,11	plastisch
C 3	1,10 bis 1,04	weich

Tabelle 7.14   Setzmaßklassen S

Klasse	Setzmaß in mm	Konsistenz-bezeichnung
S 1	10 bis 40	steif
S 2	50 bis 90	
S 3	100 bis 150	
S 4	160 bis 210	
S 5	≥ 220	fließfähig

- ❏ den Gehalt an Mehlkorn,
- ❏ ggf. in starkem Maß durch Betonzusatzmittel,
- ❏ Witterung (Wärme, Kälte, Feuchtigkeit, Trockenheit).

Zur Konsistenzbestimmung sind in DIN EN 206-1 vier baustellengerechte Prüfverfahren aufgenommen, siehe auch Bilder 7.3 bis 7.6.

Ausbreitmaßklassen F
Beim Ausbreitversuch nach DIN EN 12 350-5 wird auf dem Ausbreittisch in einen Kegelstumpf in 2 gleichen Schichten Frischbeton eingefüllt, durch je 10 leichte Stöße verdichtet und anschließend ausgeglichen. Nach dem Hochziehen der Form wird der Beton durch 15 Fallstöße ausgebreitet. In 2 senkrecht zueinander stehenden Richtungen (Bild 7.3) werden die Durchmesser der Betonprobe auf 10 mm genau gemessen und das **Ausbreitmaß a [mm]** als Mittelwert bestimmt. Daraus ergeben sich die in der Tabelle 7.12 gezeigten Ausbreitmaßklassen F1 bis F6.

! Das Ausbreitmaß eignet sich besonders für Betone mit weicher bis fließfähiger Konsistenz, darf jedoch für selbstverdichtenden Beton nicht verwendet werden.

Zerfällt die Probe unter den Fallstößen, ist das Prüfverfahren ungeeignet, denn die Konsistenz ist zu steif.

Verdichtungsmaßklassen C
Das **Verdichtungsmaß** c ergibt sich aus dem **Setzmaß** s einer Betonprobe, die zunächst lose in einen Blechkasten eingefüllt (Bild 7.4 links) und anschließend vollständig verdichtet wird (Bild 7.4 rechts) nach der folgenden Formel $c = 400/(400 - s)$. Das Setzmaß s wird an den vier Seiten der Form gemessen und der Mittelwert berechnet. Die Zuordnung des Verdichtungsmaßes ergibt die Verdichtungsmaßklassen der Tabelle 7.13 (compaction degree).

! Die Prüfmethode eignet sich besonders für plastische und steifere Betone.

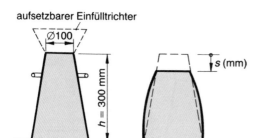

Bild 7.6 Slump-Test, Ermittlung des Setzmaßes s

Tabelle 7.15 Setzzeitklassen V

Klasse	Setzzeit in s	Konsistenz-bezeichnung
V 0	≥ 31	steif
V 1	30 bis 21	
V 2	20 bis 11	fließfähig
V 3	10 bis 6	
V 4	5 bis 3	

> Die Ausbreit- und Verdichtungsmaße für ein und denselben Beton fallen nicht immer in den gleichen Konsistenzbereich, deshalb ist ein Vermischen der Methode nicht erlaubt.

Z. B. darf ein plastischer Beton F2 nicht mit dem Verdichtungsversuch geprüft werden (F2 ist nicht äquivalent zu C2).

Setzmaßklassen S
Beim Slump-Maß s (**Setzmaß**) wird gemessen, um wie viel mm sich ein Kegelstumpf aus verdichtetem Frischbeton nach Abziehen der Verdichtungsform setzt (Bild 7.6).

Setzzeitklassen V
Beim Vébé-Test wird die **Setzzeit** ermittelt [Sekunden], die benötigt wird, bis ein Kegelstumpf aus verdichtetem Frischbeton durch Rütteln sich in einem Gefäß vollständig verdichtet hat. Das Ende der Verdichtung erkennt man an der vollständigen Benetzung der durchsichtigen Scheibe durch den Beton (Bild 7.5).
Die Konsistenz darf entweder mit einer Konsistenzklasse oder mit einem Zielwert festgelegt werden. Bei Zielwerten dürfen bestimmte Abweichungen nicht überschritten werden.

> Die deutschen Anwendungsregeln DAR DIN 1045-2 bevorzugen die Bestimmung des Ausbreitmaßes (weiche Betone) bzw. des Verdichtungsmaßes (steifere Betone).

Bei Splitt-, Leicht- oder Schwerbeton oder bei hohem Mehlkorngehalt kann das Verdichtungsmaß geeigneter sein.
Die Konsistenz des Betons ist den Gegebenheiten der Baustelle und der Art des Bauteils anzupassen. Je nach den Anforderungen der Baumaßnahme kann sie Auswirkungen auf den Mischvorgang selbst, auf das Verhalten des Betons beim Transport und Einbringen, auf seine Verdichtungswilligkeit und schließlich auf sein Verhalten beim Abgleichen bzw. beim Herstellen eines Oberflächenschlusses haben. Zu berücksichtigen sind dabei u. a. auch die Zugänglichkeit zur Einbaustelle sowie die Möglichkeiten zum Einbringen.
Eine ungeeignete Betonkonsistenz kann den Erfolg der gesamten Betoniermaßnahme in Frage stellen.

> Die Konsistenz ist so festzulegen, dass nach Beendigung der Betonierarbeiten ein dichtes und gleichmäßiges Betongefüge vorliegt, bei dem die Bewehrungsstäbe rundum mit Beton umhüllt sind und die Schalung optimal mit Beton ausgefüllt ist.

Es sind regelmäßige Konsistenzmessungen vorgeschrieben. Sie sind eine gute Kontrolle für die Zusammensetzung des Frischbetons und für seinen Wassergehalt.
Die Konsistenz muss zum Zeitpunkt der Verwendung oder bei Transportbeton zum Zeitpunkt der Lieferung des Betons geprüft werden. Während des Betonierens ist die Konsistenz laufend nach Augenschein zu überwachen; das Konsistenzmaß ist mindestens bei der Herstellung von Probekörpern zu überprüfen. Konsistenzvorhaltemaße sind entsprechend der Dauer des Transports, der Temperaturen der Luft und des Betons vorzusehen, denn das Erstarren des Frischbetons wird durch hohe Temperaturen beschleunigt; ebenso wird die Wirkung eines verflüssigenden Zu-

satzmittels durch die Zeit und die Betontemperatur beeinflusst. Gegebenenfalls sind vorab Eignungsprüfungen zum Ansteifverhalten des Betons durchzuführen. Bei Erstprüfungen (Eignungsprüfungen) für Beton sollte die Konsistenz an der oberen Grenze des gewählten Bereiches liegen (z. B. obere Grenze des Ausbreitmaßes), bzw. das Konsistenzmaß sollte unter Berücksichtigung des später zu erwartenden Streubereiches gewählt werden. Als Anhalt für das Ansteifen eines weichen Betons in den ersten 90 Minuten gilt: Das Ausbreitmaß geht um 10 bis 15 mm je 10 Minuten zurück.

> ! Der wichtigste Einflussfaktor für die Konsistenz des Frischbetons ist der Wassergehalt w.

Mit einer Erhöhung des Wassergehaltes wird eine Betonmischung weicher. Die erforderliche Wassermenge bzw. die Obergrenze der Wasserzugabe hängt ab vom Wasseranspruch der Gesteinskörnung oder über den w/z-Wert von der Druckfestigkeits- bzw. der Expositionsklasse. Ergibt sich aus bautechnischer Sicht die Notwendigkeit, die Konsistenz eines Betons zu verbessern, d. h. weicher einzustellen zu müssen, so darf dies niemals durch Zugabe von Wasser allein zur Mischung erfolgen. Die Verbesserung der Konsistenz kann in diesem Fall entweder durch Zugabe eines **Betonverflüssigers (BV)** oder **Fließmittels (FM)** erreicht werden oder durch Erhöhung der Zementleimmenge, also durch Zugabe von Wasser und Zement unter Einhaltung des vorgegebenen w/z-Wertes. Weicht die Konsistenz bei Lieferung von der Vorgabe ab, ist der Beton ggf. als nicht konform zurückzuweisen.

> ! Durch die Zugabe eines Betonverflüssigers BV im Rahmen der zulässigen Zugabemenge kann die Konsistenz um rd. eine Klasse weicher eingestellt werden.
> ! Durch die Zugabe eines Fließmittels FM im Rahmen der zulässigen Zugabemenge ist eine Verbesserung der Konsistenz um rd. 2 Klassen möglich.

Frischbeton mit steifer Konsistenz ist nur für unbewehrte Bauteile geeignet (Betonwaren).

Beim Bau von Verkehrsflächen mit maschinenunterstützten Einbaumethoden ist eine steife Konsistenz vorteilhaft.

Hochfester Beton ist mit der Konsistenzklasse F3 oder weicher herzustellen.

Beton der Konsistenzklassen ≥ F4, ≥ S4 und V4 ist mit Fließmittel herzustellen.

Weitere Frischbetoneigenschaften wie guter Zusammenhalt, Geschmeidigkeit und Verdichtungswilligkeit hängen nicht nur vom Wassergehalt und der Kornzusammensetzung und der Kornform der Gesteinskörnung ab, sondern können auch durch die Zugabe von Betonzusatzmittel oder Betonzusatzstoffe und durch Änderungen des Mehlkorngehaltes verbessert werden.

7.3.2 Frischbetonrohdichte

Die Frischbetonrohdichte ϱ_{FB} ist definiert als die Masse m_{FB}, geteilt durch das Volumen des verdichteten Frischbetons V_{FB} einschließlich der Luftporen und wird nach DIN EN 12 350-6 ermittelt.

$$\varrho_{FB} = \frac{m_{FB}}{V_{FB}} \ [kg/dm^3]$$

Sie hängt von der Betonzusammensetzung, der Rohdichte der Ausgangsstoffe und der Verdichtungsarbeit ab und ist gut geeignet als Kontrolle für den Frischbeton. Sie kann bei der Herstellung von Probekörpern (Würfel, Zylinder) mitbestimmt oder gesondert mit dem Luftporen-Topf ermittelt werden. Bei Kies-Sandbetonen liegt ϱ_{FB} zwischen rd. 2250 und 2450 kg/m³. Zur Kontrolle der Rechenannahmen wird die Frischbetonrohdichte bei der Erst- und Güteprüfung ermittelt und mit dem rechnerischen Wert verglichen: $\varrho_b = (z + g + w + f)$ in kg/m³.

> ! Die Frischbetonrohdichte sollte bei der Herstellung von Probekörpern zur Kontrolle immer mitbestimmt werden. Der Vergleich mit der Sollrohdichte aus der Mischungsberechnung gibt einen ersten Hinweis, ob die Zusammensetzung der Mischung stimmt und die Probekörper gut verdichtet sind.

Tabelle 7.16 Beton mit hohem Frost-Tausalz-Widerstand, Mindestluftgehalt im Frischbeton unmittelbar vor dem Einbau, nach DIN EN 206-1

Expositionsklasse	XF 2	XF 3	XF 4
	mäßige Wassersättigung, mit Taumittel	hohe Wassersättigung, ohne Taumittel	hohe Wassersättigung, mit Taumittel
Höchstwert w/z	0,55	0,55	0,50
Mindestdruckfestigkeitsklasse	C 25/30	C 25/30	C 30/37
Mindestzementgehalt	300 kg/m³	300 kg/m³	320 kg/m³
Mindestluftgehalt in Abhängigkeit vom Größtkorn	bei Größtkorn 8 mm 16 mm 32 mm 63 mm Einzelwerte dürfen um 0,5 Vol.-% geringer sein.	≥ 5,5 Vol.-% ≥ 4,5 Vol.-% ≥ 4,0 Vol.-% ≥ 3,5 Vol.-%	

7.3.3 Luftporengehalt p

Der Luftporengehalt p entsteht durch unvermeidliche Verdichtungsporen im Beton. Er wird angegeben in Vol.-% und gibt einen Hinweis auf die Zusammensetzung und die Verdichtung des Betons. Er wird für Normal- und Schwerbeton nach DIN EN 12 350-7 im LP-Topf nach dem Druckausgleichsverfahren und für Leichtbeton ASTM C173 ermittelt. Der Volumenanteil der Luft ist abhängig von der Sieblinie der Gesteinskörnung (zunehmend mit der Feinkörnigkeit), der Rauigkeit der Kornoberflächen, der Konsistenz und der Verdichtung des Betons.

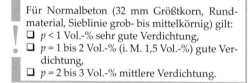

Für Normalbeton (32 mm Größtkorn, Rundmaterial, Sieblinie grob- bis mittelkörnig) gilt:
- $p < 1$ Vol.-% sehr gute Verdichtung,
- $p = 1$ bis 2 Vol.-% (i. M. 1,5 Vol.-%) gute Verdichtung,
- $p = 2$ bis 3 Vol.-% mittlere Verdichtung.

Bei sandreichen Gesteinskörnungen tendiert der LP-Gehalt zu höheren Werten.
Mit $p > 3$ Vol.-% bei normalkörnigen und $p > 6$ Vol.-% bei feinkörnigen Gemischen ist die Verdichtung als unzureichend einzustufen, sofern nicht ein Luftporenbildner gezielt zugegeben wurde.
Bei Zugabe eines Luftporenbildners LP ist dessen Wirksamkeit durch die Prüfung des Gesamtluftgehalts im Frischbeton nachzuweisen (Mindestwert p rd. 4 bis 5 Vol.-%). Als Beispiel sind die Anforderungen an den Luftgehalt im Frischbeton unmittelbar vor dem Einbau gemäß DIN EN 206-1 in Tabelle 7.16 und nach den ZTV Beton-StB in Tabelle 7.17 zusammengestellt.

Mit zunehmendem Luftporengehalt nimmt die Druckfestigkeit des Betons deutlich ab. Bei 3 bis 4 Vol.-% Zunahme von p kann eine Verminderung der Betondruckfestigkeit um rd. eine Festigkeitsklasse möglich sein. Bei gezielt hergestelltem Luftporenbeton, z. B. für den Straßen- oder Brückenbau, ist diesem Einfluss in der Eignungsprüfung Rechnung zu tragen.

7.3.4 Temperatur des Frischbetons T_{FB}

Die Temperatur des Frischbetons beim Einbau darf 30 °C nicht überschreiten. Je nach Temperatur der Luft sind folgende Bedingungen beim Einbau einzuhalten: Bei Temperaturen der Luft zwischen +5 °C bis −3 °C muss die Temperatur des Betons mindestens +5 °C, bei Verwendung von Zementen mit niedriger Hydratationswärme +10 °C betragen. Bei Lufttemperaturen unter −3 °C muss der Beton über eine Dauer von 3 Tagen eine Temperatur von +10 °C haben. Die Temperatur des Frischbetons lässt sich überschlägig aus den Temperaturen der Ausgangsstoffe nach folgender Beziehung abschätzen:

$$T_{FB} = 0,1 \cdot T_z + 0,2 \cdot T_w + 0,7 \cdot T_g \ [°C]$$

Dabei sind T_z, T_w, T_g = Temperatur von Zement, Wasser, Gesteinskörnung.

Tabelle 7.17 Mindestluftgehalt im Frischbeton nach ZTV Beton-StB für Verkehrsflächen

	Mindestluftgehalt des Frischbetons	
	im Tagesmittel	Einzelwerte
Beton ohne BV oder FM	4,0 Vol.%	3,5 Vol.%
Beton mit BV oder FM	5,0 Vol.%	4,5 Vol.%

7.4 Eigenschaften des Festbetons, Anforderungen

Die wichtigsten Eigenschaften des erhärteten Betons sind die Festigkeit und Rohdichte.

7.4.1 Druckfestigkeit

Die Einteilung der Betone in die Druckfestigkeitsklassen der Tabellen 7.18 und 7.19 beruht auf der Prüfung der Druckfestigkeit an gesondert hergestellten Prüfkörpern.

Bei der Prüfung von Bohrkernen aus Bauwerken darf als Bestätigungsprüfung bis zum Alter von 90 Tagen (Mittelwert) folgender Nachweis erbracht werden:

$$\beta_{C100/150} \geq 0{,}85 \cdot f_{ck,cube\,dry}.$$

Die Prüfung der Druckfestigkeit erfolgt im Alter von 28 Tagen an Würfeln mit Kantenlänge von 150 mm oder Zylindern mit einem Durchmesser von 150 mm und einer Höhe von 300 mm, gelagert unter Wasser. Für hochfeste Betone ($\geq$ C55/67) werden Würfel mit einer Kantenlänge von 100 mm verwendet. Alternativ können die Probekörper bis im Alter von 7 Tagen unter Wasser und anschließend 21 Tage im Normklima bei relativer Luftfeuchte von 65 % und einer Temperatur von 21 °C gelagert werden. Diese Lagerung wird als «dry» gekennzeichnet. Bei gleichem Hydratationszustand des Zements ist die Druckfestigkeit von feuchtem Beton, wegen der geringeren Reibung beim Bruch, etwas geringer als bei lufttrockenem Beton. Zur Umrechnung von Druckfestigkeiten von 150-mm-Würfeln

Tabelle 7.18 Festigkeitsklassen für Normal- und Schwerbeton

Festigkeits-klasse	$f_{ck,cyl}$ [1] (Zylinder, $\varnothing$=15 cm, h = 30 cm) [N/mm²]	$f_{ck,cube}$ [1] (15-cm-Würfel) [N/mm²]
C8/10	8	10
C12/15	12	15
C16/20	16	20
C20/25	20	25
C25/30	25	30
C30/37	30	37
C35/45	35	45
C40/50	40	50
C45/55	45	55
C50/60	50	60
C55/67	5	67
C60/75	60	75
C70/85	70	85
C80/95	80	95
C90/105 [2]	90	105
C100/115 [2]	100	115

[1] Werte gelten für Nasslagerung
[2] C90/105, C100/115 nur nach bauaufsichtlicher Zulassung

Tabelle 7.19 Festigkeitsklassen für Leichtbeton

Festigkeits-klasse	$f_{ck,cyl}$ [1] (Zylinder, $\varnothing$=15 cm, h = 30 cm) [N/mm²]	$f_{ck,cube}$ (15-cm-Würfel) [N/mm²]
LC8/9	8	9
LC12/13	12	13
LC16/18	16	18
LC20/22	20	22
LC25/28	25	28
LC30/33	30	33
LC35/38	35	38
LC40/44	40	44
LC45/50	45	50
LC50/55	50	55
LC55/60	55	60
LC60/66	60	66
LC70/77	70	77
LC80/88	80	88

Tabelle 7.20 Festigkeitsentwicklung von Betonen (Anhaltswerte) [1]

Zementfestig-keitsklasse	ständige Lagerung bei	Entwicklung der Druckfestigkeit in % nach				
		3 Tagen	7 Tagen	28 Tagen	90 Tagen	180 Tagen
VLH III 22,5 [2]	+20 °C +5 °C	20…30 [3]	40…55 10…20	100 30…50	115…140 [3]	130…160 [3]
32,5 N	+20 °C +5 °C	30…40 10…20	50…65 20…40	100 60…75	110…125 [3]	115…130 [3]
32,5 R; 42,5 N	+20 °C +5 °C	50…60 20…40	65…80 40…60	100 75…90	105…115 [3]	110…120 [3]
42,5 R; 52,5 N; 52,5 R	+20 °C +5 °C	70…80 40…60	80…90 60…80	100 90…105	100…105 [3]	105…110 [3]

[1] Die 28-Tage-Druckfestigkeit bei ständiger 20 °C-Lagerung entspricht 100 %.
[2] Die Anlehnung an die früheren Werte für die Festigkeitsklasse Z25, vgl. Dahms/Wischers: Zement-Taschenbuch 1984, S. 261 ff.
[3] Für eine ständige Lagerung bei +5 °C liegen keine Untersuchungsergebnisse vor.

bei Wasser- zu Luftlagerung gilt nach DIN 1045-2:

$f_{c,cube} = 0{,}92 \cdot f_{c,dry}$ (< C50/60)
$f_{c,cube} = 0{,}95 \cdot f_{c,dry}$ (≥ C55/67)

Bei Verwendung von Würfeln mit einer Kantenlänge von 100 mm ist eine Umrechnung vorzunehmen, z. B.:

$f_{c,dry}$ (150 mm) = $0{,}97 \cdot f_{c,dry}$ (100 mm)

Wird die Druckfestigkeit zu einem früheren Zeitpunkt geprüft, z. B. nach 2 oder 7 Tagen, erfolgt eine Umrechnung nach Tabelle 7.20.

Bei der Prüfung von Bohrkernen aus Bauwerken darf als Bestätigungsprüfung bis zum Alter von 90 Tagen (Mittelwert) folgender Nachweis erbracht werden:

$\beta_{c100/150} \geq 0{,}85 \cdot f_{ck,cube\,dry}$.

Die Druckfestigkeit des Betons ist vor allem vom Wasserzementwert des Frischbetons und von der Normdruckfestigkeit des Zements abhängig (siehe Bild 7.2). Einen großen Einfluss hat jedoch auch die Gesteinskörnung. Bei gleichem w/z und gleicher Zementnormdruckfestigkeit fällt die Druckfestigkeit bei besonders grobem Gesteinsgemisch meist geringer aus als bei mittelkörnigem. Eine Festigkeitssteigerung kann auch erreicht werden durch Verwendung von Kies oder Splitt mit hoher Eigenfestigkeit sowie mit rauerer Oberfläche bzw. eckiger Kornform. Bei gebrochenem Korn stellen sich durch bessere Kornverzahnung und bessere Kontaktzonen infolge rauerer Oberfläche höhere Festigkeiten ein.

7.4.2 Weitere Festigkeiten/Eigenschaften

Bohrkerne
Bei fehlenden oder ungenügenden Prüfungen sowie bei Kontrollprüfungen von Betonfahrbahnen werden aus den erhärteten Bauteilen mit Hilfe von Kernbohrmaschinen Bohrkerne entnommen. Die Druckfestigkeit von Zylindern mit Durchmesser = Höhe von jeweils 100 oder 150 mm kann etwa der maßgebenden Druckfestigkeit von 150-mm-Würfeln gleichgesetzt werden. Bei davon abweichenden Durchmessern und Höhen muss die Zylinderdruckfestigkeit umgerechnet werden. Für die Durchführung und Auswertung der Druckfestigkeitsprüfungen des Betons von erhärteten Bauteilen ist DIN EN 12 504-1 zu beachten.

Zerstörungsfreie Prüfung der Druckfestigkeit
Nach DIN EN 12 504-2 können an den Bauteilen, i. Allg. nur als Ergänzung zu den zerstörenden Bohrkernprüfungen, auch zerstörungsfreie Prüfungen mit dem Rückprallhammer vorgenommen werden.

Zugfestigkeiten

Die zentrische Zugfestigkeit ist bei Beton schwer zu bestimmen. Sie beträgt $f_t \approx \frac{1}{10} f_{ck}$ und liegt beim üblichen Betonen bei 1,5 N/mm² und 4 N/mm².

Der alternative Kennwert zur zentrischen Zugfestigkeit ist die **Biegzugfestigkeit**. Sie ist ein wichtiger Festigkeitswert für Fahrbahnplatten, Hallenböden, Gehwegplatten und wird an in Wasser gelagerten Biegebalken 700 · 150 · 150 mm mit zwei symmetrisch angeordneten Einzellasten oder sogenannten «Straßenbaubalken» 500 · 100 · 150 mm mit einer zentrisch einwirkenden Einzellast geprüft. Bei üblichen Betonen liegt sie etwa zwischen 3 N/mm² und 8 N/mm² (Anhaltswerte: $f_{BZ} \approx \frac{1}{6} f_{ck} ... \frac{1}{8} f_{ck}$). Eine hohe Biegzugfestigkeit wird vor allem bei Betonfahrbahnen, bei wasserdichten Bauteilen, bei Betonwaren und bei unbewehrten Fertigteilen gefordert.

Versuchsmäßig einfach zu bestimmen ist die **Spaltzugfestigkeit**. Sie wird durch Aufspalten eines Bohrkerns, Zylinders oder Abspalten einer Scheibe eines Prismas ermittelt und beträgt $f_{SZ} \approx \frac{1}{10} f_{ck}$.

Zwischen der Zug- und der Druckfestigkeit lässt sich folgende Beziehung angeben:

$$f_{t,BZ,SZ} = c \cdot f_{ck}^{2/3}$$

Faktoren c für Normalbeton:

Tabelle 7.21 Beanspruchungsart und Faktor c

Beanspruchungsart		Faktor c		
		min.	mittel	max.
(Biegung symmetrisch)	f_{BZ}	0,40	0,50	0,59
(Biegung mittig)		0,35	0,45	0,56
	f_{SZ}	0,22	0,27	0,32
(Zug)	f_t	0,17	0,24	0,29

7.4.3 Formänderungen

In Tabelle 7.22 sind die Rechenwerte nach DIN 1045-1 für den E-Modul von Normal- und Schwerbeton gezeigt.

Als empirische Berechnungsformel bei Normal- und Schwerbeton für E_{cm} ist anzusetzen:

$$E_{cm} = 9500 \, (f_{ck}+8)^{1/3} \, ... [N/mm^2]$$

Der E-Modul wird vom E-Modul der Ausgangsstoffe beeinflusst, wobei der E-Modul der Gesteinskörnung den größeren Einfluss hat. Alle Einflüsse auf die Druckfestigkeit gelten auch für den E-Modul sinngemäß, ausgenommen der Feuchtegehalt: Je höher der Feuchtegehalt ist, umso höher der E-Modul, umso geringer die Druckfestigkeit f_c.

Während Quellen ε_q baupraktisch ohne Bedeutung ist, bergen die durch Schwinden ε_s entstandenen Schwindeigenspannungen die Gefahr der Schwindrissbildung. Die Verformung ist zeitabhängig, nimmt anfänglich stark zu und klingt langsam aus.

> Je feinteilreicher die Betonzusammensetzung und je größer der Wassergehalt, umso stärker ist das Schwinden. Das Schwinden ist größer, je früher die Austrocknung einsetzt und je feingliedriger das Bauteil ist.

Anhaltswerte für Endschwindmaße: Zementstein $\varepsilon_l = 3...4$ mm/m; Beton $\varepsilon_l = 0,2...0,5$ mm/m.

Wichtig für die Formänderungen vor allem von Spannbeton ist die Kriechverformung $\varepsilon \, k$.

Tabelle 7.22 E-Modul von Normal- und Schwerbeton

Festigkeitsklasse	Rechenwerte des E-Moduls [N/mm²]	Festigkeitsklasse	Rechenwerte des E-Moduls [N/mm²]
C16/20	27 400	C55/67	37 800
C20/25	28 800	C60/75	38 800
C25/30	30 500	C70/85	40 600
C30/37	31 900	C80/95	42 300
C35/45	33 300	C90/105	43 800
C40/50	43 500	C100/115	45 200
C45/55	35 700		
C50/60	36 800		

Tabelle 7.23 Klassifizierung von Beton nach der Trockenrohdichte

	Leichtbeton						Normalbeton	Schwerbeton
Rohdichteklasse	D 1,0	D 1,2	D 1,4	D 1,6	D 1,8	D 2,0		
Trockenrohdichte [kg/m³]	≥ 800 und ≤ 1000	≥ 1000 und ≤ 1200	≥ 1200 und ≤ 1400	≥ 1400 und ≤ 1600	≥ 1600 und ≤ 1800	≥ 1800 und ≤ 2000	2000 bis ≤ 2600	> 2600

Näherungsweise kann mit einer Endkriechzahl $\varphi_l \approx 1\ldots5$ gerechnet werden.

> Je höher der Erhärtungszustand bei Belastungsbeginn, je feuchter die Umgebungsbedingungen und je grobgliedriger das Bauteil, umso geringer ist die Kriechverformung.

Für Beton ergeben sich auf der Grundlage der Wärmedehnzahlen des Zementsteins und der Gesteinskörnung folgende Rechenwerte der Wärmedehnzahlen: $\alpha_t = 4,5\ldots12,5 \cdot 10^{-6}$ /K (im Mittel $8,5 \cdot 10^{-6}$ /K) für wassersatten oder trockenen Beton und $\alpha_t = 6,0\ldots14,0 \cdot 10^{-6}$ /K (im Mittel $10,0 \cdot 10^{-6}$ /K) für lufttrockenen Beton.

7.4.4 Trockenrohdichte

Die Rohdichte wird nach DIN EN-7 bestimmt. Beton wird in die in Tabelle 7.23 gezeigten Klassen der Trockenrohdichte eingeteilt.

7.5 Zusammensetzung des Betons, Mischungsentwurf

Für den Entwurf einer Betonmischung bedient man sich zweckmäßigerweise der **Stoffraumgleichung**. Grundlage dabei ist, dass sich 1 m³ verdichteter Beton aus den Volumina der Gesteinskörnung, des Zements, des Wassers, ggf. des Zusatzstoffes und der Luftporen zusammensetzt.

$$1000 = \frac{z}{\varrho_z} + \frac{w}{\varrho_w} + \frac{g}{\varrho_g} + \frac{f}{\rho_f} + p \; [\text{dm}^3/\text{m}^3]$$

z Zementgehalt kg/m³
ϱ_z Rohdichte Zement kg/dm³
w Wassergehalt kg/m³
ϱ_w Dichte des Wassers = 1 kg/dm³
g Gehalt der Gesteinskörnung kg/m³
ϱ_g Rohdichte der Gesteinskörnung = kg/dm³
f Gehalt an Zusatzstoffen kg/m³
ϱ_f Rohdichte Zusatzstoff = kg/dm³
p Porenraum (dm³/m³)

Eine Lösung der Stoffraumgleichung in Arbeitsschritten ist beispielsweise wie folgt möglich:
1. Zusammenstellung der Anforderungen gemäß den Vorgaben
- ☐ Festlegung der Festigkeitsklasse des Betons nach statischen Erfordernissen
- ☐ Festlegung der Expositionsklasse(n); damit liegen fest: max. w/z-Wert, Mindestfestigkeitsklasse, Mindestzementgehalt, ggf. Luftgehalt
- ☐ Festlegung der Konsistenzklasse
- ☐ Festlegung des Größtkorns
- ☐ Festlegung des Sieblinienbereichs

2. Zusammenstellung der Ausgangsstoffe (vorhanden oder geplant); Zementart, Zementfestigkeitsklasse, Zusatzstoffe, Art der Gesteinskörnung, Korngruppen

3. Zielwert der Druckfestigkeit für **trocken** gelagerte Würfel festlegen. Er ergibt sich aus der nach Schritt 1 maßgebenden Festigkeitsklasse $f_{ck,cube}$ + Vorhaltemaß (i. d. R. 8…10 N/mm²).
   Anm.: *Das Vorhaltemaß*
   - ☐ ist zur Abdeckung von unvermeidlichen Abweichungen bei der Bauausführung erforderlich
   - ☐ und berücksichtigt, dass trocken gelagerte Würfel geprüft werden und die dabei gewonnenen Ergebnisse mit dem Faktor 0,92 zu multiplizieren sind, um den Ver-

gleich mit der Soll-Festigkeitsklasse (Nasslagerung) zu ermöglichen.

4. Festlegung der Zusammensetzung der Gesteinskörnung, Bestimmung der Körnungsziffer k als Kennwert für den Wasseranspruch des Korngemisches

5. Festlegung des w/z-Wertes
□ nach dem Zielwert der Druckfestigkeit mit den Walzbändern (Bild 7.2)
□ nach dem max. Wert aus der Expositionsklasse, abzüglich eines Vorhaltemaßes von 0,02 bis 0,03
□ alternativ w/z_{eq} bei Zugabe von Betonzusatzstoffe
□ wirksamer w/z-Wert bei Zugabe von LP-Mitteln
Der kleinere Wert ist maßgebend.

6. In Abhängigkeit von der Konsistenzklasse und der Körnungsziffer k des Korngemisches Abschätzung des erforderlichen Wassergehaltes w mit Hilfe von Tabellen (siehe z. B. Tabelle 7.9)

7. Mit dem abgeschätzten Wassergehalt w und dem festgelegten w/z-Wert = ω Festlegung des Zementgehaltes: $z = w/\omega$
Kontrolle der Anforderungen an den Mindestzementgehalt für die Expositionsklasse; der höhere Wert ist maßgebend.

8. Abschätzung des Volumenanteils der Poren p (Normalfall: $p = 1,0$ bis $1,5$ Vol.-% = 10 bis 15 Liter/m³). Bei künstlich eingeführten Luftporen ist der Anteil entsprechend den Anforderungen höher (siehe z. B. Tabellen 7.16 und 7.17).

9. Bestimmung des erforderlichen Gehalts an Gesteinskörnung g mit der umgeformten Stoffraumgleichung

$$g = \left(1000 - \frac{z}{\rho_z} + \frac{w}{\rho_w} + \frac{g}{\rho_g} + \frac{f}{\rho_f} + p\right) \cdot \varrho_g \ [kg/m^3]$$

Die Größen $z, w, f, \varrho_z, \varrho_w, \varrho_f$ und p sind bekannt. Die Rohdichte ϱ_g der Gesteinskörnung kann, falls noch unbekannt, näherungsweise angenommen werden, z. B. bei Kies-Sandgemischen zu 2650 kg/m³.

10. Zusammenstellung der Stoffanteile für 1 m³ Beton; ggf. Umrechnung auf kleinere Mengen für eine Labormischung oder größere Mengen für Mischvorgang. Berechnung des Zugabewassers unter Berücksichtigung der Oberflächenfeuchte der Gesteinskörnung und des Wasseranteils der Betonzusatzmittel, wenn diese in Menge von > 3 l zugegeben werden

11. Überprüfung des Gehalts an Mehlkorn und Vergleich mit den diesbezüglichen Anforderungen. Berücksichtigung der Betonzusatzstoffe

Anmerkung: Im Anhang ist ein Rechenbeispiel für eine Mischungsberechnung aufgeführt.

7.6 Festlegungen der Betonzusammensetzung im Regelwerk

DIN EN 206-1 bzw. die DAR DIN 1045-2 unterscheiden zwischen Standardbeton, Beton nach Eigenschaften und Beton nach Zusammensetzung.

Standardbeton
Standardbeton ist ein «Rezeptbeton» mit einer Druckfestigkeitsklasse ≤ C 16/20, der für Betone der Expositionsklassen X0, XC1, XC2 verwendet wird. In Abhängigkeit der Konsistenz müssen die Anforderungen an Mindestzementgehalte eingehalten werden. Die Verwendung von Zusatzmitteln und Zusatzstoffen ist nicht erlaubt. Der Beton unterliegt vereinfachten Herstellerkontrollen. Eine Fremdüberwachung ist nicht erforderlich.

! Dieser Beton wird aufgrund seiner begrenzten Anwendung nur selten benutzt.

Beton nach Eigenschaften
Der Beton nach Eigenschaften wird vom Hersteller konzipiert und unter Beachtung der entsprechenden Vorgaben der DIN EN 206-1 sowie der DIN 1045-2 zusammengesetzt. Der Hersteller gewährleistet die geforderten Eigenschaften des Betons durch seine Produktionslenkung (Eignungsprüfung, Erstprüfung, werkseigene Produktionskontrolle). Eine Fremdüberwachung und Zertifizierung bei Erfüllung der Übereinstimmungskriterien berechtigt zur Führung des Übereinstimmungszeichens. Für bestimmte Anwendungsfälle wie Unterwasserbeton, Beton beim Umgang mit wassergefährdenden Stoffen und Beton für hohe Gebrauchstemperaturen bis 250 °C sind in DIN 1045-2 gesonderte Angaben zur Zusammensetzung aufgenommen.

Beton nach Zusammensetzung
Bei Beton nach Zusammensetzung macht der Verwender oder der Ausschreibende dem Hersteller Vorgaben für die Zusammensetzung. Der Hersteller ist für die Lieferung eines Betons mit der zuvor festgelegten Zusammensetzung verantwortlich. Der Ausschreibende verantwortet das Betonkonzept sowie die Übereinstimmungsnachweise, selbstverständlich auch unter Berücksichtigung der DIN EN 206-1 sowie der DAR DIN 1045-2.

7.7 Mischen, Befördern, Fördern, Einbringen

7.7.1 Mischen

Bei der Herstellung müssen die Betonausgangsstoffe mit einer Genauigkeit von 3 M.-% zugegeben werden. Gesteinskörnung darf unter bestimmten Gegebenheiten, z. B. bei leicht einstellbaren oder gut kontrollierbaren Einrichtungen, auch nach Raumteilen zugegeben werden (beispielsweise bei modernen, elektronisch gesteuerten Durchlaufmischern). Die Eigenfeuchte (Oberflächenfeuchte) der Gesteinskörnung ist bei der Wasserzugabe zu berücksichtigen. Das Mischen muss in geeigneten Mischern vorgenommen werden. Die Mischer sind von erfahrenem Personal zu bedienen. Die Mischzeit darf bei guter Mischwirkung 30 Sekunden, bei allen übrigen Mischern 60 Sekunden nicht unterschreiten.

> Nach Abschluss des Mischens darf die Zusammensetzung des Betons außer durch Zugabe eines Fließmittels nicht mehr verändert werden. Ist eine nachträgliche Veränderung der Konsistenz unumgänglich, so kann auf der Baustelle Fließmittel zugegeben werden, wobei der Beton nach der Zugabe 1 Minute/m³ Beton, mindestens jedoch 5 Minuten lang nachzumischen ist.

7.7.2 Befördern und Fördern

Es wird zwischen Befördern und Fördern unterschieden.

Unter **Befördern** versteht man die Anlieferung des Frischbetons beispielsweise von einem Transportbetonwerk. Der Beton ist dabei während des Transports vor schädigenden Einflüssen (Witterung, Wärme, Kälte, Niederschlag) zu schützen, es dürfen keine Bestandteile verloren gehen und er darf sich nicht entmischen.

> Im Normalfall sollte das Entladen spätestens nach 90 Minuten, bei steifer Konsistenz nach 45 Minuten beendet sein.

Das **Fördern** des Frischbetons beginnt mit der Übergabe auf der Baustelle und endet an der jeweiligen Einbaustelle. Die Förderart ist dabei so zu wählen, dass sich der Beton bis zum Einbringen nicht entmischt. Die Geräte (Krankübel, Pumpen, Förderbänder) sind auf die Einbauleistung abzustimmen. Überlange Liegezeiten des Frischbetons bis zum Einbringen sind dringend zu vermeiden.

7.7.3 Einbringen

> Das beste Betonkonzept führt zu keinem Erfolg, wenn aus Unzugänglichkeit (Abschalungen, fehlende Rüttelgassen) die Verdichtungsgeräte nicht optimal eingesetzt werden können oder wenn das Baustellenpersonal mit der zu

> groß angelieferten Betonmenge überfordert ist und die Verdichtung nur unzulänglich vornehmen kann. Eine Vorplanung der Arbeitsabläufe sowie Tätigkeitsabsprachen sind wichtig.

Der Frischbeton sollte möglichst zügig eingebracht, gleichmäßig verteilt und verdichtet werden. Schalung und Bewehrungsführung sind so vorzubereiten und die Einbaumengen sind vorab so anzupassen, dass der eingebrachte Beton auch ordnungsgemäß verdichtet werden kann. Die **Schalung** muss maßgenau, dicht, ausreichend stabil, sauber und erforderlichenfalls mit einem dünnen Film eines Trennmittels versehen sein. Holzschalung darf zuvor nicht zu lange ungeschützt Sonne und Wind ausgesetzt, d. h. ausgetrocknet sein. Stahlschalungen dürfen im Sommer nicht heiß und im Winter nicht gefroren sein.

Beim Einbringen darf sich der Beton nicht entmischen. Deshalb sollen Fördergefäße möglichst dicht über der Einbaustelle geöffnet werden bzw. der Beton soll in hohen Schalungen durch ein Fallrohr eingebracht werden, das kurz vor der Auftreffstelle endet.

Beton muss in allen Bereichen eines Bauteils ein dichtes Gefüge erhalten, vor allem längs der Bewehrung sowie in den Ecken und an der Schalung. Die Art der **Verdichtung** richtet sich nach der Konsistenz des Betons.

> ! Steifer Beton in Schichtdicke von höchstens 15 cm kann durch Stampfen verdichtet werden. Weicher Beton und Fließbeton werden durch Rüttler mit geringerer Energie und mit kürzerer Rütteldauer oder nur durch Stochern verdichtet. Betone mit steifer bis weicher Konsistenz werden durch Rütteln verdichtet.

Während der Einwirkung von Schwingungen wird der Zementleim so flüssig, dass die Luft aus dem Beton nach oben entweichen kann. Die Konsistenz des Betons muss auf die Wirkung des Rüttlers, abhängig von Frequenz, Schwingungsbreite und Masse, abgestimmt werden; z. B. soll beim langsamen Herausziehen des Innenrüttlers kein Loch im Beton zurückbleiben, sich kein Wasser absondern und der Beton nicht entmischen. Die Wirkungsbereiche der Rüttelflasche müssen sich überall überschneiden. Um eine gute Verbindung der verschiedenen Schichten zu erhalten, muss die Rüttelflasche mindestens 10 cm in die vorhergehende, noch nicht erstarrte Schicht eingetaucht werden. Die Tauchabstände sollen in allen Richtungen nicht mehr als 10-mal Durchmesser betragen.

Betone mit weicher und fließfähiger Konsistenz bedürfen dagegen nur einer leichten Verdichtung durch Rütteln. Diese Betone sind robust gegen nicht so sorgfältige Verdichtung.

Zur Unterstützung der Innenrüttler können an den Außenseiten von Schalungen im Bedarfsfall Außenrüttler angebracht werden, die ebenfalls durch Exzenterwirkung eine Vibration der Schalung erzeugen und somit das Entweichen der Luft begünstigen.

Bei Oberflächenrüttlern ist die Wirkungstiefe auf 20…40 cm begrenzt, je nach Rüttelenergie und Einwirkungsdauer, bei Schalungsrüttlern auch je nach Steifigkeit der Schalung.

Im Straßenbau und im Hallenbodenbau wird mit Fertigern gearbeitet, bei denen neben Innenrüttlern Rüttelbohlen und Pressbohlen zum Einsatz kommen, die den Beton von der Oberseite her durch Druck oder Vibration verdichten. Bei der dabei vielfach eingesetzten steifen Betonkonsistenz muss eine hohe Verdichtungsarbeit aufgebracht werden.

Die Verdichtung von Luftporenbetonen bedarf einer gewissen Erfahrung. Einerseits darf die Rüttelwirkung nicht zu schwach sein, da ein Luftporenbeton wegen seines in der Regel guten Zusammenhaltevermögens Luft gut einschließt. Andererseits könnte durch übermäßiges Rütteln die gewollte Luftporenbildung, insbesondere die Mikroluftporenbildung, beeinträchtigt werden.

> ! Die Verarbeitung des Frischbetons muss beendet sein, bevor das Ansteifen beginnt.

Bei Betonagen mit großer Steiggeschwindigkeit (z. B. beim Einbringen in hohe Schalungen) empfiehlt es sich, vor dem Ansteifen ein **Nachverdichten** vorzunehmen, wodurch ein späteres Setzen des Betons verhindert wird. Durch eine Nachverdichtung nach ½ bis 1 Stunde wird das Betongefüge verbessert;

Wasserlinsen und Luftporen, die unter der waagerechten Bewehrung sich ansammeln, verteilen sich, wodurch eine bessere Einbettung der Bewehrung in die Zementmatrix erfolgt. Dies führt zu einem besseren Verbund und dadurch zu einem besseren Lastabtrag bei gleichzeitig besserem Korrosionsschutz der Bewehrung.

Betonagen werden durch sogenannte **Arbeitsfugen** in Betonierabschnitte eingeteilt. In Arbeitsfugen muss zwischen altem und neuem Beton eine gute Verbindung entstehen. Vor dem Aufbringen der neuen Betonschicht ist der alte Beton sorgfältig von allen Verunreinigungen und wenig festen Teilen zu reinigen, mehrere Tage feucht zu halten sowie erforderlichenfalls unmittelbar vor dem Anbetonieren mit Zementmörtel kräftig einzubürsten. Um sog. Spaltrisse oberhalb der Arbeitsfuge zu vermeiden, sollte der Unterschied der Temperatur des alten Betons und des durch Hydratation erwärmten neuen Betons gering gehalten werden, z. B. durch Anwärmen des alten Betons oder durch Verminderung der Frischbetontemperatur des neuen Betons.

In Betonwerken erfolgt die Verdichtung von steifem Beton auch auf Rüttel- und Schocktischen oder durch Pressen und Walzen, wodurch eine hohe «Grünstandfestigkeit» erreicht wird, die effizient ein schnelles Ausschalen ermöglicht.

7.7.4 Zum Entmischen

Durch die unterschiedlichen Rohdichten von Gesteinskörnung und Zement und die im Gegensatz dazu relativ geringe Dichte des Wassers kann es bei nicht sachgerechter Handhabung des Frischbetons zum Entmischen, d. h. zum Trennen in die Bestandteile, kommen. Grobe Gesteinskörner können sich auf der Unterseite absetzen, während der Feinmörtel nach oben wandert. Die Neigung des Zements im Zementleim zum Absetzen kann auf der Betonoberseite ggf. zu einer Wasseranreicherung, dem sog. Bluten, führen. Dadurch kann eine wenig dauerhafte Betonoberfläche entstehen, die später zum Absanden neigt.

> Der Zusammenhalt eines Frischbetons wird vor allem durch die richtige Wahl der Gesteinskörnung und der Sieblinie sowie durch eine ausreichende Zement- und Mehlkornmenge sichergestellt.

Der Neigung zum Wasserabsondern auf der Oberfläche kann durch einen niedrigen w/z-Wert und durch die Wahl eines feiner gemahlenen Zements entgegengetreten werden. Auch dabei ist ein ausreichender Mehlkorngehalt wirksam.

7.7.5 Betonieren bei niedrigen und hohen Temperaturen

Die Festigkeitsbildung eines Betons ist ein chemischer Vorgang, der durch niedrige Temperaturen verlangsamt wird oder gar zum Stillstand kommt. Beim jungen Beton kann durch Frosteinwirkung zudem noch die Betonstruktur nachhaltig zerstört werden. Bei hohen Temperaturen kann eine unerwünschte Beschleunigung des Ansteifens eintreten. Außerdem muss bei Verwendung von Zusatzmitteln wie Verflüssiger, Fließmittel, Verzögerer und Luftporenbildner beachtet werden, dass sich die Wirksamkeit dieser Mittel bei höheren Temperaturen ändert.

> Lässt sich absehen, dass im Vergleich zu normalen Temperaturen bei deutlich niedrigeren oder höheren Temperaturen betoniert werden muss, so ist dringend zu empfehlen, rechtzeitig vorher Eignungsprüfungen bei entsprechenden Temperaturen durchzuführen. Darüber hinaus sind gegen extreme Temperatureinwirkungen auf den frischen Beton stets Schutzmaßnahmen zu ergreifen.

Betonieren bei niedrigen Temperaturen

> Während des Betonierens bei Lufttemperaturen unter $+8\,°C$ sind die Höchst- und Tiefsttemperaturen jedes Tages im Bautagebuch einzutragen, bei Lufttemperaturen unter $+5\,°C$ ist zusätzlich die Frischbetontemperatur zu messen und aufzuzeichnen. Nach DIN 1045-3 wer-

Tabelle 7.24   Frischbetontemperaturen

T_{Luft}	T_{FB}
+5 °C bis –3 °C	mind. +5 °C; mind. +10 °C bei Zementgehalt unter 240 kg/m³ und bei NW-Zementen
< –3 °C	mind. +10 °C, gehalten über den Zeitraum von wenigstens 3 Tagen.

den in Abhängigkeit von der Lufttemperatur die in Tabelle 7.24 gezeigten Mindesttemperaturen für den Frischbeton gefordert.

Tabelle 7.25   Erforderliche Erhärtungszeit zum Erreichen der Gefrierbeständigkeit

Festigkeitsklasse des Zementes	Erforderliche Erhärtungszeit in Tagen zum Erreichen der Gefrierbeständigkeit eines Betons mit w/z-Wert 0,60		
	Betontemperatur		
	5 °C	12 °C	20 °C
CEM 52,5, 42,5 R	3/4	½	½
CEM 42,5, 32,5 R	2	1 + ½	1
CEM 32,5	5	3 + ½	2

Ein gegen Niederschlag geschützter junger Beton kann in der Regel ohne Schaden einmal durchfrieren, wenn er eine Druckfestigkeit von mindestens 5 N/mm² erreicht hat. Aus der Sicht der Festigkeitsentwicklung ist für den jungen Beton die sogenannte Gefrierbeständigkeit auch dann gegeben, wenn bei einem schnell erhärtenden Zement, einem Zementgehalt von rd. 280 kg/m³ und einem w/z-Wert von höchstens 0,60 die Betontemperatur mindestens 3 Tage lang auf +10 °C gehalten werden kann. Bei langsam erhärtenden Zementen und bei geringerer Betontemperatur ist die Vorerhärtungszeit entsprechend länger (Tabelle 7.25).

Folgende Maßnahmen sind bei kühler Witterung und bei Frost zu empfehlen:
❑ Verwendung von höherfesten Zementen (höhere Hydratationswärme, früheres Erhärten), vorzugsweise frische Mahlungen mit hoher Mahltemperatur;
❑ Verringerung des w/z-Wertes (frühere Festigkeitsbildung, geringere Gefahr des Frierens);
❑ Vorwärmen des Betons, am einfachsten durch Zugabe von angewärmtem Wasser. Bei Wassertemperaturen über 70 °C muss dieses zunächst der Gesteinskörnung zugemischt werden. Die Frischbetontemperatur darf durch derartige Maßnahmen 30 °C nicht überschreiten. Die Transportbetonwerke berechnen für angewärmten Beton i. d. R. einen Aufschlag;
❑ Abdecken mit wärmedämmenden Matten, Einhausen und Beheizen des Betonierraums, möglichst spätes Ausschalen (Schalung hält Hydratationswärme).

Mit gefrorener Gesteinskörnung darf nicht betoniert werden, desgleichen darf man nicht an gefrorene Bauteile anbetonieren.

Betonieren bei hohen Temperaturen
Bei im Schatten gemessenen Lufttemperaturen über 25 °C sind die Höchst- und Tiefsttemperaturen jedes Tages im Bautagebuch einzutragen, bei Lufttemperaturen über 30 °C ist zusätzlich auch die Frischbetontemperatur aufzuzeichnen.

Bei Frischbetontemperaturen über 25 °C sind besondere Schutzmaßnahmen zu treffen. Eine Frischbetontemperatur über 30 °C ist unzulässig, sofern nicht nachgewiesen ist, dass daraus für die Baumaßnahme keine negativen Folgen erwachsen.

Als Schutzmaßnahmen kommen in Betracht:
❑ Schutz der Ausgangsstoffe gegen Sonnenbestrahlung, z. B. Lagerung unter Abdeckungen,
❑ Berieselung der groben Gesteinskörnung mit Wasser,
❑ Verwendung von kühlem Zugabewasser beim Mischen,
❑ Schutz des eingebrachten Betons gegen Sonneneinstrahlung, Austrocknung, Aufheizung (Zelte, Mattenabdeckung wie im Winter),
❑ Nassnachbehandlung ab dem Erhärtungsbeginn.

Achtung! Schwallartiges Bewässern mit kaltem Wasser kann zu einer schockartigen Abkühlung auf der Oberfläche führen und Temperaturrisse hervorrufen. Einer leichten Berieselung mit eventuell durch Sonnenbestrahlung temperiertem Wasser ist stets der Vorrang einzuräumen.

7.7.6 Nachbehandlung

Nach dem Verdichten sollte der Beton durch die Hydratation des Zements innerhalb einer bestimmten Zeit die verlangten Eigenschaften bekommen. Die Bauteile dürfen erst ausgeschalt werden, wenn der Beton ausreichend erhärtet ist. Zum Zeitpunkt des Ausschalens muss der Beton die auf ihn wirkenden Belastungen aufnehmen können, die Verformungen des jungen Betons sollten möglichst gering sein und empfindliche Stellen z. B. Kanten, unbeschädigt bleiben. Zur Beurteilung des Betonzustandes sind Erhärtungs- oder Reifegradprüfungen sinnvoll.

> Je nach Zementfestigkeitsklasse und der Art der Bauteile betragen die **Ausschalfristen** (Anhaltswerte) z. B. für seitliche Schalungen 1…3 Tage, für untere Schalungen 3…8 Tage und für unterstützende Rüstungen 6…20 Tage.

Die geringeren Fristen gelten für schnell erhärtende Zemente ≥ CEM 42,5 R, die längeren Fristen für langsamer erhärtende Zemente CEM 32,5. Um Durchbiegungen infolge Kriechens und Schwindens klein zu halten, sollen Hilfsstützen möglichst lange stehenbleiben.

Durch die Nachbehandlung muss Beton bis zu einer ausreichenden Erhärtung vor schädigenden Einflüssen, wie z. B. vorzeitiges Austrocknen, gegen sehr niedrige und zu hohe Temperaturen, vor mechanischen Beanspruchungen oder chemischen Angriffen, gegen Auswaschungen durch Schlagregen oder strömendes Wasser und gegen Schwingungen, Erschütterungen geschützt werden.

Sonneneinstrahlung, Wind, niedrige Luftfeuchtigkeit entziehen vor allem bei flächigen Bauteilen dem Beton das für die Hydratation notwendige Anmachwasser. Zu niedrige oder zu hohe Temperaturen können die Festigkeitsbildung hemmen bzw. ungewollt beschleunigen und u. U. eine Rissentwicklung begünstigen. Durch Schlagregen oder strömendes Wasser kann der junge Beton bei flächigen Bauteilen nachhaltig geschädigt bzw. zerstört werden. Schwingungen und Erschütterungen im frühen Betonalter schädigen die Betonstruktur.

Die Nachbehandlung erfolgt durch Belassen in der Schalung, dichtes Abdecken mit Folien oder wasserhaltenden Matten, Aufspritzen von Nachbehandlungsmitteln oder kontinuierliches Besprühen mit Wasser.

> Maßgebend für die Nachbehandlungsdauer sind die Zusammensetzung und die Festigkeitsentwicklung des Betons und die Umgebungsbedingungen.

Bei rascher Anfangserhärtung und in feuchter, geschützter Umgebung kann die Nachbehandlung kürzer sein, bei langsamer Anfangserhärtung und trockenem, windigem Wetter muss sie entsprechend länger sein; besonders bei Bauteilen mit hohen Anforderungen an Verschleißwiderstand und Beständigkeit der Betonoberflächen sind die Nachbehandlungszeiten weiter zu verlängern.

Die **Mindestdauer** für eine Nachbehandlung ist in DIN 1045-3 angegeben. Die Vorgaben beruhen darauf, dass die Nachbehandlungsmaßnahmen so lange aufrecht zu erhalten sind, bis der Beton 50 % seiner charakteristischen Festigkeit besitzt. Die Einflussgrößen sind daher die **Festigkeitsentwicklung des Betons**, beschrieben durch das Verhältnis r der 2-Tage- zur 28-Tage-Druckfestigkeit, und die Temperaturbedingungen für die Erhärtung (Tabelle 7.26). Zwischen den r-Werten darf interpoliert werden. Nach dem Verhältnis r wird die Druckfestigkeitsentwicklung in Kategorien von schnell bis sehr langsam eingeteilt. Bei Lieferung des Betons wird dessen Festigkeitsentwicklung vom Hersteller angegeben.

Eine rasche Anfangserhärtung und eine geringe Nacherhärtung über 28 Tage hinaus sind zu erwarten bei den Zementfestigkeitsklassen ≥ 42,5 R, bei kleinem Wasserzementwert und bei hoher Temperatur. Eine langsame Anfangserhärtung und eine große Nacherhärtung (sofern der Beton feucht gehalten ist) er-

Tabelle 7.26 Mindestdauer der Nachbehandlung

Mindestdauer der Nachbehandlung für alle Expositionsklassen außer X0, XC1				
Festigkeitsentwicklung des Betons	schnell	mittel	langsam	sehr langsam
$r = f_{cm2}/f_{cm28}$	$r \geq 0{,}50$	$r \geq 0{,}30$	$r \geq 0{,}15$	$r \geq 0{,}15$
Oberflächentemperatur δ in °C	Mindestdauer in Tagen			
$\delta \geq 25$	1	2	2	3
$25 > \delta \geq 15$	1	2	4	5
$15 > \delta \geq 10$	2	4	7	10
$10 > \delta \geq 5$	3	6	10	15

Tabelle 7.27 Nachbehandlungsdauer von Betonbauteilen

Expositions-klasse	Erforderliche Festigkeit	Temperatur δ [°C]	Festigkeitsentwicklung des Betons $r = f_{cm2}/f_{cm28}$			
			schnell $r \geq 0{,}50$	mittel $r \geq 0{,}50$	langsam $r \geq 0{,}50$	sehr langsam $r \geq 0{,}50$
X0; XC1	$0{,}3 f_{ck}$	≥ 5	0,5 Tage			
Alle anderen außer XM	$0{,}5 f_{ck}$	≥ 25	1	2	2	3
		$< 25\ldots15$	1	2	4	5
		$< 15\ldots10$	2	4	7	10
		$< 10\ldots5$	3	6	10	15
		< 5	Letzte Wertezeile um Tage < 5 °C verlängern			
XM	$0{,}7 f_{ck}$	s. o.	Doppelte Werte von oben			

folgen bei der Zementfestigkeitsklasse 32,5, bei LH-Zementen, bei großem w/z-Wert und bei niedriger Temperatur.

Für die **Nachbehandlungsdauer** gelten die in Tabelle 7.27 angegebenen Festigkeiten, die entweder durch **Erhärtungsprüfungen** oder durch **Reifegrad** zu bestimmen sind, oder es sind die in der Tabelle angegebenen Tage für die Nachbehandlungsdauer einzuhalten. Bei Temperaturen unter 5 °C ist die Dauer um die Zeit zu verlängern, in der die Oberflächentemperatur Werte unter 5 °C aufweist.

! Wenn Beton frühzeitig das für die Erhärtung notwendige Wasser verliert, werden alle Eigenschaften verschlechtert: Die Hydratation kommt zum Stillstand, der Zementstein wird porös, die Festigkeitsentwicklung hört auf, die Oberflächen sanden ab, das Schwinden nimmt zu, die Wasserundurchlässigkeit und die Frostbeständigkeit entwickeln sich nicht ausreichend, und die Carbonatisierung erfolgt schneller und tiefer.

Bei ungeschütztem Beton können vor allem an großen freien Flächen «Schrumpf»- und Schwindrisse entstehen. Erschütterungen während des Erstarrens und der Anfangserhärtung können das Betongefüge und den Verbund zwischen Beton und Betonstahl lockern.

Das Abdecken des Betons mit wärmedämmendem Material unmittelbar nach dem Verdichten verhindert ein zu rasches Abkühlen bei Frost oder schädliche Formänderungen infolge zu großer Temperaturunterschiede. Das Abspritzen von dickeren Bauteilen mit kaltem Wasser kann durch schroffe Abkühlung des Betons in den Randzonen zu Rissen führen.

! Als geeignete Maßnahmen für eine Nachbehandlung bieten sich je nach Bauteil und Umgebungsbedingungen beispielsweise – auch in Kombination – an:
- möglichst langes Belassen in der Schalung,
- Stahlschalung vor Sonnenbestrahlung schützen, Holzschalungen wässern,
- als Verdunstungsschutz, Schutz gegen extreme Temperaturen, Windschutz:

- Abdecken von Flächen mit Folien, auch mit wärmedämmenden Matten,
- Auflegen von feuchtgehaltenen Jutestoffen,
- Einhausen, Schutzzelte, ggf. Beheizung des Arbeitsraumes;
☐ Aufsprühen von Nachbehandlungsmitteln (Verdunstungsschutz auf Paraffinbasis),
☐ kontinuierliches Besprühen mit Wasser,
☐ Schutz gegen Schwingungen, Erschütterungen, Überlegungen hinsichtlich Schwingungsisolierung oder – in Vorplanung – Maßnahmen zur Erhöhung der Frühfestigkeit des Betons.

7.8 Qualitätssicherung, Konformität (Übereinstimmung)

Qualitätssicherung hat im Zusammenhang mit dem Bestreben, dauerhafte Betone herzustellen, eine stärkere Bedeutung erlangt. Ziel der Maßnahmen ist die Sicherstellung der Übereinstimmung (Konformität) des Produktes mit den Anforderungen durch Prüfungen.

Die Qualitätssicherung für Transportbeton gliedert sich in die Bereiche Produktions- und Konformitätskontrolle im Transportbetonwerk, durchgeführt nach DIN 1045-2 durch den Hersteller, und Überwachungsprüfungen durch die Baustelle, durchgeführt nach DIN 1045-3 durch den Verarbeiter.

Die Probennahme und Prüfungen werden bis zur Festigkeitsklasse C55/67 an einzelnen Betonzusammensetzungen oder sog. **Betonfamilien** vorgenommen. Ziel der Zuordnung in Familien ist die Einsparung der Anzahl und des Umfangs von durchzuführenden Prüfungen. Zu einer Betonfamilie zählen Betone ähnlicher Zusammensetzung mit gleichen Ausgangsstoffen. In die Prüfung sollte dabei die Zusammensetzung einbezogen werden, die mengenmäßig am häufigsten vertreten ist. Grundsätzlich gilt, dass Betone zwischen C12/15 und C55/67 mindestens 2 Betonfamilien zuzuordnen sind. Betone mit Zusatzstoffen Typ II, mit VZ, FM, LP sind als gesonderte Familie zu behandeln. Bei hochfestem Beton sind keine Betonfamilien zugelassen.

7.8.1 Qualitätssicherung im Transportbetonwerk

Produktionskontrolle (Eigenüberwachung)
Die Produktionskontrolle wird mit dem Ziel durchgeführt, dass die geplanten Eigenschaften und die an ihn gestellten Anforderungen sicher erreicht werden. Sie umfasst die Kontrolle der Ausgangsstoffe, des Mischungsentwurfes und der technischen und personellen Ausstattung.

Erstprüfung, Eignungsprüfung für jede Betonsorte soll abklären, ob mit den gewählten Stoffen die gewünschten Eigenschaften erreicht werden. Rechtzeitig vor Herstellungsbeginn eines Betons müssen dessen Eigenschaften im frischen und erhärteten Zustand durch Erstprüfungen nachgewiesen werden. Dafür wird der Beton für eine Druckfestigkeit von $f_c \geq f_{ck}$ + Vorhaltemaß Δf_c bemessen. Das Vorhaltemaß wird je nach den Erfahrungen des Herstellers mit $\Delta f_c = 6 \ldots 12$ N/mm² gewählt. Als Vorhaltemaß für w/z wird 0,03...0,05 gewählt.

Die Produktionskontrolle mit **Fremdüberwachung** erfolgt durch eine unabhängige, durch das DIBt autorisierte Prüfinstitution.

Konformitätskontrolle (werkseigene Produktionskontrolle)
Die Konformitätskontrolle wird *während* der Betonproduktion im Werk vorgenommen und dient dem Nachweis, dass der hergestellte Beton die Anforderungen sicher erreicht (z. B. Konsistenz, Rohdichte, w/z-Wert, Zementgehalt, Luftgehalt, Druckfestigkeit).

Der Nachweis auf statistischer Grundlage für einzelne Betonzusammensetzungen oder, falls zulässig, für Betonfamilien, wird getrennt geführt für Erstherstellung und stetige Herstellung.

Die **Fremdüberwachung** erfasst auch die Konformitätskontrolle. Sie besteht aus: Erstprüfung, Regelprüfung, ggf. Sonderprüfung, Zertifizierung durch unabhängige Zertifizierungsstelle. Bei Erfüllung der Anforderungen berechtigt sie zur Führung des Übereinstimmungszeichens (Ü-Zeichen).

Qualitätssicherung, Konformität (Übereinstimmung)

Tabelle 7.28 Mindestprobenanzahl

Mindestprobenanzahl für Beton C20/25 bis C50/60		
Herstellung	erste 50 m³	nach ersten 50 m³
Erstherstellung [1]	3 Proben	1 Probe je 200 m³ oder 2 Proben je Produktionswoche
stetige Herstellung [2]	–	1 Probe je 400 m³ oder 1 Probe je Produktionswoche

[1] Erstherstellung: bis mindestens 35 Prüfergebnisse vorliegen
[2] stetige Herstellung: ≥ 35 Prüfergebnisse verfügbar

Tabelle 7.29 Herstellung und Kriterien

Herstellung	n Ergebnisse	Kriterium 1	Kriterium 2
		Mittelwert von n Ergebnissen f_{cm} [N/mm²]	Einzelwert f_{ci} [N/mm²]
Erstherstellung	3	$\geq f_{ck} + 4$	$\geq f_{ck} - 4$
stetige Herstellung	15	$\geq f_{ck} + 1{,}48 \cdot \sigma$ $\sigma \geq 3$ N/mm²	$\geq f_{ck} - 4$

f_{ck} = charakteristische Festigkeit;
σ berechnet aus den letzten 35 aufeinanderfolgenden Prüfergebnissen

Prüfumfang, Übereinstimmungskriterien am Beispiel der Betondruckfestigkeit
Der Prüfumfang und die Übereinstimmungskriterien werden getrennt in

❑ Erstherstellung: bis 35 Prüfergebnisse pro Jahr,
❑ stetige Herstellung: ≥ 35 Prüfergebnisse pro Jahr.

In Tabelle 7.28 ist die Mindestprobenanzahl aufgeführt.

> Die **Nachweiskriterien** sind getrennt nach Erstherstellung und stetige Herstellung:
> Kriterium 1 = f_{cm} Mittelwert von n Ergebnissen [N/mm²]
> Kriterium 2 = f_{ci} Einzelwert von n Ergebnissen [N/mm²]
> Beide Kriterien müssen erfüllt sein.

Für andere Betoneigenschaften wie Zugfestigkeit, Biegezugfestigkeit, Spaltzugfestigkeit gelten ähnliche Kriterien.

7.8.2 Qualitätssicherung auf der Baustelle

Die Qualitätssicherung auf der Baustelle erfolgt durch Überwachungsprüfungen auf der Grundlage von DIN 1045-3. Verantwortlich ist das Bauunternehmen. In Abhängigkeit der Festigkeitsklasse sind 3 Überwachungsklassen festgelegt:
Die Überwachungsklassen sind in Tabelle 7.30 gezeigt.
In der **Überwachungsklasse 1 (ÜK1)** muss das Bauunternehmen im Rahmen einer werkseigenen Produktionskontrolle sicherstellen, dass der Beton normgerecht hergestellt und eingebaut wird.
Wird Beton der **Überwachungsklassen 2 oder 3 (ÜK2 oder ÜK3)** eingebaut, sind umfangreichere Prüfungen über alle für die Betonqualität maßgebenden Einflüsse durchzuführen. Das Bauunternehmen muss eine werkseigene Produktionskontrolle durchführen und unterliegt einer Fremdüberwachung und Zertifizierung. Die Baustelle muss über eine ständige Betonprüfstelle verfügen, die von einem in der Betontechnologie erfahrenen Fachpersonal mit erweiterter betontechnologischer Ausbildung (sogenannter E-Schein) ge-

Tabelle 7.30 Überwachungsklassen für Beton

	Überwachungsklasse		
	1	2 [1]	3 [1]
Festigkeitsklasse für Normal- und Schwerbeton	≤ C25/30 [2]	≥ C30/37 und ≤ C50/67	≥ C55/67
Festigkeitsklasse für Leichtbeton der Rohdichteklassen D1,0 – D1,4	nicht anwendbar	≤ LC25/28	≥ LC30/33
D1,6 – D2,0	≤ LC25/28	LC30/33 und LC35/38	≥ LC40/44
Expositionsklasse	X0, XC, XF1	XS, XD, XA, XM [3], ≥ XF2	–
Besondere Betoneigenschaften [4]	–	Beton für wassundurchlässige Baukörper (z. B. Weiße Wanne) [5], Unterwasserbeton, Beton für hohe Gebrauchstemperaturen ≤ 250 °C, Strahlenschutzbeton (ausgenommen KKW)	–

[1] Das Bauunternehmen muss über eine ständige Betonprüfung verfügen. Eigenüberwachung sowie Fremdüberwachung durch anerkannte Überwachungsstelle erforderlich.
[2] Spannbeton C25/30 ist stets in Überwachungsklasse 2 einzuordnen.
[3] Gibt nicht für übliche Industrieböden.
[4] Für besondere Anwendungsfälle (z. B. verzögerter Beton, FD/FDE-Betone) sind die Richtlinien des DAfStb zu beachten.
[5] Beton mit hohem Wassereindringwiderstand darf in die Überwachungsklasse 1 eingeordnet werden, wenn der Baukörper maximal zur zeitweilig aufstauendem Sickerwasser ausgesetzt ist und wenn in der Projektbeschreibung nichts anderes festgelegt ist.

leitet wird. Die Baustelle ist zu kennzeichnen «DIN 1045-3» unter Angabe der Überwachungsstelle. Die Aufzeichnungen der Überwachung werden mindestens 2-mal im Jahr, jede Baustelle, auf der Beton der Überwachungsklassen 2 oder 3 eingebaut wird, mindestens 1-mal im Jahr überprüft. Für die **Überwachungsklasse 3** ist zusätzlich ein Qualitätssicherungsplan erforderlich.

Der Umfang für die Eigen- und Fremdüberwachung ist in DIN 1045-3 detailliert in Tabellen zusammengestellt. Im Anhang A sind die Prüfungen des Frisch- und Festbetons geregelt, im Anhang B die Überwachung beim Einbau für die Betone ÜK1, ÜK2 und im Anhang C die Fremdüberwachung. Tabelle 7.31 zeigt den Umfang der Prüfungen für Beton nach Eigenschaften und Tabelle 7.32 nach Zusammensetzung. Für Standardbeton sind z. B. Lieferschein, Betonkonsistenz, Verdichtungsgeräte sowie die Gleichmäßigkeit des Betons stichprobenartig nach Augenschein zu beurteilen, und in Zweifelsfällen ist die Konsistenz zu prüfen.

Maßgebend für die Probeentnahme ist immer die größere Anzahl. Die Entnahme hat kontinuierlich über die Betonierdauer und gleichmäßig verteilt über die einzelnen Lieferungen zu erfolgen. Aus jeder entnommenen Probe ist nur ein Probekörper herzustellen.

Annahmekriterien für Beton nach Eigenschaften

Die Annahmekriterien für den Nachweis der Druckfestigkeit auf der Baustelle ist in Abhängigkeit von der Probenanzahl für Mittel- und Einzelwerte, im Allgemeinen für das Probenalter von 28 Tagen wie in Tabelle 7.33 angegeben zu führen.

Die Annahmekriterien sind erfüllt, wenn sowohl das Kriterium für den Mittelwert als auch für den Einzelwert erfüllt sind.

Anmerkung: Im Anhang ist ein Rechenbeispiel für einen Konformitätsnachweis gegeben.

Tabelle 7.31 Umfang der Prüfungen an Beton nach Eigenschaften

Prüfgegenstand	Mindestprüfhäufigkeit für Überwachungsklasse		
	1	2	3
Lieferschein	jedes Lieferfahrzeug		
Konsistenzmessung [1]	In Zweifelsfällen	Beim ersten Einbringen jeder Betonzusammensetzung; bei Herstellung von Probekörpern für die Festigkeitsprüfung; in Zweifelsfällen	
Frischbetonrohdichte von Leicht- und Schwerbeton	Bei Herstellung von Probekörpern für die Festigkeitsprüfung; in Zweifelsfällen		
Gleichmäßigkeit des Betons (Augenscheinprüfung)	Stichprobe	jedes Lieferfahrzeug	
Druckfestigkeit an in Formen hergestellten Probekörpern [2]	In Zweifelsfällen	3 Proben je 300 m³ oder je 3 Betoniertage [3]	3 Proben je 50 m³ oder je Betoniertage [3]
Luftgehalt von Luftporenbeton	Nicht zutreffend	Zu Beginn jedes Betonierabschnitts; in Zweifelsfällen	

[1] Zusätzliche Augenscheinprüfung der Konsistenz als Stichprobe für die Überwachungsklasse 1 bzw. an jedem Lieferfahrzeug für Überwachungsklassen 2 und 3.
[2] Prüfung muss für jeden verwendeten Beton erfolgen. Betone mit gleichen Ausgangsstoffen und gleichem Wasserzementwert, aber anderem Größtkorn, gelten als ein Beton.
[3] Maßgebend, welche Forderung die größte Anzahl Proben ergibt.

Tabelle 7.32 Umfang der Prüfungen an Beton nach Zusammensetzung

Prüfgegenstand	Mindestprüfhäufigkeit für Überwachungsklasse		
	1	2	3
Lieferschein	jedes Lieferfahrzeug		
Konsistenzmessung [1]	Beim ersten Einbringen jeder Betonzusammensetzung; bei Herstellung von Probekörpern für die Festigkeitsprüfung; bei Prüfung des Luftgehalts, in Zweifelsfällen		
Druckfestigkeit an in Formen hergestellten Probekörpern	Nach DIN EN 206-1, 8.2.1.2 und Tabelle 13; in Zweifelsfällen		
Luftgehalt von Luftporenbeton	Nicht zutreffend	Zu Beginn jedes Betonierabschnitts; in Zweifelsfällen	
Frischbetonrohdichte von Leicht- und Schwerbeton	Bei Herstellung von Probekörpern für die Festigkeitsprüfung		
Rohdichte von erhärtetem Leicht- und Schwerbeton	An jedem Probekörper für die Festigkeitsprüfung; in Zweifelsfällen		

[1] Zusätzliche Augenscheinprüfung der Konsistenz als Stichprobe für die Überwachungsklasse 1 bzw. an jedem Lieferfahrzeug für Überwachungsklassen 2 und 3.

Tabelle 7.33 Annahmekriterien für die Ergebnisse der Druckfestigkeitsprüfung der Baustelle (Beton nach Eigenschaften – Transportbeton)

Anzahl n der Einzelwerte	Mittelwert [2] f_{cm} [N/mm²]	Einzelwert [3] f_{ci} [N/mm²]
3 bis 4	$f_{cm} \geq f_{ck} + 1$	$f_{ci} \geq f_{ck} - 4$
5 bis 6	$f_{cm} \geq f_{ck} + 2$	$f_{ci} \geq f_{ck} - 4$
> 6	$f_{cm} \geq f_{ck} + (1{,}65 - 2{,}58/\sqrt{n}) \cdot \sigma$ [4]	$f_{ci} \geq f_{ck} - 4$

[1] Wenn nicht anders vereinbart, Prüfung im Alter von 28 Tagen
[2] Mittelwert von n nicht überlappenden Einzelwerten
[3] für ÜK 3: $f_{ci} \geq 0{,}9 \cdot f_{ck}$
[4] σ ist Standardabweichung der Stickprobe für $n \geq 35$, wobei $\sigma \geq 3$ N/mm² für ÜK 2 und $\sigma \geq 5$ N/mm² für ÜK 3
Bei Stichproben für $n < 35$ gilt $\sigma = 4$ N/mm²

Bewertung, Beurteilung der Übereinstimmung
Betone der ÜK1 (Standardbetone): Produktionslenkung und Übereinstimmungserklärung durch den Hersteller.

Betone der ÜK2 und ÜK3 unterliegen der Produktionslenkung durch Hersteller, sie werden durch die Überwachungsstelle überwacht und bewertet.

Bei der Produktionslenkung des Herstellers wird unterschieden in **Erstprüfung** (Kontrollen QS-Handbuch, Anlagen, Personal, Eignungsprüfung) und **Regelüberwachung** (Kontrolle auf der Grundlage des Ergebnisses der Erstüberwachung).

Bei Übereinstimmung der Ergebnisse der Überwachungsstelle mit der des Herstellers erteilt die Zertifizierungsstelle eine Übereinstimmungsbescheinigung (Ü-Zeichen): Für ÜK1: Hersteller (ÜH) und für ÜK2 und 3: Zertifizierungsstelle (ÜZ).

Lieferschein
Jede Lieferung von Frischbeton auf die Baustelle erfolgt mit Lieferschein. Die Übergabe findet vor Entleeren des Fahrmischers statt. Der auf der Baustelle Verantwortliche kontrolliert, ob Übereinstimmung mit der Bestellung besteht.

Der Lieferschein muss u. a. enthalten: Sortennummer, Hersteller, Betonmenge, Belade- und Entladezeit, Lkw-Kennzeichen, Bezeichnung der Baustelle, Ü-Zeichen (als Hinweis für Konformität mit Information über die Zertifizierungsstelle), zusätzlich für Beton nach Eigenschaften alle wichtigen Angaben zur Betonzusammensetzung sowie Festigkeits-, Expositionsklasse(n), Angaben zur Konsistenz und Angaben zur Gesteinskörnung. Der Lieferschein bleibt als wichtiges Dokument Bestandteil der Bauakte.

7.9 Besondere Betone

Für bestimmte Bauteile wird Beton nach besonderen Verfahren eingebracht oder der Beton muss bestimmte besondere Eigenschaften erreichen.

Spritzbeton
Bei Spritzbeton erfolgt die Förderung unter hohem Druck in geschlossener Schlauch- oder Rohrleitung. Der Einbau und das Verdichten erfolgen durch Spritzen mit hoher Geschwindigkeit gegen eine Auftragsfläche.

> Nach DIN 1045 ist Spritzbeton ein Beton nach Eigenschaften, der ohne Schalung eingebaut wird und bei dem die Verdichtung durch die hohe Anwurfenergie, die auch für die Haftung verantwortlich ist, erfolgt.

Im Stollen- und Tunnelbau sowie bei Ausbesserungen und Verstärkungen von Betonbauteilen wird Spritzbeton nach DIN EN 14 487 angewandt.

Bei **Trockenspritzverfahren** wird das Trockengut pneumatisch im Dünnstrom mit Druckluft befördert. Die Ausgangsmischung «schwimmt» im Druckluftstrom der Förderleitung. Das Wasser und flüssige und pulverförmige Zusatzmittel werden an der Spritzdüse zugegeben. Die Methode eignet sich für kleine Mengen und ermöglicht Unterbrechungen.

Im **Nassspritzverfahren** wird ein Frischbeton gleichmäßiger Zusammensetzung befördert. Für die Beförderung im Dünnstromverfahren ist eine steife bis plastische Konsistenz erforderlich, bei Beförderung im Dichtstrom durch Pumpen soll die Konsistenz plastisch bis weich sein. An der Spritzdüse wird Druckluft und eventuell flüssiges und pulverförmiges Zusatzmittel, i. d. R. Beschleuniger zugegeben. Die Methode ist geeignet für den Einbau großer Mengen an Frischbeton.

Als Spritzbeton eignen sich sand- und zementreiche Mischungen. Die Kornzusammensetzung der Gesteinskörnung mit Größtkorn 8…16 mm soll zwischen den Sieblinie A und B liegen. Je nach verwendetem Beschleuniger ist ein Zementgehalt von 270 bis 450 kg erforderlich. Im Tunnelbau empfiehlt sich die Verwendung von Zementen mit besonderer Eigenschaft nach DIN 1164-11. Je nach Bedarf kann gewählt werden zwischen Zement mit frühem Erstarren (FE-Zement) und schnell erhärtendem Zement (SE-Zement) und einem w/z-Wert von 0,46…0,56 (optimal 0,50). Beim Nassspritzen kann der w/z-Wert zielsicher eingestellt werden, beim Trockenspritzen erfolgt dies durch den Düsenführer.

Die erste Spritzlage ist ein klebriger, zäher Mörtel, in dem die grobe Gesteinskörnung der zweiten Schicht gut haften bleibt. Trotzdem findet ein **Rückprall** statt, der zur Abweichung des eingesetzten Betons von der Ausgangsmischung führt. Der Rückprall ist abhängig vom Aufprallwinkel, von der Lage der Auftragsfläche, der Dicke der Auftragsschicht und von der Zementmenge (höherer Gehalt vorteilhaft).

Beim Einbau von Spritzbeton darf die Bewehrung nicht federn. Bei mehreren Lagen von Bewehrung sind diese dem Spritzfortschritt entsprechend in mehreren Arbeitsschritten einzubauen. Der Abstand parallel laufender Bewehrung sollte kleiner als 5 cm sein und der Abstand der Spritzdüse zur Auftragsfläche mindestens 0,5 bis 1,5 m betragen. Die Bewehrung muss durch Schrägführung der Düse im Abstand von 0,5 m eingespritzt werden. Ohne Beschleuniger kann die Dicke einzelner Spritzlagen 2 bis 5 cm betragen.

> Eine besondere Art des Spritzbetons ist der Stahlfaserspritzbeton, der vor allem zur Erhöhung der Duktilität des spröden Zementsteins, zur Reduzierung der Rissbildung oder als «Ersatz» der Bewehrung in dünnen Schichten eingesetzt wird.
> Er wird in der Regel mit Größtkorn 8 mm, einem hohen Zementgehalt und einem Gehalt an Stahlfasern von 1 bis 2 Vol.-% (70 bis 150 kg) hergestellt.

Häufig benutzt werden Stahlfasern mit einer Länge von 15 bis 30 mm und einem Durchmesser zwischen 0,3 und 0,5 mm. Da sich die Fasern senkrecht zur Spritzrichtung legen, können sie in feuchter Umgebung rosten. Die Korrosion der Faser findet jedoch nur an der Oberfläche statt, ohne Abplatzungen und Störungen des Gefüges hervorzurufen. Wirken die «Korrosionsflecken» optisch störend, ist auf die letzte Spritzschicht eine 1 cm dicke Spritzbetonschicht ohne Faser aufzubringen.

Schleuderbeton
Bei Schleuderbeton wird aus einem plastisch bis weichen Beton mit w/z-Wert zwischen 0,33 und 0,55 durch Zentrifugalkraft ein Teil des Überschusswassers entzogen, so dass ein w/z-Wert von 0,25 bis 0,30 erreicht wird. Die so hergestellten Bauteile (Rohre und Masten) haben eine hohe Festigkeit und Dichtigkeit. Im Schleuderverfahren werden auch Auskleidungen von Stahl- und Gussrohren mit Zementmörtel als dauerhafter Korrosionsschutz vorgenommen.

Massenbeton
Die Richtlinie des DAfStb «Massige Bauteile aus Beton» definiert jene Bauteile als massige Bauteile, bei denen die kleinste Bauwerkabmessung größer als 1 m ist oder wenn die Dicke bei flächigen Bauteilen größer ist als 40 cm. Von besonderer Bedeutung sind die Wärmeentwicklung des Betons infolge Hydratation und die Schwindverformungen des Betons infolge beginnender Austrocknung von der Randzone aus. Die Erwärmung des Betons im Kern führt zu einer Ausdehnung, während die Abkühlung des Betons vom Rand aus zu

einer Verkürzung führt. Aus diesem Temperaturunterschied resultieren Gradienten der Eigenspannung. Die Austrocknung vom Rand her führt zur Verkürzung im Randbereich, die durch das Feuchtbleiben des Kernbereiches zu Eigenspannungen aus Schwinden führt. Ist die Summe der beiden Spannungen größer als die Zugfestigkeit des Betons, treten Risse auf. Deshalb müssen bei Massenbeton betontechnische und bautechnische Maßnahmen so gewählt werden, dass die aufgezeigten Wirkungen möglichst gering bleiben. Als betontechnologische Maßnahmen werden **Zemente mit niedriger Hydratationswärme** gewählt. Der Bindemittelgehalt von Massenbeton soll nicht höher als erforderlich sein: für unbewehrten Kernbeton ≥ 140 kg/m³, bei unbewehrtem Vorsatz ≥ 200 kg/m³ und bei bewehrtem Beton ≥ 220 kg/m³ und höher. Die Zugabe von Zusatzstoff Typ II Steinkohlenflugasche ist zu empfehlen. Eine feinteilarme Gesteinskörnung mit Sieblinie im Bereich A/B und möglichst großes Größtkorn (bis 125 mm) sind vorteilhaft.

Um die Frischbetontemperatur und die Wärmentwicklung zu senken, kann zur Kühlung **Splittereis** verwendet werden. Durch die Zugabe von 8 kg/m³ Splittereis wird die Temperatur des Frischbetons um 1 K vermindert.

Zu den bautechnischen Maßnahmen zählen die Unterteilung in Betonierabschnitten, so dass in mehreren Schichten oder in mehreren Abschnitten betoniert wird und die Anordnung von Fugen. Wärmedämmende Maßnahmen wie Schutz vor Sonneneinstrahlung, Kühlung, Betonieren bei Nacht und Verlängern von Ausschalfristen wirken sich positiv auf die Eigenschaften des Massenbetons aus.

Unterwasserbeton

Unterwasserbeton wird angewendet, wenn die Trockenlegung der Baugrube technisch oder wirtschaftlich nicht möglich ist. Der Beton wird bei tragenden Eigenschaften nach DIN 1045 hergestellt, ist als Beton nach Eigenschaften, der mit besonderem Verfahren eingebaut wird, eingestuft und unterliegt der Überwachungsklasse 2. Er besitzt die Eigenschaften eines Transportbetons. Je nach Anforderungen kann er mit hohem Widerstand gegen chemische Angriffe oder als wasserundurchlässiger Beton (WU-Beton) hergestellt werden. Als Frischbeton darf er sich in Kontakt mit Wasser nicht entmischen. Am besten findet der Kontakt mit Wasser erst dann statt, wenn der Beton «in Position» ist. Der Festbeton muss die benötigte Festigkeit und die geplanten Eigenschaften erreichen.

Bei Unterwasserschüttung von Transportbeton ist eine Zusammensetzung des Betons wie folgt erforderlich: $w/z \leq 0{,}60$, Zementgehalt ≥ 350 kg/m³ bei Größtkorn 32 mm. Die Verwendung von CEM 32,5 oder 42,5, evtl. HS-Zemente, und CEM III für massige Bauteile und von Flugasche sowie eine stetige Sieblinie A/B führen zu einem gut zusammenhängenden und schwer entmischbaren Beton, der fließfähig oder pumpbar ist und nicht verdichtet werden muss.

Der Einbau des Betons erfolgt im Kontraktorverfahren durch Schüttrohre, mit einem speziellen Kübel, mit einem Schlauch (Hydroventilverfahren) oder im freien Fall des Betons durch das Wasser (Hydrocrete-Verfahren).

Ein besonderes Verfahren ist die Herstellung von Unterwasser-Injektionsbeton (oder Ausgussbeton), bei dem zuerst die grobe Gesteinskörnung mit Durchmesser von 20…600 mm in dichteste Packung geschüttet und anschließend mit einem besonders fließfähigen und sich nicht entmischenden Zementmörtel ausgefüllt wird. Je nach Zusammensetzung, Mischen und Einbringen des Mörtels wird unterschieden in die Verfahren von Colcrete und Prepakt. Anwendung findet diese Art von Beton nicht nur als Unterwasserbeton, sondern auch bei dicken Bauteilen.

Wasserundurchlässiger Beton

Beton mit hohem Wassereindringwiderstand kann mit einem hohen Mindestzementgehalt und einer günstig zusammengesetzten Sieblinie der Gesteinskörnung hergestellt werden. Um ein wasserdichtes Gefüge zu erhalten, sollten der Mehlkorn- und Feinstsandgehalt möglichst hoch gewählt werden. Der Beton soll sich gut verarbeiten lassen und möglichst lang feuchtgehalten werden. Die Bauteile selbst dürfen nur die für die Wasserundurchlässigkeit unschädlichen Risse aufweisen, und die notwendigen Fugen müssen wasserdicht sein.

> Beton mit hohem Wassereindringwiderstand nach DIN EN 206 und DIN 1045 muss für Bauteile mit einer Dicke von 10…40 cm einen Wasserzementwert $w/z \leq 0{,}60$, einen Zementgehalt $z > 280$ kg/m³ und eine Mindestdruckfestigkeitsklasse C25/30 aufweisen. Bei massigen Bauteilen wird zur Verringerung der Wärmeentwicklung $w/z_{eq} \leq 0{,}70$ zugelassen.

In Ausnahmefällen ist der Nachweis der Wassereindringtiefe zu erbringen. Dies erfolgt an gesondert hergestellten Platten, auf die im Alter von 28 Tagen 3 Tage lang ein Wasserdruck von 0,5 N/mm² aufgebracht wird. Die Platten werden anschließend mittig gespalten und die max. Eindringtiefe des Wassers max. e gemessen. Sie darf höchstens 50 mm betragen.

Zusätzlich gilt die Richtlinie DAfStb «Wasserundurchlässige Bauwerke aus Beton» (WU-Richtlinie). Nach dieser Richtlinie werden die Einwirkungen auf die Bauteile unterteilt in: **Beanspruchungsklasse 1**, bei der drückendes und nichtdrückendes Wasser und zeitweise aufstauendes Sickerwasser auf das Bauteil wirkt, und **Beanspruchungsklasse 2** für Bauteile in Kontakt mit Bodenfeuchte und Sickerwasser. In Abhängigkeit der Funktion des Bauwerks wird unterschieden in **Nutzungsklasse A**, bei der feuchte Stellen auf der Betonoberfläche nicht zulässig sind, und **Nutzungsklasse B**, bei der feuchte Stellen im Bereich von Fugen, Arbeitsfugen, Trennrisse erlaubt sind. Zusätzlich zu den Anforderungen an den Beton gelten nach WU-Richtlinie Anforderungen an die Ausführung. Sie betreffen Mindestbauteildicken, Maßnahmen zur Reduktion von Rissen und Anforderungen an den w/z-Wert in Abhängigkeit der Bauteildicken.

Bei anderen Flüssigkeiten kann die Eindringtiefe größer sein als bei Wasser. Die «Richtlinie für Beton bei Umgang mit wassergefährdenden Stoffen» enthält Anhaltswerte von Eindringtiefen von $e = 15…85$ mm für über 30 Stoffgruppen (von Kohlenwasserstoffen bis zu anorganischen Verbindungen). Deshalb sind in der o. g. Richtlinie entsprechende betontechnische und konstruktive Maßnahmen für **flüssigkeitsdichten Beton (FD-Beton)** und für **flüssigkeitsdichten Beton nach Eindringprüfung (FDE-Beton)** zu beachten.

Schwerbeton

Die Betonrohdichte von Schwerbeton muss größer als 2,6 kg/dm³ sein. Er wird daher teilweise oder ganz aus schwerer Gesteinskörnung mit einer Kornrohdichte von über 3,0 kg/dm³ hergestellt. Natürliche schwere Gesteinskörnung sind z. B. Baryt, Hämatit oder Illemenit. Künstlich hergestellte schwere Gesteinskörnung sind Ferrophosphor, Ferrosilicium, Eisengranalien und Stahlsand. Der Beton entspricht der Überwachungsklasse 2. Schwerbeton wird als Konstruktionsbeton oder **Strahlenschutzbeton** eingesetzt. Daher gilt das Merkblatt Strahlenschutzbetone der DBV-Merkblattsammlung. Nach DIN 25 413 werden Abschirmbetone unterteilt in Betone zur Abschirmung von Neutronenstrahlung und Betone zur Abschirmung von Gammastrahlung.

Die Technologie und die Eigenschaften von Schwerbeton entsprechen weitgehend denen von Normalbeton. Bei der Zusammensetzung von Schwerbeton ist vor allem die Festbetonrohdichte einzuhalten. Gewöhnlich wird als Schwerbeton ein dichter, porenarmer Beton der Druckfestigkeitsklasse C25/30 oder 30/37 mit einer Zugfestigkeit $f_t \geq 3$ N/mm² eingesetzt. Bevorzugt verwendet werden LH-Zemente 32,5. Die Gesteinskörnung besteht aus gebrochenem Korn bis 150 mm ohne Brechsand. Üblich ist eine Kombination von schwerer und normaler Gesteinskörnung.

Schwerbeton mit üblichen schweren Gesteinskörnungen schwächt als Strahlenschutzbeton nur bis Gammastrahlung. Zur Abschirmung bis Neutronenstrahlung ist ein höherer Wassergehalt der Gesteinskörnung notwendig. Dem Beton werden Gesteinskörnungen, die Kristallwasser enthalten (z. B. Limonit, Serpentin, Asbest) oder borhaltig sind, z. B. Borcalzit, Borfritte, Borcarbid, zugegeben.

Wegen der besonders großen Dichteunterschiede des Zementleims und der schweren Gesteinskörnung neigt der Beton stark zum Entmischen. Der Beton ist als steifer Rüttelbeton herzustellen oder als Ausgussbeton einzubringen und benötigt eine lange Nachbehandlung. Eine Eignungsprüfung ist immer erforderlich. Die Verwendung von sehr teurer Gesteinskörnung bewirkt, dass die Kosten vielfach höher sind als bei Normalbeton.

Als Konstruktionsbeton wird Schwerbeton für besonders schwere Maschinenfundamente, als Gegengewichte bei Kranen oder im Tresorbau angewandt.

Vakuumbeton
Beton kann ein dichtes Gefüge auch auf andere Weise als durch Verdichten erhalten. Bei Vakuumbeton wird einem ursprünglich plastischen bis weichen Beton nach dem Einbringen durch Saugelemente an den Schalungsflächen oder an den oberen Flächen Wasser entzogen; dadurch werden der w/z-Wert und damit die Schwindneigung deutlich vermindert, die Früh- und Endfestigkeit gesteigert und die Dichtigkeit der Oberfläche verbessert. Anwendung findet dieses Verfahren vorwiegend bei Industrieböden.

Walzbeton
ist ein erdfeuchter Beton, der mit Straßenbauwalzen eingeebnet und verdichtet wird. Durch den geringen Wasserbedarf kann der Beton mit geringer Zementmenge und niedrigem w/z-Wert hergestellt werden. Am häufigsten findet er bei der Herstellung von Betontragschichten und Betonböden Anwendung.

Feuerbeton
Beton, der Gebrauchstemperaturen bis 250 °C ausgesetzt ist, kann durch die Temperaturunterschiede und durch das große Schwinden rissig und damit unbrauchbar werden. Für einen ausreichenden Hitzewiderstand bis 250 °C ist eine Gesteinskörnung mit möglichst kleiner Wärmedehnung zu verwenden, z. B. bestimmte Kalksteine und Hochofenschlacke. Zur Verminderung der Rissgefahr infolge von Schwinden ist durch eine ausreichende Nachbehandlung zunächst eine hohe Zugfestigkeit anzustreben und dann durch langsames erstmaliges Erhitzen ein schroffes Schwinden zu verhindern. Bei häufigen Temperaturwechseln muss der Beton durch feuerfestes Mauerwerk, Wärmedämmschichten u. a. besonders geschützt werden. Bei Temperaturen über 250 °C bis rd. 1150 °C ist der Beton als Feuerbeton aus Normzementen oder Tonerdeschmelzzement und feuerfester Gesteinskörnung (Schamotte u. a.) herzustellen; bei der Verwendung von CEM I sind außerdem keramische Betonzusatzstoffe notwendig. Beim Erhitzen geht die hydraulische Bindung des Zementsteins in eine keramische über.

Sichtbeton
Sichtbeton als gestaltendes Element soll ein in der Planung vorgegebenes Aussehen haben. Sichtbeton entsteht als Spiegelbild der Schalung; ihr ist also besondere Sorgfalt zu widmen. Sie muss in allen Teilen gleichmäßig beschaffen und mit Trennmittel behandelt sowie dicht sein.

Da durch unterschiedliche Einwirkungen von Niederschlags-, Nachbehandlungs- oder Tauwasser, z. B. unter Abdeckfolien, Verfärbungen auftreten können, muss auch auf ein gleichmäßiges Entschalen und eine sorgfältige Nachbehandlung geachtet werden. Wegen nicht vermeidbarer Unterschiede der Ausgangsstoffe, der Fertigungsbedingungen und insbesondere der Witterungsverhältnisse lassen sich vor allem bei Ortsbeton und bei glatten Flächen geringe Farbunterschiede der Oberfläche nicht immer vermeiden.

Bei Sichtbeton ohne spätere Bearbeitung hängt die Farbe nicht nur von der Zementfarbe oder dem Zusatz von Pigmenten ab. Eine dunklere Farbe ergibt sich z. B. durch einen geringen w/z-Wert, eine saugende Schalung und eine längere Nachbehandlung.

> Um vor allem eine gleiche Farbtönung, die erwartete geschlossene Oberfläche und fehlerfreie Kanten zu erhalten, muss auf Folgendes geachtet werden:
> ❑ stets gleiche Mischungen,
> ❑ $w/z \leq 0{,}55$ bzw. $z \leq 300$ kg/m³,
> ❑ saubere Gesteinskörnung nahe der Sieblinie B,

- hoher Mehlkorngehalt,
- plastische bis weiche Konsistenz,
- gleichmäßiges Einbringen,
- vollständige Verdichtung,
- ausreichende Betondeckung des Betonstahls.

Alle Sichtbetonflächen dürfen erst nach einer kurzen Trockenperiode mit Niederschlags- oder Tauwasser in Berührung kommen, denn von außen her eingedrungenes Wasser verdunstet an der Betonoberfläche und hinterlässt das gelöste Kalkhydrat des Zementsteins. Bei Kontakt mit Luft wandelt sich diese zu Calciumcarbonat um, das zu Ausblühungen führt. Die Trocknungszone sollte daher nicht auf der Betonoberfläche, sondern unterhalb der Oberfläche liegen.

Waschbeton ist ein besonderer Sichtbeton, bei dem die Gesteinskörnung sichtbar ist. Dazu wird meist ein Korngemisch mit einer Ausfallkörnung verwendet. Durch besondere Anstriche oder Einlagen an den Schalflächen bzw. durch Besprühen der Betonoberfläche wird die Erhärtung des Zements verzögert. Nachdem der Mörtel abgewaschen ist, sind die groben Körner bis ca. $2/3$ ihrer Oberfläche in den Zementmörtel eingebettet.

Besondere Sichtbetonflächen, insbesondere für Betonwerkstein, erhält man vor allem durch mechanische Entfernung des Feinmörtels nach der Anfangserhärtung, z. B. durch Abspitzen, Sandstrahlen, Schleifen. Das Aussehen wird dann vor allem durch die Gesteinskörnung bestimmt.

Durch wasserabweisende Imprägnierungen kann das Eindringen von Schmutzstoffen mit dem Niederschlagswasser in den Sichtbeton vermindert werden. Besondere optische Effekte erhält man außerdem mit farblosen oder farbigen Beschichtungen. Die Anstrichstoffe, z. B. Siliconharz- und Silikatfarben oder Acryldispersions- und Acrylharzfarben, müssen alkalibeständig sein. Wegen der Dauerhaltbarkeit müssen auch besondere Anforderungen an das Alter und die Austrocknung des Betons eingehalten werden. Zu beachten sind Merkblätter und Richtlinien für Anstriche, Beschichtungen, Schutzüberzüge auf Beton und Betonfertigteilen.

Wenn der Auftraggeber eine besonders gestaltete Oberfläche wünscht, so muss er dies in der Leistungsbeschreibung eindeutig angeben. Hinweise über Sichtbeton finden sich in den Merkblättern für die Ausschreibung, Herstellung und Abnahme von Beton mit gestalteten Ansichtsflächen bzw. für Sichtbetonflächen von Fertigteilen aus Beton und Stahlbeton.

7.9.1 Hochleistungsbeton

Als Hochleistungsbeton wird jener Beton bezeichnet, der mindestens eine hervorragende Eigenschaft aufweist.

7.9.2 Hochfester Beton

Die besondere Leistung dieses Betons ist die sehr hohe Druckfestigkeit ab C 55/67 für Normal- und Schwerbeton und LC 55/60 für Leichtbeton. Die Herstellung ist in DIN EN 206 / DIN 1045-2 geregelt, die Überwachung in DIN 1045. Die Betone sind der ÜK3 zugeordnet und erfordern ein Qualitätssicherungssystem. Für Beton der Festigkeitsklasse ≥ C90/105 und ≥ LC 70/77 sind zusätzlich eine allgemeine bauaufsichtliche Zulassung oder eine Zustimmung im Einzelfall erforderlich.

Die hohen Festigkeiten werden erreicht durch Maßnahmen, mit denen die Dichtigkeit der inneren Betonstruktur und die Eigenschaften in der Kontaktzone zwischen Zementstein und Gesteinskörnung verbessert werden. Dazu zählen:
- ein geringer Wassergehalt,
- eine erhöhte Zementmenge, $z ≥ 400$ kg/m³, Festigkeitsklasse ≥ 42,5,
- die Zugabe von Silicastaub s als Zusatzstoff Typ II, $s ≈ 5...10$ M.-% des Zements,
- ein geringer w/z_{eq}-Wert $(w + FM)/(z + s)$ ≤ 0,35,
- die Zugabe eines leistungsfähigen Fließmittels FM mit der Möglichkeit des Nachdosierens,
- Sieblinie zwischen A/B, Größtkorn max. 16 mm, 0/16, 0/11,
- gebrochene Gesteinskörnung mit hoher Eigenfestigkeit, z. B. Basalt.

Die hohe Festigkeit und die hohe Dichtigkeit ermöglichen schlankere Bauteile und damit Einsparung an Eigengewicht. Die Dauerhaftigkeit, die Dichtheit, der Abriebwiderstand und der Frost- und Frost-Taumittelwiderstand sind erheblich verbessert. Die hohe Festigkeit bewirkt eine Versprödung. Geringe Schwankungen des w/z bei der Herstellung wirken sich auf die planmäßige Festigkeit nachteilig aus. Der hohe Bindemittelgehalt, kombiniert mit einem geringem Wassergehalt, führt zu einer größer Schwindneigung und somit zu einer erhöhten Rissgefährdung.

Da der Beton eine sehr hohe Dichtigkeit aufweist, ist für den Brandfall die Zugabe von Polypropylenfasern in Menge von 2 bis 5 kg vorgeschrieben.

Verwendet wird hochfester Beton bei Stützen und Wänden, die stark druckbeansprucht sind, bei Bauteilen mit mechanischer Beanspruchung, bei Verbundkonstruktionen und Spezialkonstruktionen wie z. B. Behälter, aber auch im konstruktiven Ingenieurbau bei Brücken.

Unter Verwendung von leichter Gesteinskörnung mit hoher Kornfestigkeit kann analog hochfester Leichtbeton hergestellt werden.

7.9.3 Selbstverdichtender Beton

> Selbstverdichtender Beton entspricht nicht den Anforderungen der DIN 1045 und ist daher nach der Richtlinie des DAfStb «Selbstverdichtender Beton» herzustellen und zu prüfen.

Selbstverdichtender **B**eton (SVB) ist ein Beton, der bei einer sachgerechten Zusammensetzung im frischen Zustand eine sehr hohe Fließfähigkeit besitzt, so dass er **ohne Verdichtungsarbeit** die Schalung lückenlos ausfüllt, sich dabei selbst entlüftet und nicht entmischt. Im festen Zustand weist er die gleichen Festigkeitseigenschaften wie ein üblicher Beton auf, der Zustand der Oberflächen kann Sichtbetonqualität erreichen.

Der Frischbeton muss nahezu fließfähig sein und robust gegen Sedimentieren. Die grobe Gesteinskörnung hat ein Größtkorn von 16 mm und «schwimmt» in einer stabilen Mörtelmatrix. Der Zusammenhalt des Frischbetons wird durch Zugabe eines hohen Anteils an Feinststoffen (Flugasche, Gesteinsmehl) gesichert. Die Zementmenge der Matrix kann u. U. im Vergleich zu einem üblichen Beton höher ausfallen. Der Mehlkorngehalt liegt zwischen 450 kg/m³ und 650 kg/m³ und entspricht nicht den Anforderungen der DIN 1045. Für die Verarbeitung ist die Zugabe eines hochwirksamen Fließmittels erforderlich.

Die Entwicklung eines SVB bedarf einer umfangreicheren Eignungsprüfung zur Abklärung des Zusammenwirkens von Zement, Fließmittel und Feinststoff. Geprüft werden das Setzfließmaß mit und ohne Blockierring und die Trichterauslaufzeit.

Die Stoffkosten sind höher als bei üblichem Beton. Die Fließeigenschaften reagieren empfindlich auf Änderungen der Ausgangsstoffe, Schwankungen bei der Dosierung und auf Veränderung der Wirksamkeit des Fließmittels infolge Temperaturänderungen. Der hohe Feinteilgehalt erfordert eine besonders sorgfältige Nachbehandlung. Ein Qualitätssicherungssystem bei der Herstellung ist daher notwendig. SVB eignet sich beispielsweise für feingliedrige Bauteile und Bauteile mit komplizierter Geometrie, für Sichtbeton und für Bauteile, die z. B. aufgrund von Zugänglichkeit nicht mechanisch verdichtet werden können. Im Fertigteilwerk wird Verdichtungsarbeit eingespart und der Lärm am Arbeitsplatz vermindert.

7.10 Betonwaren und Fertigteile aus Normalbeton

Diese Baustoffe werden in Baustoffwerken hergestellt und nach der Erhärtung auf die Baustelle geliefert. Für alle außerhalb besonderer Normen hergestellten Fertigteile aus Beton und Stahlbeton ist DIN 1045-4 maßgebend. Baustoffe mit kleineren und mittleren Maßen werden meist im Takt- oder Fließbandverfahren mit besonderen Maschinen geformt, verdichtet und anschließend gestapelt. Baustoffe, die ohne Schalung hergestellt oder unmittelbar nach der Verdichtung entschalt werden, müssen eine hohe «Grünstandfestigkeit» besitzen.

Tabelle 7.34   Wichtige Eigenschaften von Betonwerkstein sowie von Gehwegplatten, Bordsteinen und Pflastersteinen aus Beton

Baustoffe	Druckfestigkeit [1] N/mm²	Biegezugfestigkeit [1] N/mm²	Schleifverschleiß mm $\left(\dfrac{cm^3}{50\ cm^2}\right)$	Weitere Eigenschaften
Betonwerkstein	≥ 30	≥ 5	I[2] ≤ 3,0 (15,0) II[2] ≤ 5,2 (26,0)	Wasseraufnahme [3] ≤ 15 Vol.-%
Gehwegplatten Bordsteine Pflastersteine	– – ≥ 60	} ≥ 6 –	} ≤ 3,0 (15,0) –	Widerstand gegen Frost- und Tausalzeinwirkung

[1] Mittelwert.
[2] Härteklasse I und II.
[3] bei Betonwerksteinen, die im Freien verwendet werden.

Um die Baustoffe möglichst bald stapeln oder einbauen zu können bzw. bei Bauteilen mit großen Maßen die Schalungen möglichst oft innerhalb eines bestimmten Zeitraumes benutzen zu können, wird die Erhärtung vor allem durch Verwendung rasch erhärtender Bindemittel und/oder durch Zufuhr von Wärme beschleunigt. Zementgebundene Baustoffe mit dichtem Gefüge werden im Hoch- und Tiefbau verwendet und müssen aus diesem Grund meist auch ein günstiges Verhalten gegenüber Wasser- und Frosteinwirkung besitzen.

7.10.1   Betonwerksteinerzeugnisse

Betonwerksteinerzeugnisse nach DIN V 18 500 werden als Fußboden- und Fassadenplatten sowie für Treppen verwendet; bei größeren Maßen werden sie als Stahlbetonfertigteile bewehrt. Betonwerkstein wird oft 2-schichtig aus Vorsatzbeton (mit besonderer Gesteinskörnung und Pigmenten) und Kernbeton hergestellt. Beide Betone sind hinsichtlich Zusammensetzung und Verarbeitung aufeinander abzustimmen und müssen untrennbar miteinander verbunden sein. Die Ansichtsflächen werden durch entsprechende Schalungen besonders gestaltet oder nachträglich bearbeitet, z. B. durch Waschen, Schleifen, Sandstrahlen. Die wichtigsten Anforderungen sind in Tabelle 7.34 gezeigt.

7.10.2   Gehwegplatten, Bordsteine und Bordsteine

Gehwegplatten nach DIN EN 1339, **Bordsteine** nach DIN 483 sowie **Pflastersteine** nach DIN EN 1338 werden in verschiedenen Größen und Formen geliefert, Pflastersteine meist auch als Verbundsteine. Da Gehwegplatten auch für Flächen mit starkem Fußgängerverkehr und geringem Fahrverkehr verwendet werden, muss die Gesteinskörnung aus hartem Gestein bestehen, bei zweischichtiger Herstellung muss mindestens der Vorsatzbeton harte Gesteinskörnung enthalten. Die Anforderungen sind in Tabelle 7.34 gezeigt. Wegen des Frost- und Tausalzwiderstandes sollte der w/z-Wert höchstens 0,40 betragen, die Gesteinskörnung einen hohen Frostwiderstand besitzen und der Mehlkorngehalt möglichst gering sein.

7.10.3   Betonrohre und Formstücke

Betonrohre und **Formstücke** nach DIN V 1201 werden mit Nennweiten von 100…1500 mm und in unterschiedlichen Rohrformen hergestellt: kreisförmig (Kurzzeichen K), kreisförmig mit Fuß (KF) und eiförmig mit Fuß (EF). Für wandverstärkte Rohre (W) ist in der Regel kein statischer Nachweis erforderlich. Je nach Rohrform, Nennweite und Wanddicke ist eine Mindestscheiteldrucklast von 24…220 kN/m erforderlich. Die Festigkeitsklasse des Betons

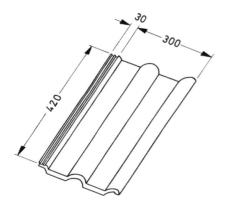

Bild 7.7 Betondachstein, Frankfurter Pfanne

Bild 7.8 Faserzement-Wellplatte Profil 177/51

muss ≥ C 35/45 sein. Die Rohre müssen bei einem Druck von 0,5 bar wasserdicht sein. Die Rohrenden werden mit Muffe (M) oder mit Falz (F) ausgeführt. Die Dichtung der Muffenverbindungen erfolgt meist mit von den Rohrherstellern mitgelieferten gummielastischen Rollringdichtungen. Für Stahlbetonrohre gilt DIN V 1201/DIN EN 1916.

7.10.4 Weitere Baustoffe aus Normalbeton

Vollblocksteine Vbn oder **Hohlblocksteine Hbn** aus **Normalbeton** sind in DIN V 18 153-100 genormt. Sie können mit geschlossenem oder haufwerksporigem Gefüge hergestellt werden. In den Rohdichteklassen 1,2…1,8 bzw. den Festigkeitsklassen 4, 6 und 12 können sie auch für Untergeschosswände verwendet werden. Ihre Kennzeichnung erfolgt: Angabe der Zahl der Kammerreihen, der Festigkeitsklasse, der Rohdichteklasse und des Formats. Ein Beispiel für die Kennzeichnung eines Vollblocks:

Vollblock DIN V 18 153-100 – 2K Vbn 12 – 1,2 – 4DF – 240/240/113

Betondachsteine sind in DIN EN 490 genormt, werden aus Zement und Sand hergestellt und werden oft durch die Zugabe von Pigmenten farblich gestaltet. Sie haben i. d. R. größere Formate als Dachziegel aus gebranntem Ton (Bild 7.7). Besonders günstige Eigenschaften sind ihre Maßhaltigkeit, Wasserundurchlässigkeit und Frostbeständigkeit.

Darüber hinaus gibt es noch z. B. Schächte nach DIN V 4034-1, Abläufe nach DIN 4052 und Betonmaste nach DIN EN 12 843.

7.10.5 Faserbetonbaustoffe

Baustoffe aus Faserbeton werden mit Fasern mit hoher Zugfestigkeit hergestellt, z. B. mit Stahlfasern, alkaliwiderstandsfähigen Glasfasern und speziell entwickelte Kunststofffasern. Durch die Zugabe von Fasern werden die Zug- und Biegezugfestigkeit sowie die Schlagbiegefestigkeit der Baustoffe wesentlich verbessert, so dass dünne Querschnitte möglich sind. Wegen der großen Oberfläche der Fasern erfordert dichter Faserbeton einen hohen Zementgehalt, wodurch zwar die Wasserdichtheit und Frostbeständigkeit erhöht werden, aber das Schwinden stärker wird.

Für das Zusammenwirken der Faser mit dem Zementstein sind maßgebend: der Durchmesser, die Länge, die Haftung sowie der E-Modul und die Bruchdehnung der einzelnen Faser.

Faserzementbaustoffe bestehen im frischen Zustand aus vielen Schichten zementumhüllter Synthetik- oder Zellstofffasern, woraus maschinell ebene Platten und Tafeln, Wellplatten (DIN EN 494), Abflussrohre (DIN EN 12 763), Druckrohre oder Dachplatten

Tabelle 7.35 Anwendungsbereiche von Leichtbeton

Anwendungsbereich	Gesteinskörnung, Zugabestoff	Trocken-rohdichte [kg/m³]	Druck-festigkeit [N/mm²]	Wärme-leitzahl λ [W/m · k]
Hochwärmedämmend Kühlhäuser Frostschutzschichten	Kunststoffschaum, Blähglimmer, Holzwolle	200…600	0,2…2,5	0,05…0,25
Wärmedämmend + tragend Außenwände Hochbau	Blähton, Blähschiefer, Naturbims, Hüttenbims	600…1200	2,5…15	0,25…0,5
Vorwiegend tragend Stahlleichtbeton Spannleichtbeton Massivdächer	Blähton, Blähschiefer	1200…2000	11…60	0,5…1,25

(DIN EN 492), Entlüftungsrohre, Wannen und Kästen gefertigt werden. Für die Anwendung im Hochbau als Dacheindeckung, Fensterbänke u. a. wird der Faserzement auch eingefärbt; Baustoffe für Bekleidungen werden beschichtet. Wellplatten werden als kurze ($l < 0,9$ m) oder als lange Wellplatten ($l > 0,9$ m) mit verschiedenen Profilen (Wellenlänge / Wellenhöhe in mm) geliefert (Bild 7.8). Je nach Faserrichtung und Verdichtung erhält man unterschiedliche Biegefestigkeiten; bei der Prüfung von Wellplatten sind aufnehmbare Biegemomente von 25…55 Nm/m gefordert.

Glasfaserbeton (GFB) wird durch Einmischen, Einrieseln und Einlegen von rund 3…15 Vol.-% Glasfasern unterschiedlicher Länge hergestellt. Je nach Fasergehalt und Herstellungsverfahren liegt die Biegefestigkeit des Glasfaserbetons zwischen 8…40 N/mm². Die Anwendungsmöglichkeiten von Glasfaserbeton sind ähnlich wie bei Faserzementbaustoffen und glasfaserverstärkten Kunststoffen.

7.11 Leichtbeton

Leichtbeton LC (*lightweight concrete*) hat eine Rohdichte $\leq$ 2000 kg/m³. Die geringere Rohdichte wird durch Verwendung von leichten Gesteinskörnungen mit Rohdichten zwischen 300…1600 kg/m³ und/oder durch haufwerksporige Strukturen erreicht. Je nach Rohdichte und Ausgangsstoffen werden die Wärmedämmeigenschaften verbessert. Im Vergleich zu Normalbeton hat Leichtbeton ein geringeres Eigengewicht und dadurch ein besseres Verhältnis Nutzlast zu Eigengewicht. Daraus ergeben sich wesentliche technische und wirtschaftliche Vorteile.

Die Leichtbetonarten unterscheiden sich hinsichtlich der Art und der Erzeugung der Poren in:

❏ Leichtbeton mit haufwerksporigem Gefüge,
❏ Leichtbeton mit gemischporigem Gefüge,
❏ Leichtbeton mit gleichmäßig porigem Gefüge (Blähporigkeit),
❏ Leichtbeton mit geschlossenem Gefüge (kornporig).

So wird Leichtbeton wegen des niedrigeren Eigengewichts auch für tragende Stahlbetonbauteile verwendet.

Für die unterschiedlichen Anwendungsbereiche sind verschiedenen Zusammensetzungen des Leichtbetons erforderlich. Tabelle 7.35 zeigt eine Übersicht der wichtigsten Anwendungsbereiche. Es gibt zahlreiche Arten von leichter Gesteinskörnung, die sich nicht nur in der stofflichen Zusammensetzung und Gewinnung unterscheiden, sondern auch in der Rohdichte, der Eigenfestigkeit, der Oberfläche und der Form der Körner. Eine Übersicht über die wichtigsten Arten gibt Tabelle 7.36.

Tabelle 7.36 Leichtgesteinskörnung, Arten und Korneigenschaften

Leichtgesteinskörnungsart	Kornrohdichte [kg/dm³]	Kornfestigkeit	Erreichbare Betonfestigkeitsklasse
mineralisch-natürliche			
Naturbims	0,40...0,90	gering	LC 12/13
Schaumlave	0,70...1,50	mittel	LC 25/28
mineralisch-künstliche			
Blähton	0,60...1,60	gering bis hoch	LC 50/55
Blähschiefer	0,80...1,80	mittel bis hoch	LC 50/55
Hüttenbims	0,50...1,50	gering bis mittel	LC 25/28
Sinterbims	0,50...1,80	gering bis mittel	LC 25/28
Ziegelsplitt	1,20...1,80	mittel	LC 25/28
Blähglimmer	0,10...0,20	sehr gering	bis 5 N/mm²
Blähperlit	0,10...0,30	sehr gering	bis 5 N/mm²
organisch-natürliche			
Holzspäne, Holzwolle	0,40...0,06	gering	bis 5 N/mm²
organisch-künstliche			
Polystyrolschaumkugeln	0,04	sehr gering	bis 5 N/mm²

7.11.1 Konstruktionsleichtbeton und Stahlleichtbeton

Konstruktionsleichtbeton und Stahlleichtbeton sind ein Leichtbeton mit geschlossenem Gefüge (kornporig), der wie bei Normalbeton mit stetiger oder unstetiger Sieblinie hergestellt wird. Das maßgebende Regelwerk für Konstruktionsleichtbeton und Stahlleichtbeton sind DIN EN 206 und DIN 1045-2. Für Konstruktionsleichtbeton gelten sinngemäß die Expositionsklassen und die Druckfestigkeiten nach Tabelle 7.19. Bei den Festigkeitsklassen ist der im Vergleich zu Normalbeton geringere Unterschied zwischen der Zylinderfestigkeit und der Würfelfestigkeit mit den hier vorgegebenen Abmessungen berücksichtigt (Normalbeton: $f_{ck,cyl}/f_{ck,cube} \approx 0{,}80$; Leichtbeton: $f_{ck,cyl}/f_{ck,cube} \approx 0{,}90$). Nach DIN EN 206 und DIN 1045 wird Leichtbeton bzw. Stahlleichtbeton für tragende Bauteile nicht nur nach Festigkeiten eingeteilt, sondern auch nach den in Tabelle 7.37 gezeigten Rohdichteklassen.

Die Rohdichte von Leichtbeton steht in einem engen Zusammenhang mit dessen Wärmeleitfähigkeit. Die Rechenwerte der Wärmeleitfähigkeit in Abhängigkeit von der Rohdichte nach DIN 4108 sind Tabelle 7.37 zu entnehmen.

7.11.1.1 Ausgangsstoffe

Zur Herstellung eignen sich die in DIN EN 13 055-1 geregelte leichte Gesteinskörnung und Hüttenbims nach DIN 4301. Es gelten die Deutschen Anwendungsregeln DIN 1045-2. Gegenüber der Gesteinskörnung für Normalbeton sind einige erweiterte Anforderungen gestellt, z. B. hinsichtlich der Raumbeständigkeit und der erhöhten Gleichmäßigkeit von Schüttdichte ϱ_S, Kornrohdichte ϱ_R und Kornfestigkeit.

Die Kornfestigkeit des Leichtkorns hängt vor allem von der Porosität und damit auch von der Kornrohdichte ab, außerdem vom Ausgangsstoff und vom Herstellungsverfahren.

Die Bestimmung der Kornrohdichte ist wegen des Wassersaugens der porösen Körner aufwendig. Im Rahmen der Eigenüberwachung wird zur schnellen Kontrolle der Korngruppen über 4 mm bei jeder Lieferung auch die Schüttdichte ϱ_S geprüft.

Tabelle 7.37 Rohdichte und Wärmeleitfähigkeit von Leichtbeton

Rohdichteklasse	Trockenrohdichte ϱ_d (kg/m³)	Wärmeleitfähigkeit λ_R [W/m · K] Rechenwerte nach DIN 4108	
		mit Quarzsand	ohne Quarzsand
D1,0	801…1000	–	0,39…0,49
D1,2	1001…1200	–	0,50…0,62
D1,4	1201…1400	–	0,63…0,79
D1,6	1401…1600	0,95…1,20	0,80…1,00
D1,8	1601…1800	1,21…1,56	1,01…1,30
D2,0	1801…2000	1,57…1,92	1,31…1,60
Vergleich: Beton	2300…2400	2,1	–

> Da größere Körner meist poröser und weniger fest sind, verschlechtern sie die Festigkeit des Betons und den Korrosionsschutz der Bewehrung. Deshalb darf das Größtkorn höchstens 25 mm betragen. Für höhere Festigkeitsklassen des Betons wird meist nur Größtkorn bis 16 oder 8 mm verwendet.

Je nach gewünschten Eigenschaften werden neben grober Körnung mit hoher Korneigenporigkeit Natursand, eine Kombination von Natursand und Leichtsand oder Leichtsand verwendet. Aus Gründen der Verarbeitbarkeit sowie der Festigkeit wird Leichtbeton oft unter Zugabe von Natursand (Kornrohdichte i. Allg. 2,63 kg/dm³) hergestellt. Die Betonrohdichte wird dadurch erhöht.

Leichtsande 0/2 oder 0/4 mm bestehen i. d. R. aus gebrochenen Körnern; bei Blähton und Blähschiefer werden sie durch Zerkleinern der Körner über 4 mm gewonnen. Da die gebrochenen Sandkörner weniger porig sind, ist ihre Kornrohdichte größer als die der Korngruppen über 4 mm. Beton mit diesen Sanden darf nur unter den Bedingungen der Überwachungsklasse 2 hergestellt werden.

7.11.1.2 Wassergehalt

Der für die Verarbeitung notwendige Wassergehalt des Leichtbetons ist meist größer als für Kiessandbeton. Für die Konsistenzprüfung empfiehlt sich das Verdichtungsmaß; wegen der geringeren Masse des Leichtbetons fällt das Ausbreitmaß 2…4 cm kleiner aus als bei Normalbeton.

Bei der Zusammensetzung von Leichtbeton muss die Kernfeuchte der meist sehr saugfähigen leichten Gesteinskörnung berücksichtigt werden. Da Beton im Mittel etwa während einer halben Stunde gemischt und verarbeitet wird, wird die Kernfeuchte i. Allg. als Wasseraufnahme nach 30 min der getrockneten leichten Gesteinskörnung angegeben.

> Das Gesamtwasser für die Mischung setzt sich aus dem erforderlichen Wasser für den Zementleim (= wirksames Wasser) plus der Wassermenge, die von den leichten Körnungen aufgenommen wird, zusammen.

7.11.1.3 Zusatzmittel

Um das Aufschwämmen der leichten Gesteinskörnung zu verhindern, werden der Mischung Stabilisatoren zugegeben.

7.11.1.4 Eigenschaften von Konstruktionsleichtbeton

In Bild 7.9 ist der Zusammenhang zwischen der Würfeldruckfestigkeit und der Trockenrohdichte veranschaulicht. Die Zunahme der

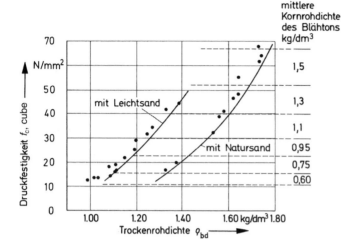

Bild 7.9
Beziehungen zwischen der Rohdichte und der Druckfestigkeit von Leichtbeton aus Blähton mit unterschiedlicher Kornrohdichte und aus Leichtsand oder Natursand

Festigkeit mit zunehmender Trockenrohdichte und der Unterschied bei Verwendung von Natursand oder Leichtsand sind deutlich erkennbar.

Unterschiede treten auch in der **Festigkeitsentwicklung** auf. Die Anfangserhärtung von Leichtbeton entwickelt sich zunächst wie bei Normalbeton. Nach Erreichen eines bestimmten Festigkeitsniveaus beginnt jedoch das Ausknicken der Mörtelmatrix. Die mäßige Kornfestigkeit kann keinen Beitrag mehr zur Knickbehinderung leisten. Daraus folgt, dass im Gegensatz zu Normalbeton bei Leichtbeton es nicht möglich ist, von einer frühen Festigkeit auf die Festigkeit im Alter von 28 Tagen zu schließen. Der Einfluss des w/z-Wertes und der Zementsteinfestigkeit auf die Festigkeitsbildung ist im Vergleich zum Normalbeton von untergeordneter Bedeutung; dominierend ist hier die Korneigenfestigkeit.

Die Werte des **E-Moduls** von Konstruktionsleichtbeton sind geringer als bei Normalbeton. Sie sind zu bestimmen als Sekantenmodul nach der Beziehung

$$E_{lcm} = \eta_E \cdot E_{cm} \; [\text{N}/\text{mm}^2]$$

Dabei sind: $\eta_E = (\varrho/2200)^2$ = Trockenrohdichte in kg/m³ und E_{cm} = E-Modul für Normalbeton. So ergibt sich beispielhaft bei LC20/22 mit $\varrho \approx$ 1000 kg/m³ ein E-Modul von rd. 6000 N/mm² oder bei LC45/50 mit $\varrho \approx$ 1600 kg/m³ ein E-Modul von rd. 18 000 N/mm². Beim Tragverhalten besteht ein grundsätzlicher Unterschied zu Normalbeton.

> Leichtbeton unterscheidet sich im Tragverhalten vom Normalbeton. Da bei Normalbeton die Steifigkeit des Korns größer ist als die des Mörtels, erfolgt die Lastabtragung in der Matrix über die Körner. Die Matrix versagt in der Kontaktzone Mörtel zu Körner. Bei Leichtbeton hingegen ist die Steifigkeit des Korns kleiner als diejenige des Mörtels. Die Lastabtragung in der Matrix erfolgt über den Zementmörtel. Das Versagen tritt durch Ausknicken des Mörtelgerüstes und durch das anschließende Brechen der Körner ein.

Der geringere E-Modul des Leichtbetons sowie die geringere Korneigenfestigkeit der Gesteinskörnungen bewirken, dass **Schwinden und Kriechen** im Vergleich zu Normalbeton stärker ausgeprägt sein können. Mit einer Reduzierung der wirksamen Wassermenge und der Verwendung von Körnungen mit einer verhältnismäßig geringen Wasseraufnahme kann diesem Einfluss weitgehend entgegengewirkt werden. Der zeitliche Verlauf des Schwindens ist allerdings im Vergleich zu Normalbeton verzögert. Die Gesteinskörnung gibt das bei der Herstellung des Leichtbetons aufgenommene Wasser zeitlich verzögert ab. Die Austrocknung von Bauteilen dauert daher länger und Schwindverkürzungen treten verspätet in Erscheinung. Dies ist überall dort zu beachten, wo Schwindverformungen eine Rolle spielen können.

7.11.1.5 Mischungsentwurf

Bei der Herstellung eines Konstruktions-Leichtbetons sind i. d. R. Anforderungen an die Festigkeit und an die Rohdichte gekoppelt. Rohdichte und Festigkeit hängen jedoch stark von der Rohdichte der leichten Gesteinskörnungen ab. Ein Entwurf unter Zuhilfenahme eines w/z-Wert-Gesetzes wie bei Normalbeton ist nicht möglich. Die Hersteller von leichten Gesteinskörnungen bieten bezüglich der Kornrohdichte eine große Variationsbreite an und stellen Richtrezepturen für Leichtbetone mit bestimmten Eigenschaften zur Verfügung.

Für den Mischungsentwurf eines Leichtbetons und bei dessen Herstellung sind folgende grundlegende Punkte zu beachten:

- Eine Leichtbetonmischung erfordert – auch bei einer Rezeptvorgabe – stets eine Eignungsprüfung.
- Die Wahl der groben Kornsorten und des Sandes (Leichtsand und/oder Natursand) richtet sich letztlich nach den Anforderungen an Festigkeit, Rohdichte und Wärmedämmeigenschaften.
- Bei der Kornzusammensetzung greift man zweckmäßigerweise auf die Sieblinienbereiche wie für Normalbeton zurück (Sieblinie 0/8 mm, 0/16 mm, ggf. 0/22 mm). Wegen der teilweise jedoch stark unterschiedlichen Kornrohdichten hat die Zusammenstellung des Korngemisches volumetrisch zu erfolgen.
- Der Zementgehalt variiert in festen Grenzen: Zur Sicherstellung der Dichtigkeit und des Korrosionsschutzes muss er ≥ 300 kg/m³ sein, zur Vermeidung zu großer Hydratationswärmeentwicklung, Schwinden, Kriechen ≤ 450 kg/m³.
- Es wird eine Konsistenz der Leichtbetonmischung zwischen den Klassen plastisch und weich empfohlen. Das entspricht etwa einem wirksamen Wassergehalt von 175 l/m³.
- Je nach Wahl des Größtkorns und der Konsistenz werden Mörtelgehalte zwischen 500 und 600 l/m³ benötigt (Mörtel = Zement + Sand + wirks. W + Luftporen).
- Die Überprüfung der Festigkeit erfolgt an Probewürfeln wie bei Normalbeton.
- Der Luftgehalt ist bei Leichtbeton aufgrund der Eigenporen der Gesteinskörnung nicht prüfbar.

Anmerkung: Im Anhang ist ein Beispiel für eine Mischungsberechnung für einen Konstruktionsleichtbeton gegeben.

7.11.1.6 Herstellung und Überwachung

Wegen des großen Einflusses der Gesteinskörnung auf die Eigenschaften des Leichtbetons erfordern die Verarbeitung und Nachbehandlung besondere Kenntnisse und Sorgfalt.

Meist wird die leichte Gesteinskörnung haldenfeucht angeliefert und verarbeitet. Bei längerer Verarbeitungszeit, z. B. für Transportbeton, ist ein **gleichmäßiges Befeuchten der Gesteinskörnung über 4 mm** erforderlich. Dies vermindert eine Änderung der Konsistenz durch Wasseraufnahme, wodurch die Verarbeitung gefährdet wäre. Die Eigenfeuchte der Gesteinskörnung ist mindestens einmal pro Arbeitstag zu prüfen. Kornfraktionen über 4 mm können auch nach Volumen abgemessen werden, weil Feuchtigkeitsschwankungen keine Auswirkung auf das Schüttvolumen haben.

Nach Zugabe aller Stoffe ist Leichtbeton mindestens 1,5 min lang intensiv zu mischen; Betonzusatzmittel dürfen erst bei ausreichend feuchter Gesteinskörnung zugegeben werden, damit sie nicht aufgesaugt werden. Unmittelbar vor dem Einbau sollte die Konsistenz mindestens plastisch sein. Bei einem längeren Zeitraum zwischen Mischen und Einbau muss sie wegen eines möglichen Nachsaugens der leichten Gesteinskörnung weicher eingestellt werden. Leichtbeton kann auch nach Zugabe von BV und ST nicht immer störungsfrei gepumpt werden. Unter dem Druck der Pumpe wird weiteres Wasser in die Poren der leichten Gesteinskörnung gedrückt, wodurch der Beton wesentlich steifer wird. Leichtbeton ist stets durch Rüttler mit möglichst hohen Schwingzahlen zu verdichten. Wegen der geringeren Masse des Leichtbetons sollen die Tauchabstände von Innenrüttlern etwa nur dem 5-fachen Durchmesser der Rüttelflasche entsprechen. Bei weichem Beton können leichtere Körner aufschwimmen oder der Mörtel aus Natursand sich absetzen.

Trotz des größeren inneren Wasservorrats bedarf Leichtbeton einer besonders sorgfältigen Nachbehandlung.

> Durch die höhere Kernfeuchte und das langsamere Austrocknen können Feuchte- und Temperaturgradienten zwischen der Oberfläche und dem Kern auftreten, die zu einer Krakelee-Rissbildung auf der Oberfläche und zum Absanden führen. Ein zu schnelles Austrocknen der Oberfläche verursacht ein großes Feuchtigkeitsgefälle zwischen innen und außen und kann daher zu Schwindrissen führen. Wegen der geringeren Masse und Wärmeleitfähigkeit sind die Aufheizung und die Temperaturunterschiede in Bauteilen aus Leichtbeton größer als bei Normalbeton.

Bei niedriger Lufttemperatur sollten deshalb Leichtbetonbauteile mit wärmedämmenden Stoffen abgedeckt und möglichst spät ausgeschalt werden.

Bei der Erstprüfung und bei den laufenden Prüfungen während der Betonierarbeiten sind neben der Konsistenz und der Druckfestigkeit vor allem die Frischbetonrohdichte und die Trockenrohdichte des Festbetons zu überprüfen.

7.11.2 Arten von Leichtbeton

Leichtbeton mit Kornporen und geschlossenem Gefüge
Leichtbeton oder Mörtel mit geschlossenem Gefüge mit **besonderer Wärmedämmung** werden hergestellt unter Verwendung von Blähglimmer und Blähperlit, die durch Erhitzen von Glimmer bzw. von wasserhaltigem, vulkanischem Glas bei 1000…1200 °C entstehen. Wegen deren geringen Kornfestigkeit muss schonend gemischt werden. Ebenfalls für besonders wärmedämmenden Beton werden **organische leichte Gesteinskörnungen** verwendet. Die vorwiegend aus Nadelholz gewonnenen Sägespäne und Holzwolle müssen vor der Verarbeitung zu Beton mit Zement- oder Kalkschlämmen oder Wasserglas «mineralisiert» werden, um vor allem zementschädliche Holzinhaltsstoffe unwirksam zu machen. **Schaumstoffkugeln** (Styropor, EPS) etwa bis 4 mm Größe, gewonnen durch Expandieren von **Polystyrol**, werden zur Verbesserung der Haftung mit dem späteren Zementstein mit einem Haftvermittler, meist einer Epoxidharzdispersion, vorgemischt. Um das gewünschte geschlossene Gefüge zu erhalten, werden diesen Betonen meist Natursand 0/1 oder 0/2 mm oder andere mineralische Feinststoffe zugegeben. Die besondere Eigenschaft des Polystyrolschaumstoffes, nämlich kein Wasser aufzunehmen und auch eine geringe Wasserdampfdurchlässigkeit zu besitzen, überträgt sich auch auf den Beton. Er wird daher nicht nur im Hochbau verwendet, sondern auch für wärmedämmende Unterböden, z. B. in Ställen, sowie für Frostschutzschichten im Straßen- und Eisenbahnbau.

Leichtbeton mit haufwerksporigem Gefüge
wird hergestellt unter Verwendung von normaler Gesteinskörnung (dichtes Gefüge) mit Körnern einer einzigen Korngruppe. Dieser Beton wird aus einer möglichst eng begrenzten Korngruppe über 4 mm, z. B. 8/16 mm, hergestellt, weshalb er auch als «Einkornbeton» bezeichnet wird. Die Gesteinskörner werden punktweise durch einen zähklebrigen Zementleim mit einem w/z-Wert ≈ 0,40 und einer Zementmenge $z ≈ 80…170$ kg/m³ (< 200 kg/m³) verklebt. Der Feinmörtel soll die groben Körner gerade umhüllen, damit die Haufwerksporen zwischen den Körnern weitgehend erhalten bleiben. Der Feinmörtel sollte feuchtglänzend und zähklebrig sein, damit die Körner gut verkittet werden und beim Verdichten durch Stochern oder leichtes Stampfen ein gleichmäßiges Gefüge

ohne örtliche Feinmörtelansammlungen entsteht. Wegen des haufwerksporigen Gefüges ist bei der Verwendung von Baustahl ein Schutz der Bewehrung gegen Korrosion vorzunehmen.

In DIN 4213 sind Wände aus Leichtbeton mit haufwerksporigem Gefüge geregelt.

Leichtbeton mit gemischporigem Gefüge wird hergestellt wie in Abschnitt 7.2.2, aber unter Verwendung einer leichten Gesteinskörnung (poriges Gefüge).

Leichtbeton mit gleichmäßig porigem Gefüge (Blähporigkeit) wird aus einem Mörtel mit Sand höchstens 2 mm Größe erzeugt, wird jedoch trotzdem als «Beton» bezeichnet. Durch die Zugabe von gas- oder schaumbildenden Stoffen in einem flüssigen Mörtel erhält man Porenbeton oder Schaumbeton.

Porenbeton besteht aus einem Mörtel aus feinen Gesteinskörnungen (gemahlener Quarzsand) und Zement und/oder Kalk als Bindemittel. Zur Bildung der Poren wird dem Mörtel ein Treibmittel, i. d. R. Aluminiumpulver, zugegeben. Im Alkalischen des Mörtels aus Zement und/oder Weißkalk und der feinkörnigen kieselsäurereichen Gesteinskörnung entsteht Wasserstoff, der als Gas entweicht und Poren hinterlässt. Die Erhärtung des Porenbetons erfolgt bei 180…200 °C in Autoklaven unter Dampfdruck von rd. 8…12 bar. Dabei verbinden das Kalkhydrat des Zements und das Quarzmehl sich zum hochfesten Calciumsilikathydrat. Der Beton kann dadurch Druckfestigkeiten bis über 100 N/mm² erreichen und schwindet kaum mehr. Durch die Dampfdruckhärtung verliert Porenbeton seine rostschützende alkalische Wirkung für Betonstahl, weshalb dieser durch vorheriges Tauchen in geeignete Rostschutzmassen gegen Korrosion geschützt werden muss, siehe DIN 4223.

Für normal erhärtenden **Schaumbeton** wird dem Zementmörtel aus Normal- und Leichtsand je nach gewünschter Rohdichte eine bestimmte Schaummenge untergemischt, die in Schaumgeräten erzeugt wird. Durch die hydraulische Härtung erreicht dieser Beton niedrigere Festigkeiten und wird deshalb bei gering beanspruchten Bauteilen verwendet, z. B. Ausgleichsschichten, Füllmaterial für große Hohlräume. *Achtung!* Bei Verwendung von Baustahl ist ein Schutz der Bewehrung gegen Korrosion vorzunehmen. Häufige Verwendung findet Leichtbeton bei der Herstellung von Mauersteinen.

7.11.3 Verwendung von Leichtbeton als Betonware und Fertigteile

Im engeren Sinne zählen dazu Fertigteile, hergestellt aus Leichtbeton mit offenem oder geschlossenem Gefüge unter Verwendung von poriger, mineralischer Gesteinskörnung.

Zwischenbauteile für Stahl- und Spannbetondecken nach DIN 4158 werden in verschiedenartigen Formen hergestellt. Aus Sicherheitsgründen bei der Montage muss bei der Biegeprüfung die Bruchlast mindestens 3 kN betragen. Statisch mitwirkende Zwischenbauteile (M) für Rippendecken müssen darüber hinaus eine Druckfestigkeit von im Mittel mindestens 20 N/mm², bezogen auf den tragenden Querschnitt, besitzen; wegen einer guten Haftung mit dem Ortbeton muss die Oberfläche dieser Zwischenbauteile rau sein.

Stahlbetondielen nach DIN 4213, die aus haufwerksporigem Leichtbeton als Voll- und Hohldielen hergestellt werden, besitzen meist Hohlräume in Längsrichtung; im Bereich der Bewehrung muss der Beton ein geschlossenes Gefüge haben, oder die Bewehrungsstäbe müssen durch Überzüge geschützt sein. Die Dielen werden vorwiegend für Dächer verwendet.

Formstücke für Hausschornsteine aus Leichtbeton nach DIN 18 150 dürfen wegen der erforderlichen Gasdichtheit keine zusammenhängenden Haufwerksporen aufweisen. Weitere Anforderungen sind u. a. glatte Innenflächen, Festigkeitsklassen FLB 4, 6, 8 und 12, Rohdichte ≤ 1,75 kg/dm³, bei Zellformsteinen ≤ 1,85 kg/dm³. Für größere Feuerstätten werden großformatige, bewehrte Formstücke geliefert. Für 3-schalige Schornsteine aus Leichtbeton mit Schamotte-Innenschale gilt DIN 18 147-2.

Tabelle 7.38   Wandbausteine aus Leichtbeton und ihre E-Module

Festigkeits-klasse	Rechenwerte des E-Moduls [N/mm²]	
	Leichtsand	Natursand
LC8/9	4900	7100
LC12/13	5400	9000
LC16/18	8200	11 100
LC20/22	8600	11 700
LC25/28	10 600	14 200
LC30/33	11 100	14 800
LC35/38	11 600	17 600
LC40/44	14 000	18 200
LC45/50	14 500	18 900
LC50/55	17 100	22 000
LC55/60	17 600	22 600
LC60/66	20 500	25 300
LC70/77	21 500	30 300
LC80/88	25 200	34 900

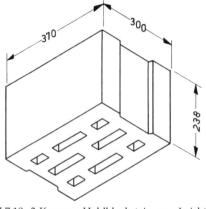

Bild 7.10 3-Kammer-Hohlblockstein aus Leichtbeton 3KHbl 15 DF

Mauersteine aus Leichtbeton sind wie folgt genormt:

- DIN V 18 151 – Hohlblöcke aus Leichtbeton (Bild 7.10)
- DIN V 18 152 – Vollsteine und Vollblöcke aus Leichtbeton
- DIN 18 148 – Hohlwandplatten aus Leichtbeton
- DIN 18 162 – unbewehrte Wandbauplatten aus Leichtbeton

Die Hohlblöcke werden nach der Anzahl der Hohlkammerreihe in Richtung der Steinbreite (Wanddicke) als 1-Kammer-Hohlblock (1-K Hbl), 2-Kammer-Hohlblock (2 K Hbl) usw. bis zu 6-Kammer-Hohlblock (6 K Hbl) und nach der Festigkeitsklasse, der Rohdichteklasse und des Formats bezeichnet.

Beispiel für Bezeichnung eines 3-Kammer-Hohlblocks aus LB, Festigkeitsklasse 2, Rohdichteklasse 0,7, Format 20 DF:

> ! DIN V 18 151-100 – 3 K Hbl 2–0,7–20 FD

Unbewehrte Wandbauplatten Wpl nach DIN 18 162 und Hohlwandplatten Hpl nach DIN 18 148 werden für leichte Trennwände verwendet. Wegen der Verarbeitung dürfen die Steine und Platten ein bestimmtes Gewicht nicht überschreiten. Durch Zugabe quarzitischer Gesteinskörnung (Zusatzzeichen Q) wird die Wärmeleitfähigkeit größer, bei nur aus Naturbims (NB) oder/und Blähton (BT) hergestellten Vollblöcken mit Schlitzen (Zusatzzeichen S-W) wird sie kleiner.

Zusätzlich gibt es Leichtbetonmauersteine, die nicht genormt sind und für deren Verwendung eine allgemeine bauaufsichtliche Zulassung erforderlich ist.

7.11.4   Verwendung von Porenbeton als Betonware und Fertigteile

Mauersteine aus Porenbeton sind in DIN EN 771-4 genormt. Es wird unterschieden in großformatige Blocksteine G, die in Normal- oder Leichtmauermörtel verlegt werden, und Plansteine GP, die im Dünnbettmörtel verlegt werden. Die Mauersteine sind üblicherweise in den Rohdichteklassen 0,4...0,8 (selten 1,0) kg/dm³ und in den Druckfestigkeitsklassen 2 – 4 – 6 (selten 8) erhältlich. Die Porenbetonsteine haben sehr gute Wärmedämmeigenschaften und können für tragendes und nicht tragendes Mauerwerk verwendet werden. Sie sind gut geeignet für Erstellung in Eigenleistung (geringes Gewicht, leicht zu bearbeiten, z. B. mit Fuchsschwanzsäge). Außenwände benötigen Außenputz (Leichtputz, Wärmedammputz) oder Anstrich.

Unbewehrte **Porenbeton-Bauplatten GPl** und **-Planbauplatten GPpl** nach DIN 4166 werden in den Rohdichteklassen 0,4…1,0 geliefert. Sie sind keiner Festigkeitsklasse zugeordnet und können nur für nichttragendes Mauerwerk eingesetzt werden. Planbauplatten werden mit Dünnbettmörtel verlegt. Bewehrte Bauteile aus Porenbeton werden nach DIN 4223 in den Festigkeitsklassen GB 2,2-3,3-4,4 und 6,6 und den zugehörigen Rohdichteklassen 0,6, 0,7 und 0,8 des Porenbetons hergestellt und als Dach- und Deckenplatten sowie als großformatige horizontale und vertikale Wandplatten verwendet.

8 Keramische Baustoffe und Glas

Diese mineralischen Baustoffe erhalten ihre endgültigen Eigenschaften erst durch Brennen bei Temperaturen von 900…1400 °C. Ziegel, Klinker und Steinzeug für die Kanalisation werden als grobkeramische Baustoffe, Fliesen und Porzellan als feinkeramische Baustoffe bezeichnet.

8.1 Technologie keramischer Baustoffe

Die keramischen Baustoffe werden aus tonhaltigen Massen hergestellt. Der Hauptbestandteil der Rohstoffe bzw. das Bindemittel sind Tone. Chemisch betrachtet handelt es sich um wasserhaltige Aluminiumsilikate ($Al_2O_3 \cdot 2\ SiO_2 \cdot 2\ H_2O$), die durch chemische Umsetzung und Verwitterung des Feldspats von Natursteinen entstanden sind. Reiner Ton, überwiegend als Kaolin vorkommend, ist weiß und sehr fein (Korngröße meist unter 0,002 mm). Bei der Verarbeitung benötigt er viel Wasser und verleiht den Rohstoffen die für die Formgebung notwendige gute Plastizität.

Das chemisch gebundene Wasser des Tones wird beim Brennen bei ca. 900 °C ausgetrieben. Erst dann ist der Tonscherben fest und wasserbeständig, jedoch noch porös. Bei höheren Temperaturen bis rd. 1300 °C wird durch innere Strukturverdichtung (Sinterung) der Scherben dichter. Dies ist auch der Fall, wenn Flussmittel vorhanden sind, z. B. Eisenverbindungen oder Feldspatpulver, die die Sintertemperatur herabsetzen. Wegen des erheblichen Wasserverlustes schwindet Ton beim Trocknen und Brennen beträchtlich. Magerungsstoffe, wie Sand oder Schamotte (= vorgebrannte Tonmassen), sind formstabil und verringern das Schwinden, was für die geforderte Maß- und Formhaltigkeit der Baustoffe von großer Bedeutung ist.

Bei der Herstellung müssen die Rohstoffe gleichmäßig zusammengesetzt und in Kollergängen, Walzwerken usw. sorgfältig aufbereitet werden. Aus den teils plastischen, teils erdfeuchten Rohmassen werden in Strang- und Stempelpressen die **Formlinge** hergestellt. Ihre Maße müssen um das zu erwartende Schwindmaß der Rohmasse beim Trocknen und Brennen größer sein. Nach dem Trocknen in Trockenkammern folgt das Brennen bei rd. 1000…1300 °C in Tunnelöfen. Je nach Rohmaterial müssen Brenntemperatur und Brennzeit genau eingehalten werden, damit die erforderliche Dichte, Festigkeit und Dauerhaftigkeit erreicht werden.

Die **Brenntemperaturen** werden je nach Zusammensetzung der Tonmasse und der gewünschten Eigenschaft des Endproduktes eingestellt: Ziegelware und Mauersteine 900…1100 °C; Steingut, Klinker, Steinzeug 1100…1300 °C; Porzellan 1300…1450 °C; feuerfeste Steine und Schamotte 1300…1800 °C.

In der Tonmasse laufen beim Brennen folgende Vorgänge ab: Bis 120 °C verdampft das physikalisch gebundene Wasser; zwischen 500…600 °C wird das chemisch gebundene Wasser abgespalten und ausgetrieben; ab 800 °C beginnt die Verfestigung an den Grenzflächen der Tonplättchen und infolge Verflechtung bilden sich neue Kristalle; ab 900 °C entsteht der Weichbrand (poröser Scherben), bei dem die Tonscherben fest und wetterbeständig werden und die durch ihre Porosität eine gute Wärmedämmung ausweisen; zwischen 1100…1300 °C entsteht der Hartbrand; Brennen bis zur Sintergrenze, ggf. unter Zusatz von Flussmitteln. Die Sinterung ist eine Verschmelzung der Bestandteile, die zu einem dichten Scherben mit geschlossenen Poren und glasiger Struktur führt.

> Das dichte Gefüge bewirkt eine geringe Wasseraufnahme und somit die Frostbeständigkeit und den hohen Widerstand gegen chemische Einflüsse. Die hohe Festigkeit ergibt einen hohen Abriebwiderstand.

Tabelle 8.1 Zusammenfassung der Scherbeneigenschaften

Scherben					feuerfeste Steine
poröser Scherben		**dichter** Scherben			
Steingut, Irdengut, gebrannt unterhalb der Sintergrenze		Steinzeug, Sinterzeug, gebrannt oberhalb der Sintergrenze			Schamotte-Steine
Grobkeramik (Baukeramik)	Feinkeramik (Glasurüberzug)	Grobkeramik	Feinkeramik		verschiedene Ausführungen
Mauerziegel Dachziegel Dränrohre Deckenziegel Tonrohre	Steingutfliesen Wandfliesen Sanitärprodukte	Klinker Riemchen Spaltplatten Steinzeugrohre	Steinzeugfliesen Sanitärporzellan Porzellan Isolatoren		
Eigenschaften					
großes kapillares Saugen, mäßige Festigkeit, geringer Frostwiderstand		wenig wassersaugend, hochfest, frostbeständig			
hoher Widerstand gegen chemische Einwirkungen					

Nach dem Brennen findet bei Wasserzutritt keine Entfestigung mehr statt.

Beim zu scharfem Brennen und/oder ungenügendem Vortrocknen verziehen sich die Steine oder bekommen Risse. Bei zu schwachem Brennen entstehen sogenannte «bleiche» Steine, die bei Einwirkung von Wasser oder Frost zerfallen.

Mangelhafte Maßhaltigkeit ist die Folge von ungenügenden Plusmaßen des Rohlings oder das Rohmaterial war nicht homogenisiert.

Im Rohmaterial sind ein großer Gehalt an Kalk und vor allem größere Kalkkörner (über 1 mm) schädlich. Der beim Brennen entstehende Branntkalk nimmt beim späteren Ablöschen infolge Feuchtigkeitseinwirkung erheblich an Volumen zu und führt zu Rissen und Aussprengungen. Die Rohstoffe müssen daher möglichst fein gemahlen werden.

> ! Wasserlösliche Salze, meist Sulfate, können Ausblühen oder Abblättern verursachen.

Sie können durch Schlämmen der Rohstoffe beseitigt oder durch Zusatz von Bariumcarbonat in wasserunlösliches Bariumsulfat umgewandelt werden.

8.2 Allgemeine Eigenschaften keramischer Baustoffe

Die Eigenschaften der keramischen Baustoffe sind in Tabelle 8.1 gezeigt.

Poröse Scherben saugen kapillar viel Wasser auf und haben eine geringe Festigkeit; ihre Frostbeständigkeit ist unsicher. **Dichte Scherben** sind wenig wassersaugend, hochfest und frostbeständig. Die keramischen Baustoffe sind chemisch beständig, ausgenommen gegen Flusssäure.

8.3 Mauerziegel und Klinker

Die Rohstoffe für diese Produkte sind Lehm (Ton + 30 %...80 % Sand), Löss oder Mergel (Ton + Kalk). Sie bestehen überwiegend aus Ton, Quarzsand, Eisenverbindungen und Kalkstein. Quarzsand wirkt als Magerungsstoff; ein zu großer Gehalt vermindert jedoch die Festigkeit und die Dichte. Bei zu fetten Rohstoffen wird u. a. Ziegelbrechsand zugegeben. Die Eisenverbindungen wirken als Flussmittel und verursachen die rote Farbe; kalkhaltige Tone ergeben eine gelbe Farbe.

Tabelle 8.2 Mauerziegel nach DIN 105

Ziegelarten	Formate[1]	Rohdichte-klassen[2]	Festigkeits-klassen[3]	Besondere Eigenschaften
Vollziegel Mz Hochlochziegel HLz		1,2…2,4	4…28	–
Vormauervollziegel VMz Vormauerhochlochziegel VHLz	DF…21 DF	1,2…2,4	4…28	frostbeständig, frei von schädlichen, auch das Aussehen beeinträchtigenden Stoffen
Vollklinker KMz Hochlochklinker KHLz			≥ 28	
Hochlochziegel HLz [4] Vormauerhochlochziegel VHLz	NF…21 DF	0,6…1,0	2…28	– wie bei VHLz
Hochfeste Ziegel und Klinker	DF … 10 DF	1,2…2,2	36, 48 und 60	wie bei VMz und KMz
Leichtlanglochziegel LLz und -ziegelplatten LLp	NF…20 DF –[5]	0,5…1,0	2…12 –[6]	–

[1] siehe Abschnitt 1.4.1b) und Tabelle 1.3, bei V und K sind bestimmte Sondermaße möglich.
[2] siehe Abschnitt 1.4.2.2b), Wärmeleitfähigkeit des Mauerwerks siehe Tabelle 1.5.
[3] siehe Tabelle 1.4 und insbesondere dort auch die Fußnote 2 wegen der Kennzeichnung.
[4] Im Vergleich zu den normalen Typen können bei Typ W wegen günstigerer Lochanordnung und Scherbenrohdichte geringere λ-Werte als nach Tabelle 1.5 eingesetzt werden (siehe dort Fußnote 4).
[5] unterschiedliche Maße.
[6] Bruchkraft > 500 N bei der Biegeprüfung.

Ziegel werden unterhalb der Sintergrenze gebrannt, Klinker im Sinterbereich, wodurch die Dichte größer wird.

8.3.1 Arten

Mauerziegel werden nach DIN EN 771-1, DIN V 20 000-401 und DIN V 105-100 unterschieden in:

❑ Mauerziegel, hergestellt aus gebranntem Ton,
❑ Vollziegel Mz mit einem Anteil an Lochung quer zur Lagerfläche von bis 15 %,
❑ Hochlochziegel HLz mit Lochungsart A, B, C (siehe Tabelle 8.2),
❑ Vormauer-Hochlochziegel VLHz mit durch spezielle Prüfung nachgewiesener Frostbeständigkeit,
❑ HD-Ziegel (High Density) mit einer Rohdichteklasse über 1 kg/dm³ zur Verwendung im ungeschützten Mauerwerk,
❑ LD-Ziegel (Low Density) mit einer Rohdichteklasse unter 1 kg/dm³ zur Verwendung im geschützten Mauerwerk,
❑ Hochlochziegel W als LD-Ziegel mit Lochungsart W,
❑ Wärmedämmziegel LD-Ziegel mit erhöhter Anforderung an die Wärmedämmung,
❑ Planziegel mit besonderer Anforderung an die Maßhaltigkeit hinsichtlich der Höhe,
❑ Langlochziegel mit Löchern parallel zur Lagerfläche.

Mauerziegel werden entweder nach Norm produziert oder erhalten, wenn sie aus Innovationsgründen wesentlich davon abweichen, eine bauaufsichtliche Zulassung. In Tabelle 8.2 sind die verschiedenen Arten von Mauerziegeln nach DIN V 105-100 und ihre unterschiedlichen Eigenschaften gezeigt; die wichtigen Anforderungen an HD-Ziegel sind in Tabelle 8.3 aufgeführt.

Die **Formate**, deren **Maße** und **Kurzzeichen** sind in Tabelle 8.4 gezeigt. Sie reichen von Dünnformat DF über Normalformat NF bis zu den großformatigen Hochlochziegeln 21 DF. Außer einer bestimmten Toleranz für die Nennmaße dürfen innerhalb einer Lieferung auch bestimmte Maßspannen zwischen den größten und kleinsten Abmessungen nicht

Tabelle 8.3 Anforderungen an HD-Ziegel nach DIN V 105-100

	Vormauer-ziegel	Klinker	Hochfeste Klinker	Keramik-klinker
Maße	Maßtoleranzen nach Tabelle A.4		Maßtoleranzen nach Tabelle A.4, engere Toleranzen	
Rohdichte		$\geq 1{,}0$ kg/dm³		$\geq 1{,}4$ kg/dm³
Scherbenrohdichte	Keine Anforderungen	$\geq 1{,}9$ kg/dm³ im Mittel		$\geq 2{,}0$ kg/dm³ im Mittel
Druckfestigkeitsklasse	Keine Anforderungen	≥ 28	≥ 36	≥ 60
Wasseraufnahme	Keine Anforderungen	$\leq 6\,\%$		
Frostwiderstand	gefordert			
Begrenzung von schädlichen treibenden Einschlüssen	gefordert			
Gehalt an aktiv löslichen Salzen	Klasse S 3			
Gesamtlochquerschnitt	$\leq 50\,\%$		$\leq 35\,\%$	
Außenstegdicken	≥ 10 mm			
	≥ 20 mm auf der Sichtseite			
Ritzhärte	Keine Anforderungen			
Farb- und Lichtbeständigkeit	Keine Anforderungen			
Säurebeständigkeit	Keine Anforderungen			
Laugenbeständigkeit	Keine Anforderungen			

überschritten werden. Größere Formate können in der Mitte der Lagerfläche **Grifföffnungen** besitzen, damit sie leichter vermauert werden können (siehe Bild 8.2). Die Seitenflächen sind zur Verbesserung der Putzhaftung oft gerillt, bei V und K für Sichtmauerwerk z. T. strukturiert. Formate über 8 DF dürfen an den Stoßflächen auch **Mörteltaschen** besitzen, die nach dem Versetzen vermörtelt werden. Mauertafelziegel mit etwas größeren Steinlängen dienen der Vorfertigung von Mauertafeln. Mit Ziegeln geringerer Rohdichteklassen, in der Regel als Lochziegel hergestellt, sind größere Formate oder leichtere Wandbausteine möglich, und es ergibt sich eine bessere Wärmedämmung des Mauerwerks.

Aus Tabelle 8.5 ist die Einteilung in **Rohdichteklasse** ersichtlich.

Die **Steinrohdichte** ϱ_{Stein} (Tabelle 8.6) ist die Masse des getrockneten Steins m_d geteilt durch das Volumen (äußere Abmessungen einschließlich der Lochung) $\varrho_{\text{Stein}} = m_d/V_z$ [kg/dm³]. Nach DIN ist für die Einteilung in Rohdichteklassen der Mittelwert von ϱ_{Stein} aus 3 Prüfungen maßgebend. Einzelwerte dürfen Grenzen um nicht mehr als 0,1 kg/dm³ über- oder unterschreiten.

Bei hochfesten Steinen werden Mindestanforderungen an die **Scherbenrohdichte** (Masse des getrockneten Steins geteilt durch das Volumen abzüglich der Lochanteile) gestellt (Tabelle 8.7)

Tabelle 8.4 Maße in mm und Formatkurzzeichen von Wandbausteinen

Länge	Breite	Höhe	Formatkurzzeichen
240	115	52	1 DF
		71	NF
240	115		2 DF
240	175	113	3 DF [1]
240	240	oder	4 DF [2]
300	240	115	5 DF
365	240		6 DF
240	240		8 DF
300	240		10 DF
365	240	238	12 DF
365	300	oder	15 DF
490	240	240	16 DF
490	300		20 DF
490	365		24 DF

[1] siehe auch Bild 5.13a.
[2] siehe auch Bild 4.2.

Um eine geringe **Rohdichteklasse** der Hochlochziegel zu erreichen (unter 1,0), werden der Rohmasse organische Stoffe wie Polystyrolschaumstoffpartikel (Styropor) oder Sägemehl zugegeben, die beim Brennen vergasen oder verbrennen und zusätzliche Hohlräume im Scherben hinterlassen.

Für die Einteilung in **Druckfestigkeitsklassen** der Tabelle 8.8 sind der kleinste Einzelwert und der Mittelwert einer Prüfserie maßgebend. Dabei muss der kleinste Einzelwert ≥ Druckfestigkeitsklasse und der Mittelwert größer als die Druckfestigkeitsklasse sein.

Voll-, Hochlochziegel	4, 6, 8, 12, 20, 28
Leichthochlochziegel	2, 4, 6, 8, 12, 20, 28
Keramikklinker	60
Leichtlanglochziegel	2, 4, 6, 8, 12

Lochziegel können trotz der Löcher die gleiche Druckfestigkeit besitzen wie Vollziegel, weil die Rohmassen in der Strangpresse mehr verdichtet und im Ofen gleichmäßiger gebrannt werden.

Bei der **Kurzbezeichnung** für die Mauerziegel gilt die Reihenfolge: Norm, Ziegelart, Festigkeitsklasse, Rohdichteklasse, Format. Beispiel:
DIN V105 – HLz B 12– 1,2 – 2 DF

Tabelle 8.5 Rohdichte (nach DIN V 105-100)

Rohdichte	Bereich der Ziegelrohdichte [kg/dm³]
Ziegelrohdichte von LF-Ziegeln	
0,6	0,51 bis 0,60
0,7	0,61 bis 0,70
0,8	0,71 bis 0,80
0,9	0,81 bis 0,90
1,0	0,91 bis 1,00
Ziegelrohdichte von HD-Ziegeln	
1,2	1,01 bis 1,20
1,4	1,21 bis 1,40
1,6	1,41 bis 1,60
1,8	1,61 bis 1,80
2,0	1,81 bis 2,00
2,2	2,01 bis 2,20 (2,01 bis 2,50)
2,4	2,21 bis 2,40

Einzelwerte dürfen bei Rohdichteklassen 0,55–1,0 um nicht mehr als 0,05 kg/dm³ unter- bzw. überschreiten, bei Rohdichteklassen über 1,0 nicht mehr als 0,1 kg/dm³.
Bei Ziegeln nach Zulassung sind auch die Rohdichteklassen 0,60; 0,65; 0,70; 0,75; 0,80; 0,85 festgelegt.
Es besteht ein direkter Zusammenhang zwischen Rohdichte, Lochbild, Wärmedämmung, Schalldämmmaß und Druckfestigkeit.

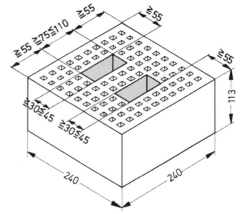

Bild 8.1 Hochlochziegel 4 DF = 3 NF (240 mm · 240 mm · 113 mm) mit Grifföffnungen, Maße in mm

Tabelle 8.6 Steinrohdichte

Vollziegel, hochfeste Ziegel, Klinker	ϱ_{Stein}	1,2…2,2 kg/dm³
Leichthochloch-, Leichtlanglochziegel	ϱ_{Stein}	0,6…1,0 kg/dm³
Keramikklinker	ϱ_{Stein}	1,4…2,2 kg/dm³

Tabelle 8.7 Scherbenrohdichte

Voll- und Hochlochklinker	ϱ_{Sch}	≥ 1,90 kg/dm³
Keramikklinker	ϱ_{Sch}	≥ 2,00 kg/dm³

Tabelle 8.8 Druckfestigkeitsklassen

Druckfestigkeitsklasse	Anforderungen an die Druckfestigkeit N/mm²	
	Mittelwert	kleinster Einzelwert
2	2,5	2,0
4	5,0	4,0
6	7,5	6,0
8	10,0	8,0
12	15,0	12,0
20	25,0	20,0
28	35,0	28,0
36	45,0	36,0
48	60,0	48,0
60	75,0	60,0

Zur Kennzeichnung der Steine:

- Höchstens jeder 200ste Stein erhält Herstellerzeichen (Logo),
- Stempel mit Angabe der Rohdichteklasse,
- Farbmarkierung für Druckfestigkeitsklasse (z. B. rot = Klasse 6; braun = Klasse 28),
- hochfeste Steine erhalten 2 Farbstreifen,
- bei Palettierung wird die Verpackungshülle gekennzeichnet bzw. beschriftet.

8.4 Dachziegel

Wegen der größeren Witterungsbeanspruchung der Dachziegel muss das Rohmaterial besonders sorgfältig ausgewählt und aufbereitet werden. Nach dem Herstellverfahren wird unterschieden in

- Pressdachziegel,
- Strangdachziegel,
- Sonderformen – First-, Kehl-, Lüftungsziegel.

Nach der Form unterscheidet DIN EN 1304 folgende Dachziegelarten (s. Bild 8.3):

- Falzziegel als Doppelfalzziegel oder Flachdachpfanne mit allseitiger Verfalzung: Bei der letzteren Art greift die Seitenverfalzung über die Seitenfuge hinweg, so dass flachere Dachneigungen möglich sind.
- Mönch- und Nonnenziegel werden in Stempelpressen hergestellt.
- Biberschwanzziegel (Flachziegel), Hohlpfannen und Strangfalzziegel sowie Formziegel (Zubehörziegel: Firstziegel, Traufziegel, Lüfterziegel) werden in Strangpressen hergestellt.

Nach DIN EN 1304 müssen Dachziegel bestimmte Anforderungen an ihre Form (keine oder sehr geringe Deformationen), Tragfähigkeit und unschädlichen Gehalt an Kalk und wasserlöslichen Salzen erfüllen.

> Die Maßtoleranz von Breite und Länge beträgt maximal 2 %. Die Klassifizierung in Sorte I stellt strengere Anforderungen an die Maßtoleranzen als Sorte II. Risse sind generell nicht erlaubt.

Weitere Anforderungen sind hohe Wasserundurchlässigkeit und Frostbeständigkeit. Nach der Prüfung der Wasserundurchlässigkeit nach DIN EN 539-1 werden die Dachziegel eingeteilt in **Anforderungsklasse 1** mit einem Tropfenabfall ≤ 0,5 cm³/cm²/Tag und **Anforderungsklasse 2** mit Tropfenabfall ≤ 0,8 cm³/cm²/Tag. Die Frostbeständigkeit wird nach DIN EN 539-2 geprüft.

Viele Dachziegel erhalten durch Aufbringen einer Tonschlämme vor dem Brennen eine Oberflächeneinfärbung (Engobe). Anforderungen hinsichtlich der Farbe werden vor der Lieferung vereinbart.

8.5 Steingut, Steinzeug und Porzellan

Im Gegensatz zu den Ziegelwaren werden diese keramischen Baustoffe aus ausgesuchten Tonen, Magerungsstoffen wie Quarzmehl oder zerkleinertem, gebranntem Material (Schamotte), bei Steinzeug erforderlichenfalls mit Flussmitteln und Farbstoffen in ganz bestimmter Zusammensetzung hergestellt. Die Rohstoffe werden in mehreren Arbeitsgängen besonders sorgfältig aufbereitet und zu Formlingen gegossen oder plastisch im Strangverfahren oder erdfeucht unter hohem Druck gepresst. Den meisten Baustoffen wird eine Glasur aufgeschmolzen, die als Flussmittel mit Wasser vermahlene Gläser (Fritten) und zur Färbung Metalloxide enthält. Dadurch erhält man dekorative sowie besonders dichte und damit hygienisch günstige Oberflächen.

Steingut und Irdengut werden unterhalb der Sintergrenze gebrannt; der Scherben ist porös und wassersaugend, bei Steingut weiß, bei Irdengut farbig.

Steinzeug wird oberhalb der Sintergrenze gebrannt; der Scherben ist dicht und kaum mehr wassersaugend.

Porzellan wird aus reinem Kaolin hergestellt und oberhalb der Sintergrenze gebrannt; der Scherben ist weiß, dicht und transparent. Aus Porzellan wird vor allem Sanitärkeramik hergestellt. Sanitäre Baustoffe werden meist durch Gießen in Gipsformen hergestellt.

8.5.1 Keramische Fliesen und Platten

Fliesen für Bodenbeläge und Wandbekleidungen sind in DIN EN 14 411 genormt und werden in 12 Gruppen eingeordnet. Nach dem Formgebungsverfahren werden unterschieden: stranggepresst (Kurzzeichen A), trockengepresst (B) und gegossen (C). Nach der Wasseraufnahme werden sie in 4 Bereiche eingeteilt: $\leq 3\,\%$, 3 bis $\leq 6\,\%$, 6 bis $\leq 10\,\%$, $> 10\,\%$.

Zur Gruppe A gehören u. a. die keramischen Spaltplatten. Sie werden als Doppelplatten stranggepresst, meist glasiert und zu Steinzeug gesintert. Nach dem Brennen werden die Platten gespalten, wobei an der Rückfläche schwalbenschwanzförmige Stege verbleiben, die den Verbund mit dem Verlegemörtel wesentlich erhöhen. Anwendung finden sie vor allem für Schwimmbäder und Außenfassaden.

Für die Auswahl von Fliesen und Platten für den Innenbereich hat diese Einteilung wenig Bedeutung, da diese sowohl unglasiert als auch glasiert hergestellt werden können. Glasierte (GL) Fliesen und Platten werden nach der Prüfnorm DIN EN ISO 10 545-7 abhängig vom Beginn sichtbarer Veränderung während der Verschleißprüfung in die Klassen 0…5 für sehr leichte bis stärkere Beanspruchung eingestuft. Bei ständig starker Beanspruchung ist die Verwendung unglasierter (UGL) Fliesen und Platten mit geringer Wasseraufnahme zu empfehlen. Die Oberflächen von Fliesen können mit glänzenden und matten Dekors geschmückt werden.

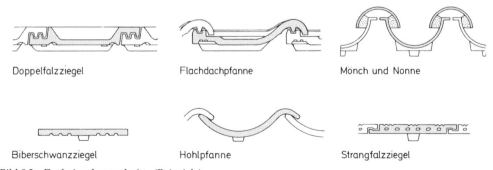

Bild 8.2 Dachziegelquerschnitte (Beispiele)

8.5.2 Steinzeug für die Kanalisation

Geliefert werden nach DIN EN 295-1 vor allem Rohre und Formstücke, außerdem Sohl- und Profilschalen sowie Platten. Durch Tauchen der Formlinge vor dem Brennen in tonhaltige Suspensionen erhält man eine allseitige Spatglasur, wodurch vor allem der Rauigkeitswert für das in der Kanalisation abzuführende Wasser herabgesetzt wird.

Diese Baustoffe sind besonders beständig gegen saure und alkalische Abwässer. Sie sollen beim Anschlagen mit einem harten Gegenstand einen klar klingenden Ton geben. Rohre werden mit Nennweiten $d = 100\ldots1200$ mm hergestellt. Je nach der Scheiteldruckkraft bei der Prüfung werden die Rohre in Tragfähigkeitsklassen eingestuft. Weiter müssen die Rohre unter 0,5 bar Innendruck wasserdicht sein. Um das Verlegen zu beschleunigen, werden die Rohre auch mit vorgefertigten Muffendichtungen geliefert. bei Kanalisationsrohren wird dadurch die Fließgeschwindigkeit des Abwassers erhöht.

8.6 Feuerfeste Baustoffe

Sie werden für den Innenausbau von Öfen benötigt und müssen bis 1500 °C beständig bleiben, hochfeuerfeste Baustoffe sogar bis 1800 °C. Für die meisten Zwecke genügen Schamottesteine und Schamotterohre, die aus feuerfestem Ton (mit geringem Gehalt an niedrigschmelzenden Bestandteilen) und Schamotte (= vorgebrannter und zerkleinerter, feuerfester Ton) als Magerungsstoff geformt und gebrannt werden. Mit abnehmendem Tonerdegehalt vermindert sich die Feuerfestigkeit.

Für Industrieöfen werden vielfach hochfeuerfeste Baustoffe benötigt. Bei saurem Brenngut werden u. a. Silikasteine oder Dinas, aus Quarzit und etwas Weißkalk gepresst und gebrannt, verwendet, bei basischem Brenngut (z. B. in der Sinterzone in Zementdrehöfen) Magnesitsteine, die aus etwas eisenhaltigem Magnesitgestein geschmolzen werden.

8.7 Glas

8.7.1 Technologie, allgemeine Eigenschaften und Verarbeitung

Die Rohstoffe bestehen aus Quarzsand als Hauptbestandteil, Soda (seltener Pottasche) und Glasbruch als Flussmittel sowie Kalkstein, bestimmten Feldspäten u. a. zur Verbesserung der Glaseigenschaften. Durch Metalloxide erhält man verschiedene Farbtönungen und damit auch eine unterschiedliche Durchlässigkeit für Strahlen. Das Gemenge wird bei rd. 1450 °C in großen Wannenöfen geschmolzen. Im Gegensatz zu den keramischen Baustoffen erfolgt die Formgebung erst nach dem Erhitzen durch Gießen, Walzen und Pressen in noch plastischem Zustand. Zu ebenen oder gebogenen Scheiben geformtes Glas wird als **Flachglas** bezeichnet. Durch nachträgliche Behandlung lassen sich die Glaseigenschaften verändern.

Glas ist porenfrei (ausgenommen Schaumglas); seine Dichte beträgt 2,5 g/cm³. Es besitzt im Vergleich zu allen übrigen mineralischen Baustoffen die höchsten Festigkeiten (Druckfestigkeit mindestens 800 N/mm², Biegefestigkeit 30…90 N/mm²), weshalb Baustoffe geringer Dicke daraus hergestellt werden. Bei Fenstern richtet sich die Dicke nach der Größe der Scheibe und, wegen der unterschiedlichen Windbeanspruchung, auch nach der Höhe über dem Gelände. Glas ist spröde und schlagempfindlich. Der Härtegrad liegt zwischen 6 und 7. Der Wärmedehnkoeffizient beträgt 0,0085 mm/m · K; vor allem bei großen und sich besonders stark erwärmenden Scheiben muss auf eine ausreichende Ausdehnungsmöglichkeit geachtet werden. Die Wärmeleitfähigkeit ist mit 0,8 W/m · K im Vergleich zu anderen dichten mineralischen Baustoffen gering. Bei rascher einseitiger Erwärmung oder Abkühlung kann es daher in dickeren und farbigen Gläsern zu hohen Temperaturspannungen kommen. Farblose Gläser haben für Lichtstrahlen (Wellenlänge 400…760 nm) eine hohe Durchlässigkeit von ≥ 90 %, bei Doppelscheiben ≥ 80 %, desgleichen auch für Infrarot-Wärmestrahlen (Wellenlänge 760…3000 nm), was zu einer starken Raumlufterwärmung im

Sommer führen kann. Farbige Gläser haben eine geringere Strahlendurchlässigkeit. Glas besteht aus Calcium- und Natrium- (oder Kalium-) Silikaten und ist nur gegen Flusssäure und damit auch gegen Fluate empfindlich. Die Oberfläche wird außerdem durch länger einwirkende Laugen, wie Kalk- und Zementmörtel, angegriffen. Deshalb muss Glas bei Baumaßnahmen geschützt werden. Frisches Glas kann auch durch Tauwasser «blind» werden, was vor allem beim Transport und Lagern beachtet werden muss.

Das Abtrennen von Glasteilen erfolgt nach dem Anritzen der Glasoberfläche mit Diamant oder Stahlrädchen und Brechen über Kanten. Für Verglasungsarbeiten ist DIN 18 361 maßgebend.

8.7.2 Flachglasarten

Nach DIN 1249-11 unterscheiden sich die Flachglasarten hinsichtlich ihrer Herstellung und einiger wichtiger Eigenschaften.

Spiegelglas (Kurzzeichen S) wird meist nach dem Float-Verfahren hergestellt, wobei die zähflüssige Glasschmelzmasse auf ein flüssiges Metallbad aufgebracht wird und dort langsam abkühlt. Es besitzt planparallele und geschliffene Oberflächen und ist daher frei von Verzerrungen in Durchsicht und Reflexion und auch frei von größeren Eigenspannungen. Es wird hergestellt mit Nenndicken von 3...19 mm und größten Scheibenmaßen bis 3180 · 9000 mm. Beispiel für die Bezeichnung:
DIN 1249-11 – S – 6 – 600 · 3180
(in der Reihenfolge Spiegelglas – Dicke – Breite · Länge in mm). Geliefert werden auch leicht farbiges Spiegelglas, Drahtspiegelglas (wie Gussglas hergestellt, anschließend geschliffen und poliert).

Fensterglas (F) wird im Ziehverfahren mit feuerblanken Oberflächen und mit den gleichen Nenndicken wie Spiegelglas hergestellt, jedoch mit größeren zulässigen Abweichungen sowie mit möglichen Verzerrungen, weshalb es nur noch wenig verwendet wird. In gleicher Weise wird auch Dünnglas mit 0,6...2 mm Dicke hergestellt.

Gussglas wird durch Gießen und Walzen hergestellt, oft mit verschiedenen Farbtönungen. Es ist mehr oder weniger strukturiert bzw. ornamentiert (O) und nur durchscheinend. Drahtglas (D) mit Drahtnetz dient als Sicherheitsglas und eignet sich auch für Brandschutzgläser sowie als Welldrahtglas für Dächer. U-förmig ausgebildetes Profilglas ohne oder mit Drahteinlage wird für Lichtwände und Lichtbänder verwendet.

Gartenblank- und **Gartenklarglas** ist Fenster- bzw. Gussglas mit größeren Fehlern.

8.7.3 Isoliergläser

Da Bauteile aus Glas zur Belichtung der Innenräume vor allem in Außenwände u. Ä. eingebaut werden, müssen auch die bauphysikalischen Forderungen beachtet werden.

> Im Vergleich zu Einfachfenstern aus gewöhnlichem Glas werden durch Doppelfenster und vor allem durch besondere Isolierverglasungen die Wärme- und Luftschalldämmung wesentlich erhöht.

Sie hängen ab von der Art, Dicke und Zahl der Scheiben, von der Weite des Luftzwischenraumes und der Beschaffenheit der Luft oder ggf. eines anderen Füllstoffes sowie von dem Baustoff der Rahmen und deren prozentualem Anteil.

Bei besonders günstigen Bedingungen (u. a. Füllung mit schweren Gasen) kann der Wärmedurchgangskoeffizient bis unter 1,5 W/m²K herabgesetzt werden. Für Fenster und Türen aus den im Folgenden beschriebenen Isoliergläsern wird meist **Spiegelglas** verwendet; auch eine Kombination mit **Sicherheitsgläsern** ist möglich. Bestimmte Anforderungen müssen auch hinsichtlich der Falzausbildung und der Fugenundurchlässigkeit eingehalten werden.

Zur Verbesserung der Wärme- und Schalldämmung wird bei Mehrscheiben-Isoliergläsern zwischen 2 oder 3 Scheiben eine trockene Luftschicht durch Verklebung oder durch Randverschweißung der Scheiben luftdicht eingeschlossen. Dadurch werden auch späteres Beschlagen und Verstauben der inneren Glasflächen verhindert. Mit einem besonderen Wärmeschutzglas (innen) und besonderen Luft-Gas-Gemischen wird die Wärmedämmung weiter erhöht. Mit eingelegtem Glasseidengespinst werden derartige Fenster undurchsichtig, bleiben jedoch durchscheinend mit lichtstreuender Wirkung. Die Isolierglaseinheiten werden in Werken hergestellt und können nach der Lieferung nicht mehr geändert werden.

Bei den **Mehrscheibenisoliergläsern** werden oft als äußere Scheiben sogenannte Sonnenschutzgläser eingebaut. Durch eine besondere Behandlung dieser Gläser vermindert sich die Durchlässigkeit für die Sonnenenergie um rd. 30...60 %, gleichzeitig jedoch auch die Lichtdurchlässigkeit bis zu rd. 60 %. Absorptionsgläser sind bronze, grau oder grün eingefärbt. Sie absorbieren einen großen Teil der Infrarotstrahlen des Sonnenlichts. Die vom Glas selbst aufgenommene Wärmeenergie muss beim Einbau berücksichtigt bzw. durch ausreichende Belüftung der Glasoberfläche rasch abgeführt werden.

Bei den **Reflexionsgläsern** werden durch eine meist innere dünne Beschichtung der äußeren Scheiben mit Metalloxiden die Infrarotstrahlen zum größten Teil reflektiert, so dass es zu einer geringeren Aufheizung dieser Scheiben kommt.

Die Luftschalldämmung kann vor allem durch größere Glasdicken verbessert werden, bei Doppelfenstern, Kastenfenstern und Mehrscheibenisoliergläsern durch einen größeren Luftzwischenraum sowie durch zusätzliche Rahmen- und Falzdichtungen. **Schallschutzgläser** als Mehrscheibenisoliergläser mit einem ausreichend bewerteten Schalldämmmaß auch für stärkeren Außenlärm erhält man durch unterschiedliche Anordnung von verschieden dicken Scheiben oder/und Füllung des Luftzwischenraumes mit einem schweren Gas.

Das dunkelfarbige, lichtundurchlässige **Schaumglas** («Foamglas») hat eine geschlossene Zellstruktur ohne kapillare Verbindung und ist daher dampfundurchlässig. Es hat eine niedrige Rohdichte (rd. 0,13 kg/dm³) und Wärmeleitfähigkeit (0,45...0,60 W/m · K) sowie eine sehr geringe Wasseraufnahme. Nach DIN 4108-10 wird es, z. T. beschichtet, als Wärmedämmplatten je nach Druckfestigkeit ≥ 0,5 und ≥ 0,7 N/mm² mit der Typenbezeichnung WDS und WDH geliefert.

Als **Brandschutzgläser** können unter bestimmten Voraussetzungen bis Feuerwiderstandsklasse G 60 Drahtglas und bis G 120 borhaltiges Glas verwendet werden. Im Innenraum können bis F 120 auch 2- und Mehrscheibengläser mit wasserhaltigem Gel oder mit anorganischen Brandschutzschichten verwendet werden.

8.7.4 Sicherheitsgläser

Mit Sicherheitsgläsern sollen die Verletzungsgefahr durch Splitter vermindert und die Sicherheit von Menschen und Sachen bei Gewaltanwendung erhöht werden.

Beim Bruch von Alarmglasscheiben wird durch eingelegte dünne Metalldrähte Alarm ausgelöst.

Beim **Einscheiben-Sicherheitsglas** wird die einbaufertige Scheibe aus Spiegelglas durch Erwärmen auf 600 °C und anschließendes beidseitiges rasches Abkühlen vorgespannt. Der dabei erzeugte Eigenspannungszustand erhöht die Biegezugfestigkeit (auf rd. 150 N/mm²) und die Temperaturwechselbeständigkeit. Beim Bruch zerfällt das Glas in kleinste, meist stumpfkantige Teile. Die Scheiben können nach der Lieferung nicht mehr bearbeitet werden.

Das **Verbundsicherheitsglas** wird aus 2 oder mehr Scheiben mit farblosen, gefärbten oder matten Kunststoffschichten zusammengeklebt. Bei der Zerstörung der Scheiben haften die Splitter an der Zwischenschicht. Je nach Anzahl und Dicke der Einzelscheiben ergeben sich u. a. durchbruch- und durchschusshemmende Verglasungen. Beim Drahtglas bleiben beim Bruch die Splitter an den Drahteinlagen hängen.

8.7.5 Weitere Glasbaustoffe

Farbige, meist undurchsichtige (= opak), teilweise auch mit einseitiger Farbemaille versehene Gläser werden in verschiedenen Abmessungen geliefert: als Glasmosaik, als Glasfliesen und -platten für Brüstungsplatten u. Ä. auch als Einscheibensicherheitsglas.

Glasdachsteine werden in gleichen Formen und Maßen wie Dachziegel und Betondachsteine hergestellt.

Glassteine nach DIN EN 1051-1 werden als geschlossene Hohlkörper in quadratischer und rechteckiger Gestalt geliefert. Sie werden nach DIN 4242 nur für nichttragende Wände verwendet. Durch genügend breite Mörtelfugen und Dehn- und Gleitfugen sollten Zwängspannungen vermieden werden.

Betongläser nach DIN EN 1051-1 sind voll oder hohl ausgebildete Glaskörper für die Anwendung in nicht senkrechter Anordnung, wie z. B. in Decken. Sie werden in 4 verschiedenen Formen (quadratisch als Voll- und Hohlglas sowie quadratisch und rund als nach unten offenes Hohlglas) geliefert. Sie dienen zur Herstellung von Bauteilen aus Glasstahlbeton nach DIN 1045.

8.7.6 Glaswolle und Glasfasern

Es sind feinste mineralische Fäden von 2...30 µm Durchmesser, die aus der Glasschmelze nach verschiedenen Verfahren durch Blasen und Ziehen erzeugt werden. Als Glaswolle dienen sie in vielen Formen der Wärme- und Schalldämmung. Als Glasvlies und Glasseidengewebe werden sie als Trägereinlagen von Dach- und Dichtungsbahnen, zur Bewehrung von Anstrichen und Putzen, als Fasern und Schnüre aus Glasseide für Kunststoffe verwendet und erhöhen vor allem die Zug- und Biegefestigkeit dieser Baustoffe. Alkaliwiderstandsfähige Glasseide kann auch mit Zement zu Glasfaserbeton verarbeitet werden.

9 Mauerwerk und Mörtel

Die Bemessung von Mauerwerk erfolgt nach Eurocode 6 und DIN 1053. Mauerwerk besteht aus Mauersteinen, die mit einem Mauermörtel verbunden sind.

9.1 Ausgangsstoffe

Als Mauersteine können verwendet werden:

- gebrannte Mauerziegel DIN V 105-100 siehe Abschnitt 8.3
- Kalksandsteine DIN V 106 siehe Abschnitt 6.1.2
- Porenbetonsteine DIN V 4165-100 siehe Abschnitt 7.11.4
- Leichtbetonsteine DIN V 18 151-100 siehe Abschnitt 7.11
- Leichtbetonsteine DIN V 18 152-100 siehe Abschnitt 7.11
- Normalbetonsteine DIN V 18 153-100 siehe Abschnitt 7.10
- Block- und Plansteine aus Porenbeton nach DIN EN 771-1
- Wandbausteine, Wandbauplatten aus Leichtbeton nach DIN EN 771-3 bis -4 in Verbindung mit DIN V 20 000-401-404

Die **Formate** (Tabelle 8.4 und Bild 9.1) reichen von Dünnformat DF und Normalformat NF bis zu den großformatigen Hochlochziegeln 21 DF.

Außer einer bestimmten Toleranz für die Nennmaße dürfen innerhalb einer Lieferung auch bestimmte Maßspannen zwischen den größten und kleinsten Abmessungen nicht überschritten werden. Größere Formate können in der Mitte der Lagerfläche Grifföffnungen besitzen, damit sie als Einhandsteine vermauert werden können (Bild 8.1). Die Prüfung von Mauersteinen erfolgt nach DIN EN 771-1.

Die Anforderungen an **Mauersteine**, gleichzeitig eine hohe Festigkeit, einen verbesserten Wärmeschutz und einen ausreichenden Schallschutz zu gewährleisten, führt zu einem immer mehr optimierten Lochbild. Der Trend zum wirtschaftlichen, rationellen Bauen brachte großformatige Mauersteine und/oder vorgefertigte Wandelemente hervor. Diese Entwicklungen führten dazu, dass in Deutschland für Mauersteine ca. 30 bauaufsichtliche Zulassungen erteilt wurden, die mittlerweile 80…90 % der Mauersteinproduktion abdecken.

Der **Mörtel** wird nach DIN EN 998 hergestellt und nach DIN EN 1015-1 geprüft. Als Bindemittel kann Kalk, Zement oder eine Mischung von Zement und Kalk verwendet werden. Normalmörtel, der entsprechend Tabelle 9.1 zusammengesetzt ist, bedarf keiner Eignungsprüfung. Mörtelgruppe I ist nicht zulässig für: Gewölbe- und Kellermauerwerk, bei mehr als 2 Geschossen und Wanddicke kleiner als 240 mm und bei zweischaligem Außenmauerwerk zum Vermau-

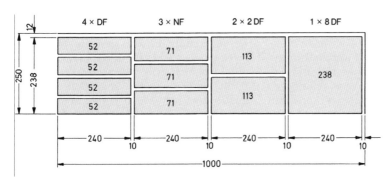

Bild 9.1 Maße von Wandbausteinformaten (Beispiele), Maße in mm (Lagerfuge rd. 12 mm, Stoßfuge 10 mm)

ern der Außenschale. Mörtelgruppe III + IIIa ist nicht zugelassen zum Vermauern der Außenschale bei zweischaligem Außenmauerwerk. Ist die Außenschale als bewehrtes Mauerwerk ausgeführt, kann MG III verwendet werden. Leichtmörtel darf nicht verwendet werden bei Gewölbe-, Keller- und Sichtmauerwerk. Die Verwendung von Dünnbettmörtel bei Gewölbemauerwerk und Mauerstein mit größeren Maßabweichungen ist nicht erlaubt.

9.2 Aufbau

Mauerwerk kann **einschalig** oder **zweischalig** aufgebaut sein. Bei dem Errichten von Mauerwerk gilt die Maßordnung im Hochbau nach DIN 4172. Mauerwerk wird im Verband gemauert – das bedeutet, dass Stoß- und Längsfugen übereinander liegender Schichten versetzt sein müssen.

9.2.1 Einschaliges Mauerwerk

Einschaliges Mauerwerk ist einfach zu planen und auszuführen und eignet sich sowohl für Außen- als auch für Innenwände. Es gilt quasi «Prototyp der Mauer». Einschaliges Mauerwerk kann als **Hintermauerwerk** oder als **Sichtmauerwerk** ausgeführt sein. Es wird entweder beidseitig verputzt oder die Außenseite besteht aus frostbeständigen, unbeschädigten und rissfreien Mauersteinen. Bei Sichtmauerwerk sind Vor- und Hintermauerung homogen im Verband verzahnt, so dass der gesamte Querschnitt statisch wirksam ist. Bei genügender Wanddicke und geringer Rohdichte der Steine kann eine ausreichende Wärmedämmung erreicht werden. Moderne einschalige und beidseitig verputzte Außenwände bestehen aus großformatigen und wärmedämmenden Hochlochziegeln. Wärmeverluste im Fugenbereich können durch Verwendung von Leichtmauermörteln weitgehend verringert werden.

Die Baustoffhersteller bieten Mauerwerk mit ähnlich wärmedämmenden Eigenschaften wie bei den Wärmedämmstoffen an.

Wenn durch korrekte Planung und Ausführung Wärmebrücken vermieden und wasserdampfdurchlässige Putze und Anstriche verwendet werden, ist ein einschaliger Wandaufbau bauphysikalisch unproblematisch.

9.2.2 Zweischaliges Mauerwerk

Das zweischalige Mauerwerk besteht aus einer inneren Mauer, die für den Lastabtrag und den Wärme- und Schallschutz verantwortlich ist, und einer äußere Mauer, die als Wetterschutz fungiert und eine individuelle Fassadengestaltung ermöglicht. Das Verblend-Mauerwerk trägt nur sich selbst und wird mit Edelstahlankern an der Innenwand befestigt. Zwischen den beiden Mauern kann ein unbenutzter Freiraum entstehen. Wird dieser für die Zirkulation der Luft und gegen Wasserablagerungen ausgelegt, spricht man von **zweischaligen Mauerwerk mit Luftschicht**.

Bei einer zweischaligen Außenwand mit **Luft- und Wärmedämmung** wird an der Innenwand eine Dämmschicht aufgebracht. Die beiden Schalen werden mit Drahtankern aus Edelstahl miteinander verbunden. Der maximale Abstand zwischen den beiden Schalen ist 15 cm. Die Mindestdicke für die Außenschale beträgt 9 cm, für die tragende Innenschale 11,5 cm und für die Luftschicht 6 cm. Wenn der überquellende Mörtel abgestrichen wird, kann die Luftschicht auf 4 cm reduziert werden. Die Luftschicht sorgt dafür, dass die Feuchtigkeit vor der Dämmung abgeführt wird und somit kein Tauwasser entstehen kann. An der äußeren Schale müssen oben und unten Öffnungen angeordnet sein, durch die die Feuchtigkeit entweichen kann.

Bei den zweischalige Außenwänden **mit Kerndämmung** ist der gesamte Hohlraum zwischen den Schalen mit Dämmmaterial gefüllt, wodurch hohe Wärmeschutzwerte erreicht werden. Beide Mauerschalen sollten mindestens 11,5 cm dick und müssen mit Drahtankern verbunden sein. Die Kerndämmung sollte nicht dicker als 15 cm sein und kann aus Mineralfaser- oder Hartschaumplatten sowie einer Dämmschüttung bestehen. Als

Eigenschaften von Mauerwerk

Schüttung werden wasserabweisende leichte Gesteinskörnungen, z. B. aus vulkanischem Gestein, verwendet.

Bei den zweischaligen Außenwänden mit Putzschicht wird auf die Innenwand ein Putz aufgebracht. Die Vorsatzschale wird mit einem Abstand von 2 cm gemauert.

9.2.3 Sonderformen

Ein «mörtelloses Mauerwerk» entsteht durch Aufeinandersetzen von besonders maßhaltigen Hohlsteinen, bei größeren Formaten auch Schalungssteine genannt. Jeweils nach einer bestimmten Höhe werden die durchgehenden Hohlräume mit weichem Normal- oder Leichtbeton verfüllt.

Mauerwerk aus Vormauersteinen und Klinkern benötigt keinen Außenputz, da diese Steine frostbeständig sind.

Besondere Sorgfalt erfordert das Erstellen von **Sichtmauerwerk**. Es sind besonders maßhaltige und rissfreie Steine notwendig, für Außenflächen Vormauersteine oder Klinker.

9.3 Eigenschaften von Mauerwerk

Mauerwerk wird, je nach den statischen und bauphysikalischen Erfordernissen, aus verschiedenartigen Wandbausteinen sowie aus Mauermörtel hergestellt, die z. T. sehr unterschiedliche Festigkeiten und Verformungsverhalten besitzen. Bei bekannter Stein- und Mörtelfestigkeit kann die **Mauerwerksfestigkeit** nach der Formel in DIN 18 554

$$\beta_{MW} \approx 0,8 \cdot \beta_S^{0,7} \cdot \beta_M^{0,2}$$

abgeschätzt werden, wobei die Festigkeiten β in N/mm² einzusetzen sind.

Die Druckfestigkeit des Mauerwerks ist geringer als die Steinfestigkeit; sie hängt vor allem von der Stein- und Mörtelfestigkeit ab. Steinfestigkeit β_S und Mörtelfestigkeit β_M sollen aufeinander abgestimmt werden ($\beta_M \approx$ 0,5…0,8 β_S). Bei besonders nachgiebigem Mörtel entstehen in den Steinen erhebliche Zug- und Biegespannungen, wodurch sowohl im Mörtel als auch in den Steinen vorzeitig Risse auftreten. Bei einer geringeren Mörtelfestigkeit kann daher eine hohe Steinfestigkeit nicht ausgenützt werden. Umgekehrt lässt sich bei geringer Steinfestigkeit die Mauerwerksfestigkeit durch eine größere Mörtelfestigkeit kaum erhöhen. Bei Verwendung von Leichtmauermörtel wird zwar die Wärmedämmung des Mauerwerks erhöht, die Festigkeit wird jedoch vermindert. Ebenfalls eine geringere Wärmeleitfähigkeit und einen noch besseren Verbund der Steine ergibt das «Plansteinmauerwerk», das mit **Dünnbettmörtel** (DM) versetzt wird.

> Ein optimales Zusammenwirken von Stein und Mörtel wird erreicht durch einen guten Mauerwerksverband mit versetzten Stoß- und Längsfugen sowie durch gleichmäßig dicke Lagerfugen.

Die Mauerwerksfestigkeit wird außerdem noch durch die Schlankheit der Wände oder Pfeiler beeinflusst.

Bei Nichtbeachtung der Formänderungen des Mauerwerks können Risse auftreten. Der Elastizitätsmodul von Mauerwerk liegt in weiten Grenzen, je nach Steinfestigkeitsklasse 2…28 und MG II…III zwischen E = 1500 und 10 000 N/mm². Kriechmaß, Schwindmaß und Wärmedehnkoeffizient von Mauerwerk, hergestellt aus Wandbausteinen mit mineralischen Bindemitteln, sind deutlich größer als bei Verwendung von Ziegel und Klinker.

Anmerkung: Im Anhang sind Beispiele für die Berechnung von Mauerwerk gegeben.

9.4 Mörtel

Mörtel wird aus verschiedenen Bindemitteln mit und ohne feinkörnige Gesteinskörnung mit Größtkorn bis 2 oder 4 mm (selten 8 mm) hergestellt. Mörtel wird verwendet für Ausgleichsschichten, z. B. als Putz oder Estrich, oder als Füllmaterial, z. B. in Mauerfugen oder

Spannkanälen, jeweils mit ganz bestimmten Funktionen.

9.4.1 Ausgangstoffe

Die Wahl des Bindemittels richtet sich nach der gewünschten Eigenschaften des erhärteten Mörtels und der Verarbeitbarkeit des frischen Mörtels. Die Mörtel werden meist nach dem gewählten Bindemittel benannt, z. B. Kalkzementmörtel, hochhydraulischer Kalkmörtel, Gipsmörtel.

Als Gesteinskörnung werden natürliche oder künstlich hergestellte Sande oder Brechsande verwendet.

Ungewaschener Sand kann eine große Menge an schädlichen Stoffen enthalten. Gewaschenem Sand fehlt der Anteil an Feinstbestandteile, die für eine gute Verarbeitbarkeit notwendig sind. Für die Beurteilung und Prüfung von schädlichen Stoffen und des Anteils an Feinstteilen gilt weitgehend das Gleiche wie für Gesteinskörnung für Herstellung von Beton. Für Mauermörtel muss der Gehalt an Feinanteilen im Sand ≤ 8 M.-%, bei Putzmörtel ≤ 5 M.-% betragen. Die Kornzusammensetzung und insbesondere das Größtkorn der Gesteinskörnung müssen auf die jeweilige Verarbeitung und Schichtdicke des Mörtels abgestimmt werden. Eine gut abgestimmte Granulometrie wirkt sich vorteilhaft auf die Festigkeit des Mörtels aus und vermindert das Schwinden beim Austrocknen.

> ! Die Verwendung von leichter Gesteinskörnung mit porigem Gefüge führt zu hohen wärmedämmenden Eigenschaften des Mörtels.
> Durch die Zugabe von Zusatzmitteln und Zusatzstoffen können bestimmte Mörteleigenschaften, wie Verarbeitbarkeit, Erstarren, Erhärten, Wasserundurchlässigkeit, Haftverbund zwischen Mörtel und Untergrund oder die Farbe des Mörtels, in ähnlicher Weise wie bei Beton verändert bzw. verbessert werden.

9.4.2 Zusammensetzung der Mörtel

Die Zusammensetzung des Mörtels richtet sich auch nach der Herstellung: Bei **Baustellenmörteln**, die auf der Baustelle hergestellt werden, wird der Mörtel meist ohne vorherige Eignungsprüfung entsprechend Tabelle 9.1 nach Volumen zusammengesetzt, wobei sich die vorgeschriebenen Raumteile auf lagerfeuchten Sand beziehen. Bei trockenem Sand ist das Mischungsverhältnis entsprechend einzustellen, weil trockener Sand eine größere Schüttdichte hat als feuchter Sand. **Werkmörtel** nach DIN EN 998 werden in einem Werk aufgrund einer Eignungsprüfung überwiegend nach der Masse der Stoffe zusammengesetzt und als Werk-Trockenmörtel in Säcken oder Silos oder, schon mit Wasser vorgemischt, als Werk-Vormörtel (nur mit Luft- und Wasserkalken) oder als Werk-Frischmörtel in geeigneten Fahrzeugen auf die Baustelle geliefert. Entsprechend der **Kennzeichnung** ist auf der Baustelle dem **Trockenmörtel** die angegebene Wassermenge bzw. dem **Vormörtel** die Menge des angegebenen zusätzlichen Bindemittels zuzumischen. Mit Werkmörteln ergeben sich gleichmäßigere Mörteleigenschaften, weil deren Zusammensetzung ständig überwacht wird. Durch intensive Maschinenmischung werden Verarbeitung und Festigkeit wesentlich verbessert, weshalb sie der Handmischung stets vorzuziehen ist. Der Mörtel soll die für die Verarbeitung notwendige Konsistenz aufweisen. Er muss vor Beginn des Erstarrens verarbeitet sein. Wie bei Beton führt auch bei Mörtel ein größerer Wasserbindemittelwert zu einer geringeren Festigkeit. Putz- und Estrichmörtel werden meist bis zur Verarbeitungsstelle gepumpt.

9.4.3 Haftung

Überall, wo später eine gute Haftung des Mörtels am Untergrund verlangt wird, sollte der Untergrund eine gewisse Rauigkeit und Saugfähigkeit besitzen. Sowohl bei nichtsaugendem oder wassersattem Untergrund als auch bei stark saugendem trockenem Untergrund wird die Haftung schlechter. Bei stark saugenden Flächen wird durch vorzeitigen Wasserentzug auch die Verarbeitung des Mörtels erschwert.

> ❗ Trockene Steine und Flächen aus porösen, saugenden Baustoffen müssen daher angenässt werden und sollten vor dem Aufbringen des Mörtels mattfeucht sein. Bindemittel mit großem Wasserrückhaltevermögen und entsprechend wirkende Zusatzmittel verbessern die Eigenschaften des Mörtels bei stark saugenden Flächen.

9.4.4 Prüfung

Die Prüfung des Mörtels erfolgt nach DIN EN 1051-1. Für die Bestimmung der Biegezug- und Druckfestigkeit werden i. Allg. Prismen 40 mm · 40 mm · 160 mm hergestellt und bis zur Prüfung wie bei der Normprüfung der jeweiligen Bindemittel gelagert.

9.4.5 Mörtelarten

9.4.5.1 Mauermörtel

Der Mauermörtel wird nach DIN EN 998 hergestellt. Nach Eigenschaften und Verwendungszweck gibt es Normalmörtel (G) – ohne besondere Eigenschaften, Dünnbettmörtel (T) – nach Eignungsprüfung mit festgelegtem Größtkorn, und Leichtmauermörtel (L) – nach Eignungsprüfung mit festgelegter Trockenrohdichte.

Alle Mauermörtel sollen die Fugen des Mauerwerks ausfüllen und durch ausreichende Festigkeit und gute Haftung einen günstigen Verbund der Wandbausteine gewährleisten. Für den Mörtel wird Sand 0/2 mm oder 0/4 mm verwendet. Das Mischungsverhältnis der Mörtelgruppen als Baustellenmörtel und die geforderten Druckfestigkeiten finden sich in Tabelle 9.1. Da MG I nur bis zu 2 Vollgeschossen mit 24 cm Wanddicke zulässig ist, wurde wegen der geringen Festigkeit keine Forderung aufgestellt. MG I, II und IIa dürfen nicht für Gewölbe verwendet werden. Bei Nässe und Kälte muss mindestens mit MG II gearbeitet und das gesamte Mauerwerk abgedeckt werden. MG IIIa mit höherer Festigkeit, i. Allg. mit besserem Sand erreichbar, darf nur aufgrund einer Eignungsprüfung hergestellt und ebenso wie MG IIa und III für ingenieurmäßig bemessenes Mauerwerk verwendet werden.

Die Druckfestigkeit (Tabelle 9.1) ist abhängig vom verwendeten Bindemittel (Kalk, Kalk-Zement-Gemisch, Zement), der Art des Sandes (rundkörnig, gebrochenkörnig), von Zusatzmitteln und Zusatzstoffen. Sie wird beeinflusst von der Verbundfestigkeit (je nach Anforderung Haftscherfestigkeit Mauerstein–Mörtel). Bei Mörtel für den Außenbereich beeinflussen die Wasseraufnahme, die Wasserdampfdurchlässigkeit und die Wärmeleitfähigkeit (sind vom Hersteller anzugeben) sowohl die Festigkeitsentwicklung als auch die Dauerhaftigkeit. Eine Rolle spielt auch die Trockenrohdichte.

> ❗ Unterschiedliche Mörtel dürfen auf einer Baustelle nur gemeinsam verwendet werden, wenn es keine Verwechslungsmöglichkeit gibt.

Der Hersteller hat eine Erstprüfung durchzuführen, muss ein System zur werkseigenen Produktionskontrolle einführen und dies in einem Handbuch dokumentieren. Die Prüfungen sind in DIN EN 1015-1 ff. geregelt.

In DIN EN 998 wurden für Mauermörtel gegenüber DIN 1053 folgende Änderungen vorgenommen:

- ❑ die Mörtelgruppe MG I...III wurde durch Mörtelklassen M1/M2,5/M5/M10/M15/M20/Md ersetzt, wobei die Druckfestigkeit in N/mm² angegeben wird. Mit «d» wird eine Druckfestigkeit > 25 N/mm² bezeichnet.
- ❑ Chlorid- und Luftgehalt, Wasseraufnahme, Wasserdampfdurchlässigkeit, Verbundfestigkeit und Dauerhaftigkeit (Frostwiderstand) sind beim Mauermörtel nach Eignungsprüfung vom Hersteller anzugeben.

Tabelle 9.1 Mörtelgruppen, Mischungsverhältnis von Baustellenmörtel in Raumteilen (RT) und besondere Eigenschaften. Bei Werkmörteln wird das Mischungsverhältnis aufgrund von Eignungsprüfungen festgelegt.

Mörtelgruppe	Lustkalkhydrat, Kalkteig	Wasserkalkhydrat	hydraulischer Kalk	hochhydraulischer Kalk, Putz- und Mauerbinder	Zement	Stuck- oder Putzgips	Anhydritbinder	Sand (lagerfeucht)	Eigenschaften	
									Mittlere Druckfestigkeit nach 28 Tagen N/mm²	Verhalten gegen Feuchtigkeitseinwirkung
ϱ_s [1]	0,5	0,5	0,8	1,0	1,2	0,9	1,0	1,3	–	–
Mauermörtel nach DIN 1053										
MG I	1	–	–	–	–	–	–	4	gering, keine Anforderung	–
	–	1	–	–	–	–	–	3		
	–	–	1	–	–	–	–	3		
	–	–	–	1	–	–	–	4,5		
MG II	1,5	–	–	–	1	–	–	8	≥ 2,5	–
	–	2	–	–	1	–	–	8		
	–	–	2	–	1	–	–	8		
	–	–	–	1	–	–	–	3		
MG IIa	–	1	–	–	1	–	–	6	≥ 5	–
	–	–	–	2	1	–	–	8		
MG III	–	–	–	–	1 [2]	–	–	4	≥ 10	–
MG IIIa									≥ 20	
Putzmörtel nach DIN 18 550										
P Ia	1 [3]	–	–	–	–	–	–	3…4,5	gering, keine Anforderung	(wasserhemmend) [4]
P Ib	–	1	–	–	–	–	–	3…4,5		
			1					3…4		
P Ic	–	–							≥ 1,0	
P IIa	–	–	–	1	–	–	–	3…4	≥ 2,5	wasserhemmend [4]
P IIb	1,5 oder 2	–	–	–	1	–	–	9…11		(wasserabweisend) [4]
P IIIa	–	≤ 0,5	–	–	2	–	–	6…8	≥ 10	(wasserabweisend) [4]
P IIIb	–	–	–	–	1	–	–	3…4		
P IVa	–	–	–	–	1 [2]	–	–	0	≥ 2,0	nicht für Feuchträume mit langzeitig einwirkender Feuchtigkeit
P IVb	–	–	–	–	1 [2]	–	–	1…3		
P IVc	1	–	–	–	–	0,5…2	–	3…4		
P IVd	1	–	–	–	–	0,1…0,5	–	3…4	gering	
P Va	–	–	–	–	–	–	1	≤ 2,5	≥ 2,0	
P Vb	1 oder 1,5	–	–	–	–	–	3	12		

[1] Richtwerte für die Schüttdichte ϱ_s der Stoffe in kg/dm³, bei Kalkteig Rohdichte des Teiges 1,25 kg/dm³.
[2] Zur Verbesserung der Verarbeitbarkeit zusätzlich geringe Mengen von Luftkalk oder andere geeignete Zusätze.
[3] Eine geringe Zementzugabe ist zulässig.
[4] Siehe Abschnitt 1.4.3.5b). Zwischen Klammern nur mit geeignetem Zusatzmittel, mit geeigneter Beschichtung, siehe Abschnitt 8.3.5a), oder mit Eignungsnachweis.

9.4.5.2 Putzmörtel

Putzmörtel nach DIN V 18 550 dient dem Ausgleich, der bauphysikalischen Verbesserung und der besonderen Gestaltung von Wandflächen und Deckenunterflächen. Je nach dem verwendeten mineralischen Bindemittel wird er in die Mörtelgruppen PI...P V nach Tabelle 9.1 eingeteilt.

> Die Putzmörtel müssen eine ausreichende Dicke und Härte und gute Haftung haben. Sie sollen eine gleichmäßige Beschaffenheit und Farbe aufweisen ohne Flecken und Risse und eine ausreichende Wasserdampfdurchlässigkeit sowie einen erhöhten Feuerwiderstand der verputzten Bauteile gewährleisten.

Außenputz muss witterungsbeständig und wasserdampfdurchlässig sein und je nach Schlagregenbeanspruchung wasserhemmend oder wasserabweisend. Als Träger organischer Beschichtungen oder bei stärkerer mechanischer Beanspruchung ist eine Druckfestigkeit $\geq 2{,}5$ N/mm² erforderlich. Bei Kellerwand- und Sockelaußenputz muss die Druckfestigkeit wegen eines ausreichenden Frostwiderstandes ≥ 10 N/mm² sein. Bei Innenputz als Träger von Anstrichen und Tapeten ist eine Druckfestigkeit ≥ 1 N/mm² verlangt. In Feuchträumen müssen sie gegen langandauernde Feuchtigkeit beständig sein.

Das **Putzsystem**, bestehend aus Putzgrund und einer oder mehrerer Putzlagen, muss die jeweiligen Anforderungen erfüllen. Putzgrund und Putzlagen sind so aufeinander anzustimmen, dass in den verschiedenen Berührungsflächen die möglichen Spannungen aufgenommen werden.

Bei mehrlagigem Putz muss der Unterputz stets mindestens so fest und dicht sein wie der Oberputz. Bewährte Putzsysteme für bestimmte Anforderungen und Anwendungen finden sich in DIN V 18 550; für andere Systeme sind Eignungsprüfungen durchzuführen. Die **Putzweise**, z. B. geriebener oder gefilzter Putz, Kellen-, Kratz-, Spritz- oder Waschputz, ist für die Oberflächenstruktur maßgebend.

Tabelle 9.1 zeigt für die verschiedenen Mörtelgruppen die Zusammensetzung als Baustellenmörtel. Für Unterputz wird als Sand 0/2 und 0/4 mm verwendet, bei Außenoberputz je nach Putzweise 0/4...0/8 mm, bei Innenoberputz 0/1 und 0/2 mm. Durch die Zugabe von Fasern kann die Rissempfindlichkeit vermindert werden. Die Zugabe von hydrophoben Zusatzmitteln verschlechtert die Haftung der nächstfolgenden Schicht. Edelputzmörtel, die eine weiße oder eingefärbte Oberfläche ergeben, werden als Werk-Trockenmörtel geliefert.

Die Vorbereitung des **Putzgrundes** umfasst alle notwendigen Maßnahmen zur Verbesserung des Verbundes.

> Der Putzgrund muss mit großer Sorgfalt auf Putzfähigkeit geprüft werden. Lose Teile, Ausblühungen und Schalölreste sind zu entfernen. Für die Vorbehandlung des Putzgrundes ist vor allem seine Saugfähigkeit zu berücksichtigen.

Wenn bei ungünstigen Verhältnissen eine Haftbrücke aus organischen Bindemitteln u. a. nicht ausreicht, ist ein Spritzbewurf aus mindestens gleichfestem Mörtel wie für die darauffolgende Putzschicht, bei Beton, Außenwandsockel u. Ä. aus P III mit grobkörnigem Sand 0/4 oder 0/8 mm erforderlich, der nach dem Anwerfen nicht bearbeitet wird. Bei Mischmauerwerk und sehr saugendem Putzgrund, z. B. aus Ziegel, Kalksandsteinen und Gasbeton, ist nach Vornässen der **Spritzbewurf** vollflächig aufzubringen. Bei glattem und wenig saugendem Putzgrund (z. B. Beton, der nach dem Vornässen oberflächentrocken sein sollte), ist er nicht vollflächig, sondern warzenförmig aufzutragen. Durch Putzträger, z. B. Rippenstreckmetall, verzinktes Drahtgitter, Holzwolleleichtbau- oder Gipskartonputzträgerplatten, kann bei zweckentsprechender Befestigung die Putzhaftung sichergestellt bzw. ein ungeeigneter Putzgrund, z. B. aus Holz und Stahl, überbrückt werden. Zur Verminderung der Rissbildung, z. B. über Plattenstößen, ist eine Putzbewehrung aus Metall oder Fasern einzulegen.

Eine neue Putzlage darf erst aufgebracht werden, wenn die vorhergehende ausreichend fest ist – bei Spritzbewurf frühestens nach

12 h – sowie erforderlichenfalls aufgeraut und angenässt worden ist. Durch kräftiges Anwerfen von Hand oder maschinell und Verreiben werden die Haftung und Dichte des Putzmörtels verbessert. Über Dehnfugen und im Bereich größerer unvermeidbarer Bewegungen der Konstruktionen muss der Putz nach dem Aufbringen eingeschnitten werden. Die Putzflächen sind vor Schlagregen und Frost, bei den Mörtelgruppen P I…III außerdem vor raschem Austrocknen zu schützen. Die Putzweise, z. B. geriebener oder gefilzter Putz, Kellen-, Kratz-, Spritz- oder Waschputz, ist für die Oberflächenstruktur maßgebend.

Für **Außenwandputz** eignen sich nur die Mörtelgruppen P I…P III; bei Außenwänden aus Beton, bei Kellerwänden und Außensockeln nur P III. Für Außendeckenputz sind P I…P III ohne Einschränkung möglich, P IV nur bei feuchtigkeitsgeschützten Stellen.

Außenwandputz sollte im Mittel 20 mm, an einzelnen Stellen ≥ 15 mm dick sein, bei einlagigen wasserabweisenden Putzen aus Werkmörtel jeweils um 5 mm weniger. Der Putz muss jedoch so dick sein, dass zusätzliche Anforderungen, z. B. der Wärmedämmung und des Brandschutzes, erfüllt werden. Zu raue Wandputzflächen sind empfindlich gegen Verschmutzung und Frost; zu glatt geriebene Flächen neigen zu Schwindrissen. In Putzen mit dunkler Oberfläche treten bei Sonnenbestrahlung hohe Scherspannungen auf.

Für **Innenputz** an Wand und Decke werden alle Mörtelgruppen P I…P V verwendet, in Feuchträumen (dazu zählen nicht häusliche Küchen und Bäder) nur die Gruppen P I…P III. Bei Gipsbaustoffen als Putzgrund sind nur P IV und P V zulässig. Innenputz wird im Mittel 15 mm dick ausgeführt, an einzelnen Stellen ≥ 10 mm, bei einlagigen Werk-Trockenmörteln jeweils um 5 mm weniger. Der Innenputz sollte besonders ebenflächig sein.

Zur Verbesserung der Schallabsorption kann er auch rau gehalten werden. Eine beschleunigte Erhärtung ist bei Luftkalkmörteln durch höhere CO_2-Gehalte (Aufstellen von Propangasbrennern), bei Gipsputzen nur durch rascheres Austrocknen (Heizen und Lüften) möglich.

Wärmedämmputz wird aus Werkmörtel in einer Gesamtdicke bis 8 cm hergestellt. Je nach verwendeter Gesteinskörnung und Anwendung soll ρ = 0,15…0,60 kg/dm³ und die Druckfestigkeit ≥ 0,5 N/mm², bei Oberputz ≥ 0,8…5 N/mm² betragen; Letzterer muss als Außenputz den Mörtelgruppen P I und II vergleichbar und ggf. wasserabweisend sein.

Als **Brandschutzbekleidung** können Putze die Feuerwiderstandsdauer von Bauteilen erhöhen, insbesondere wenn sie als P IVa und b sowie mit mineralischer leichter Gesteinskörnung hergestellt werden.

In DIN EN 998 wird für Putzmörtel nach Druckfestigkeit, kapillarer Wasseraufnahme und Wärmeleitfähigkeit gemäß Tabelle 9.2 klassifiziert.

Tabelle 9.2

Kategorie	Eigenschaft	Werte
CSI	Druckfestigkeit	0,4…2,5
CSII	(N/mm²) nach	1,5…5,0
CSIII	28 Tagen	3,5…7,5
CSIV		> 6
W0	kapillare Wasser-	–
W1	aufnahme c	≤ 0,40
W2	(kg/m² · min^{0,5})	≤ 0,20
T1	Wärmeleitfähigkeit	≤ 0,1
T2	(W/m · K)	≤

Die Festmörtel müssen die Anforderungen der Tabelle 9.3 erfüllen.

Tabelle 9.3

Mörtel (Abkürzung)	Druckfestigkeit	Kapillare Wasseraufnahme
Normalputz (GP)	CSI…IV	W0…W2
Leichtputz (LW)	CSI…II	W0…W2
Edelputz (CR)	CSI…IV	W0…W2
Einlagenputz (OC)	CSI…IV	W1…W2
Sanierputz (R)	CSII	[1]
Wärmedämpf. (T)	CSI…II	W1

[1] ≤ 0,3 kg/m² in 24 h
Wassereindringung < 5 mm

Alle anderen Eigenschaften müssen die deklarierten Werte aufweisen.

9.4.5.3 Verlege- und Fugenmörtel

Der **Verlegemörtel** muss in der Lage sein, die Spannungen, die sich aus der mechanischen Beanspruchung der Platten und aus unterschiedlichen Längenänderungen von Plattenbelag und Untergrund ergeben, auf den Untergrund abzuleiten, ohne dass sich der Plattenbelag ablöst. Dazu muss der Verlegemörtel ausreichend fest sein und eine gute Haftung sowohl am Untergrund wie auch an der Rückseite der Platten erhalten. Der Untergrund muss besonders sauber und stabil sein. Die vorbereitenden Arbeiten am Untergrund sind analog zu jenen für Putze durchzuführen. Bei Wandflächen aus unterschiedlichen oder weniger festen Baustoffen sowie mit Maßabweichungen über 2,5 cm ist auf den Spritzbewurf zunächst ein Unterputz aus Mörtelgruppe P III mit tragfähiger Bewehrung aufzubringen. Der Verlegemörtel ist zur Verringerung der Schwindkräfte aus 1 RT Zement und 4...5 RT gemischtkörnigem Sand und in einer Dicke von 10 bis höchstens 20 mm herzustellen. Die Haftung der Platten kann bei Wandbelägen durch Schlämmen der Plattenrückfläche mit Zementleim, bei Bodenbelägen durch dünnes Pudern des Verlegemörtels mit Zement verbessert werden. In jedem Fall müssen die Platten durch kräftiges Aufklopfen eine vollflächige Verbindung mit dem Mörtel erhalten. Keramische Platten können auf ebenflächigem Untergrund auch im sog. **Dünnbettverfahren** aufgebracht werden. Der Untergrund kann aus bestimmten Putzen, Zementestrich, Mauerwerk, Beton und verschiedenen Bauplatten bestehen, wobei ggf. Vorbehandlungen notwendig sind. Nach einer evtl. erforderlichen Grundierung wird der Mörtel mit einer Kammspachtel auf den Untergrund (Floating) oder/und auf die Rückseite der Platten (Buttering) gleichmäßig dick aufgetragen und die Platten bei noch plastischer Konsistenz des Mörtels angesetzt. Nach ausreichender Erhärtung des Verlegemörtels sind die Fugen mit einem geeigneten **Fugenmörtel**, meist Zementmörtel, zu füllen. Wenn eine gute wasserabweisende Wirkung verlangt wird, müssen die Fugen genügend weit sein, je nach Plattendicke und -länge mindestens 2...10 mm. Um Schwindrisse zu vermeiden, muss der Mörtel gemagert werden, bei engen Fugen mit Quarzmehl, bei breiteren Fugen mit Sand. Wegen der Dichtigkeit gegen Schlagregen sind bei Sichtmauerwerk die Fugen mit besonderem Fugenmörtel, z. B. aus CEM I 32,5 R, 5 RT Sand 0/2 mm und 1 RT Trass, kräftig auszufugen; ähnlich wie bei Beton soll der Mehlkorngehalt in günstigen Bereichen liegen, bei Fugenmörtel etwa zwischen 600...1200 kg/m³. Der Fugenmörtel muss an den Steinen bzw. Platten überall gut haften.

Größere Bodenflächen sind je nach Temperaturänderungen des Belages durch Dehnfugen zu unterteilen. Da die Beläge erst nach dem Erhärten von Verlege- und Fugenmörtel ihre volle Funktionsfähigkeit besitzen, sind sie genügend lange vor mechanischen Einwirkungen, vor Austrocknung sowie vor größeren Temperaturschwankungen zu schützen.

Zementmörtel nach DIN 1045 für die Fugen von Fertigteilen und Zwischenbauteilen muss aus mindestens 400 kg Zement je m³ und gemischtkörnigem, sauberen Sand 0/4 mm hergestellt werden oder bei der Prüfung von 100-mm-Würfeln im Alter von 28 Tagen eine Druckfestigkeit von mindestens 15 N/mm² besitzen.

9.4.5.4 Estrichmörtel

Nach DIN 18 560 bzw. DIN EN 13 318 sind Estriche Bauteile auf einem tragenden Untergrund oder auf einer dazwischenliegenden Trenn- oder Dämmschicht. Sie können unmittelbar benutzt oder mit einem Belag versehen werden.

Angestrebte Eigenschaften sind: Ebenheit, Druckfestigkeit, ohne Verbund auch Biegezugfestigkeit, Härte, geringe Längenänderungen, Eignung zur Aufnahme von Belägen oder, wenn unmittelbar benutzt, ggf. Verschleißwiderstand.

Estriche werden unter Verwendung von mineralischen Bindemitteln (Zement, Anhydritbinder, Magnesiabinder), Bitumen oder Kunstharz und Gesteinskörnung hergestellt.

Es wird unterteilt in **Baustellen-Estriche** und Fertigteil-Estriche aus vorgefertigten, kraftschlüssig verbundenen Gipskartonplatten.

> Estriche weisen nach DIN EN 13 813 folgende Eigenschaften auf:
> - Druckfestigkeit von C5…C80 (N/mm²),
> - Biegezugfestigkeit von F1…F50 (N/mm²),
> - Verschleißwiderstand nach BÖHME A22… A1,5 (cm³/50 cm²),
> - Abriebtiefe AR6…AR0,5 (× 100 µm),
> - Rollbeanspruchung RWA300…RWA1 (Abriebmenge cm³),
> - Oberflächenhärte SH30…SH200, wobei SH = $F/(d \cdot \pi \cdot t)$ (N/mm²) Eindringtiefe t einer Stahlkugel mit d = 10 mm.
> - Bei Gussasphalt wird dessen Härteklasse an Würfeln (Last 525 N, Temperatur = 22 °C bzw. 40 °C) bestimmt: IC10…IC100 (Eindringtiefe in 0,1 mm).

Die Dicke des Estrichs (d = 10…80 mm) bzw. der oberen Nutzschicht (d = 4…20 mm) von mehrschichtigen Estrichen ist auf die Estrichart und den jeweiligen Verwendungszweck abzustimmen; sie sollte auch mindestens dem 3-fachen des Größtkorns der Gesteinskörnung entsprechen. Für schwimmende Estriche sind die Estrich-Nenndicken in Abhängigkeit von der Belastung und der Zusammendrückung der Dämmschicht für die verschiedenen Estricharten in Tabelle 9.4 angegeben. Nach dem Verbund mit dem tragenden Untergrund werden unterschieden:

Verbundestriche (Kurzzeichen V)

Verbundestriche nach DIN 18 560-3 sind mit einem vollflächigen und kraftschlüssigen Verbund mit dem Untergrund herzustellen. Dieser muss dazu ausreichend fest, griffig, frei von Rissen und vor allem von losen Teilen, Mörtelresten, Öl u. a. sein.

> Bei größeren Unebenheiten des Untergrundes oder bei aufliegenden Rohrleitungen ist u. a. ein Ausgleichsestrich in voller Höhe und mit gleicher Eignung wie der Untergrund erforderlich.

Zur Verbesserung des Verbundes und vor allem bei ungenügender Griffigkeit sollte eine geeignete Haftbrücke aufgebracht werden, z. B. wird unmittelbar vor dem Aufbringen des Estrichs auf den mattfeuchten Untergrund ein Mörtel als **Haftbrücke**, ggf. unter Zusatz einer geeigneten Kunststoffdispersion, kräftig eingekehrt. Die Schwindspannungen des Estrichs werden durch die schubfeste Verbindung mit dem Untergrund von diesem aufgenommen, was dazu führt, dass keine Schwindfugen erforderlich sind.

Estriche auf Trennschichten (T) nach DIN 18 560-4 werden aus bautechnischen oder bauphysikalischen Gründen mittels einer dünnen Zwischenlage vom tragenden Untergrund getrennt. Diese, z. B. als PE-Folie mit ≥ 0,1 mm Dicke, ist 2-lagig und möglichst glatt zu verlegen.

Schwimmende Estriche (S) nach DIN 18 560-2 dienen als Tragschicht über Dämmstoffen. Sie sind vor dem Aufbringen des Estrichmörtels mit Folien u. Ä. dicht abzudecken. Die Estriche müssen gegenüber der Beanspruchung durch Einzellasten eine ausreichende Biegetragfähigkeit besitzen. Je nach der Zusammendrückbarkeit der Dämmstoffe sind unterschiedliche Festigkeitsklassen und Estrichdicken vorgeschrieben, siehe Tabelle 9.4.

Bei der Bestätigungsprüfung werden Biegezugfestigkeiten nach Tabelle 9.4 verlangt. Bei größerer Verkehrslast sowie bei Heizestrichen (mit Fußbodenheizung) sind größere Estrichdicken, z. T. auch höhere Festigkeitsklassen notwendig; bei Heizestrichen sind wegen der späteren höheren Temperaturen zusätzliche Anforderungen zu beachten.

Für die Estriche wird der Mörtel in der Regel steifplastisch hergestellt, durch Tatschen, Stampfen oder durch Rüttelbohlen verdichtet, mit Richtscheiten abgezogen und so geglättet, dass sich an der Oberfläche kein Wasser und Feinmörtel anreichern.

Durch Zugabe von Fließmittel entsteht **Fließestrich**, der ohne Verdichten und Glätten lediglich abgezogen werden muss bzw. sich selbstnivellierend einstellt.

Im Estrich sind über allen Fugen im Untergrund, bei den Estrichen T und S auch an den Rändern, Bewegungsfugen anzuordnen, die

Mörtel 193

Tabelle 9.4 Estrich-Nenndicken für schwimmende Estriche

Nutzlasten	Flächenlast (kN/m²) Einzellast (kN)		≤ 2 –	≤ 3 ≤ 2	≤ 4 ≤ 3	≤ 5 ≤ 4
	Zusammendrückung [1]		≤ 5 mm	≤ 5 mm	≤ 3 mm	≤ 3 mm
Estrich (Kurzzeichen)	Biegezug [2]		Estrich-Nenndicke in mm (Mindestwert)			
	Klasse	β_{BZ} (N/mm²)				
Calciumsulfat- Fließ-Estrich (CAF)	F4 F5 F7	≥ 4 ≥ 5 ≥ 7	35 30 30	50 45 40	60 50 45	65 55 50
Calciumsulfat- Estrich (CA)	F4 F5 F7	≥ 2,5 ≥ 3,5 ≥ 4,5	45 40 45	65 55 50	70 60 55	75 65 60
Zement- Estrich (CT)	F4 F5	≥ 2,5 ≥ 3,5	45 40	65 55	70 60	75 65
Magnesia- Estrich (MA)	F4 F5 F7	≥ 2,5 ≥ 3,5 ≥ 4,5	45 40 35	65 55 50	70 60 55	75 65 60
Kunstharz- Estrich (SR)	F7 F10	≥ 5,5 ≥ 7,0	35 30	50 40	55 45	60 50
Gussasphalt- Estrich (AS)	IC10	22 °: ≤ 1,0 [3] 40 °: ≤ 4,0 [3]	25	30	30	35

[1] Bei höherer Zusammendrückbarkeit (≤ 10 mm) muss die Estrichdicke um 5 mm vergrößert werden.
[2] Biegezugversuch an 60 mm breiten Prüfstreifen mit Länge = 6 · d, Streifenlast in der Mitte der Stützweite (= 5 · d).
[3] Eindringtiefe in mm.

nach vorheriger Säuberung mit Fugendichtungsmassen oder Profilen zu schließen sind. Je nach Bindemittel darf der Estrich nicht vor 2…3 Tagen begangen bzw. nicht vor 5…7 Tagen höher belastet werden.

> Zur Verbesserung des Verschleißwiderstandes oder zur Erleichterung der Pflege kann die Oberfläche von Nutzestrichen noch besonders mit Kunststoffen imprägniert, versiegelt oder beschichtet bzw. bei Zementmörtel auch mit wässrigen Fluatlösungen behandelt werden.

Zementestriche (CT) müssen besonders sorgfältig hergestellt werden, um später Risse, Aufwölben und Absanden zu vermeiden. Zur Verringerung des Schwindens und zur Erhöhung des Verschleißwiderstandes ist der Zementgehalt auf maximal 400 kg/m³ begrenzt. Bei d ≤ 40 mm wirkt sich eine Gesteinskörnung mit Größtkorn bis 8 mm, bei d ≥ 40 mm mit Größtkorn bis 16 mm und einer Sieblinie in der oberen Hälfte des günstigen Bereichs vorteilhaft aus. Die Temperatur des Zementestrichmörtels beim Einbringen darf 5 °C nicht unterschreiten und sollte anschließend 3 Tage lang gehalten werden. Zementestrich sollte nicht vor 3 Tagen begangen und nicht vor 7 Tagen höher belastet werden. Schutz vor Austrocknung wenigstens 3 Tage und danach vor Wärme und Zugluft wenigstens 1 Woche. Der Zementestrich ist zusätzlich zu den Bauwerksfugen durch eingeschnittene Schwindfugen zu unterteilen: auf Trennschichten im Abstand von ≤ 6 m, schwimmender Estrich im Abstand von ≤ 8 m bzw. mit einer Feldgröße von ≤ 40 m² in möglichst quadratische Felder.

An Estriche mit höheren mechanischen Beanspruchungen durch Verkehr und Gewerbebetrieb werden höhere Anforderungen gestellt.

Im Freien sind Estriche wegen der erforderlichen Frost- und Tausalzbeständigkeit mit Luftporenbildnern für einen Luftgehalt von 4…6 % (je nach Kornzusammensetzung) herzustellen. Um die notwendige Griffigkeit zu erhalten, ist die Oberfläche nach dem Glätten mit Besenstrich aufzurauen. Wegen der größeren Temperaturänderungen im Freien sind Verbundestriche in Felder von höchstens 10 m², Estriche auf Trennschichten in Felder von höchstens 4 m² aufzuteilen.

Hartstoff-Estriche (Zementestriche mit Gesteinskörnung aus Hartstoffen) kommen zur Ausführung bei besonders stark befahrenen oder begangenen Verkehrsflächen oder gewerblich besonders durch Schleifen, Rollen und Schlagen beanspruchten Flächen. Nach DIN 18 560-7 wird dabei nach schwerer (I), mittlerer (II) und leichter (III) Beanspruchung unterschieden. Zementgebundene Hartstoff-Estriche werden i. Allg. aus CEM I 32,5 R oder 42,5 R und mit folgenden Hartstoffen nach DIN 1100 hergestellt:

- ❏ Stoffgruppe **A** (allgemein): Hartgesteine, dichte Schlacken,
- ❏ Stoffgruppe **M**: Metallische Stoffe,
- ❏ Stoffgruppe **KS**: Elektrokorund, Siliciumkarbid.

Hartstoff-Estriche werden 2-schichtig aufgebracht. Auf den tragenden Untergrund aus Beton ≥ C25/30 kommt zunächst eine mindestens 25 mm dicke Übergangsschicht, die mindestens der Festigkeitsklasse C35 bzw. F5 entspricht, als Verbundestrich. Bei Estrichen auf Trenn- oder Dämmschichten muss die Übergangsschicht mit $d \geq 80$ mm bzw. bei größeren Verkehrslasten entsprechend der statischen Berechnung ausgeführt werden. Darauf wird «frisch auf frisch» die Hartstoffschicht je nach Beanspruchungsgruppe und Hartstoffart in einer Dicke von 4…15 mm (Tabelle 9.5) aufgebracht. Die Nachbehandlung und die Fugen sind wie bei Zementestrich auszuführen.

Calciumsulfat-Estriche (CA) werden aus ≥ 450 kg Anhydritbinder AB 20 je m³ und meist einer Gesteinskörnung mit Größtkorn bis 8 mm hergestellt. Sie benötigen im Gegensatz zu Zementestrich i. Allg. keine Schwindfugen und sollten wenigstens 2 Tage vor Wärme und Zugluft geschützt werden. Eine spätere dauernde Feuchtigkeitseinwirkung ist unzulässig.

Magnesia-Estriche (MA) werden aus Magnesiabinder und Nadelholzspänen (Steinholz-Estrich mit $\varrho \leq 1{,}6$ kg/dm³), oder/und mineralischer Gesteinskörnung zusammengesetzt. Sie können daher in unterschiedlichen Rohdichte- und Härteklassen hergestellt werden, weshalb ihre Eigenschaften wie Fußwärme, Elastizität und Härte in weiten Grenzen variiert werden können. Sie können auch in gewerblich genutzten Räumen verwendet werden, wobei je nach Beanspruchungsgruppe die in Tabelle 9.6 genannten Werte gefordert sind. Als **Verbundestrich** kann Magnesia-Estrich auch auf ausreichend biegesteifem Holzuntergrund aufgebracht werden. Bei dauernder Feuchtigkeitseinwirkung ist er ungeeignet.

> ❗ Wegen des hohen Chloridgehalts muss Magnesia-Estrich von Stahlbetondecken durch eine Sperrschicht getrennt werden, z. B. ≥ 2 cm dicken Zementausgleichsestrich. Ihre Verwendung auf Spannbetondecken und der Kontakt mit ungeschützten Metallteilen ist nicht erlaubt.

Da Magnesiamörtel schwinden kann, sind bei Estrichen T und S mindestens alle 8 m Schwindfugen anzuordnen. Die Nachbehandlung erfolgt wie bei Anhydrit-Estrich.

Kunstharz-Estriche (SR) bestehen aus feuergetrocknetem Quarzsand bzw. Hartgestein mit einer optimierten Sieblinie. Das Größtkorn beträgt ⅓ der Dicke des Estrichs. Die Gesteinskörnung wird mit einer auf sie abgestimmten Menge an Kunstharz mit Härter verbunden. Die Verarbeitungsrichtlinien und die Sicherheitsvorschriften des Materialherstellers müssen genau eingehalten werden. Die Temperatur des Untergrundes muss mindestens 3 K über dem Taupunkt liegen. Die Aushärtezeiten des Kunstharzes hängen je nach Harz- und Härter-

Tabelle 9.5 Dicke der Hartstoffschicht bei zementgebundenen Estrichen

Beanspru-chungs-gruppe	Dicke in mm bei Festigkeitsklasse		
	F 9A [1), 2)]	F 11M	F 9KS
I (schwer)	≥ 15	≥ 8	≥ 6
II (mittel)	≥ 10	≥ 6	≥ 5
III (leicht)	≥ 8	≥ 6	≥ 4

[1)] Biegezugfestigkeit F (N/mm^2).
[2)] A, M, KS … Stoffgruppen nach b).

Tabelle 9.6 Anforderungen an hochbeanspruchten Magnesia-Estrich

Beanspru-chungs-gruppe	Biegezugfes-tigkeitsklasse	Oberflächen-härte (N/mm^2)
I (schwer)	F 11	SH 200
II (mittel)	F 10	SH 150
III (leicht)	F 8	SH 100

system erheblich von der Temperatur ab. Bei 15…25 °C können Kunstharz-Estriche nach 8…12 h begangen und nach 3…7 Tagen mechanisch belastet werden. Kunstharz-Estriche sind teuer, haben jedoch den Vorteil, früh belastbar und chemisch widerstandsfähig zu sein.

Gussasphalt-Estriche (AS) werden in beheizbaren Rührwerkkesseln zur Baustelle gefahren und dort je nach Härteklasse bei Temperaturen von 220…250 °C von Hand oder maschinell eingebaut. Der frisch verlegte Gussasphalt-Estrich kann nach 2…3 h nach dem Abkühlen genutzt werden. Je nach Temperatur sollten folgende Härteklassen benutzt werden:

❏ in beheizten Räumen: IC10 oder IC15,
❏ in nicht beheizten Räumen: IC15 oder IC40,
❏ in Kühlräumen: IC40 oder IC100.

9.4.5.5 Einpressmörtel

Einpressmörtel wird zum Ausfüllen von Hohlräumen oder in der Technologie des Spannbetons zur **Verpressung von Spannkanälen** benutzt, wo der Mörtel den Korrosionsschutz der Bewehrung gewährleistet, Kräfte überträgt und den Verbund mit der Gesamtkonstruktion herstellt. Nach DIN EN 445 – 447 ist Einpressmörtel für Spannkanäle als Zementleim aus rasch erhärtendem Portlandzement CEM I ≥ 32,5 R, Anmachwasser mit höchstens 600 mg Cl je dm^3 sowie einem Wasserzementwert von höchstens 0,44 herzustellen. Um das Wasserabsondern und dadurch verursachte Hohlräume möglichst gering zu halten oder zu vermeiden, wird in der Regel ein Zusatzmittel **Einpresshilfe** EH zugegeben. EH besteht vor allem aus Aluminiumpulver, das im Zementleim Wasserstoffgas erzeugt, ihn dadurch auftreibt und dem Wasserabsondern entgegenwirkt sowie später die Frostbeständigkeit verbessert. Gleichzeitig enthält das Zusatzmittel eine verflüssigende Komponente, um auch das Fließvermögen zu verbessern. Mindestens 24 h vor und während des Einpressens werden die Eigenschaften des Einpressmörtels geprüft.

Im plastischen Zustand ist das **Fließvermögen** zu prüfen. Dies erfolgt über die Tauchzeit eines Tauchkörpers, der in einem mit Mörtel gefüllten Standrohr absinkt. Die Tauchzeiten müssen sofort nach dem Mischen ≥ 30 s, 30 min danach ≤ 80 s betragen. Im Trichterverfahren wird die Auslaufzeit von 1,5 l Einpressmörtel durch eine Trichteröffnung Δ 10 mm gemessen. Anforderung Auslaufzeit ≤ 25 s. Das Wasserabsondern von Einpressmörtel wird an einer Probe von 100 ml Mörtel in einem Zylinder Δ 25/250 mm nach 3 h durch die an der Oberfläche befindliche Wassermenge bestimmt. Diese muss ≤ 2 V.-% betragen.

Die Volumenänderung beim Erhärten wird im Zylinder D = 50/200 mm oder in 1-kg-Konservendosen D = 100/120 mm durch die Änderung der Füllhöhe nach 24 h gemessen. Die Volumenänderungen müssen sich in den Grenzen von –1 % (Schwinden) und +5 % (Quellen) halten, bei Zugabe von Treibmittel darf kein Schwinden auftreten.

Die Druckfestigkeit der in den Konservendosen hergestellten Zylinder, die für die Prüfung auf die Höhe von 80 mm gesägt und geschliffen werden, muss im Alter von 28 Tagen mindestens ≥ 30 N/mm^2 betragen.

Einpressmörtel muss mindestens 4 Minuten lang in besonderen Mischgeräten gemischt und anschließend zügig innerhalb einer halben Stunde mit einer Pumpe vom tieferliegenden Ende aus in die Spannkanäle eingepresst werden. Wegen der besonderen Bedeutung der Einpressarbeiten für die Dauerhaftigkeit von Spannbetonbauteilen sind der Beginn der Arbeiten der bauüberwachenden Stelle mitzuteilen und der Ablauf der Einpressarbeiten in einem Arbeitsprotokoll festzuhalten. Bei Bauwerkstemperaturen unter +5 °C darf nicht eingepresst werden.

10 Bitumen und bituminöse Baustoffe

Bitumen ist ein organischer Baustoff und wird aus Erdöl gewonnen. Als Baustoff wird es im Straßen- und Wasserbau sowie für Estriche, Beschichtungen, Spachtel- oder Fugenvergussmassen und Dichtungsbahnen verwendet. Gemische aus Bitumen und Mineralstoffen heißen Asphalt. Asphalt, dessen Mineralstoffe aus Gesteinsmehl oder / und Sand bis 2 mm bestehen, wird auch als Mastix bezeichnet.

Bitumen
Bitumen gehört zu den sog. «schwarzen» Baustoffen. Es wird im Bauwesen vielfach eingesetzt als Bindemittel für Verkehrsflächen aus Asphalt (Asphalt = Gemisch aus Gesteinskörnungen und Bitumen) und als Ausgangsstoff für Bauprodukte aus dem Bereich Bautenschutz und Abdichtung (Dachbahnen, Deponieabdichtungen, Abdichtungen im Wasserbau). Ausgangsstoffe sind heute das Bitumen selbst sowie daraus hergestellte bitumenhaltige Bindemittel. Je nach der späteren Verarbeitung ist ein bestimmter Flüssigkeitsgrad der Bindemittel notwendig, der auch als Zähflüssigkeit oder Viskosität, d. i. der Widerstand gegen Fließen, bezeichnet wird.

Bitumen sind ohne Zusätze nur bei hohen Temperaturen verarbeitbar, was bei feuchter und kalter Witterung Schwierigkeiten bereiten kann. Sie erreichen aber nach dem Abkühlen sofort ihre Eigenschaften für den Dauergebrauch.

Durch Zusätze von Ölen oder Lösungsmitteln oder durch Emulgieren in Wasser lassen sich die Bindemittel auch bei niedriger Temperatur verarbeiten. Sie erreichen ihre endgültigen Eigenschaften aber erst nach Verflüchtigung der zugesetzten Stoffe oder durch Brechen der Emulsion.

10.1 Herstellung und Gewinnung von Bitumen

Bitumen gibt es als Naturvorkommen oder es kann künstlich hergestellt werden. Auf der Erde finden sich eine ganze Anzahl natürlicher Asphaltvorkommen als Gemische aus Naturbitumen und Mineralstoffen mit unterschiedlichsten Qualitäten. Davon am bedeutendsten und wirtschaftlich im Bereich des Straßenbaus weltweit eingesetzt ist der sog. Trinidad-Asphalt. Er wird auf der Insel Trinidad in einem «Asphaltsee» abgebaut und besteht aus einem Gemisch von mineralischen Feinstbestandteilen und einem harten Naturbitumen und wird nach Reinigung unter dem Handelsnamen «Trinidad Epuré» in Blockform oder granuliert vertrieben. Haupteinsatz ist die Verwendung zur Verbesserung der Standsicherheit bei hohen Temperaturen von Asphaltgemischen im Straßenbau.

Technisch wird Bitumen als ein Produkt aus der Destillation von geeignetem Rohöl (Erdöl) gewonnen. Die Destillation erfolgt in Raffinerien durch fraktionierte Destillation. Dabei werden dem erhitzten Erdöl zunächst in einem ersten Destillationsprozess unter atmosphärischen Bedingungen leichtflüchtige Bestandteile wie Gase, Benzine, Petroleum entzogen. Nach weiterer Erhitzung erfolgt in einer zweiten Stufe eine Vakuumdestillation, bei der weitere, weniger flüchtige Bestandteile des Rohöls abgezogen werden. Das Endprodukt ist das sog. Destillationsbitumen oder Straßenbaubitumen, das weiter verarbeitet wird.

10.1.1 Eigenschaften von Bitumen

Bitumen ist ein dunkelfarbiges Gemisch verschiedener organischer Substanzen, dessen elastoviskoses Verhalten sich mit der Temperatur verändert. Bei Raumtemperatur ist es hart, ab rd. 150 °C wird es flüssig. Der Vorgang ist reversibel. Bitumen besitzt keinen ausgeprägten Schmelzpunkt.

> Seine weiteren Eigenschaften sind:
> - wasserunlöslich,
> - gute Klebefähigkeit,
> - widerstandsfähig gegen chemische Einwirkungen (Säuren, Laugen),
> - löslich in Benzin, Benzol, Toluol, Trichlorethylen,
> - bei niedrigen Temperaturen tritt eine Versprödung ein,
> - als Naturprodukt nachgewiesen gesundheitlich unschädlich, aromatisch riechend,
> - Dichte (Dichteverhältnis Bitumen zu Wasser bei 25 °C) $d_{25/25} \approx 1{,}0 \ldots 1{,}09$ g/cm³, bestimmt im Pyknometer bei 25 °C Bitumen- und Wassertemperatur,
> - Alterungsempfindlichkeit (Oxidation durch Luftsauerstoff, UV-Strahlung),
> - plastische Formänderung stark abhängig von der Dauer und Größe der Krafteinwirkung,
> - Entflammbarkeit.

10.2 Prüfen von Bitumen

10.2.1 Erweichungspunkt Ring und Kugel (EP RuK) DIN EN 1427

Die Prüfung gibt Auskunft über das Verhalten des Bitumens bei Temperaturanstieg. Unter dem **Erweichungspunkt Ring und Kugel** wird diejenige Temperatur verstanden, bei der eine Bitumenprobe unter festgelegten Versuchsbedingungen eine bestimmte **Verformung** erfährt (Tabelle 10.3).

Das Bitumen wird bei möglichst niedriger Temperatur aufgeschmolzen, in die beiden Ringe (Bild 10.1) gefüllt und abgekühlt. Nach Einsetzen der Ringe in das Gestell im Becherglas wird dieses mit 5 ± 1 °C warmem, destillierten Wasser gefüllt und 15 Minuten unter diesen Gegebenheiten temperiert. Nach Aufsetzen der Kugeln auf die Ringe beginnt man mit der Erwärmung des Wassers um 5 ± 0,5 °C je Minute. Unter dem Gewicht der Kugeln verformt sich das Bitumen und erreicht die untere Platte des Gestells. Als EP RuK wird der Mittelwert der Temperaturen, gemessen für die beiden Ringe, definiert. Diese Temperatur entspricht der Grenze zwischen dem zähplastischen und weichplastischen Bereich. Je weicher ein Bitumen ist, umso niedriger ist i. d. R. der Erweichungspunkt.

Bei Bindemitteln mit einem EP RuK zwischen 80 °C und 150 °C wird statt Wasser Glycerol verwendet (Starttemperatur 30 ± 1 °C), bei höherem EP RuK Siliconöl (Starttemperatur 100 ± 1 °C).

10.2.2 Nadelpenetration DIN EN 1426

Die Prüfung mit der **Nadelpenetration** (Bild 10.2) dient der Bestimmung der **Härte** des Bitumens und wird für dessen Sorteneinteilung verwendet, siehe Tabelle 10.3. Bei dieser Prü-

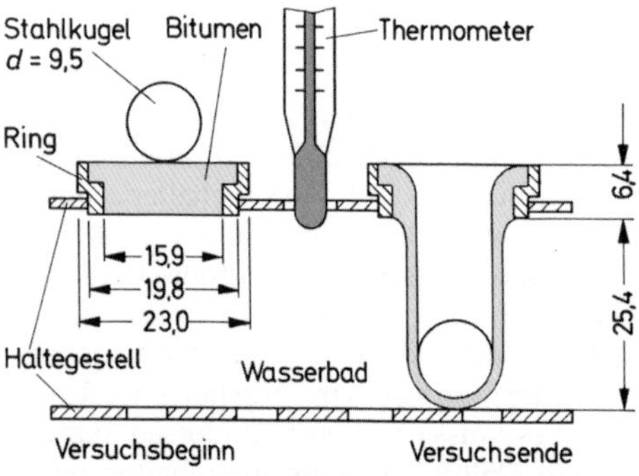

Bild 10.1 Prüfung des Erweichungspunktes Ring und Kugel [8], Maße in mm

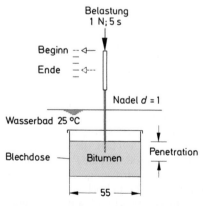

Bild 10.2 Prüfung der Penetration [8], Maße in mm

Tabelle 10.1 Bindemittel aus Bitumen und Steinkohlenteerpech

Grundstoff Destillationsprodukt aus	Bitumen Erdöl	Steinkohlenteerpech Steinkohlenrohteer
Allgemeine Eigenschaften und Merkmale		
Dichte (bei 25 °C), g/cm^3	1,01…1,07	1,12…1,20
Geruch beim Erhitzen	milde	stechend
Beständigkeit		
gegen Licht und feuchte Luft	mittel	i. Allg. gering
gegen Lösungsmittel u. Ä.	gering	mittel bis gut
gegen Bakterien und Wurzeln	gering	gut
Biologisch und physiologisch	unschädlich	schädlich

Tabelle 10.2 Bindemittel aus Bitumen und Steinkohlenteerpech

Bitumenarten für heiße Verarbeitung	
(Höchsttemperatur bei Walzasphalt 190 °C, Gussasphalt 250 °C)	Straßenbaubitumen [1] 160/220 (B200), 70/100 (B80), 50/70 (B65), 30/45 (B45), 20/30 (B25) Hochvakuumbitumen HVB 80/90, 90/100, 100/110, 110/120 Oxidationsbitumen 70/30, 80/25, 85/40, 100/25, 100/40, 115/15 und Hartbitumen 135/10
Warmeinbau ab 30 °C	Fluxbitumen FB 500
Gemische mit Kunststoffen A, B … Elastomere C … Thermoplaste	polymermodifizierte Bitumen PmB 130 | 80 | 65, 45, 25 A | A,B | je A,B,C
Bitumenarten für kalte Verarbeitung	
	Kaltbitumen, Bitumenlösungen, Bitumenanstrichmittel, Bitumenemulsionen U 60, U 70, U 60K, U 70K [2] Haftkleber u. a.

[1] Nach DIN EN 12 951 mit früherer Bezeichnung in Klammern.
[2] U = unstabile Emulsion, Bitumenteilchen anionisch = negativ geladen,
K = Bitumenteilchen kationisch = positiv geladen.

fung wird die Eindringtiefe einer genormten, 100 g schweren Nadel in eine im Wasserbad auf 25 °C temperierte Bitumenprobe in der Zeitspanne von 5 Sekunden gemessen. Das Ergebnis wird in $^1/_{10}$ mm als Mittelwert aus drei Einzelprüfungen angegeben. Je weicher ein Bitumen ist, umso größer ist die Penetration.

Das Bindemittel wird aufgeschmolzen, in eine Blechdose rd. 40 mm hoch eingefüllt und 30 Minuten im Wärmeschrank auf einer Temperatur von 80 °C über dem zu erwartenden Erweichungspunkt EP RuK gehalten. Damit sollen Luftblasen entweichen und die Oberfläche geglättet werden. Die Probe wird vor Staub geschützt bei Raumtemperatur rd. 1 h abgekühlt, darf jedoch 18 °C nicht unterschreiten. Die Probendose wird anschließend 1 h in ein großes Wasserbad gestellt, dessen Temperatur auf $(25 \pm 0,1)$°C konstant gehalten wird. In diesem Zustand erfolgt die Prüfung.

10.2.3 Brechpunkt nach Fraaß DIN EN 12 593

Die Prüfung dient der Feststellung des **Verhaltens von Bitumen bei niedrigen Temperaturen**. Der Brechpunkt nach Fraaß ist die Temperatur, bei der ein Bindemittelfilm definierter Dicke bei Abkühlung und Biegung bricht (Mittel aus zwei um nicht mehr als 3 °C voneinander abweichender Prüfungen). Diese Temperatur entspricht der Grenze zwischen dem plastischen und spröden Bereich. Je weicher ein Bitumen ist, umso niedriger liegt i. d. R. der Erweichungspunkt.

Zur Prüfung werden Prüfbleche benutzt, die gleichmäßig mit $0{,}4 \cdot d_{25/25}$ Gramm erwärmtem Bitumen beschichtet werden. Nach dem Erkalten wird das Prüfblech mit der Greifzange in eine Haltevorrichtung eingesetzt und diese in das innere Reagenzglas der Prüfvorrichtung gestellt. Der Raum zwischen innerem und äußerem Reagenzglas wird mit Alkohol aufgefüllt, dessen Temperatur durch Zugabe von fester Kohlensäure um 1 °C pro Minute abgesenkt wird. Etwa ab 10 °C über dem erwarteten Brechpunkt wird innerhalb einer Minute das Prüfblech mit einer Handkurbel einmal gespannt (1 Umdrehung pro Sekunde) und entspannt. Dies wird während der weiteren Abkühlung so oft wiederholt, bis der erste Riss auf dem Prüfblech sichtbar wird.

Die Temperaturspanne zwischen Erweichungspunkt und Brechpunkt wird als **Plastizitätsspanne** bezeichnet.

10.2.4 Prüfung der Duktilität DIN 52 013

Die Prüfung dient der Erfassung des Fadenziehvermögens von polymermodifiziertem Bitumen als Kennwert für das elastische Verhalten bei einer bestimmten Temperatur. Als **Duktilität** ist die Verlängerung in cm (Mittelwert von 2 Proben) unter festgelegten Bedingungen und konstanter Ziehgeschwindigkeit bis zum Reißen des Fadens definiert.

Eine zerlegbare Form aus korrosionsbeständigem Material wird befüllt. Nach Abkühlung und einer Temperierung von 90 min im Prüfbad mit vorgeschriebener Temperatur werden die Kopfteile in die Stehbolzen einer Zugvorrichtung eingehängt. Nach Justierung der Messskala auf Nullstellung und Entfernung der Seitenteile der Form beginnt der Ziehvorgang mit einer Geschwindigkeit von 50 mm/min. Die Fadenverlängerung bis zum Reißen ist auf 1 cm gerundet anzugeben.

10.2.5 Weitere mögliche Prüfungen

Je nach Bedarf können neben den maßgebenden Bestimmungsmethoden, die bei den Routineuntersuchungen von Straßenbaubitumen relevant sind, nachfolgende Prüfmethoden zur Bestimmung zusätzlicher Eigenschaften angewendet werden:

- Bestimmung der Viskosität (DIN EN 12 596),
- Bestimmung des Gehaltes an Paraffinen (DIN EN 12 606),
- Bestimmung der Löslichkeit (DIN EN 12 592) und
- Bestimmung des Flammpunktes (DIN EN ISO 2592).

10.3 Arten und Anwendungsformen

Tabelle 10.2 zeigt eine Übersicht der Bindemitteln aus Bitumen.

Straßenbaubitumen nach DIN EN 12 591 stellen die wichtigste Produktgruppe dar.

Je nach Entzug des Schwerstoffes wird bei der fraktionierten Destillation weiches bis mittelhartes Bitumen gewonnen. In Deutschland sind im Asphaltstraßenbau 5 unterschiedliche Sorten in Verwendung: 160/220; 70/100; 50/70; 30/45; 20/30. Die Zahlen geben den Bereich der Penetration an. Die Sortenbezeichnung ist somit gleichzeitig auch ein Hinweis auf die Härte des Bitumens. Tabelle 10.3 zeigt einen Auszug der wichtigsten Anforderungen, die an Straßenbaubitumen gestellt werden. Die Plastizitätsspanne beträgt bei Straßenbaubitumen 50…70 K.

Tabelle 10.3 Anforderungen an Straßenbaubitumen nach DIN EN 12 591 (Auszug)

Eigenschaften	Sorte					Prüfung nach
	160/220	70/100	50/70	30/45	20/30	
Nadelpenetration $1/_{10}$ mm	160…220	70…100	50…70	30…45	20…30	DIN EN 1406
Erweichungspunkt Ring und Kugel [°C]	35…43	43…51	46…54	52…60	55…63	DIN EN 1427
Brechpunkt nach Fraaß [°C]	−15	−10	−8	−5	−2	DIN EN 12 593
Duktilität in cm bei +7 °C	–	5	–	–	–	DIN 52 013
bei +13 °C	–	–	8	–	–	
bei +25 °C	–	–	–	40	15	

Polymermodifiziertes Bitumen PmB nach TL PmB (TL = Technische Lieferbedingungen) ist ein **Destillationsbitumen** mit polymeren Zusätzen wie Elastomeren, Thermoplasten. Durch die chemisch-physikalische Wirkung dieser Zusätze werden die Standfestigkeit des Bindemittels bei hohen Temperaturen verbessert und die Neigung zur Versprödung bei tiefen Temperaturen vermindert. Der Bezeichnung PmB folgt durch Angabe der Nadelpenetration und der Art des Polymers (A, B für Elastomere und C für Thermoplaste). PmB ist ein wichtiges Bindemittel für die Herstellung von hochbelasteten Verkehrsflächen und Bahnen.

Bitumenemulsion und **Haftkleber** sind werkmäßig hergestellte Mischprodukte aus Destillationsbitumen, Wasser und einem Emulgator (oberflächenaktiver Stoff).

Die **Emulsionen** werden nach ihrem Brechverhalten wie folgt eingeteilt: **Stabile Emulsionen S** brechen erst durch Verdunsten des Wassers und können daher mit allen Mineralstoffen vermischt werden.

Bei **unstabilen Emulsionen U** erfolgt bei Kontakt mit dem Gestein ein Ladungsaustausch, der zu einem gewollten Zerfallen der bisher stabilen Emulsion führt. Das Bindemittel und das Gestein verbinden sich, das Wasser wird abgestoßen und verdunstet. Es wird unterschieden in unstabile Emulsion, in denen die Bitumenteilchen **anionisch** (negativ geladen) sind, wie z. B. U 60 und U 70, und unstabile Emulsion, in denen die Bitumenteilchen **kationisch** (positiv geladen) sind, z. B. **U 60 K** und **U 70 K** und **Haftkleber HK**. Die Zahl gibt den Anteil an Bitumen an, z. B.: U 60 (60 % Bitumen, 40 % Wasser). Die Sorten 60 können kalt verarbeitet werden, die Sorten 70 werden aufgrund des höheren Bitumenanteils vorgewärmt. Kationische Emulsionen sind gut geeignet für quarzitisches («saures», negativ geladenes) Straßenbaugestein, anionische Emulsionen für basisches, positiv geladenes Gestein.

Durch Zusätze können jedoch verlängerte Verarbeitungszeiten erreicht werden, was in den Bezeichnungen H (halbstabil), M (für Mischen geeignet) zum Ausdruck kommt; V bedeutet viskose Einstellung.

Haftkleber HK mit einem Bitumenanteil ≤ 40 % sind lösemittelhaltige Bitumenemulsionen, z. B. zum Verkleben bituminöser Schichten. Sie werden vorwiegend im Verkehrswegebau zur Oberflächeninstandsetzung und als Klebemittel für den Schichtverbund verwendet.

Wegen des Entmischens ist die Lagerfähigkeit der Emulsionen begrenzt. **Frostbeständige Emulsionen F** können in Fässern auch im Winter gelagert werden.

Oxidationsbitumen wird durch Einblasen von Luft in geschmolzenes weiches Destillationsbitumen hergestellt, wodurch die Eigenschaften der Bitumensorten gezielt eingestellt werden. Sie haben eine Plastizitätsspanne von mehr als 100 K und weisen ein gummielastisches Verhalten auf. Die Zahlen 70/30 bedeuten einen mittleren EP RuK von 70 °C und eine Nadelpenetration von 30. Verwendet werden sie für Dachbahnen, Isolierstoffe und Vergussmassen.

Fluxbitumen FB 500, DIN EN 12 591, ist ein Straßenbaubitumen, dessen Viskosität durch Zusätze von schwerflüchtigen sog. Fluxölen auf Mineralölbasis herabgesetzt ist. Die Zahl 500 bezieht sich auf die Prüfung der Nadelpenetration. Der Einsatz von Fluxbitumen ist stark zurückgegangen.

Kaltbitumen KB, DIN 1995-4, ist eine Bitumenlösung aus weichem bis mittelhartem Straßenbaubitumen (160/220, 70/100) und leichtflüchtigen Lösungsmitteln (70...80 M.-% Bitumen, Rest Lösemittel). Durch die Zugabe des Lösungsmittels wird die Viskosität so eingestellt, dass es bei normalen Temperaturen verarbeitet werden kann. Kaltbitumen wird zur Herstellung von lagerfähigem Mischgut, zur Regenerierung bindemittelarmer Schichten und, bei Zugabe von Pigmenten, zur Herstellung von farbigem Asphalt verwendet. Wegen der Gesundheitsgefährdung und der leichten Brennbarkeit des verdunstenden Lösungsmittels müssen besondere Vorsichtsmaßnahmen eingehalten werden und der Arbeitsplatz gut belüftet sein. Wie bei Fluxbitumen sollten die zu benetzenden Oberflächen trocken sein; zur Verbesserung werden noch Haftmittel zugegeben.

10.4 Mischgut für den Straßenbau

Bituminöse Baustoffe werden für den Oberbau von Fahrbahnen und zur zusätzlichen Verfestigung des Unterbaus und des Untergrundes bei Dämmen verwendet.

Der **Oberbau** einer Straße besteht (von unten nach oben) aus folgenden Schichten:

❏ Tragschichten,
❏ Binderschichten und
❏ Deckschichten oder Verschleißschichten.

Da die Schichten vor allem durch den Verkehr unterschiedlich beansprucht werden, müssen sie einen hohen Widerstand und eine gute Formbeständigkeit aufweisen. Diese Eigenschaften werden mit **MARSHALL-Prüfung** DIN EN 12 697-34 geprüft (Bild 10.3). Bei dieser Prüfung wird ein Druckversuch an einem zylindrischen Probekörper mit einem Durchmesser von 101,6 mm und einer Länge von 63,5 mm durchgeführt. Die Probe wird vor der Prüfung 30 Minuten lang unter 60 °C warmem Wasser gelagert. Gemessen werden die Höchstlast und der Fließwert. Der **Fließwert** ist die Zusammendrückung unter Höchstlast.

Die **Stabilität** von Gussasphalt wird nach DIN 1996-13 durch Stempeldruck auf eine verdichtete Probe bei 40 °C während 30 bzw. 60 Minuten bzw. 5 Stunden geprüft (Bild 10.4).

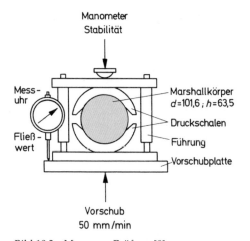

Bild 10.3 MARSHALL-Prüfung [8]

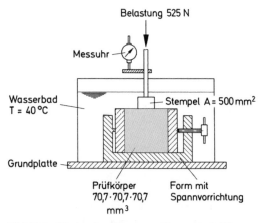

Bild 10.4 Eindruckprüfung von Gussasphalt [8]

Die **Deckschichten** müssen eine hohe Beständigkeit gegen Witterungseinflüsse haben. Sie sollen so dicht sein, dass kein Wasser und kein Staub eindringen können. Wegen der Verkehrssicherheit sollen die Deckschichten außerdem ausreichend griffig sein und eine helle Farbe haben.

Die verschiedenen Eigenschaften hängen von der Art und der Menge des Bindemittels und von der Art und den Eigenschaften der Mineralstoffe sowie von der Zusammensetzung der Gemische ab.

Das Bindemittel ist i. Allg. für die Dichtigkeit, die Mineralstoffe für die Stabilität und Griffigkeit maßgebend.

10.4.1 Mineralstoffe

Mineralische Stoffe für den Straßenbau werden besonders stark beansprucht. Sie werden vor dem Einbau durch das Erhitzen beim Trocknen und während des Einbaus durch das Walzen beansprucht. Allgemein muss das Gestein frostbeständig und sauber sein und bei Wassereinwirkung eine dauerhaft gute Verbindung mit dem Bindemittel behalten.

Da die mineralischen Stoffe durch Verkehr dynamisch belastet werden, müssen sie einen ausreichenden **Zertrümmerungswert** aufweisen. Die **Griffigkeit** der Oberflächen verbessert sich bei Verwendung von mittel- bis grobkristallinem Gestein mit hohem Polierwiderstand. Helles Gestein oder besonders synthetisch hergestellte helle Mineralien verbessern die **Verkehrssicherheit bei Nacht**.

Verwendet werden zerkleinerter Naturstein, Natursand, Kies, Kiessplitt oder geeignete Schlacken. Nach den Technischen Lieferbedingungen für Mineralstoffe im Straßenbau (TL Min) sind in der Regel folgende Lieferkörnungen zu verwenden:

- ungebrochene Gesteinskörnung: Natursand 0/2 mm und Kies 2/4, 4/8, 8/16, 16/32 und 32/63 mm nach 4226,
- gebrochene Gesteinskörnung: Brechsand-Splitt-Gemisch 0/5 mm und Splitt 5/11, 11/22, 22/32 und 32/45 mm,
- Edelbrechsand 0/2 mm und Edelsplitt 2/5, 5/8, 8/11, 11/16 und 16/22 mm,
- Gesteinsmehl 0/0,09 mm.

Um eine Gleichmäßigkeit zu erhalten, dürfen bestimmte Gehalte an Unter- und Überkorn nicht überschritten werden. Bei Splitt und Edelsplitt müssen mindestens 90 M.-% der Körner bruchflächig sein, d. h., mind. 90 % der Kornoberfläche müssen aus einer Bruchfläche bestehen.

Gebrochene Mineralstoffe haben einen erhöhten Bindemittelanspruch und verschlechtern die Verdichtungswilligkeit beim Einbau. Bei gleichem Bindemittelgehalt werden die Stabilität sowie die Griffigkeit deutlich verbessert. Der Anteil an Körnern mit ungünstiger Kornform darf bei Edelsplitt zwischen 5…22 mm höchstens 20 M.-%, bei einfachem Splitt höchstens 50 M.-% betragen. Durch diese Forderung werden vor allem die Lagerungsdichte des Mineralstoffgefüges und der Schlagwiderstand verbessert.

Die ausreichende und gleichbleibende Qualität der Mineralstoffe für den Straßenbau muss nach den Richtlinien für die Güteüberwachung (RG Min) laufend nachgewiesen werden. Die Lieferkörnungen sind entsprechend den jeweiligen Erfordernissen und Vorschriften für die bituminösen Gemische nach stetig verlaufenden Sieblinien zusammenzusetzen.

Füller

Gesteinsmehl mit einer Korngröße < 0,09 mm wird Füller genannt. Durch die Beimengung von sehr feinen Stoffen werden die Eigenschaften der Gemische verändert. Je nach Art und Menge des Füllers werden die Viskosität des Bindemittel-Füllergemisches erhöht und seine Plastizitätsspanne etwas erweitert bzw. die thermische Stabilität der Gemische vergrößert.

Auch sie sollten möglichst korngestuft sein und müssen also i. Allg. künstlich aufbereitet werden. Einkörnige Füller, wie Abfallstaube und abgesaugte oder windgesichtete Mehle, machen die Gemische schwerer verarbeitbar und erhöhen den Bindemittelbedarf zur Erzielung einer bestimmten Eigenschaft im Vergleich zu korngestuften Füllern. Die Füller dürfen keine quellfähigen oder organischen Bestandteile enthalten.

10.4.2 Einbauweisen

Je nach Bindemittelsorte und Einbauverfahren werden die Gemische

- im **Heißeinbau** (Temperatur bei Bitumen $\geq 120\,°C$, bei Straßenpech $\geq 90\,°C$),
- im **Warmeinbau** (Temperatur $\geq 30\,°C$) oder
- im **Kalteinbau** (Temperatur $\geq$ ca. $+5\,°C$) eingebracht.

Nach der Mischgutzusammensetzung und dem Einbauverfahren werden unterschieden:

- **Gussasphaltbauweisen**
  Die zähflüssigen Massen aus Bitumen und abgestuften Mineralstoffen mit einem Größtkorn von bis 8 oder 11 mm werden mit einer Temperatur von 200…250 °C eingebracht und verteilt. Damit der Asphalt «gegossen» werden kann, benötigt die Mischung einen höheren Gehalt an Bindemittel. Nach dem Abkühlen entsteht ein dichtes Gefüge.

- Die für hohe Verkehrsbelastung notwendige **Standfestigkeit** des Gussasphalts wird jedoch nur erreicht, wenn der bituminöse Mörtel eine ausreichende Steifigkeit besitzt. Dies wird durch eine hohe Füllermenge (20…30 M.-%) und ein vergleichsweise hartes Straßenbaubitumen 30/45 erreicht. Bei nicht ausreichender Standfestigkeit kann es zu plastischen Verformungen («Schieben») des Belags und zu Wellenbildungen der Oberfläche kommen.

10.4.3 Zusammensetzung und Eigenschaften der verschiedenen Schichten

Maßgebend sind vor allem die zusätzlichen Technischen Vorschriften und Richtlinien für den Bau bituminöser Fahrbahndecken (ZTV Asphalt-StB) und für bituminöse Tragschichten (ZTVT-StB). Angaben für die wichtigsten Schichten finden sich in Tabelle 10.4.

In den Vorschriften sind jeweils besonders geeignete Sieblinienbereiche angegeben.

Das Größtkorn der Mineralstoffe richtet sich vor allem nach der Verarbeitung und der erforderlichen Konstruktionsdicke. Feinkörnige Gemische werden nur bei dünneren Schichten angewandt und wenn eine besonders gute Verarbeitung erwünscht ist. Es können Natur- oder Brechsande oder beide verwendet werden. Gemische, hergestellt mit Natursand, haben unter Umständen keine ausreichende Stabilität; bei Deckschichten kann zusätzlich die Griffigkeit beeinträchtigt sein. Gemische mit Brechsand sind schwer zu verarbeiten.

Das entscheidende Maß für den Bindemittelgehalt ist der bei den unterschiedlichen Einbauweisen und Schichten vorgeschriebene und anzustrebende **Hohlraumgehalt** des normgemäß verdichteten Mischgutes. Bild 10.5 zeigt die Beziehung zwischen den verschiedenen Eigenschaften bei der Eignungsprüfung für eine Tragschicht (Mischgut-Typ B) mit unterschiedlichen Bindemittelgehalten.

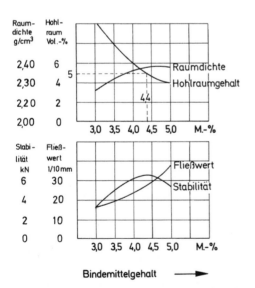

Bild 10.5 Auswertung einer Eignungsprüfung für eine Tragschicht

Tabelle 10.4 Zusammensetzung und Eigenschaften von Trag-, Binder- und Deckschichten

Bezeichnung des Mischgutes	Mineralgemisch mm	Mineralstoffe > 2 mm M.-%	Mineralstoffe < 0,09 mm (Füller) M.-%	Bindemittel Straßenbaubitumen	Bindemittelgehalt M.-%	Hohlraumgehalt[1] Vol.-%	Stabilität kN	Fließwert $^1/_{10}$ mm
Tragschichten								
Typ A	0/32, 0/22, 0/16, 0/8	0…35	6…20	30/45	min. 4,3	2…14	bei Bauklasse V 2 kN, bei I…IV ≥ 3 kN	10…40
Typ B	0/32, 0/22,	35…60	4…12	50/70	min. 3,7	2…10		
Typ C	0/16	60…80	2…10	70/100	min. 3,4	2…10		
Binderschichten							(Richtwerte)[2]	
Asphaltbinder[3]	0/22 0/16 0/11	65…80 60…75 50…70	3…9	50/70 70/100	3,8…5,5 4,0…6,0 4,5…6,5	4…8 3…7	(≥ 5)	(≤ 50)
Deckschichten								
Asphaltbeton[3]	0/16 S[3] 0/115[3] 0/11 0/8 0/5	55…65 50…60 40…60 35…60 30…50	6…10 7…13 8…15	50/70 70/100	5,2…6,5 5,9…7,2 6,2…7,5 6,4…7,7 6,8…8,0	3…5 2…4	keine Anforderungen	
Splittmastix	0/11 S[3] 0/8 S[3] 0/8 0/5	70…80 60…70	8…13	50/70 70/100	6,0…7,5 mit 0,3…1,5 M.-% stabilisierenden Zusätzen	2…4		
Gussasphalt	0/11 S[3] 0/11 0/8 0/5	45…55 40…50 35…45	20…30 22…32 24…34	30/45	6,5…8,0 6,8…8,0 7,0…8,5	–	(Stempeleindringtiefe) (1,0…3,5 mm) (1,0…5,0 mm)	

[1] des Marshallkörpers
[2] ohne besondere Anforderungen
[3] für erhöhte Standfestigkeit, vorausgesetzt, dass auch die Binder- und eine bituminöse Tragschicht ausreichend dick sind.

Mit einem Bindemittelgehalt von 4,4 M.-% erhält man für diese Tragschicht einen günstigen Hohlraumgehalt von 5 Vol.-% sowie günstige Werte für Stabilität und Fließwert (siehe Tabelle 10.4).

Vor der Bauausführung sind die Eignung der Ausgangsstoffe, eine günstige Sieblinie sowie der erforderliche Bindemittelgehalt durch die Eignungsprüfung festzustellen, um bei der Bauausführung sicher die Anforderungen an die Gemische für die verschiedenen Schichten zu erreichen.

Tragschichten

Die Tragschichten sollen ohne Zerstörung und ohne unzulässige Verformung die Verkehrslasten auf den Untergrund oder Unterbau weiterleiten. Die Schichtdicke richtet sich vor allem nach der Verkehrsklasse und hängt auch vom Durchmesser des Größtkorns ab. Bei einem Gehalt von über 60 % gebrochenem Korn mit Größtkorn über 2 mm und einem Verhältnis von Brechsand zu Natursand von mind. 1 : 1 kann eine größere Standfestigkeit erreicht werden als bei Gemischen, die nur aus Rundkorn hergestellt werden.

Binderschichten
Die Binderschichten stellen den Übergang von den grobkörnigen Tragschichten zu den feinkörnigeren Deckschichten her. Als Mineralstoff mit Größtkorn über 2 mm wird Edelsplitt verwendet.

Deckschichten
Die Deckschichten müssen einen hohen Verschleißwiderstand und eine gute Griffigkeit aufweisen. Es dürfen nur Edelsplitte verwendet werden. Der Hohlraumgehalt nach MARSHALL muss bei sehr starker Verkehrsbelastung mindestens 2…3 Vol.-% betragen. Unter Berücksichtigung des Verdichtungsgrades hat die fertig verdichtete Schicht Hohlraumgehalte von 2…6 Vol.-%. Hohlraumgehalte unter 2 Vol.-% sind zu vermeiden, da sonst keine ausreichende Standfestigkeit mehr gegeben ist und Spurbildungen entstehen können.

Für die Deckschichten der Bauklassen I bis III wird **Gussasphalt** verwendet. Bei Verwendung von Vibrationsbohlen kann der Splittgehalt bis 55 % gesteigert werden. Der Gehalt an Füller und seine Beschaffenheit sowie ggf. die Zugabe von Naturasphalt verbessern die Verarbeitbarkeit und die Eigenschaften des Gussasphaltes. Bei Stopp- und Haltestellen mit besonders großen Schubkräften wird hartes Bitumen bevorzugt, z. B. 20/30. Es ist jedoch darauf zu achten, dass der Deckenbelag sich ausreichend verformen kann. Deckschichten können auch aus Asphaltmastix und eingestreutem Splitt hergestellt werden. **Asphaltmastix** ist eine dichte bituminöse Masse aus Sand, Füller und Straßenbaubitumen (meist 50/70 oder 70/100) und Naturasphalt. Die Masse ist im heißen Zustand gieß- und streichbar; beim Einbau wird Splitt aufgestreut und eingedrückt.

Tragdeckschichten
Tragdeckschichten sind bis 7 cm dick, werden bei geringerer Beanspruchung eingebaut und erfüllen gleichzeitig die Funktion einer Deckschicht und einer Tragschicht. Sie bestehen aus einem Mineralstoffgemisch 0/16 mm mit 50…70 % der Körung > 2 mm sowie Bitumen 70/100 oder 160/200. Oberflächenschutzschichten werden entweder durch Oberflächenbehandlungen (Aufspritzen von Bindemittel, Abstreuen mit Edelsplitt sowie Walzen) oder durch Aufbringen von bituminösen Schlämmen hergestellt.

10.4.4 Wiederverwendung von Asphalt

Aus ökologischen und ökonomischen Gründen wird zunehmend das bei der Instandsetzung und Erneuerung von Straßen anfallende Asphaltmaterial wiederverwendet. Bitumen eignet sich sehr gut für eine Mehrfachverwendung. Durch die thermoplastische Eigenschaft des Bindemittels Bitumen (temperaturbedingte Erweichung und Erhärtung) kann Asphalt vollständig wiederverwendet werden. Dies geschieht in erster Linie in den Mischwerken durch Zugabe von kalt oder warm abgefrästem oder aufgebrochenem Ausbauasphalt bei der Herstellung von neuem Asphalt.

Eine weitere Recyclingmethode besteht darin, direkt auf der Baustelle die alte Deckschicht zu erwärmen und nach Zugabe von Gesteinskörnungen, Bitumen oder neuem Asphalt qualitativ verbessert wieder einzubauen.

10.5 Bituminöse Beläge im Hochbau

Gussasphalt wird im Hochbau als Fußbodenestrich in Wohn- und Lagerräumen, als Hallenbelag oder als Abdichtungs- und Verkehrsschicht auf Balkonen, Terrassen und Flachdächern genutzt. Da im Hochbau keine zu tiefen Temperaturen auftreten und ein hoher Eindringwiderstand erforderlich ist, kann ein sehr hartes Bitumen eingesetzt werden.

Gussasphalt hat den Vorteil, sofort nach dem Abkühlen begeh- und benutzbar zu sein und er bringt keine Feuchtigkeit in das Gebäude ein. Als schwimmender Estrich entspricht er allen Anforderungen des Wärme- und Schallschutzes, hat eine geringe Wärmeleitfähigkeit und wirkt in gewisser Weise auch schalldämmend.

Tabelle 10.5

	Bitumen	Eindringtiefe
bei Terrassen	20/30	2…3 mm
bei Hofkellerdecken	20/30; 30/45	3…5 mm
bei Parkflächen	20/30; 30/45	1…2 mm

10.5.1 Gussasphalt-Estrich

Für Gussasphalt-Estrich ist DIN 18 560 maßgebend. Die Gussasphalte für Estriche werden in die **Härteklassen IC 10** bis **IC 100** eingeteilt. Die Prüfung erfolgt nach DIN 1996-13 wie nach Bild 10.4, jedoch unter Verwendung Stempelfläche von 1 cm² und bei 22 °C während 5 h. Bei zusätzlicher Prüfung von IC 10 bei 40 °C darf die Eindringtiefe höchstens 4,0 mm betragen.

Für die Wahl des Bindemittels ist es entscheidend, ob der zu erwartende Temperaturunterschied nur gering (z. B. innerhalb des Gebäudes) oder groß (z. B. außerhalb des Gebäudes) ist. Der Füller soll mindestens 80 % Feinstoffe < 0,09 mm enthalten. Das Mischgut ist nach festgelegten Rezepturen in stationären Mischanlagen oder Rührwerkskochern herzustellen und mit 210…250 °C einzubauen. Die noch heißen Beläge sind mit Sand abzureiben. Es ist zu beachten, dass sie sich beim Abkühlen verkürzen.

Für **Gussasphalt-Estriche innerhalb von Gebäuden** werden nach DIN 18 560 unterschieden:

- ❑ **schwimmende Estriche (Kurzzeichen S)**. Sie werden auf Dämmstoffen mit Zusammendrückung ≤ 5 mm verwendet. Bei Verkehrsbelastung bis 2 kN/m² können sie in einer Dicke mit ≥ 25 mm eingebaut werden. Erforderliche Härteklasse ist Härteklasse IC 10.
- ❑ **Verbundestriche (V)** können mit einer Dicke von ≤ 40 mm auf einen geeigneten bituminösem Untergrund, auf Beton- oder Stahlflächen aufgebracht werden. Die Härteklasse ist je nach Temperatur zu wählen.
- ❑ **Estriche auf Trennschichten (T)** werden in einer Dicke von 25…40 mm und mit Härteklassen wie bei Verbundestrichen eingebaut. Das Mischgut wird für eine gute Verarbeitbarkeit mit gemischtkörnigem Natursand 0/4 mm und einem Gehalt an Füller von ≤ 30 M.-% hergestellt. Je nach Estrichdicke und -beanspruchung wird 25…50 % Splitt 5/11 mm verwendet. Der Bindemittelgehalt liegt in der Regel zwischen 8…10 M.-%. Wegen des erforderlichen Eindruckwiderstandes wird Hochvakuumbitumen verwendet, zumeist HVB 80/90, für unbeheizte Hallen 20/30.

Gussasphaltbeläge außerhalb von Gebäuden sollen möglichst im Kornbereich bis 8 mm mit einem niedrigen Bindemittelgehalt (8…9 M.-%) hergestellt werden. Wegen der größeren Temperaturunterschiede werden weichere Bindemittel bzw. die Härteklasse IC 40 verwendet. Die empfohlenen Werte sind in Tabelle 10.5 aufgelistet.

Da die Beläge bei unterschiedlichen Temperaturen erhebliche Längenänderungen erfahren, muss darunter eine Dichtungsschicht eingebaut werden. Eine Aufteilung des Belags in Felder ist zu prüfen.

10.5.2 Asphaltplatten

Asphaltplatten werden aus Naturasphaltrohmehl oder aus Bitumen und zerkleinertem Naturstein in warmem Zustand unter hohem Druck hergestellt. Sie können auch farbig oder als Terrazzo-Asphaltplatten mit einer aufgepressten Betonwerksteinschicht geliefert werden. Bei säurefesten Asphaltplatten werden säurefeste Mineralstoffe verwendet. Nur besonders gekennzeichnete Platten dürfen im Freien verlegt werden. Asphaltplattenbeläge dürfen keine größere Erwärmung erfahren, z. B. über 50 °C.

10.6 Bituminöse Stoffe für Abdichtungen

Abdichtungen werden unterschieden nach **Bauwerksabdichtungen** und **Dachabdichtungen**. Für die Anwendung als Bauwerksabdichtung gilt die DIN 18 195, in der zahlreiche Stoffe auf Bitumenbasis als Abdichtungen vorgesehen sind; für Dachabdichtungen gilt die Richtlinien für die Planung und Ausführung von Dächern mit Abdichtungen (Flachdachrichtlinien).

Die Abdichtungen unterscheiden sich nach den Belastungsarten in:

- Abdichtungen gegen Feuchtigkeit des Bodens,
- Abdichtungen gegen drückendes Wasser und
- Abdichtungen gegen nicht drückendes Wasser (von außen oder von innen).

Als bituminöse Stoffe stehen zur Verfügung:

- Voranstrichmittel aus Bitumen (Bitumenlösung, Bitumenemulsion),
- Klebemassen und Deckaufstrichmittel, heiß zu verarbeiten, Straßenbaubitumen, gefüllt oder ungefüllt, Oxidationsbitumen, gefüllt oder ungefüllt,
- Asphaltmastix, Gussasphalt,
- Bitumen- und Polymerbitumenbahnen,
- Bitumen- und Polymerbitumen-Schweißbahnen,
- kunststoffmodifizierte Bitumendickbeschichtungen (KMB),
- kaltselbstklebende Bitumen-Dichtungsbahnen (KSK).

Die Dichtungs- und Klebfunktion wird durch die bituminösen Bindemittel erreicht. Damit die Dichtungen bei höheren Temperaturen nicht ins Fließen kommen und bei den niedrigsten Temperaturen nicht verspröden, sollte der Erweichungspunkt EP RuK des Bindemittels 30 °C über der bei der Dichtung zu erwartenden höchsten Temperatur liegen.

10.6.1 Anstrichstoffe

Für eine sichere Verbindung mit dem Bauteil ist in der Regel ein kaltflüssiger **Voranstrich** mit geringem Bindemittelgehalt und mit Haftmittelzusatz erforderlich. Kaltbitumen eignen sich nur bei trockenem Untergrund, stabile Bitumenemulsionen auch bei feuchtem Untergrund.

Der eigentliche **Dichtungsanstrich** gegen Feuchtigkeit wird als Deckaufstrich aus Bitumen 30/40 und 20/30 mit EP RuK ≥ 50 °C oder aus allen Oxidationsbitumen mit EP RuK ≥ 80 °C. Heiß wird er in mind. 2 Schichten aufgebracht oder kalt als bindemittelreichere Bitumenlösung oder -emulsion in mind. 3 Schichten. Durch Füller, auch als Mineralfasern, mit einem Anteil bis zu 50 % können die Temperaturabhängigkeit vermindert und die Stabilität verbessert werden. Mit noch größeren Füllergehalten entstehen **Spachtelmassen**.

Zum Korrosionsschutz von Baustoffen aus Gusseisen und Bauteilen aus Stahl werden Lösungen und Emulsionen auf Bitumenbasis verwendet.

10.6.2 Bitumenbahnen

Bei Verformungen des Bauwerkes muss die Abdichtung gegen Verletzungen durch Einlagen gesichert werden. Treten größere Kräften auf, müssen die Abdichtungen eine entsprechende höhere Zugfestigkeit haben. Bei dauernder Feuchtigkeitseinwirkung sind mineralische oder metallische Einlagen beständiger.

Als **Trägereinlagen** (Kurzbezeichnung der Einlage fett gedruckt) werden benutzt:

- **Rohfilzbahnen**, z. B. mit 500 g/m² Flächengewicht (Bahnkurzzeichen R 500),
- **Jute**gewebe mit 300 g/m² (J 300),
- **Glas-V**lies, z. B. mit 1100 g/m² (V 11),
- **Glas-G**ewebe, z. B. mit 200 g/m² (G 200),
- **P**olyestervlies mit 200 g/m² (PV 200),
- Reinaluminium-(**Al**) oder Kupferband (**Cu**), 0,2 oder 0,1 mm dick, geprägt oder glatt (z. B. Al 0,2 geprägt).

Rohfilz sowie Gewebe und Vliese werden vorab mit weichem Bitumen getränkt. Für die beidseitige Beschichtung wie auch für die **Klebmassen** werden Oxidations- und Polymerbitumen verwendet.

Maßgebend für die dichtende Wirkung ist die Menge der aufgebrachten Tränk- und Deckmassen bzw. die Gesamtdicke der Bahnen.

Bei den **Schweißbahnen** ist die Deckmasse so zu bemessen, dass diese Bahnen lediglich durch Schmelzen der Deckschicht nach dem Flammschmelzkleb(FSK)-Verfahren, z. B. mit Propangasbrennern, verklebt werden können. Mit Ausnahme der «nackten» Bahnen erhalten alle Bahnen eine beidseitige mineralische Bestreuung aus Feinsand, um in den Rollen ein Zusammenkleben zu vermeiden bzw. nach dem Verlegen an der Oberfläche die Wärmestandfähigkeit zu verbessern.

Je nach Beschichtung, Gehalt an Tränkoder/und Deckmasse, Verlegung und Anwendung werden folgende **Bitumenbahnen** unterschieden:

❑ nackte Bitumenbahnen R 500 N und R 333 N (DIN 52 129),
❑ Bitumendichtungsbahnen R 500 D, J 300 D, G 220 D, Al 0,2 D und Cu 0,1 D (DIN 18 190-4),
❑ Bitumendachbahnen R 500 und R 333 (DIN 52 128), V 11 und V 13 (DIN 52 143),
❑ Bitumen- und Polymerbitumen-Dachdichtungsbahnen J 300 DD, G 200 DD, J 300 PY DD, G 200 PY DD und PV 200 PY DD (DIN 52 130),
❑ Bitumen- und Polymerbitumenschweißbahnen (mit 4 oder 5 mm Dicke) J 300 S 4 und 5, G 200 S 4 und 5, V 60 S 4, J 300 PY S 5, G 200 PYS 5 und PV 200 PYS 5 (DIN 52 131).

Die o. g. Kurzbeschreibungen setzen sich zusammen aus: Buchstabe(n) für Trägereinlage, Zahl für Flächengewicht oder Dicke der Einlage, Buchstaben für Bahnentyp:

N nackte Bitumenbahn,
D Dichtungsbahn,
DD Dach- und Dichtungsbahn,
S Schweißbahn mit Dicke 4 oder 5 mm,
PY Polymer-Bitumen.

Gemäß DIN 18 195 werden Abdichtungen folgendermaßen verwendet:

❑ gegen Boden- und aufsteigende Feuchtigkeit meist Bitumendachbahnen,
❑ gegen nichtdrückendes Wasser alle Bitumenbahnen,
❑ gegen drückendes Wasser von außen vor allem nackte Bitumenbahnen.

Für Dachabdichtungen eignen sich je nach Dachneigung Dachdichtungs- und Dachbahnen. Schweißbahnen werden auch zur Abdichtung von Balkonen und Terrassen verwendet.

Je nach Art der Abdichtung bzw. der Bahnen sowie je nach Dachneigung sind eine oder mehrere Lagen anzuordnen und bestimmte Zusatzforderungen einzuhalten. Die Bitumenbahnen werden nach DIN 52 123/DIN EN 1107 vor allem auf Wasserundurchlässigkeit, Bruchwiderstand, Dehnung, Biegewiderstand und Wärmebeständigkeit geprüft.

10.6.3 Fugenvergussmassen

Fugenvergussmassen sind heiß einzubauende, thermoplastische Massen mit Bitumen als Bindemittel, die in Konstruktionen das Eindringen von Schmutz in die Oberfläche und von Oberflächenwasser in untere Lagen verhindern und spannungsfrei horizontale Bewegungen von Konstruktionselementen ausgleichen.

Sie enthalten als Bindemittel i. d. R. Oxidationsbitumen und je nach Verwendungszweck Füller sowie Kunststoffe, Gummi und Fasern. Die Massen müssen nach dem Erhitzen gut vergießbar sein. Bei tiefen Temperaturen müssen sie genügend dehnbar sein und an den Fugenflanken nicht abreißen. Bei hohen Temperaturen sollen sie genügend standfest sein. Um die dauerhafte Haftung der Vergussmasse sicherzustellen, ist in der Regel an den Seitenflanken der Fuge ein Voranstrich nach Angabe der Hersteller aufzubringen.

11 Kunststoffe

Kunststoffe sind Baustoffe, die synthetisch oder halbsysnthetisch aus monomeren makromolekularen organischen Molekülen hergestellt werden. Die vielfältigen Kombinationsmöglichkeiten von Kohlenstoffatome unter sich und mit den Atomen anderer Elemente ergeben unterschiedliche Stoffe mit unterschiedlichen Verarbeitungs- und Gebrauchseigenschaften. Für die mechanischen Eigenschaften der Kunststoffe und damit für ihre Standsicherheit gelten meist andere Gesetzmäßigkeiten als für herkömmliche Baustoffe. Bei Kunststoffen ist besonders das Langzeit- und Temperaturverhalten wichtig. Für tragende Bauteile eignen sich bedingt Kunststoffe mit Faserverstärkung.

> Die Kunststoffe erlauben vielfältige Fertigungstechniken, Anwendungen und auch gestalterische Möglichkeiten. Sie haben folgende Vorteile:
> - eine einfache Formgebung,
> - eine geringe Dichte und Wasseraufnahme,
> - ein Verhalten, das als bis plastisch eingestellt werden kann,
> - eine gute chemische Beständigkeit und
> - eine gute Wärmedämmung.

Nachteil in der Anwendung ist die Abhängigkeit des mechanischen Verhaltens von der Größe und Dauer der aufgebrachten Kräfte, von der Temperatur und von der Witterung. Kunststoffe sind brennbar oder zersetzen sich bei hohen Temperaturen.

11.1 Herstellung und Arten

Die Ausgangsprodukte sind kohlenstoffhaltig und werden überwiegend aus Erdöl, Erdgas und Kohle gewonnen. Wasser, Luft, Kochsalz u. a. liefern weitere zum Aufbau der Kunststoffe notwendige Elemente, wie Wasserstoff, Sauerstoff, Stickstoff, Chlor u. a. Für die halborganischen Silicone kommt zusätzlich noch Silizium hinzu. Die niedermolekularen Ausgangsprodukte werden durch Synthese zu hochmolekularen Stoffen verkettet. Die Synthese erfolgt meist unter Wärmezufuhr, unter erhöhtem Druck, durch andere Energiestöße oder durch Initiatoren.

Für die Verkettung gibt es je nach Art der Grundbaustoffe 3 verschiedene Verfahren der Makromolekülbildung:

> Die **Polymerisation** ist eine exotherme chemische Reaktion, bei der Monomere (meist ungesättigte organische Verbindungen gleicher Art) unter Einfluss von Katalysatoren sich miteinander zu Molekülen mit langen Ketten (Polymeren) verbinden.
> Bei der **Polyaddition** werden unter Einfluss von Katalysatoren verschiedenartige Monomere verknüpft, wobei Wärme frei wird.
> Die **Polykondensation** ist eine stufenweise ablaufende Kondensationsreaktion, bei der aus vielen Monomeren niedrigmolekularer Stoffe (Monomere) Makromoleküle gebildet werden. Dies geschieht unter Abspaltung von einem oder mehreren Nebenprodukten. Diese Nebenprodukte sind einfach gebaute Moleküle wie Wasser, Ammoniak, Alkohole, Chlorwasserstoff. Polymerisationskunststoffe aus verschiedenartigen Monomeren werden Copolymere genannt.

Für höher entwickelte Kunststoffe werden auch verschiedene Verfahren kombiniert, indem z. B. zunächst Zwischenprodukte durch Polykondensation aufgebaut werden, die meist bei der endgültigen Verarbeitung weiter verknüpft werden.

Die Makromoleküle erhalten je nach Synthese und Stoffart einen unterschiedlichen Aufbau (Bild 11.1):

- einfache, lineare Ketten oder Fäden, evtl. mit Verzweigungen und «Aufpfropfungen»,
- räumlich schwach oder stark vernetzte Ketten.

Der chemische Aufbau der Kunststoffe ist maßgebend für die Beständigkeit gegenüber

Feuchtigkeit, Chemikalien und Alterung. Die Beweglichkeit der Makromoleküle bestimmt die Größe, die Gestalt und vor allem das physikalische Verhalten der Kunststoffe. Festigkeit und Wärmebeständigkeit können verbessert werden durch Erhöhung des Molekulargewichts, durch Vernetzen, Versteifen oder Verstrecken der Molekülketten. Durch derartige Behandlungen verwandelt sich die amorphe Struktur von Kunststoffen in eine teilkristalline Struktur oder zumindest in orientierte Molekülketten.

Für Kunststoffe sind bestimmte Kurzzeichen festgelegt worden (Tabelle 11.1).

Je nach ihrer Konstitution durchlaufen die Kunststoffe bezüglich ihrer Eigenschaften mit zunehmender Temperatur verschiedene Zustandsbereiche mit dazwischenliegenden Übergangsbereichen (Bild 11.2).

Einfrier- bzw. *Erweichungstemperaturbereich* (ET): Unterhalb dieses Bereiches frieren die Molekülketten ein und werden in ihrer Lage fixiert. Die Kunststoffe gehen in einen glasigen **hartelastischen Zustand** über; sie verhalten sich glasartig und spröde. Bei enger Vernetzung der Ketten tritt bis zur thermischen Zersetzung praktisch keine Änderung dieses Zustandes ein.

Oberhalb des Erweichungstemperaturbereiches (ET) gehen Kunststoffe mit linearen oder lose vernetzten Ketten bei steigender Temperatur in den **weichelastischen Zustand** über.

Wenn der Bereich der Erweichungstemperatur oberhalb der Gebrauchstemperatur liegt, können derartige Baustoffe thermoplastisch warmverformt werden und behalten diese Form nach Abkühlen auf die Gebrauchstemperatur.

Bei amorpher Struktur vermindern sich mit zunehmender Temperatur die Härte, die Sprödigkeit und die Festigkeit; die plastischen Formänderungen werden größer.

Bei teilkristalliner Struktur behalten die Kunststoffe mit zunehmender Temperatur länger ihre hohe Zähigkeit und Festigkeit; der Fließtemperaturbereich ist erst durch den Schmelzbereich der Kristallite gegeben. Ein gummielastischer Zustand bleibt bis zur Zersetzungstemperatur weitgehend erhalten, wenn die Bindungen zwischen den linearen Ketten nicht vollständig gelöst werden.

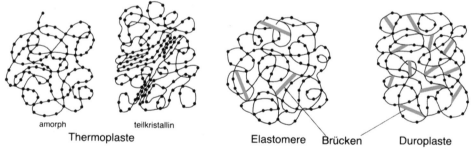

Bild 11.1 Molekülaufbau der Kunststoffe

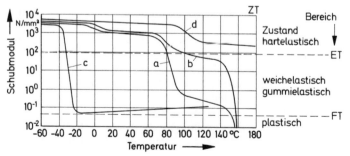

Bild 11.2
Dynamischer Schubmodul und Bereiche bzw. Zustände der Kunststoffe in Abhängigkeit von der Temperatur (schematisch)
a amorphe Thermoplaste
b teilkristalline Thermoplaste
c Elastomere
d Duroplaste

Tabelle 11.1a
Kurzzeichen der Kunststoffe (Beispiele)

ABS	= Acrylnitril-Butadien-Styrol
A/MMA	= Acrylnitril-Methylmethacrylat-Cop.
ASA	= Acrylnitril-Styrol-Acrylester
CA	= Celluloseacetat
CAB	= Celluloseacetobutyrat
CP	= Cellulosepropionat
CR	= Chloropren-Kautschuk
ECB	= Ethylen-Copolymer-Bitumen
EP	= Epoxidharz
EPDM	= Ethylen-Propylen-Dien-Elastomer
EPS	= Expandiertes Polystyrol
IIR	= Isobutylen-Isopren-Elastomer (Butylkautschuk)
MF	= Melamin-Formaldehydharz
PA	= Polyamid
PB	= Polybuten
PC	= Polycarbonat
PE	= Polyethylen
PE-C	= Chloriertes Polyethylen
PE-HD	= Polyethylen hoher Dichte (PE hart)
PE-LD	= Polyethylen niederer Dichte (PE weich)
PF	= Phenol-Formaldehydharz
PIB	= Polyisobutylen
PMMA	= Polymethylmethacrylat
PP	= Polypropylen
PS	= Polystyrol
PTFE	= Polytetrafluorethylen
PUR	= Polyurethan
PVAC	= Polyvinylacetat
PVC	= Polyvinylchlorid
PVC-C	= Chloriertes Polyvinylchlorid
PVC-P	= PVC mit Weichmacher (PVC weich)
PVC-U	= PVC ohne Weichmacher (PVC hart)
PVF	= Polyvinylfluorid
PVP	= Polyvinylpropionat
SI	= Silicon oder Siloxan-Polymer
SR	= Polysulfid-Kautschuk
UF	= Harnstoff-Formaldehydharz
UP	= ungesättigte Polyester
VPE	= vernetztes Polyethylen
Kunststoffe mit Fasern (Beispiele)	
EP-GF	= glasfaserverstärktes Epoxidharz
CFK	= Kohlenstofffaserverstärkter Kunststoff
GFK	= glasfaserverstärkte Kunststoffe
UP-GF	= glasfaserverstärktes ungesättigtes Polyesterharz

Tabelle 11.1b
Ergänzende Kennzeichen

Kennbuchstaben für besondere Eigenschaften werden nach dem Kurzzeichen des Basispolymers, getrennt durch einen Mittelstrich, angegeben, z. B.

C	= chloriert
D	= Dichte
H	= hoch
I	= schlagzäh
L	= niedrig
P	= weichmacherhaltig
U	= weichmacherfrei

Fließtemperaturbereich (FT): Lineare Ketten gleiten voneinander ab, wodurch ein weicher bis flüssiger **plastischer Zustand** entsteht. Derartige Kunststoffe können in diesem Temperaturbereich plastisch geformt werden; diese Eigenschaft hat auch zur Bezeichnung «Plastics» geführt.

Zersetzungstemperaturbereich (ZT): Die Molekülketten brechen, die Kunststoffe werden zersetzt.

Die Eigenschaften der Kunststoffe können auf verschiedene Weise verändert werden.

Durch **Copolymerisation** von verschiedenartigen Monomeren oder durch Mischen mit anderen Polymeren (Polyblend) mit einem anderen Einfriertemperaturbereich kann es zu einem Ausgleich von Eigenschaften kommen, z. B. können die Verarbeitbarkeit oder die Zähigkeit verbessert werden.

Durch **Weichmacher** werden bei Thermoplasten der Einfrier- bzw. Erweichungstemperaturbereich für eine bestimmte Verarbeitung herabgesetzt oder die Härte vermindert. Als Weichmacher dienen schwerflüchtige Flüssigkeiten, z. B. hochsiedende Ester der Phthal- oder Phosphorsäure. Bei Verflüchtigung oder Wanderung dieser Stoffe (besonders unter Einwirkung von UV-Strahlung) kommt es zur Versprödung.

Durch **Füllstoffe** werden das Spektrum der Eigenschaften der Kunststoffe erweitert und die physikalisch-mechanischen Eigenschaften beeinflusst.

Durch **pulverförmige Mineralstoffe**, wie Quarz- oder Kalksteinmehl, oder Glasfasern können vor allem der *E*-Modul vergrößert bzw. der Wärmedehnkoeffizient vermindert,

Tabelle 11.2 Aufbau und Eigenschaften der verschiedenen Kunststoffarten

Stoffart / Eigenschaften	Elastomere (Vulkanisate, Gummi)	thermoplastische Elastomere	Thermoplaste (Plastomere)	Duroplaste (Duromere)
molekularer Aufbau	weitmaschiges Netzwerk	mehrphasige Polymere	unvernetzte, lineare Fadenmoleküle	engmaschige, räumliche Vernetzungen
Verhalten bei Gebrauchstemperatur	entropieelastisch (gummielastisch)	entropieelastisch (gummielastisch)	energieelastisch (stahlelastisch)	(hartelastisch)
Schmelzbarkeit	nicht/kaum schmelzbar	schmelzbar	leicht schmelzbar	unschmelzbar
Schmelz-, Fließbereich	kein Fließbereich	vorhanden	vorhanden	kein Fließbereich
Formgebung	Biegen, Tiefziehen	Warmformen	Warmformen, Spanen	Spanen
Beispiele	Dienkautschuk Siliconkautschuk Polyurethane	Segmentierte PUR Polyether-Ester Elastomer Ver- Thermo- schnitt- plast systeme	Polyethylene Polyamide Polycarbonate	ausgehärtete Kondensate, ausgehärtete Epoxipolymere, Polyimide

durch Fasern außerdem die Zugfestigkeit vergrößert werden. Beispiele von Kurzzeichen für faserverstärkte Kunststoffe sind in Tabelle 11.1a angegeben.

Zusatzstoffe wie Pigmente dienen der Einfärbung von Kunststoffen, Antistatika vermindern die elektrische Aufladung, Flammschutzmittel verhindern eine schnelle Entflammbarkeit. Alle Zusatzstoffe müssen mit den Kunststoffen eine gute Verträglichkeit besitzen.

11.1.1 Polymere Werkstoffe

Die DIN 7724 teilt polymere Werkstoffe aufgrund des mechanischen Verhaltens bezgl. des Schubmoduls bei unterschiedlichen Temperaturen und der Zugverformung bei Raumtemperatur ein in **Elastomere, Thermoplastische Elastomere, Thermoplast** und **Duroplaste**. Im Gebrauchszustand sind Elastomere gummielastisch, Thermoplaste weich bis hart und Duroplaste hartelastisch.

Für die verschiedenen Kunststoffarten ist der molekulare Aufbau in Bild 11.1 schematisch dargestellt. Eine zusammenfassende Übersicht über die Eigenschaften findet sich in Tabelle 11.2.

Bild 11.2 zeigt die Abhängigkeit des Schubmoduls bzw. des elastischen oder plastischen Zustands der Kunststoffarten von der Temperatur.

11.1.1.1 Elastomere (Vulkanisate, Gummi)

Die Molekülketten sind schwach und weitmaschig vernetzt. Elastomere verhalten sich oberhalb des Erweichungstemperaturbereichs bis zum Zersetzungstemperaturbereich entropieelastisch (gummielastisch). Elastomere haben keinen Fließbereich, deshalb bleiben ihre plastischen Formänderungen unter Druck oder Hitze sehr gering.

11.1.1.2 Thermoplastische Elastomere

Diese Kunststoffe sind mehrphasige Polymere mit weichen Phasen, die die Gummielastizität bewirken, und harten Phasen, die die Ketten z. B. durch Kristallisation oder Brückenbindung zusammenlagern. Bei Gebrauchstemperaturen verhalten sie sich vorwiegend entropieelastisch (gummielastisch). Die Vernetzungen sind bei höheren Temperaturen relativ leicht spaltbar (thermoreversible Vernetzung). Deshalb sind die gummielastischen Verformungen dann begrenzt, und es wird eine thermoplastische Bearbeitung wegen des vorhandenen Fließbereichs möglich.

11.1.1.3 Thermoplaste (Plastomere)

Sie bestehen meist aus langen linearen eindimensionalen, seltener verzweigten Molekülketten, die sich mit zunehmender Temperatur gegenseitig leicht verschieben lassen. Die Thermoplaste gehen dabei allmählich vom hartelastischen, spröden Zustand über den weich- bis gummielastischen Zustand in den plastischen Zustand über.

Bei kurzen Molekülketten, d. h. bei geringem Molekulargewicht, läuft der Übergang innerhalb eines engen Temperaturbereichs ab. Durch starke Verzweigungen werden Dichte und Festigkeit vermindert. Durch Aufpropfung der Molekülketten mit voluminösen Seitengliedern wird deren Beweglichkeit vermindert, was eine größere Härte zur Folge hat.

> Da die Zustandsänderungen reversibel sind, können Thermoplaste wiederholt bis zum plastischen Zustand erwärmt und dabei geformt oder in den Randzonen verschweißt werden; auch Abfälle können so wieder verarbeitet werden.

Die amorphen Thermoplaste sind ohne Füllstoffe glasklar. Bei den hartelastischen Stoffen liegt die Gebrauchstemperatur unterhalb des Einfriertemperaturbereichs, bei den weich- und gummielastischen Stoffen infolge Zugabe von Weichmachern oberhalb des Erweichungsbereichs.

Bei teilkristallinen Thermoplasten sind die Molekülketten in Teilbereichen parallel gelagert. Solche Thermoplaste sind milchigtrübe und hornartig. Die Gebrauchstemperatur liegt zwischen dem sehr niedrigen Einfrierbereich und dem Schmelzbereich der Kristallite; innerhalb dieser Bereiche nimmt die hohe Festigkeit langsam ab, die Stoffe bleiben aber zäh und schmiegsam.

11.1.1.4 Duroplaste (Duromere)

Die Molekülketten sind engmaschig und 3-dimensional vernetzt. Der Vernetzungsprozess oder die Aushärtung erfolgt durch chemische Reaktion der verschiedenen Vorprodukte (Vorkondensate), bei der Formgebung unter Wärmezufuhr oder bei flüssigen Reaktionsharzen auch bei Raumtemperatur. Duroplaste sind vor der Aushärtung plastisch. Danach befinden sie sich in einem irreversiblen Zustand. Ihre Eigenschaften sind nur wenig temperaturabhängig. Die eng vernetzten Duroplaste bleiben bis kurz vor dem Zersetzungsbereich im glasigen, hartelastischen, oft spröden Zustand.

Bei etwas weitmaschigerer Vernetzung verhalten sie sich in der Wärme etwas weichelastischer. Duroplaste sind nicht warm verformbar, schmelzbar oder schweißbar. Die Sprödigkeit kann durch entsprechende Füllstoffe verringert werden.

11.1.2 Formgebung und Verarbeitung

Je nach Verwendungszweck werden die Kunststoffe in unterschiedlicher Weise hergestellt und verarbeitet. Als Vorprodukte dienen Granulate oder Pulver, die Hilfsstoffe wie z. B. Weichmacher enthalten, oder Kunstharze in verschiedenen Zustandsformen, denen noch Füllstoffe zugegeben werden können. Reaktionsharze sind flüssig oder verflüssigbar und härten bei Hitze oder bei normalen Temperaturen mit Härtern oder / und Beschleunigern; Zusatzmenge der Härter z. B. bei UP 1,5...5 %, bei EP 10...50 %.

Wegen der Emission leichtflüchtiger gesundheitsschädlicher und leicht entzündlicher Bestandteile sind bei der Herstellung und Verarbeitung bestimmter Kunststoffe besondere Vorsichtsmaßnahmen und Merkblätter zu beachten. Kunststoffabfälle sollten gesondert entsorgt und nicht verbrannt werden.

11.1.2.1 Halbzeug, Form- und Fertigteile

Die Formmassen werden meist bei Temperaturen von 150...250 °C in einen plastischen Zustand versetzt. Unter Druck werden daraus Halbzeug wie Folien (durch Kalandrieren), Bahnen, Tafeln, Profile, Rohre und Schläuche (durch Extrudieren) sowie Formteile durch Blasen, Pressen und Spritzen geformt. Durch Ausziehen oder Recken von thermoplastischem Halbzeug im warmen oder kalten Zustand entstehen vergütete Kunststoffe. Schichtpressplatten und -profile werden durch Pressen und Erhitzen aus Trägerbahnen hergestellt, die mit duroplastischen Kunstharzen getränkt werden.

Reaktionsharze werden auch drucklos in Formen vergossen; durch Rotations- oder Schleuderguss werden Hohlkörper und Rohre erzeugt. Nach verschiedenen Verfahren werden mehrschichtige Bahnen, Beschichtungen von Metallen u. a. hergestellt. Kunststofffasern werden gewonnen, indem bestimmte Kunststofflösungen durch Düsen gepresst werden. Glasfaserverstärkte Form- und Fertigteile werden nach verschiedenen Verfahren hergestellt: Beim **Handverfahren** wird zuerst gegen atmosphärische Einwirkungen eine harzreiche dünne Schutzschicht (evtl. pigmentiert) hergestellt und darauf werden schichtweise Fasergewebe- oder -matten und Harz aufgebracht. Beim **Spritzverfahren** erfolgt ein maschineller Auftrag einer Mischung von Harz und geschnittenen Fasern. Beim **Pressverfahren** werden die Fasermatten oder -gewebe mit Harz übergossen und unter Druck in die Form gepresst. Beim **Wickelverfahren** werden harzgetränkte Faserstränge (Rovings) unter Spannung auf einen rotierenden Kern gewickelt.

Als Harz wird überwiegend UP verwendet. Die höchste Zugfestigkeit ist mit Strängen aus Glasseidenfäden möglich.

Halbzeug und Fertigteile aus Thermoplasten können unter Wärme oder durch Spanen eine weitere Formgebung erfahren, aus Duroplasten nur durch Spanen. Einzelteile können durch geeignete Klebstoffe miteinander verbunden werden, thermoplastische Teile auch durch Schweißen unter Wärme und Druck ohne oder mit Zusatzwerkstoff, wozu besondere Schweißvorrichtungen entwickelt worden sind. Einige Thermoplaste lassen sich auch durch Quellschweißen verbinden; die Fügeflächen werden durch bestimmte Lösungsmittel angelöst und dann unter Druck miteinander verschweißt.

11.1.2.2 Schaumkunststoffe

Durch die Beimengung im noch plastisch-fließfähigem Zustand von Treibmittel entste-

Tabelle 11.3 Physikalische und mechanische Eigenschaften von Kunststoffen nach [9]

Kunststoffart	Rohdichte	Wärmeleitfähigkeit	Wärmedehnkoeffizient	Druckfestigkeit	Zugfestigkeit [1]	Elastizitätsmodul
	g/cm³	W/m · K	mm/m · K	N/mm²	N/mm²	N/mm²
hartelastische Stoffe	0,8...1,4	0,15...0,4	0,06...0,2	60...130	20...80	1000...4000
gummielastische Stoffe	0,9...1,4	rd. 0,2	0,1...0,2	–	5...50	1...100
harte Schaumstoffe	0,015...0,1	0,02...0,04	0,1...0,2	0,1...1	0,2...2	1...10
faserverstärkte Stoffe	1,4...2,0	0,2...0,4	0,015...0,03	150...500	200...1000	7000...40 000
Reaktionsharzmörtel und -beton	2,0...2,4	0,15...1	0,015...0,02	70...150	10...30	15 000...30 000

[1] bzw. Streckspannung bei teilkristallinen Kunststoffen.

hen feinverteilte Gasporen. Durch eingeschlagene Luft entstehen auf mechanische Weise feinverteilte Luftporen. Nach dem Abkühlen oder Vernetzen liegen je nach Kunststoffart weiche, zähharte oder sprödharte Schaumkunststoffe mit offenen oder geschlossenen Zellen vor.

11.1.2.3 Plastische Kunststoffe

Als Bindemittel werden vor allem weich- und gummielastisch vernetzende Reaktionsharze oder Synthesekautschuk verwendet.

11.1.2.4 Flüssige Kunststoffe

Dispersionen und Polymerisatharze sowie Reaktionsharze werden als Klebstoffe oder als Bindemittel für Anstrichstoffe und für Kunstharzmörtel und -beton verwendet. Dispersionen und Polymerisatharze enthalten die Polymerisate in feinster Verteilung in Wasser bzw. gelöst in Lösungsmittel. Damit die Reaktionen wie vorgesehen ablaufen, müssen die Verarbeitungsanleitungen genau beachtet werden. Die Zusammensetzung und Verarbeitung von Kunstharzmörtel und Kunstharzbeton sind ähnlich wie bei zementgebundenem Mörtel und Beton. Als Kunstharze werden UP, EP, PUR und PMMA verwendet. Die Viskosität des Kunstharzes und die Eigenschaften nach der Aushärtung werden vor allem durch das Verhältnis Harz : Härter bestimmt. Die mineralische Gesteinskörnung für kunstharzgebundenen Leichtbeton muss in der Regel trocken sein. Je nach Korngröße beträgt der erforderliche Harzgehalt rd. 100…600 kg/m³. Die Verarbeitbarkeit hängt u. a. von der Menge und der Viskosität des Kunstharzes ab, die Erhärtungszeit auch von der Temperatur, wobei die Kunstharze bei der Aushärtung Wärme freisetzen. PMMA polymerisiert auch bei niederen Temperaturen. Durch Gesteinskörnung mit günstiger Sieblinie können die Harzmenge und damit die Wärmeentwicklung und das Schwinden während der Reaktion sowie das Kriechen und die Wärmedehnzahl vermindert werden.

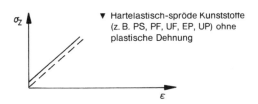

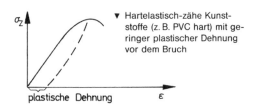

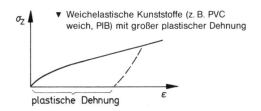

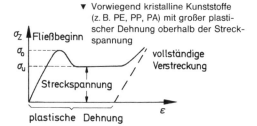

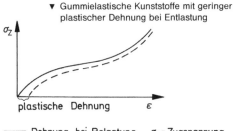

Bild 11.3 Spannungs-Dehnungs-Diagramme verschiedener Kunststoffe beim Kurzzeitversuch

Tabelle 11.4 Bezeichnung, Beschaffenheit und Anwendung wichtiger Kunststoffe

Bezeichnung	Kurzzeichen [1]	Besondere Beschaffenheit und Eigenschaften	Anwendung (Beispiele)
1. Thermoplaste			
Polyethylen [2]	PE-LD (weich) PE PE-HD (hart)	je nach Dichte schmiegsam bis hart, kältebeständig, gute Beständigkeit	Folien, Rohre, auch Großrohre, Öltanks
Chloriertes PE	PE-C		Bahnen
Vernetztes PE	VPE		Rohre für Fußbodenheizung
Chlorsulfoniertes PE	CSM	weichgummiartig	Dachbahnen
Ethylen-Cop.-Bitumen	ECB	weichgummiartig	Dichtungs- und Dachbahnen
Polypropylen [2]	PP	härter als PE	HT-Abwasserrohre, Fasern
Polyisobutylen	PIB	plastisch bis gummiartig	Klebstoffe, Dichtungsmassen, Dichtungs- und Dachbahnen
Polystyrol	PS	hart und spröde	Formteile
PS-Copolymerisate	ABS, ASA	schlagzäh	Tafeln, HT-Abwasserrohre
Polystyrol expandiert	EPS	zähhart	Schaumstoffe
Polyvinylchlorid	PVC-P (weichmacherhaltig)	leder- bis weichgummiartig	Folien, Dichtungs- und Dachbahnen
Polyblends			Bodenbeläge u. Profile, Fugenprofile
Chloriertes PVC	PVC-U (weichmacherfrei)	hart, gute Beständigkeit	Rohre, Ausbauprofile
Polytetrafluorethylen [2]	PVC-HI (hochschlagzäh)	schlagfest, auch bei Kälte	Dachrinnen, Fassadenbekleidungen, Fenster- und Türprofile
Polyvinylfluorid	PVCC		HT-Abwasserrohre
	PTFE	besonders beständig	Gleitlager
	PVF	gute Beständigkeit	dünne Folien für Bautenschutz
Polyvinylacetat	PVAC	–	
Polyvinylpropionat	PVP		Dispersionen und Lösungen für
Acrylharz (Methylmethacrylat) und -Cop.	A/MMA	witterungsbeständig	Kleb- und Anstrichstoffe u. a.
Polymethylmethacrylat (Acrylglas)	PMMA	weich und klebrig glasklar, hart und zäh	Dichtungsmassen, Mörtel Oberlichter, Lichtwände
Celluloseester	CA, CAB, CP	glasklare, zähe Formmassen	Beschläge, Oberlichter
Celluloseesther	MC, CMC	wasserlöslich	Tapetenkleister, Leime
Polycarbonat	PC	schlagzäh u. kältebeständig	lichtdurchlässige Bauteile
Polyethylenterephthalat [2]	PETP	zäh und kältebeständig	Folien für Dichtungsbahnen, Fasern
Polymide [2]	PA	zähelastisch	Beschläge, Öltanks, Fasern
2. Elastomere			
Polyurethan	PUR	flüssig gummielastisch aufgeschäumt, zähhart	Anstrich- und Klebstoffe, Rissfüllung Dichtungsmassen, Bodenbeläge Schaumstoffe
Polyisocyanurat	PIR	aufgeschäumt	Schaumstoffe
Clorkautschuk	–	–	Anstrichstoffe
Synthesekautschuke			Dach- und Dichtungsbahnen (CR,
Chlorbutadien-E.	CR	gummielastisch	EPDM, IIR), Fugenprofile (CR, EPDM)
Ethylen-Propylen-Dien-E.	EPDM	bzw.	Verformungslager (CR)
Isobutylen-Isopren-E.	IIR	plastisch	Klebstoffe (CR)
Polysulfid	SR		Fugendichtungsmassen (IIR, SR)
Silicone	SI	als Harze	wasserabweisende Imprägnierungen, Anstrichstoffe
Siloxan-E. (SI-Kautschuk)	SIR	plastisch bis gummiartig	Dichtungsmassen

[1] Siehe auch Tabelle 11.1
[2] z. T. teilkristallin

Tabelle 11.4 (Fortsetzung)

Bezeichnung	Kurzzeichen [1]	Besondere Beschaffenheit und Eigenschaften	Anwendung (Beispiele)
3. Duroplaste			
Phenoplaste: Phenol-Formaldehydharz Resorcin-Formaldehydharz	PF RF	als Harze flüssig oder fest, mit Füllstoffen Pressmassen und Schichtpressstoffe –	wetterfeste Leime, Lacke, Schaumstoffe, Bindemittel für Holzwerkstoffe, Wandbekleidungen u. Möbel besonders wetterbeständiger Leim
Aminoplaste: Harnstoff-Formaldehydharz Melamin-Formaldehydharz	UF MF	ähnlich PF	Leime, Holzwerkstoffe, Dekorationsplatten, UF auch für Schaumstoffe
Polyester- oder Alkydharz ungesättigte Polyesterharze Epoxidharz	– UP EP	witterungsbeständig als Gießharze, vor allem EP als Reaktionsharze mit Glasfasern (UP-GF und EP-GF)	Lackharze Kunstharzmörtel- und -beton, Kleb- und Anstrichstoffe, Rissfüllung vor allem mit UP-Rohre, Profile, ebene und Wellplatten, Oberlichte, Bauelemente, Schalungselemente

> Kunstharzmörtel und -beton besitzen eine kürzere Erhärtungszeit als Zementmörtel und Beton sowie eine hohe Festigkeit und Haftung zwischen Bindemittel und Körnern, weshalb dünnwandigere Querschnitte möglich sind.

Mörtel und Beton aus EP ergeben eine gewisse Haftung auch auf feuchtem Untergrund.

11.2 Eigenschaften der Kunststoffe

Eine Übersicht über den weiten Bereich der physikalisch-mechanischen Eigenschaften gibt Tabelle 11.3. Spezielle Eigenschaften von wichtigen Kunststoffen sind in Tabelle 11.4 wiedergegeben.

Die verschiedenen Kunststoffe sind oft schwer voneinander zu unterscheiden. Das Verhalten bei Hitze (Schmelzen, Verfärbung, Geruch und Alkalität der Rauch- oder Dampfschwaden) oder unmittelbar in der Flamme (Farbe, Geruch) kann lediglich Hinweise auf die Kunststoffart geben.

11.2.1 Physikalische Eigenschaften

Kunststoffe haben im Vergleich zu den anorganischen Baustoffen eine deutlich geringere

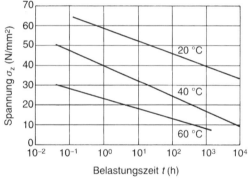

Bild 11.4 Einfluss von Belastungszeit und Temperatur auf die Zugfestigkeit eines thermoplastischen Kunststoffes [1]

Dichte und Wärmeleitfähigkeit. Mit Ausnahme der teilweise offenzelligen Schaumkunststoffe weisen Kunststoffe einen hohen Dampfdiffusionswiderstand und eine sehr geringe Wasseraufnahme auf.

Die ungefüllten Kunststoffe haben einen hohen Wärmedehnkoeffizienten. Während und nach der Polymerisation schrumpfen bzw. schwinden die Kunststoffe teilweise erheblich, z. B. ungefüllte UP und PMMA. Durch Fasern oder Zusätze können diese Verkürzungen reduziert werden. Die glatten dichten Oberflächen der Kunststoffe sind leicht sauber zu halten und daher besonders hygienisch. Langjährige atmosphärische Einwirkungen können Farbe und Glanz verändern. Einige Kunststoffe werden daher je nach ihrer Anwendung eingefärbt. Wegen der geringen elektrischen Leitfähigkeit können sich Oberflächen aus Kunststoffen erheblich elektrostatisch aufladen; dies kann durch Zusatz von Antistatika oder von elektrisch leitenden Füllstoffen, z. B. Grafit, vermindert werden.

11.2.2 Mechanische Eigenschaften

Wegen der weitgehend viskosen Beschaffenheit der Kunststoffe hängen alle mechanischen Eigenschaften von der Temperatur und der Dauer der Beanspruchung ab.

Festigkeiten
Bereiche für die Zug- und Druckfestigkeit finden sich in Tabelle 11.3. Bild 11.3 zeigt charakteristische Spannungs-Dehnungs-Diagramme bei der Zugprüfung von verschiedenen Kunststoffarten beim Kurzzeitversuch. Die Festigkeit von Thermoplasten wird durch Weichmacher herabgesetzt. Zug- und Biegezugfestigkeit vermindern sich durch körnige Füllstoffe bzw. erhöhen sich insbesondere in Faserrichtung durch die Zugabe von Glasfasern. Um die hohe Festigkeit von Fasern weitgehend auszunutzen, sollte die Bruchdehnung des Harzes etwas größer sein als die Bruchdehnung der Faser. Bei einigen Baustoffen wird eine hohe Schlagzähigkeit bei normalen und auch bei niederen Temperaturen verlangt; besonders günstig verhalten sich PE, ABS, ASA und PVC-U (hart) oder GFK. Weil viele unverstärkte Kunststoffe besonders kerbempfindlich sind, werden auch gekerbte Proben geprüft.

Allgemein nimmt die Festigkeit der Kunststoffe mit der Dauer der Belastung und mit steigender Temperatur ab. Bild 11.4 veranschaulicht dieses Verhalten am Beispiel eines thermoplastischen Kunststoffes. Das Dauerstandverhalten ist umso besser, je geringer die aufgebrachte Spannung und die Temperatur sind. Bei Duroplasten und vor allem mit zunehmendem Glasfasergehalt wird das Verhältnis der Dauerstandfestigkeit zu der Kurzzeitfestigkeit günstiger.

Für die praktische Beanspruchbarkeit eines Kunststoffes ist der Zeitstand-Zugversuch unter konstanter Belastung im vorgesehenen Temperaturbereich maßgebend.

Der Elastizitätsmodul E ist bei den Elastomeren und Schaumkunststoffen besonders niedrig, bei unverstärkten hartelastischen Kunststoffen zwar etwas größer, aber verhältnismäßig noch niedrig. Durch Faltungen und Versteifungen werden die Verformungen der Bauteile gering gehalten und das Knicken oder das Beulen verhindert. Faserverstärkte Kunststoffe weisen vor allem bei einem hohen Gehalt an Glasfasern größere Werte auf, die in Faserrichtung noch größer sind.

Mehr oder weniger große plastische Formänderungen treten je nach Spannung und Belastungszeit schon bei der Gebrauchstemperatur auf. Maßgebend dafür ist der Kriechmodul $E_c = \sigma/\varepsilon$, wobei σ konstant und ε zeitabhängig sind. Den Einfluss von Zeit und Temperatur zeigt Bild 11.5 am Beispiel eines thermoplastischen Kunststoffes. Bei Duroplasten, insbesondere mit Verstärkung, ist das Kriechen deutlich geringer als bei den anderen Kunststoffen.

Bei Konstruktionen aus Kunststoffen muss die Standsicherheit im Zusammenhang mit den elastischen und plastischen Formänderungen sowie mit der Beständigkeit betrachtet werden. Die meist guten Kurzzeitwerte reichen zur Kennzeichnung der Eigenschaften für die prak-

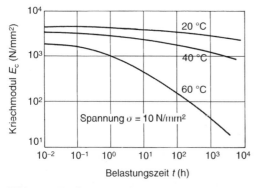

Bild 11.5 Einfluss von Belastungszeit und Temperatur auf das Kriechen eines thermoplastischen Kunststoffes [1]

tische Anwendung nicht aus. Die Kurzzeitwerte müssen mit material- und anwendungsbezogenen Faktoren abgemindert werden. Diese werden durch Zeitstandversuche ermittelt.

11.2.3 Beständigkeit

Im Vergleich zu anderen Baustoffen ist die **chemische Beständigkeit** der Kunststoffe besonders gut. Sie wird verschlechtert durch niedermolekulare Bestandteile, was auch in einer geringeren Dichte zum Ausdruck kommt, durch Weichmacher oder durch quellbare und empfindliche Füllstoffe. Je nach Art der angreifenden Chemikalien – ob Säuren, Laugen, Lösungsmittel, Treibstoffe oder Öle – ist der Widerstand der verschiedenen Kunststoffe unterschiedlich.

Einen allgemein hohen Widerstand besitzen PE-HD, PTFE und EP. Empfindlich gegen Säuren sind CA, PA sowie Pressstoffe aus MF und UF. Laugen wirken sich ungünstig auf die Beständigkeit von PC und UP aus, Lösungsmittel auf ABS, PE-ND, PIB, PS, PVC und UP. PE-ND, PIB, PS und PVC-P sind empfindlich gegen Treibstoffe und Öle. PVC-P-Typen mit besonderen Weichmachern hingegen sind unempfindlich gegen Heizöl.

Unter der gleichzeitigen Einwirkung von chemischen Stoffen und Spannungen neigen einige Kunststoffe zu Spannungsrisskorrosion.

Durch Eindringen von niedermolekularen Substanzen, z. B. Wasser, in das Molekülgefüge kann es zu Quellungen, verbunden mit Festigkeitsminderung, und schließlich zur Erweichung kommen. Empfindlich sind ebenfalls vor allem Kunststoffe mit niedermolekularen Bestandteilen und mit hohem Weichmachergehalt.

Durch atmosphärische Einwirkungen, wie UV-Strahlen des Sonnenlichts, Wechsel von Kälte und Wärme sowie Nässe und Trockenheit, kann es bei manchen Kunststoffen zu Abbrüchen der Molekülketten kommen. Die Folgen sind Verfärbungen (Vergilben), Versprödung und Festigkeitsabfall, im Gesamten auch als Alterung bezeichnet. Empfindlich sind vor allem PE, PIB und UP. Die **Alterungsbeständigkeit** von Bauteilen im Freien kann bei einigen Kunststoffen durch Zusatz von Stabilisatoren, die die UV-Strahlen absorbieren, verbessert werden; besonders geeignet ist Ruß. Durch Titanoxid bleiben die Kunststoffe hellfarben; bei Sonneneinwirkung erwärmen sich diese Bauteile wesentlich weniger.

Bei glasfaserverstärktem Polyesterharz (UPGF) sollten durch eine besondere Deckschicht die schädlichen Witterungseinflüsse in den Grenzflächen von Harz und Glasfastersträngen unterbunden werden.

Einige wenige Kunststoffe sind nicht resistent gegenüber Mikroorganismen, z. B. bei fettartigen Weichmachern oder holzhaltigen Füllstoffen, oder gegenüber tierischen Schädlingen, z. B. Termiten; die biologische Beständigkeit wird durch Zusätze erreicht.

Für Baustoffe mit UF und PF sind Grenzwerte oder Emissionsklassen für die Formaldehydabgabe einzuhalten.

Die Kunststoffe zählen nach ihrem **Brandverhalten** zur **Baustoffklasse B**. Die meisten gehören zur Klasse B 1 oder B 2; bei B 1 bedarf es eines Prüfzeichens, bei B 2 eines Prüfzeugnisses.

Die meisten Kunststoffe werden bei 100…150 °C thermochemisch abgebaut und brennen nach Entzündung weiter. Mit mineralischen Füllstoffen bzw. mit flammhemmenden Zusätzen erhöht sich der Hitzewiderstand.

Abhängig auch von der mechanischen Beanspruchung wird für die verschiedenen Kunststoffe eine **maximale Dauergebrauchstemperatur** angegeben. Sie beträgt z. B. bei PE-ND, PIB, PS, PVC und CA ≈ 50…80 °C, bei PTFE, PIR und SI ≈ 200… 400 °C.

Bei der Zersetzung einiger Kunststoffe in der Hitze entstehen schädliche Gase, z. B. bei PVC-hart erhebliche Salzsäuregasmengen.

11.3 Kunststofferzeugnisse

Das Angebot an Kunststofferzeugnissen ist überaus vielseitig. Die verschiedenen Kunststoffe werden meist von verschiedenen Firmen unter bestimmten Handelsnamen hergestellt. Dabei können Produkte mit gleicher chemischer Bezeichnung, verursacht durch

Unterschiede im Herstellungsverfahren, in der Molekülgröße usw. unterschiedliche Eigenschaften aufweisen.

Durch Zusatz von Kunststoffen können auch die Eigenschaften von Beton, Mörtel und bituminösen Baustoffen verändert bzw. verbessert werden. Ein wichtiges Anwendungsgebiet kunststoffmodifizierter Mörtel und Betone ist die Betoninstandsetzung. Durch Kunststoffzusätze, die im Zementstein ein räumliches Netzwerk bilden, werden vor allem die Haftung, Dehnfähigkeit und Zugfestigkeit verbessert.

11.3.1 Geformte Kunststoffe

Je nach der Anwendung müssen die Kunststoffe hartelastisch, weichelastisch oder gummielastisch, erforderlichenfalls ausreichend zäh oder schlagzäh bzw. für besondere Bauteile schwer entflammbar sein. Von besonderem Vorteil sind u. a. das geringe Gewicht und die glatte Oberfläche. Geformte Schaumkunststoffe siehe vor allem Abschnitt 11.3.2.

Außenbau und Bauelemente

Bei Kunststoffen für Außenbauteile muss die z. B. sehr große Wärmedehnzahl im Hinblick auf die Befestigung berücksichtigt werden. Besonders geachtet wird auf eine ausreichende Zähigkeit auch bei Frosttemperaturen und auf eine möglichst hohe Alterungsbeständigkeit. Zu diesen Elementen zählen:

❏ ebene und profilierte Platten für Fassadenbekleidungen, meist aus PVC-U (hart), wegen der besonderen Witterungsbeanspruchungen mit hoher Schlagzähigkeit (PVC-HI). Zur Verminderung der Wärmedehnung sind sie i. Allg. hell eingefärbt;
❏ Oberlichter aus PMMA (glasklar oder eingefärbt), UP-GF und CP;
❏ formversteiftes Halbzeug (Wellplatten und -bahnen, Spundwandprofile, Sonderprofile) und Fassadenelemente aus UP-GF;
❏ Lichtwände als gewellte oder verformte Platten oder doppelwandige Profile aus PMMA, PC und UP-GF;

❏ selbsttragende Platten, Schalen und Faltwerke, einschalig oder in Stützkernausführung für Dächer, Fassaden, Fertighäuser und Gewächshäuser. Mit Hartschaumkern sind sie auch für Wärmedämmung zu verwenden;
❏ Fenster und Türen, Fensterbänke, Rollläden und Rollladenkasten aus PVC-HI (hoch-schlagzäh), außerdem Metall- und Holzfenster mit PVC-Mantel;
❏ Hängedachrinnen nach DIN EN 607 aus PVC-U (hart) einschließlich Regenfallrohren, größere Rinnen auch aus UP-GF, Flachdachgullys aus PUR-Schaum.

Innenausbau
❏ Elemente für Raumausstattung aus ABS und Schichtpressstoffplatten (mit Dekorfilmen) aus UF und MF;
❏ Kunststofftapeten und Wandstoffbekleidungen aus PVC-P (weich), z. T. mit Schaumstoffschichten;
❏ Beläge für Fußböden und Treppen:
  – Flex-Platten aus PVC-P, mit Pigmenten und mineralischen Füllstoffen nach DIN EN 654 für höhere Beanspruchungen,
  – Platten und Bahnen aus PVC-P, Pigmenten und Zusatzstoffen ohne Träger nach DIN EN 649, und zwar homogene Beläge für höhere Beanspruchungen sowie heterogene Beläge aus Natur-Nutzschicht und weiteren Schichten unterschiedlicher Zusammensetzung,
  – Bahnen mit besonderer trittschallmindernder Wirkung aus PVC weich als Beschichtung und Jutefilz, Synthesefaser-Vlies, Korkment oder PVC-Schaum als Träger oder PVC-Schaumbeläge mit strukturierter Oberfläche nach DIN EN 650,
  – Profile für Sockelleisten, Treppenkanten und Handläufe meist aus PVC-P;
❏ sanitäre Installationen, auch Badewannen, Dusch- und Badezellen aus UP-GF und PMMA, wobei die Hohlräume meist mit Kunststoffschaum ausgefüllt werden;
❏ Heizölbatterietanks aus PE-HD, UP-GF und PA-6;
❏ Dunst-Lüftungsrohre und Müllabwurfschächte aus PVC-U, PE-HD und PP.

Rohrleitungen

Allgemeine Angaben und Anforderungen für Rohre aus PVC-U, PE, PP und PVC-C finden sich in DIN 8061 bis 8063, 8074 bis 8080, aus ABS in ISO 161-1, aus VPE in DIN 16 892, aus GFK in DIN 16 965 bis 16 967 usw. Unterschiede bestehen vor allem hinsichtlich der Anforderungen beim Innendruck-Zeitstandversuch und beim Schlagversuch bei unterschiedlichen Temperaturen.

Für die Trinkwasserversorgung werden geliefert:

- dunkelgraue Rohre NW 10...400 mm aus PVC-U nach DIN EN ISO 1452-1,
- schwarze Rohre NW 15...80 mm aus PE-ND und NW 10...300 mm aus PE-HD, geliefert auch in Ringbunden bis 300 mm für lange Rohrstränge, nach DIN EN 12 201.

Wegen der zugesetzten Stabilisierungsmittel ist ein Nachweis für die hygienische Unbedenklichkeit erforderlich.

Für **Abwasserleitungen** innerhalb von Gebäuden gibt es hellgraue Rohre NW 40...150 mm aus PVC-U nach DIN 19 531-10, für heißwasserbeständige Abwasserleitungen (Kurzzeichen HT) schwarze Rohre NW 40...300 mm aus PE-HD nach DIN EN 1519-1 sowie mittelgraue Rohre NW 40...150 mm aus PVC-C, PP und ABS / ASA nach DIN 19 535-10, DIN 19 560-10 und DIN 19 561-10.

Für Entwässerungskanäle und -leitungen werden orangebraune Rohre NW 100... 500 mm aus PVC-U nach DIN EN 1401-1 und schwarze Rohre NW 100...1200 mm aus PE-HD nach DIN EN 12 666-1 angeboten.

Für höhere Drücke werden nach DIN 16 964 und 16 967-2 auch Rohre aus UP-GF und EP-GF (NW 25...1000 mm) sowie vorgespannte Schleuderbetonrohre aus Polyesterbeton hergestellt.

Seit der Umstellung auf Erdgas ohne störenden Benzolgehalt werden auch für Gasleitungen Rohre aus PVC-U (beige) und aus PE (schwarz mit gelbem Ring) verwendet. Für Fußbodenheizungen gibt es Rohre aus VPE, z. T. auch aus PP und PB.

Für **Dränrohre** aus PVC-U gilt DIN 1187; sie werden geliefert mit Öffnungen für den Wassereintritt als gewellte Rohre (Form A) bis 300 m Länge als «Ringbunden» oder als glatte Rohre (B) bis 5 m Länge und mit Muffen.

Betonbau

- Schaltafeln aus PF-vergütetem Sperrholz oder Schichtpressstoffen,
- Schalungen aus UP-GF,
- Strukturschalungen aus PS, PS-Hartschaum oder PUR für Oberflächenmuster von Sichtbeton,
- Schalkörper, auch als verlorene Schalung, und Einlagen für Aussparungen aus PS-Hartschaum,
- Kleinteile für die Fixierung und Verbindung von Bewehrungsstäben, Überzugsrohre für Kabel und Schalungsspreizen aus PS, PE, PVC und IIR.

Bautenschutz

Folien aus PVC-P, PE und PVF von 0,1...0,4 mm Dicke werden zum Schutz von Baustoffen und Baustellen vor ungünstiger Witterung sowie zum Abdecken des Erdplanums im Straßenbau verwendet. Eine Verbindung der einzelnen Folien erfolgt durch Verkleben oder Verschweißen, z. B. durch Quellschweißung nach Vorstreichen mit Lösungsmitteln (bei PVC-P) sowie z. T. mit Heißbitumen.

Bahnen, auch Polymerbahnen genannt, werden nach DIN EN 495-5 hergestellt

- aus PVC-P nicht beständig und beständig gegen Bitumen, ECP, PE-C, PIB und CSM, darüber hinaus als Elastomerbahnen aus CR, EPDM, IIR u. a.,
- ohne und teilweise mit Trägereinlagen aus Geweben, z. B. Glasvlies, oder synthetischen Fasern bzw. kaschiert.

Sie werden mit einer Dicke von 0,8...2 mm hergestellt und als Dach- und Dichtungsbahnen für Dach- und Terrassenbeläge sowie für andere Bauwerksabdichtungen verwendet.

Je nach Art der Abdichtung sind die Bahnen nach DIN 18 195 nur einlagig oder z. T. zusammen mit Bitumenbahnen einzubauen. Außer bei IIR und PVC weich nicht bitumenbeständig können die Bahnen mit Heißbitumen verklebt werden. Auf Flachdächern werden die Bahnen überwiegend lose verlegt, an den Räumen fixiert und mit Kies oder Plattenbelägen belastet. Die Nahtverbindungen der einzelnen Bahnen erfolgt je nach Kunststoffart durch Quellschweißen, Warmgasschweißen, Heizelementschweißen mit einem Heizkeil, Verkleben mit Bitumen oder (bei den Elastomeren IIR und CR) durch Selbstklebebänder oder geeignete Klebstoffe.

Für den Wasserbau werden Bahnen z. B. aus PIB sowie beschichtete Gewebe aus Kunststoffgarnen oder anderen Garnen verwendet.

Fugendichtungsprofile und **-bänder**, auch zum Abdecken von Fugen, werden im Hoch- und Tiefbau bei geringen Temperaturunterschieden z. B. aus PVC-P (Verbindung durch Schweißen) bzw. bei großen Temperaturunterschieden vor allem aus den Elastomeren CR und EPDM (Verbindung durch Vulkanisierung) verwendet.

Verformungs- und Gleitlager
Um an Auflagerstellen in größeren Konstruktionen gefährliche Spannungen aus Zwang zu verhindern, werden elastomere Lager aus CR zur Aufnahme von Verkantungen und Verschiebungen sowie Gleitlager aus PTFE eingebaut.

11.3.2 Schaumkunststoffe

Schaumkunststoffe werden aus verschiedenen Kunststoffen nach verschiedenen Verfahren und mit teilweise unterschiedlichen Eigenschaften erzeugt: PS-Schaum wird nach Partikel- und Extruderschaum unterschieden. PS- und PUR-Schäume haben wegen ihrer geschlossenen Zellstruktur eine sehr geringe Wasseraufnahme, weshalb sie auch im Tiefbau, z. B. zum Wärmeschutz von unterirdischen Bauwerken oder zum Frostschutz des Untergrundes, verwendet werden können. Ohne besondere Zusätze besitzen PUR- und UF-Schäume eine Dauergebrauchstemperatur von rd. 100 °C, PIR-Schäume bis 140 °C.

Dämmstoffe nach DIN 4108-10 werden als Platten und Bahnen ohne und mit Beschichtungen geliefert. Nach Teil 1 werden für Wärmedämmung aus hartem PF-, PS-, PUR-, PIR und PVC-Schaum, z. T. nach der Rohdichte von mindestens 15…35 kg/m³ unterschieden: Typ W (nicht druckbelastet), WD (druckbelastet) und WDS (druckbelastet für Sondereinsatzgebiete wie Parkdecks u. Ä.). Die Wärmeleitfähigkeitsgruppen 020, 025, 030, 035, 040 und (mit PF) 045. Teil 2 der DIN 4108-10 enthält die **Trittschalldämmung** aus PS-Partikelschaum als Typ T mit den Steifigkeitsgruppen 10, 15, 20 und 30.

Ortschäume nach DIN 18 159 aus PUR (T 1) und UF (T 2) werden an der Anwendungsstelle geschäumt und zur Wärmedämmung von Wänden, Decken, Dächern, Schlitzen, Kanälen (bei Heizungsrohren und Kälteanlagen nur PUR-Schaum) gleichmäßig eingebracht, wo sie erhärten. UF-Schaum muss austrocknen können. Die Rohdichte muss bei PUR-Schaum i. Allg. $\geq$ 37 kg/m³, bei UF-Schaum $\geq$ 10 kg/m³ betragen. Hinsichtlich des Brandverhaltens müssen die Schäume der Baustoffklasse B 2 entsprechen. UF-Schaum darf Formaldehyd nicht in schädlicher Menge emittieren; je nach Emissionsklasse ES 1, 2 oder 3 sind bestimmte Bekleidungen erforderlich.

Sandwich-Elemente entstehen durch Ausschäumen des Hohlraumes zwischen 2 Deckschichten aus Stahl- oder Aluminiumblech oder aus GFK mit PUR- oder PIR-Schaum.

11.3.3 Fugendichtungsmassen

Am günstigsten sind plastisch-elastische Massen mit guter Alterungsbeständigkeit. Als Bindemittel werden vor allem weichelastisch vernetzende Reaktionsharze oder Synthesekautschuk verwendet. Für mittlere bis große Dehnungen eignen sich allgemein SIR (Siliconkautschuk, weich), SR (Polysulfi)-massen (weich bis mittelhart), vor allem im Tiefbau PUR-Massen, im Hochbau Acrylmassen.

11.3.4 Anstrichstoffe und Klebstoffe

Als Anstrich- und Klebstoffe werden die Kunststoffe in Form von Dispersionen, Lösungen und Reaktionsharzen verwendet.

Imprägnierungen und Versiegelungen
Mineralische Baustoffe und Außenwandflächen können durch Siliconharze, Silane sowie Acrylharze vor Eindringen des Schlagregens und vor Verschmutzung geschützt werden, ohne dass an der Oberfläche die Imprägnierung als glänzender Film sichtbar ist und ohne dass die Wasserdampfdiffusion von innen nach außen behindert wird. Durch Imprägnieren und Versiegeln mit Kunstharzdispersionen und Lacken können die Reinigung und Pflege von Fußböden erleichtert werden. Mit Kunstharzlösungen, z. B. aus CSM und PVC, sowie dünnflüssigen Reaktionsharzen EP, PUR und UP werden auch der mechanische und chemische Widerstand von Oberflächen verbessert.

Beschichtungen
Dispersionen werden meist aus Monomer-Emulsionen in Wasser hergestellt und bilden nach Verdunsten des Wassers den Film der Beschichtung. Es werden vor allem Copolymerisate von PVAC, PVP verwendet. Bei alkalischem Untergrund eignen sich auch Acrylharze. Dispersionsbeschichtungen müssen auf Außenwandflächen ausreichend wasserdampfdurchlässig sein. Sie sollten nicht auf jungen Kalkputz aufgebracht werden. Für den Schutz vor mechanischen und chemischen Beanspruchungen eignen sich vor allem Duroplaste. Bei ausreichender Schichtdicke und hoher Dichte schützen Zweikomponentenlacke auf Basis EP, PMMA, PUR und UP sowie Einkomponentenlacke aus PF, PVC, CSM Bauwerke vor Korrosion. Besonders widerstandsfähig sind Gemische aus EP.
Siliconharzlacke sind besonders hitzebeständig. Chlorkautschuklacke u. a. werden für Wasserbauten, z. B. Schwimmbecken und Trinkwasserbehälter, verwendet, reine oder modifizierte Alkyd- und Acrylharzlacke vor allem für Stahlbauwerke. Erdverlegte Stahlrohre werden mit PE und PUR beschichtet. Metallbleche können auch mit Folien, z. B. aus PVC, beschichtet werden, die mit Klebstoffen bei 100…200 °C aufgewalzt werden. Sperrholzschalungen werden mit PF beschichtet.

Klebstoffe
Mit feinsten Füllstoffen werden auch Spachtelmassen, vor allem mit mineralischen Mehlen und Feinstsanden auch Klebmörtel geliefert. Die Verfestigung erfolgt physikalisch oder chemisch. Zu den sich vorwiegend physikalisch verfestigenden Stoffen gehören:

- ❑ Dispersionskleber aus Copolymerisaten. Als sogenannte «Baukleber» enthalten sie auch hydraulische Bindemittel, wodurch die Klebkraft am Ende erhöht wird. Sie können bei den meisten porösen Baustoffen angewendet werden, z. B. bei keramischen Bekleidungen, PVC-Belägen und PS-Hartschaumplatten;
- ❑ Lösungsmittelkleber, die vor allem zum Verkleben von Kunststoffen und Anlösen der Fügeflächen durch das Lösungsmittel (Quellschweißen) verwendet werden;
- ❑ Kontaktklebstoffe, z. B. Kautschuk-Klebstoffe aus CR, binden schneller ab und sind geeignet zum Verkleben der meisten Baustoffe für Fußbodenbeläge sowie von Wand- und Deckenplatten;
- ❑ Haftklebstoffe, die schon beim Hersteller auf Fliesen und Bahnen aufgebracht werden.

Chemisch aushärtend sind vor allem 2-Komponenten-Reaktionsharze. Sie eignen sich zur festen Verbindung von Beton und Stahl untereinander oder für Schaumstoffe auf dichten Untergründen; z. B. werden Klebstoffe aus EP und UP für sofort belastbare keramische Beläge und kraftschlüssige Verbindungen im Beton- und Stahlbau, bei Stahl auch für vorgespannte Klebverbindungen (VK) verwendet.
Chemisch aushärtende Reaktionsklebstoffe müssen innerhalb einer bestimmten «Topfzeit» verarbeitet sein. Bei physikalisch abbindenden Kontaktklebern muss oft eine Mindestlüftzeit

bis zum Zusammenfügen der beiden Flächen eingehalten werden. In der Regel wird vollflächig verklebt. Bei Wänden und Dächern muss der größere Dampfdiffusionswiderstand der Klebschichten berücksichtigt werden.

Je nach der Anwendung werden besondere Eigenschaften der Klebstoffe verlangt: Bei Bodenbelägen sollten sie auch rollstuhlgeeignet sein, bei Parkett schubfest gegenüber den Längenänderungen des Holzes, bei Wandbelägen vor allem in Nassräumen wasserbeständig, bei schweren keramischen Wandbelägen besonders fest, bei Verbundelementen aus verschiedenen Schichten elastisch-plastisch, um große Spannungen zwischen den verschiedenen Schichten plastisch abbauen zu können.

Leime
Für die Holzverleimung und für großflächige Holzwerkstoffe werden bei kurzzeitiger Feuchtigkeitseinwirkung vorwiegend Duroplaste auf UF-Basis, bei tropenähnlichen Bedingungen auf PF-Basis mit Resorcinzusätzen (RF) zur Beschleunigung des Abbindens verwendet, für großflächige Holzwerkstoffe auch auf MF-Basis. PVAC-Dispersionen werden nur begrenzt angewendet.

11.3.5 Kunstharzmörtel und Kunstharzbeton

Durch die Zugabe von Kunstharz werden im Vergleich zu Zementmörtel oder -beton die Zähigkeit, die Wasserundurchlässigkeit und der chemische Widerstand von Mörtel und Beton sowie ihre Haftung an einem Untergrund verbessert.

Kunstharzputze werden nach DIN 18 558 als organische Beschichtungsstoffe auf Unterputz oder auf Beton mit geschlossenem Gefüge aufgebracht, und zwar als **POrg 1** für **Außenputze** oberhalb der Anschüttung und für **Innenputze** als **POrg 2**.

Außenputze müssen wasserabweisend und alkalibeständig, Innenputze in Feuchträumen feuchtigkeitsbeständig und fungizid sein. Die Mörtel werden aus Polymerisatharzen (z. B. Acrylharzen, als Dispersion oder als Lösung), mineralischen oder organischen Gesteinskörnungen mit Korngröße > 0,125 mm und evtl. Zusätzen zusammengesetzt und verarbeitungsfertig als Werkmörtel geliefert. Für feinen Außenputz Org 1 mit mineralischer Gesteinskörnung ≤ 1 mm muss der Bindemittelgehalt ≥ 8 M.-% bezogen auf den Kunstharzputz-Festkörper sein, für feinen Innenputz Org 2 größer als 5,5 M.-%. Ist das Größtkorn der Gesteinskörnung > 1 mm, sind Bindemittelgehalte von ≥ 7 bzw. ≥ 4,5 M.-% erforderlich. Der Untergrund muss mindestens 14 Tage alt, trocken, sauber und saugfähig sein und mit einem Grundanstrich versehen werden. Die Putzarbeiten sollen nicht bei direkter Sonneneinstrahlung und starkem Wind ausgeführt werden, mit wasserhaltigem Mörtel auch nicht unter +5 °C. Der Putz soll rissfrei auftrocknen.

Für **Kunstharz-Estriche** von 5...10 mm Dicke und Dickbeschichtungen von 2...5 mm Dicke eignen sich UP, EP und PMMA. Bei trockenem Untergrund, z. B. Asphalt, kann auch ein Zweikomponenten-PUR verwendet werden. Die Gesteinskörnung besteht aus Quarzmehl und Quarzsand. Bei besonders hoher mechanischer Beanspruchung sind EP als Harz- und Hartstoffe vorzuziehen. Der Untergrund muss i. Allg. trocken, sauber, und mäßig rau sein und als Beton oder Unterestrich mindestens der Festigkeitsklasse C20/25 entsprechen. Mit PUR kann ein gummielastischer Belag hergestellt werden.

Kunstharzbeton enthält UP als Bindemittel. Verwendet wird er zu Herstellung von Ortbeton, der innerhalb von wenigen Stunden hoch beansprucht werden kann, sowie von Fertigteilen ohne tragende Funktionen wie: Betonwerksteine, Wandplatten aus Kunstharzleichtbeton, Rohre und andere Bauteile mit besonders hoher mechanischer und chemischer Beanspruchung.

Kunstharzmörtel findet Verwendung für korrosionsverhütende Überzüge, Flächenabdichtungen (mit Glasfasern), für Injektionen und Verankerungen sowie für Reparaturen von Bauteilen. Durch Injektionen mit EP und PUR kann der Baugrund abgedichtet und z. T.

verfestigt werden. Risse in Betonbauteilen und Estrichen können durch Einpressen von dünnflüssigem EP wieder kraftschlüssig gefüllt werden. Besondere Kunstharzmörtel sind für die Ausbesserung von Betonböden und -straßen sowie von Absprengungen von Beton im Bereich von angerosteten Betonstählen entwickelt worden.

12 Dämmstoffe, organische Fußbodenbeläge, Papiere und Pappen, Anstrichstoffe, Klebstoffe und Dichtstoffe

12.1 Dämmstoffe

Im engeren Sinn gehören dazu alle Stoffe, die bei fachgerechter Verarbeitung den Wärmeschutz oder/und Schallschutz der Konstruktionen verbessern und selbst keine tragenden Funktionen übernehmen. Zu den zahlreich auf dem Markt vorhandenen Typen von Dämmstoffen zählen auch die porösen Holzwerkstoffe, Schaumglas, lose Schüttungen aus Blähglimmer und Blähperlit, Gipskartonverbundplatten, Schaumkunststoffe. Außer dem Typenkurzzeichen muss auch die Baustoffklasse für das Brandverhalten angegeben werden.

Faserdämmstoffe nach DIN 4108-10 werden hergestellt aus mineralischen Fasern (Min) wie Glasfasern, Steinwolle oder Hüttenwolle sowie aus pflanzlichen Fasern (Pfl) wie Kokos und Holz. Je nach der Art, wie die Fasern gebunden sind, werden die Dämmstoffe als Matten, Filze oder als ebene Platten, Wärmedämmungen auch als gerollte Bahnen hergestellt. Eine Rolle dabei spielt auch die Beschichtung oder Umhüllung mit Papier, Pappe, Kunststoff- oder Metallfolien u. a.

Hinsichtlich des Brandverhaltens müssen sie mindestens der Feuerwiderstandsklasse B 2 entsprechen.

Dämmstoffe aus mineralischen Fasern für die **Wärmedämmung** (DIN 108-10) werden mit Nenndicken von 40...120 mm geliefert und je nach Verwendung bezeichnet als Anwendungstyp

- W (nicht druckbeansprucht),
- WL (nicht druckbeansprucht für belüftete Konstruktionen),
- WD (druckbeansprucht, z. B. unmittelbar unter der Dachhaut),
- WV (auf Abreißen und Abscheren beansprucht, z. B. für Vorsatzschalen ohne Unterkonstruktion).

Weiter muss die Wärmeleitfähigkeitsgruppe angegeben sein, je nach $\lambda \leq 0{,}035$ W/m · K werden unterschieden 035, 040, 045 oder 050. Für die **Trittschalldämmung** (DIN 4108-10) werden Faserdämmstoffe als Filze und Platten verwendet. Man unterscheidet die Anwendungstypen T und TK. TK bedeutet eine geringere Zusammendrückung, was auch eine Eignung zur Kombination mit anderen Dämmmaßnahmen oder für Fertigteilstriche darstellt. Matten (M) und Platten (P) dürfen sich unter Verkehrslast beim Anwendungstyp T um max. 12,5 mm, beim Anwendungstyp TK um max. 12,3 mm zusammendrücken.

Für die Trittschalldämmung wird ein ausreichendes Federungsvermögen verlangt. Entsprechend der dynamischen Steifigkeit (in MN/m³) werden die Dämmstoffe in die Steifigkeitsgruppen 7…90 eingeteilt.

Kork wird aus der Rinde von Korkeichen gewonnen. Die Rinde wird zerkleinert und mit organischen Bindemitteln gemischt und zu Platten gepresst. Alternativ werden die Platten mit Heißdampf behandelt, wodurch die Korkzellen expandieren. So hergestellte Blähkorkplatten werden Backkork BK genannt und sind in DIN 4108-10 genormt. Zur Verbesserung der Beständigkeit gegen Feuchtigkeit werden sie imprägniert (z. B. mit Bitumen). Sie werden mit IK bezeichnet. Verwendet werden sie als druckbelastete Wärmedämmplatten WD und – für Sondergebiete – WDS; ϱ = 80...200 kg/m³ bzw. $\lambda \leq 0{,}45...0{,}55$ W/m · K. Blähkork wird auch für lose Schüttungen verwendet.

12.2 Organische Fußbodenbeläge

Allgemein werden von den Bodenbelägen, je nach Einsatzbereich, ein ausreichender Eindruck- und Verschleißwiderstand, geringe Aufladungsneigung (antistatisch) sowie Eignung für weitere mögliche Gebrauchsbeanspruchungen verlangt, z. B. bei Fußbodenheizung, auf Treppen, in Feuchträumen, durch Rollstühle.

Nach DIN 18 365 ist Voraussetzung für das Aufbringen dieser Beläge ein ebener, möglichst glatter und dichter Untergrund, meist als Estrich hergestellt. Unebenheiten werden durch Spachteln ausgeglichen. Der Untergrund darf keine überschüssige Feuchtigkeit aufweisen. Teilweise werden zunächst Unterlagen aufgebracht, z. B. aus Filz oder Schaumstoffen. Auf Holzböden werden Holzspan- oder Gipskartonplatten als Ausgleichsschichten aufgeschraubt.

Textile Bodenbeläge vermindern die Gehgeräusche und verbessern die Fußwärme, die Trittschalldämmung und die Schallschluckung. Die Teppichwaren werden nach DIN ISO 2424 aus Naturfasern (Wolle, Sisal, Jute) und Chemiefasern aus PA, PETP, PP u. a. (Tabelle 12.1) nach verschiedenen Verfahren als Webware, Tuftingware und Nadelvliesware hergestellt. Tufting-Teppiche bestehen aus dem Trägergewebe oder Trägervlies, meist einer Schaum- oder Gleitschutzschicht, an der Rückseite und einer Nutz- bzw. Verschleißschicht an der Oberseite, die als Flor oder Pol bezeichnet wird. Je nachdem, ob die Polschlingen oder Noppen geschlossen bleiben oder aufgeschnitten werden, erhält man eine Schlingen(flor)-ware oder eine Schnittflor- oder Veloursware. Die Teppichwaren unterscheiden sich vor allem hinsichtlich der Dicken der Nutzschicht und deren Masse je m^2 sowie hinsichtlich ihrer farblichen Gestaltung. Sie müssen u. a. farb- und lichtecht sein. Mit zunehmender Brennbarkeit wird nach der Brennklasse T-a, b und c unterschieden. Geliefert werden abgepasste Teppichwaren, Rollbahnen, teilweise auch Fliesen. Die Verlegung erfolgt durch Verspannen auf Nagelleisten oder durch vollflächiges Verkleben.

Linoleum nach DIN EN 548 besteht aus verharztem Leinöl, Kork- und Holzmehl, Farbstoffen sowie Jutegewebe als Trägerbahn. Es wird vollflächig verklebt und kann im Nahtbereich verdichtet werden.

Elastomer-Bodenbeläge nach DIN EN 14 521 und DIN EN 12 199 werden als Bahnen und Platten aus natürlichem oder synthetischen Kautschuk und Zusätzen hergestellt. Sie haben mindestens 1,8 mm Dicke, profilierte Industriebeläge mindestens 3,5 mm. Sie werden vollflächig verklebt und können nicht verschweißt werden. Sie sind besonders rutschsicher und vermindern die Gehgeräusche.

Kunststoffplatten und **-bahnen** siehe Abschnitt 12.3.1, **Asphaltplatten** siehe Abschnitt 12.3.2.

12.3 Papiere und Pappen

Tapeten dienen als «vorgefertigte Anstriche» zur Wand- und Deckenbekleidung von Wohnräumen. Die Rohpapiere werden vor allem aus Holzstaub und Cellulose und der Zugabe von Kaolin, Leim und Farben hergestellt. DIN 18 366 enthält Angaben über die Stoffe und die Verarbeitung. Nach Gewicht werden leichte und schwere Tapeten unterschieden (von 60...120 g/m^2). Farben und Muster werden durch Walzen aufgebracht. Je nach Art der Farbe erhält man Tapeten der Kategorie C (wasserfest), B (waschbeständig) oder A (waschbar und scheuerbeständig). Bei der Verwendung von holzfreiem Papier oder deckenden Farben sind sie lichtbeständig.

Geliefert werden u. a. folgende Tapetenarten:

- ❏ Naturelltapeten mit farbigen Mustern,
- ❏ Fondtapeten mit oder ohne Grundfarbe und mit Mustern bedruckt,
- ❏ Relieftapeten, mit pastöser Farbe bedruckt,
- ❏ Prägetapeten aus schwerem Rohpapier, durch Prägung strukturiert und bedruckt,
- ❏ Velourstapeten, beflockt, z. B. mit einer Faserschicht,
- ❏ Raufasertapeten aus 2 verleimten Papier-

bahnen mit eingestreutem Sägemehl und Fasern,
❑ Textiltapeten mit textilem Material an der Oberseite,
❑ Kunststofftapeten, z. B. aus einer PVC-Schicht auf einer Papierunterschicht,
❑ tapetenähnliche Beläge aus Geweben, wärmedämmendem Kunststoffschaum.

Bei einigen Tapeten kann zur Erleichterung der Erneuerung die obere Schicht abgelöst werden. Für das Tapezieren muss der Untergrund trocken, fest und eben sein. Er ist auf Eignung zu prüfen.

Erforderlichenfalls wird er durch Spachteln und Vorstreichen mit wasserlöslichen Pulvermassen (Makulatur) oder Unterkleben von Rohpapier verbessert. Die Tapeten selbst werden heute meist mit Cellulosekleister geklebt.

Isolierpapiere sind kräftige, mit Öl oder Bitumen getränkte Papiere. Sie werden teilweise mehrlagig, zur Isolierung gegen Wasser und Wasserdampf, als Trennschicht zwischen Estrich und Rohdecke bzw. Dämmmatte sowie zur Abdeckung des Planums im Betonstraßenbau verwendet. Schwere Papiere oder **Karton** benötigt man u. a. für Gipskartonplatten. Dicke Kartons oder Pappen, aus Altpapier hergestellt, werden als Fußbodenunterlagen benutzt, **Rohfilzbahnen** aus Altpapier und Lumpen für Dichtungsbahnen, **Wellpappen** für Wärme- und Schalldämmung.

12.4 Anstrichstoffe

Anstrich- oder Beschichtungsstoffe dienen in besonderer Weise der Gestaltung von Bauteilen und Bauwerken. Sie können auch die Beständigkeit und Widerstandsfähigkeit der Baustoffe sowie die hygienischen Eigenschaften von Oberflächen verbessern. Die Anforderungen an die Beschichtungen hängen davon ab, auf welchem Untergrund sie aufgebracht werden und welche Funktionen sie erfüllen sollen. Eine **Beschichtung** besteht aus einer oder mehreren Schichten von insgesamt ≥ 0,2 mm Dicke und kann sich unterscheiden nach der Art des Beschichtungs- oder Anstrichstoffes und nach der Art des Aufbringens, ob durch Streichen, Spritzen, Tauchen u. a. Eine **Imprägnierung** entsteht mit nichtfilmbildenden Stoffen, die in die Poren des Untergrundes einziehen, diese jedoch nicht völlig verschließen. Unter **Versiegelung** versteht man eine dünne, jedoch dichte Beschichtung auf einem saugfähigen Untergrund.

Die Anstrichstoffe bestehen aus

❑ Bindemitteln, die eine ausreichende Dichte, Härte, Zähigkeit, Beständigkeit und Haftung ergeben sollen, und meist
❑ Farbmitteln, in der Regel unlöslichen Pigmenten, zur Farbgebung sowie evtl.
❑ Füllstoffen, Verdünnungsmitteln und anderen Hilfsstoffen.

Bindemittel: Die Anstrichstoffe werden nach den verschiedenen Bindemitteln benannt. Eine Übersicht ergibt sich aus Tabelle 12.1. Wie die mineralischen Bindemittel Kalkhydrat, weißer Portlandzement und Wasserglas sind von den organischen Bindemitteln auch die Leime und Kunststoffdispersionen mit Wasser verdünnbar. Für Kunststoffdispersionsfarben wurden nach DIN EN 13 300 für Innenbeschichtungen 5 Klassen entsprechend ihrer Nassabriebbeständigkeit sowie verschiedene Glanzgrade von matt bis Hochglanz festgelegt; für Außenbeschichtungen müssen sie wetterbeständig sein. Alle übrigen in Tabelle 12.1 aufgeführten Bindemittel sind ebenfalls organischer Natur. Sie können **mit organischen Lösungsmitteln verdünnt** werden, z. B. Ölfarben und Öllackfarben mit Terpentinöl und Testbenzin. EP- und UP-Lacke, teilweise auch PUR-Lacke, sind Mehrkomponentenreaktionslacke. **Lacke** sind Anstrichstoffe mit einem filmbildenden Bindemittel, das eine einwandfreie durchhärtende Beschichtung mit entsprechendem Widerstand gegen bestimmte Einflüsse ergibt. Die Umwandlung der Bindemittel aus dem flüssigen in den festen Zustand erfolgt physikalisch, z. B. durch Verdunsten des Lösungsmittels, oder / und chemisch, z. B. durch Oxidation oder Polymerisation. Bei Einbrennlacken wird die Verfestigung durch hohe Temperaturen beschleunigt.

Pigmente: Zur Anwendung kommen künstliche und natürliche Pigmente, und zwar meist anorganische Pigmente, seltener organische Pigmente, z. B. Teerfarben, oder metallische Pigmente, z. B. Bronzepulver. Sie werden in einer Vielzahl von Farbtönen (DIN 6164) als **Weißpigmente**, z. B. Titandioxid, Lithopone, Zinkweiß, Bleiweiß, Kreide, und **Buntpigmente** geliefert. Leuchtpigmente besitzen eine besondere Leuchtwirkung. Für den Einsatz der Pigmente sind folgende Eigenschaften von Bedeutung:

- ❑ **Deckvermögen**, abhängig von der Kornfeinheit, außerdem von der unterschiedlichen Lichtbrechung von Pigment und Bindemittel,
- ❑ **Verträglichkeit** mit den anderen Bestandteilen der Beschichtung und mit dem Untergrund; z. B. müssen Pigmente mit Kalk und Zement als Bindemittel oder in Beschichtungen auf frischem Kalkmörtel oder Beton kalk- oder zementecht, d. h. alkalibeständig sein,
- ❑ **Licht-** und **Verwitterungsbeständigkeit** vor allem für Außenbeschichtungen (ein Vergilben wird jedoch hauptsächlich durch das Bindemittel verursacht).

Die meisten Beschichtungen oder Anstriche werden heute aus Dispersionsfarben, überwiegend aus Acrylharz und aus Acryl- oder Alkydharzlackfarben hergestellt. Teilweise sind Gemische verschiedener Anstrichstoffe möglich, z. B. Dispersionssilikatfarben. Die meisten Anstrichstoffe können auch farblos aufgebracht werden, z. B. als Dispersionen oder Klarlacke, oder mit wenig Pigment als

Tabelle 12.1   Anstrichstoffe (Beispiele)

Bindemittel	Bezeichnung für farbige Anstrichstoffe	Anwendung und besondere Eigenschaften
Mineralische Bindemittel		
Kalkhydrat	Kalkfarben	für mineralische Untergründe, mit Zusätzen als «Schlämmanstriche», matt, mit Zement wisch- und waschfest
Kalkhydrat und weißer Portlandzement	Kalk-Weißzementfarben	
Kaliwasserglas	Silikatfarben	für mäßig saugfähige Untergründe, matt
Organische Bindemittel		
Leim	Leimfarben	wasserlöslich, daher nur für trockene Innenräume
Kunststoffdispersionen, vor allem Acrylharzdispersionen	Kunststoffdispersions- oder Dispersionsfarben	matt sowie seide- bis hochglänzend, z. T. bedingt gasdurchlässig, zäh
Leinölfirnis, Lackleinöl	Ölfarben	nicht für alkalischen Untergrund (wegen Verseifung), langsam trocknend
Leinölfirnis und Alkydharzlacke	Öllackfarben	härter als Ölfarben, zäh
Kunstharzlacke [1]	Kunstharzlackfarben	i. Allg. glatt, matt bis glänzend, dicht, hart, je nach Zusammensetzung sehr zäh
Alkydharzlacke	Alkydharzlackfarben	
Alkydharz- und andere Polymerisatlacke	Acrylharzlackfarben	sehr witterungsbeständig
Chlorkautschuklacke	Chlorkautschukfarben	vor allem für den Bautenschutz, siehe 8.3.4b)
PUR-Lacke	PUR-Lackfarben	
EP-Lacke	EP-Lackfarben	
UP-Lacke	UP-Lackfarben	

[1] Kurzzeichen siehe Tabelle 11.1.

Lasurfarben zu transparenten (lasierenden) Beschichtungen. Die Anstrichstoffe für helle Farben werden heute meist streichfertig in weißer Farbe geliefert und durch Buntpigmente abgetönt. Durch bestimmte Zusätze können die Verarbeitung und die späteren Eigenschaften verbessert werden. So verbessern z. B. Füllstoffe (Streichhilfen) die Verarbeitbarkeit, Trockenstoffe die Trocknungsgeschwindigkeit von ölhaltigen Anstrichstoffen, Quarzmehl die Wetterbeständigkeit und Fasern die Rissunempfindlichkeit. Fungizide (pilztötende) Zusätze verhindern die Bildung von Schimmel, und schaumschichtbildende Zusätze verbessern den Feuerwiderstand der beschichteten Bauteile.

Ausführung der Beschichtung: Die Anstrichstoffe sind je nach dem Untergrund und dem Bauteil bzw. je nach den besonderen Anforderungen nach bestimmten Anstrichsystemen aufzubringen. Angaben dazu finden sich in DIN 18 363.

> In der Leistungsbeschreibung sollte für die Beschichtung i. Allg. angegeben werden:
>
> ❑ Art des Anstrichstoffes,
> ❑ Art und Beschaffenheit des Untergrundes (glatt, rau, saugend),
> ❑ Anzahl der Anstrichschichten,
> ❑ Farbton (weiß, leicht getönt),
> ❑ Glanzgrad (matt, seidenmatt, glänzend),
> ❑ Beständigkeit (wasch-, scheuer- bzw. wetterbeständig),
> ❑ Auftragsmenge.

Die Beschaffenheit des Untergrundes ist sorgfältig zu prüfen. Er muss ggf. durch vorbereitende Arbeiten verbessert werden. Dazu gehören:

❑ Aufbringen eines Absperrmittels (z. B. Fluate zur Verminderung der Alkalität eines Kalkputzes),
❑ Abbeizmittel (zur Entfernung alter Anstrichstoffe),
❑ Aufbringen von Entfettungsstoffen, z. B. zur Entfernung von Schalölresten,
❑ Reinigen (z. B. Sandstrahlen bei Stahl),
❑ Entfernen loser Teile.

Je nach den angestrebten Eigenschaften kann die Beschichtung aus einer oder mehreren Anstrichschichten bestehen.

> Der **Grundanstrich** stellt die Verbindung zum Untergrund dar und besteht i. d. R. aus 1...2 bindemittelarmen Schichten mit wenig Pigment. Der **Deckanstrich** besteht aus 2 bis höchstens 3 meist bindemittel- und pigmentreicheren Schichten (Zwischen- und Schlussanstriche).

Sie werden meist mit Pinsel, Rolle oder Spritzgerät aufgebracht. Bei einigen Lackfarben ist wegen der giftigen und ätzenden Wirkung und der leichten Brennbarkeit besondere Vorsicht geboten. Jede Anstrichschicht benötigt eine bestimmte Zeit zum An- und Durchtrocknen. Eine Schutzwirkung hängt von der Gesamtdicke des trockenen Films ab. Geprüft werden Trockenfähigkeit, Deckvermögen, Härte, Haftfestigkeit, Zähigkeit, bei Außenanstrichen auch Verwitterungsbeständigkeit, bei Innenanstrichen auch Wisch-, Wasch- und Scheuerbeständigkeit.

12.5 Klebstoffe und Dichtstoffe

Klebstoffe nach DIN EN 923 sollen durch Oberflächenhaftung (Adhäsion) und durch eigene Festigkeit (Kohäsion) Fügeteile fest miteinander verbinden. Sie sind organische Stoffe und bestehen aus einem Grundstoff, der die Eigenschaften wesentlich bestimmt, und Zusätzen, die die Verarbeitung und das Abbinden gewährleisten. Je nach Klebstoffart werden verschiedene Klebeverfahren mit unterschiedlicher Beschaffenheit und Wirkung des Klebstoff-Filmes angewandt: Nasskleben, Lösungsmittelaktivierkleben, Wärmeaktivierkleben, Kontaktkleben, Haftkleben. Die Klebstoffe werden teils kalt, teils warm aufgetragen. Die Flächen müssen frei von Staub, Fett und in der Regel auch von Wasser sein. Die Klebstoffe verfestigen sich physikalisch, z. B. durch Verdunsten des Wassers oder des Lösungsmittels, bzw. durch chemische Reaktion, teilweise nur bei erhöhter Temperatur. Es gibt

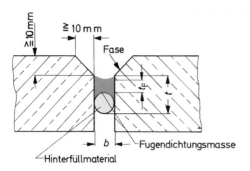

Bild 12.1 Fugenausbildung zwischen Beton- und Stahlbetonfertigteilen

folgende **Klebstoffarten: Leime**, z. B. aus Glutin oder Casein, und **Kleister**, z. B. aus Stärke oder Celluloseether (z. B. Methylcellulose). Leime können mit Wasser verdünnt werden.

Dispersionsklebstoffe sind mit Wasser verdünnbar und benötigen einen Anpressdruck. Mindestens eine Fügefläche muss wassersaugend sein, z. B. aus PVAC, PVP, Vinylacetat- oder Vinylchlorid-Copolymeren, PUR, Polyacrylsäureester.

Schmelzklebstoffe werden als Schmelze aufgetragen und ergeben nach dem Abkühlen eine feste Klebschicht z. B. aus PA, EPDM, IIR, MF, PF, EP.

Reaktionsklebstoffe benötigen keinen Anpressdruck, jedoch müssen bestimmte Mindesttemperaturen eingehalten werden. Z. B. PF, RF, MF, UF, PMMA, EP, UP, PUR und **zementgebundene Klebemörtel** werden oft mit organischen Zusätzen und Wasser hergestellt.

Kontaktklebstoffe werden auf beide Fügeflächen aufgetragen. Nach einer Mindesttrockenzeit werden sie unter Druck vereinigt, z. B. aus CR, PIB.

Haftklebstoffe haften nach einer gewissen Zeit unter einem bestimmten Druck, z. B. aus CR, PIB, Polyvinylether.

Dichtstoffe sind Fugendichtungsmassen, die im plastischen Zustand eingebracht werden, und Fugendichtungsprofile. Sie dienen vor allem zum Abdichten von Fugen im Hoch- und Tiefbau. Die Dichtstoffe müssen dazu einen guten Verbund mit den anschließenden Bauteilen aufweisen und bei den vorkommenden Temperaturen und Feuchtigkeitsverhältnissen ihre Funktionen erfüllen. Meist werden plastisch-elastische oder elastisch-plastische Dichtungsmassen, bei höheren Beanspruchungen durch Witterung und Temperatur auch elastisch bleibende Dichtungsmassen verwendet. Nach DIN 18 540 sollen im Hochbau Fugen an der Außenwand ein günstiges Haft- und Dehnverhalten aufweisen, sich nicht ablösen und nicht reißen. Bei 100 % Dehnung soll die Spannung bei Normklima $\leq 0{,}40$ N/mm², bei $-20\,°C \leq 0{,}60$ N/mm² bzw. das Rückstellvermögen als Maß für das gummielastische Verhalten $\geq 60\,\%$ betragen. Außerdem werden gute Verarbeitbarkeit sowie Verträglichkeit mit den zu dichtenden Baustoffen und evtl. Anstrichstoffen verlangt. Die Massen sollen sich möglichst problemlos nach den Angaben des Lieferwerks verarbeiten lassen. Sie werden in die Fugen, i. Allg. nach Einpressen eines Hinterfüllmaterials aus PE- oder PUR-Schaum und Aufbringen eines Voranstrichs auf die Fugenflanken, eingedrückt oder eingespritzt. Ein Beispiel für eine Außenwandfuge ist in Bild 12.1 dargestellt. Angaben über Dichtstoffe für Verglasungen finden sich in DIN 18 361 und 18 545.

13 Bauschäden

Jedes Bauteil bzw. Bauwerk hat aufgrund der Herstellung oder aufgrund der Wiederherstellung durch Instandsetzung unter festgelegten Bedingungen einen **Abnutzungsvorrat** der möglichen Funktionserfüllungen. Die Abnutzung ist der Abbau des Abnutzungsvorrats infolge physikalischer und/oder chemischer Einwirkungen und ist gleichzusetzen mit einem vorhersehbaren Verschleiß eines Bauwerks bei der üblichen Nutzung. Die Gesamtheit der Merkmale, die das Maß der Eignung der Betrachtungseinheit für den vorgesehenen Verwendungszweck ausdrücken, wird **Zustand** genannt. Der in einem gegebenen Zeitpunkt festgestellte Zustand eines Bauwerks oder einzelner Teile ist der **Ist-Zustand**. Der Ist-Zustand stellt die Summe aller vorhandenen Eigenschaften und Beanspruchungen des Bauwerks dar. Bei Instandsetzungsarbeiten an einem Bauwerk hängt die Qualität der fertigen Leistung stark vom Zustand der bestehenden Konstruktion ab. Deshalb beginnt die Qualitätssicherung in der Regel bei der sorgfältigen und alle Gegebenheiten erfassenden Überprüfung des Ist-Zustands. Der **Soll-Zustand** ist der für den jeweiligen Fall festgelegte (geforderte) Zustand eines Bauwerks oder einzelner Teile.

> Stimmt der Ist-Zustand mit dem Soll-Zustand einer Betrachtungseinheit bei einem gegebenen Zeitpunkt nicht überein, so ist eine Abweichung vorhanden. Eine **Abweichung** ist entweder ein Mangel oder ein Schaden.

> Wurde der Soll-Zustand nicht erreicht, weil bei einer Betrachtungseinheit vor der ersten Funktionserfüllung mindestens ein Merkmal fehlte, so liegt ein **Mangel** vor.

Unter Mängel versteht man auch herstellungsbedingte Abweichungen von den vertraglich festgelegten Anforderungen. Vertraglich festgelegte Anforderungen sind in der Regel Normen und bauaufsichtlich eingeführte Regelwerke, falls das Leistungsverzeichnis keine anderweitige detaillierte Festlegungen enthält. In der Regel werden Mängel bei der Abnahme festgestellt. Beim Auftreten von Mängeln, die keine Einschränkung der vorgesehenen Funktionserfüllung zur Folge haben, kann gegebenenfalls anstelle der Nachbesserung auch ein Nachlass auf die vereinbarte Vergütung in Frage kommen. Für Mängel, die vor Ablauf der Verjährungsfrist auftreten, haftet der ausführende Unternehmer im Rahmen seiner Garantiepflicht. Ausnahme bereiten Baumaßnahmen, bei denen der Unternehmer vor der Ausführung entsprechende Bedenken angemeldet hat. Unter der ersten Funktionserfüllung ist auch die Funktionserfüllung zu verstehen, die nach einer Instandsetzung erfolgt.

> Ist der festgelegte Grenzwert des Abnutzungsvorrats einer Betrachtungseinheit unterschritten und ist dadurch eine Beeinträchtigung der Funktionsfähigkeit aufgetreten, liegt ein **Schaden** vor. Schäden müssen grundsätzlich behoben werden.

Im Laufe der Nutzungszeit treten oft Schäden infolge nutzungs- bzw. umweltbedingter Überbeanspruchung des Baustoffes auf sowie solche basierend auf bereits bei der Herstellung bestehende Mängel. Sie bedeuten in der Regel eine mehr oder weniger große Beeinträchtigung der Funktionserfüllung bzw. der Nutzungsdauer des Bauwerks.

> Unter **Instandhaltung** versteht man alle Maßnahmen, die dazu dienen, den ursprünglichen Zustand (Soll-Zustand) eines Objektes und aller Einrichtungen zum Zwecke des bestimmungsmäßigen Gebrauchs bzw. deren Funktionsfähigkeit zu bewahren oder wiederherzustellen. Dazu zählen auch die Feststellung und Beurteilung des Ist- und Soll-Zustandes. Als Instrumente stehen zur Verfügung die **Wartung**, **Inspektion** und **Instandsetzung**.

Alle Maßnahmen zur Bewahrung des Soll-Zustands von technischen Mitteln eines Systems (Bauwerks) werden **Wartung** genannt; sie bedeutet Instandhaltungsmaßnahmen mit regelmäßigem, vorwiegend schadensvorbeugendem Charakter. Eine wichtige Wartungsarbeit ist zum Beispiel die regelmäßige Überwachung und die frühzeitig durchgeführte Reparatur von schwer zugänglichen und stark beanspruchten Bauteilen.

Inspektionen sind Maßnahmen zur Feststellung und Beurteilung des Ist-Zustands von technischen Mitteln eines Systems (Bauwerks). Das Vorbeugen gehört zu den wirkungsvollsten und wirtschaftlichsten Maßnahmen. In der DIN 1076: Ingenieurbauwerke im Zuge von Straßen- und Wegen-Überwachung und -Prüfung werden regelmäßig die Tragfähigkeit, die Standsicherheit und der bauliche Zustand im Rahmen von einfachen Prüfungen im Abstand von 3 Jahren und Hauptprüfungen im Abstand von 6 Jahren geprüft.

Treten Abweichungen zwischen Ist-Zustand und Soll-Zustand auf, so ist es nötig, Maßnahmen zu ergreifen, um den Soll-Zustand wieder zu erreichen.

> Die entsprechenden Maßnahmen zur Wiederherstellung ist die Instandsetzung.
> Die **Instandsetzung** hat einen schadensbeseitigenden Charakter.

Die Beseitigung von Bauschäden verursacht erhebliche Kosten. Manche Bauschäden sind nicht mehr reparabel oder führen oft, auch bei noch möglichen Nachbesserungen, zu einer Wertminderung der Bauten. Alle am Baugeschehen Beteiligten sollten die möglichen Ursachen für Bauschäden kennen und im Voraus alles tun, was zu ihrer Verhütung beiträgt.

13.1 Arten und Ursachen

Bauschäden haben ihre Ursache in der Planung, in der Ausführung, Anwendung, im Material selber oder in der Nutzung des Bauwerks.

In der **Planung** können Fehler bei der Wahl der Baustoffe, bei der statischen Berechnung bzw. Bemessung, durch falsches Abschätzen der tatsächlichen Beanspruchung oder bei der konstruktiver Gestaltung gemacht werden.

Fehler in der **Ausführung** sind zurückzuführen auf eine unsachgemäße Verarbeitung der Baustoffe oder die Verwendung von mangelhaften Baustoffen sowie auf einen ungenügenden Schutz vor schädlichen Einwirkungen während der Bauausführung oder/und während der Nutzung.

Bauschäden durch die **Baustoffe** selbst treten dann auf, wenn sie ungeeignet bzw. nicht normgerecht sind oder wenn Baustoffe während der Nutzungszeit durch Altern ihre Funktionsfähigkeit verlieren. Sie können auch auftreten durch eine nicht beabsichtigte Reaktion von Baustoffen miteinander, z. B. Korrosion von Aluminium, Zink und Blei bei Berührung mit frischem Kalk- und Zementmörtel, elektrochemische Korrosion beim Kontakt verschiedener Metalle miteinander oder ungleiche Längenänderungen der Baustoffe bei Mehrschichtkonstruktionen.

Während der Nutzungsphase wirken auf die Bauteile äußere Kräfte und Zwang ein. Die Baustoffe können physikalisch durch Temperatur- oder Feuchtewechsel, Frost-Tausalzwechsel oder Brand, belastet werden oder durch aggressive Luft, Gase (CO_2, SO_2), angreifende Böden und Wasser sowie durch Kontakt mit Säuren und Salzen chemisch angegriffen werden. Manche Baustoffe sind einem biologischen Angriff von Pflanzen und Mikroorganismen ausgesetzt, andere der freien Bewitterung. Die freie Bewitterung ist eine Kombinationsbeanspruchung, bei der gleichzeitig auftreten können: Temperaturwechsel (Tag–Nacht, Winter–Sommer), Feuchtezufuhr (direkte Beregnung, Schlagregen) und damit gleichzeitig auftretender Frostangriff oder chemische Belastung und unter Umständen, wenn die Möglichkeit zur Austrocknung besteht, Belastungen durch den Wechsel von feucht zu trocken, verbunden mit Quellen und Schwinden.

13.2 Häufige Schäden an Baustoffen

Naturstein wird durch Sonnenbestrahlung, Abkühlung, Frost, Wasser (+ Inhaltsstoffe), Atmosphäre, schädliche Gase und biologische Einflüsse (Algen, Flechten, Wurzeldruck) angegriffen.

Keramische Erzeugnisse können bei Zutritt von Wasser geschädigt werden durch Kalktreiben, Auswaschen von löslichen Salzen und Ausblühungen sowie bei niedrigen Temperaturen durch Frost.

Mörtel, Mauermörtel, Putzmörtel und Estrichmörtel sind empfindlich gegenüber Schwinden, Wärmedehnung, Durchfeuchtung und Austrocknung. Sie können sich vom Untergrund ablösen oder unzureichende Haftung aufweisen.

Stahl- und **Spannbeton** – sowohl aus **Normal-** als auch aus **Leichtbeton** – können Schäden durch Schwinden und Wärmedehnung, Verlust der Festigkeiten, falscher w/z-Wert, fehlerhafte Verarbeitung, mangelhafte Verdichtung und unzureichende oder unpassende Nachbehandlung aufweisen. Die Einwirkungen aggressiver Medien und der Karbonatisierung können zur Korrosion des Betons oder der Stahlbewehrung führen, wodurch die Dauerhaftigkeit und Beständigkeit beeinträchtigt werden.

Metalle werden durch Korrosion, Laugen und Säuren angegriffen oder altern und / oder verspröden.

Holz verliert seine Eigenschaften infolge von Holzmängeln, Wuchsfehlern, Rissen, Einwirkung von Feuchtigkeit sowie durch Befall von holzzerstörenden Insekten und Pilzen.

Kunststoffe können altern oder verspröden, sind rissempfindlich, verseifen oder können durch die Einwirkung von UV-Strahlen ihre Beständigkeit verlieren.

Tabelle 13.1 zeigt ein Schema für die Bauschäden und ihre Ursachen. Da in einem Bauwerk in der Regel mehrere Baustoffe zusammen auftreten und in Kontakt miteinander sind, wirkt sich der Schaden eines Baustoffes oft nachteilig auch auf den benachbarten Baustoff aus. So zum Beispiel führt eine Durchfeuchtung nicht nur zu ungesundem Wohnen im Hochbau, sondern ist der Zutritt von Feuchtigkeit auch die Ursache der Zerstörung von Gips, Tapeten, Klebstoffen oder Stahl, in Verbindung mit Frost auch von manchen Natursteinen, Ziegeln u. a. Zusammen mit Säuren und einigen Salzen kann es zur Zerstörung von Kalkstein und Beton, zusammen mit Pilzsporen zur Zerstörung von Holz kommen. Verwölbungen werden vor allem bei einseitigem Erwärmen und Austrocknen von Bauteilen verursacht. Risse können auftreten, wenn in Bauteilen zu große oder ungleichmäßige Längenänderungen infolge von Temperaturänderungen oder – bei Holz, Beton und Mörtel – auch durch Schwinden behindert werden, z. B. wegen fehlender Fugen.

Tabelle 13.1 Bauschäden – Arten und Ursachen

Arten	Ursachen		
	mechanische	physikalische	chemische
Durchfeuchtung	Strukturporen, Risse, offene Fugen	Kapillarporen, Tauwasser	–
Verwölbungen	geringer E-Modul	Längenänderungen [1]	–
Oberflächenmängel [2]	Poren, geringe Härte	Poren, Frost	wasserlösliche Salze, Korrosion
Risse	geringe Festigkeit, unterschiedliche Setzungen	Längenänderungen [1], Frost	Treiben, Korrosion
Zerstörung	geringe Festigkeit	Wasser, Frost	Korrosion, Treiben

[1] Infolge Temperaturänderungen bzw. Schwinden oder Quellen, vor allem bei fehlenden oder zu engen Fugen.
[2] Verschleiß, Absanden, Absplitterungen, Ausblühungen, Verfärbungen.

Tabelle 13.2 Bauschäden – Ursachen und Verantwortlichkeit

Ursachen		Verantwortlichkeit
a)	Ungeeignete Konstruktionen, ungeeignete Baustoffe (im Leistungsbeschrieb)	Architekt und Ingenieur (Planung)
b)	Verwendung nicht normgerechter Baustoffe, Nichteinhaltung technischer Vorschriften und Regeln, Abweichung von festgelegten Konstruktionen	Bauleiter (Überwachung)
c)	Wie unter b), Verarbeitungsfehler	Unternehmer (Ausführung)
d)	Nicht normgerechte Baustoffe	Baustoffhersteller oder -händler

13.3 Verantwortlichkeit

Die Abgrenzung der Verantwortung und damit auch der Haftung ist oft schwer möglich und häufig umstritten. Auch schon der **Bauherr** kann für Bauschäden verantwortlich sein, wenn er von den Planern ungeeignete Konstruktionen oder von den Unternehmern trotz Hinweisen einen allzu raschen Baufortschritt verlangt. Die weiteren Verantwortlichkeiten ergeben sich aus Tabelle 13.2.

Der **planende Architekt** oder **Ingenieur** ist genauso wie der beauftragte **Unternehmer** verpflichtet, das Bauwerk so herzustellen, dass es die zugesicherten Eigenschaften hat und nicht mit Fehlern behaftet ist, die den Wert oder die Tauglichkeit aufheben oder mindern. Dies gilt auch für die **Überwachung** der Arbeiten durch den Bauleiter auf Einhaltung der technischen Regeln, behördlichen Vorschriften und vertraglichen Vereinbarungen. Bauschäden entstehen oft dadurch, dass die Pläne und Ausschreibungsunterlagen unvollständig und ungenau sind. Der Bauleiter ist vor allem dann mitverantwortlich, wenn er Fehlleistungen des Unternehmers duldet oder gar solche durch falsche Entscheidungen selbst verschuldet.

Für die erbrachten Leistungen sollen Architekt, Ingenieur und Unternehmer i.Allg. für fünf Jahre Gewährleistung übernehmen. Eine Frist von zwei Jahren ist oft zu kurz, weil manche Schäden und Mängel erst später deutlich in Erscheinung treten. Bei nicht normgerechten Baustoffen kann der Unternehmer den Händler oder das Herstellerwerk zu Schadensersatzforderungen heranziehen, sofern er tatsächlich die richtigen und normgerechten Baustoffe bestellt hat. Bei späteren gerichtlichen Auseinandersetzungen gelten nur schriftliche Hinweise und Vereinbarungen zwischen den Beteiligten. Wegen Einzelheiten siehe VOB, Teil B, DIN 1961.

Zur Feststellung der Schadensursachen und zur Beweissicherung bei gerichtlichen Auseinandersetzungen reicht oft eine Besichtigung allein nicht aus. Meist müssen Materialproben der Baustoffe entnommen und geprüft werden.

13.4 Vermeidung von Bauschäden

Zur Abwendung von Schäden müssen sich Architekt und Ingenieur mit den Problemen auseinandersetzen und dazu ausreichende Kenntnisse der Baustoffe, der Bauphysik und der Bauchemie besitzen. So muss schon, erforderlichenfalls unter Mithilfe von Fachleuten, der Entwurf von den Baustoffen und den naturwissenschaftlichen Gegebenheiten mitgeprägt sein. Auch sollten Architekten und Ingenieure Einblick in spezielle Verarbeitungsweisen von Baustoffen haben.

Trotz des etwas höheren Preises sind nur güteüberwachte Baustoffe zu verwenden, weil von ihnen mit viel größerer Sicherheit die notwendige Normgerechtheit erwartet werden kann. Neue Baustoffe und neue Bauweisen dürfen erst nach Erprobung durch neutrale Institute und nach bauaufsichtlicher Zulassung angewandt werden. Für die Ausführung der Arbeiten sollten nur Unternehmer mit den notwendigen Erfahrungen und mit ausreichendem Fachpersonal herangezogen werden.

Anhang

Zu Kapitel 1 – Grundlagen

Porosität
Im Lieferprogramm der Gesteinskörnung aus gebranntem Blähton sind folgende Kennwerte gegeben:
Korndichte $\rho_R = 0{,}85$ g/cm³,
Schüttdichte $\rho_S = 445$ kg/m³,
Dichte des gebrannten Tons $\rho_R = 2{,}63$ g/cm³
Es sind zu ermitteln:
a) die Kornporosität,
b) die Haufwerksporosität im geschütteten Zustand,
c) die Gesamtporosität des geschütteten Materials.

Lösung:

a) $\rho_P = \left(1 - \dfrac{\rho_R}{\rho}\right) \cdot 100$

$= \left(1 - \dfrac{0{,}85}{2{,}63}\right) \cdot 100$

$= 67{,}7$ Vol.-%

b) $\rho_H = \left(1 - \dfrac{\rho_S}{\rho_R}\right) \cdot 100$

$= \left(1 - \dfrac{0{,}445}{0{,}85}\right) \cdot 100$

$= 47{,}6$ Vol.-%

c) $\rho_{Ges} = \left(1 - \dfrac{\rho_S}{\rho}\right) \cdot 100$

$= \left(1 - \dfrac{0{,}445}{2{,}63}\right) \cdot 100$

$= 83{,}1$ Vol.-%

Rohdichte und **Feuchtegehalt**
An zwei im Freien, witterungsgeschützt gelagerten Baustoffproben werden folgende Rohdichten ρ_h (kg/dm³) und Feuchtegehalte h (M.-%) bestimmt:

Porenbeton: $\rho_h = 0{,}56$ kg/dm³, $h = 19{,}1$ M.-%;

Mauerziegel,
Vollstein: $\rho_h = 1{,}82$ kg/dm³, $h = 1{,}0$ M.-%.

a) Es sind die Trockenrohdichte ρ_d des Porenbetons und des Mauerziegels zu berechnen.
b) Wie groß ist bei beiden Proben der Feuchtegehalt in Vol.-%?

Lösung:

a) $\rho_d = \dfrac{m_d}{V}$ mit $h = \dfrac{m_d - m_h}{m_d} \cdot 100$

$\rightarrow m_d = \dfrac{m_h}{1 + \frac{h}{100}}$

Porenbeton:

$\rho_d = \dfrac{0{,}56}{1{,}191} = 0{,}47$ kg/dm³

Mauerziegel:

$\rho_d = \dfrac{1{,}82}{1{,}01} = 1{,}80$ kg/dm³

b) $h = \rho_h - \rho_d \cdot 100$ Vol.-%

c) Porenbeton:
$h = 0{,}56 - 0{,}47 = 0{,}09 \cdot 100 = 9{,}0$ Vol.-%

Mauerziegel:
$h = 1{,}82 - 1{,}80 = 0{,}02 \cdot 100 = 2{,}0$ Vol.-%

Zu Kapitel 2 – Metalle

Zugversuch Betonstahl
Ein gerippter Betonstahl wurde auf Zug geprüft. Dazu folgende Angaben:
- Masse $m = 420{,}3$ g
- Länge des Stabes vor der Prüfung $l = 468$ mm
- Streckgrenzenlast $F_{yk} = 58{,}8$ kN
- max. Zugkraft $F_{tk} = 66{,}2$ kN
- Länge des Messbereiches nach dem Bruch $l_u = 142$ mm

Es sind zu ermitteln:
a) der Stabdurchmesser d,
b) die Streckgrenze f_{yk},
c) die Zugfestigkeit f_{tk},
d) die Bruchdehnung
  (Annahme: Messlänge $l_u = 10\,d$)
e) Um welche Stahlsorte handelt es sich und werden die Anforderungen an diesen Stahl erfüllt?
f) Welche Duktilität weist der Stahl auf?

Lösung:

a) $d = 12{,}74 \cdot \sqrt{\dfrac{m}{l}} = 12{,}74 \cdot \sqrt{\dfrac{420{,}3}{468}}$
  $= 12{,}0$ mm

b) $A = d^2 \cdot \dfrac{\pi}{4} = 114{,}5$ mm²
  $f_{yk} = \dfrac{F_{yk}}{A} = \dfrac{58{,}8 \cdot 10^3}{114{,}5} = 514$ N/mm²

c) $f_{tk} = \dfrac{F_{tk}}{A} = \dfrac{66{,}2 \cdot 10^3}{114{,}5} = 578$ N/mm²

d) $A = \dfrac{\Delta l}{l_0} \cdot 100 = \dfrac{142 - 120}{120} \cdot 100$
  $= \dfrac{22}{120} \cdot 100 = 18{,}3\ \%$

e) BSt 500 S (B)
  $f_{yk} > 500$ N/mm²
  $f_{tk} > 550$ N/mm²
  $A > 10\ \%$

g) Duktilität
  $\dfrac{f_{tk}}{f_{yk}} = \dfrac{578}{514}$
  $= 1{,}13 \Rightarrow$ B (hohe Duktilität)

Zugversuch Betonstahl
Ein gerippter Betonstahl wird im Zugversuch bis zum Bruch belastet (siehe das dazugehörige Last-Verformungsdiagramm). Nach dem Bruch hat sich die Probe gegenüber der Ausgangsmesslänge von $L_0 = 150{,}0$ mm auf $L_u = 169{,}0$ mm verlängert. Vor der Prüfung wurde die Probe gemessen: Masse $m = 385{,}5$ g, $l = 425$ mm.

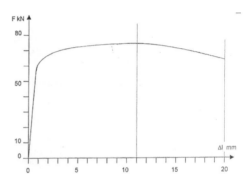

a) Welchen Stabdurchmesser besitzt die Probe?
b) Wie groß ist die Bruchdehnung A (bleibende Dehnung nach dem Bruch)?
c) Wie groß ist die Zugfestigkeit?
d) Wie groß ist die Streckgrenze?
e) Um welchen Stahl handelt es sich, wenn die Probe
  (1) 2 Rippenreihen
  (2) 3 Rippenreihen
  ausweisen?
f) Wie groß ist das Streckgrenzenverhältnis? Ist der erforderliche Wert eingehalten?

Lösung:

a) $d_0 = 12{,}74 \cdot \sqrt{\dfrac{385{,}5}{425{,}0}} = 12{,}13$ mm

b) $A_{11,3} = \dfrac{169{,}0 - 150}{150} = 12{,}7\ \%$

c) aus Diagramm:
$F_{max} \cong 75$ kN
$$A_s = \frac{12{,}13^2 \cdot \pi}{4} = 115{,}6 \text{ mm}^2$$
$$f_{tk} = \frac{75000 \cdot 4}{12{,}13^2 \cdot \pi} = 649 \text{ N/mm}^2$$

d) Dreisatz
$$\frac{12{,}7\%}{19 \text{ mm}} = \frac{0{,}2}{x \text{ mm}} \Rightarrow \frac{19 \cdot 0{,}2}{12{,}7} = 0{,}3 \text{ mm}$$

→ Parallele zum elastischen Ast bei $X = 0{,}3$ mm
→ Schnitt bei ~ 63 kN
→ $f_{0,2k} = \dfrac{63000}{115{,}6} = 545 \text{ N/mm}^2$

e) (1) BSt 500 S
   (2) BSt 500 M

f) $\dfrac{649}{545} = 1{,}19 \geq 1{,}05$ bzw. $1{,}08$

Verformungen von Stahl
Eine Stahlbrücke von 65 m Länge hat an einem Ende ein festes Lager. Es ist der Verschiebungsweg des freien Endlagers zu berechnen. Zu berücksichtigen sind folgende Temperaturunterschiede: Einbautemperatur $+15\,°C$, tiefste Temperatur $-25\,°C$, höchste Temperatur $+60\,°C$, Wärmedehnzahl für Stahl: $\alpha_T = 10^{-5}/K$

Lösung:
$$\Delta l = \frac{\alpha_T \cdot \Delta T \cdot l}{100} = \frac{10^{-5} \cdot 45 \cdot 65000}{100}$$
$$= 29{,}25 \text{ mm}$$
$$\Delta l = \frac{\alpha_T \cdot \Delta T \cdot l}{100} = \frac{10^{-5} \cdot (-40) \cdot 65000}{100}$$
$$= 26{,}00 \text{ mm}$$
$$\Delta l = 29{,}25 + 26{,}00 = 55{,}25 \text{ mm}$$

Zu Kapitel 3 – Holz

Feuchtegehalt von Holz
Aus einem in der freien Witterung lagernden Holzstamm soll eine Probe herausgearbeitet werden mit dem Ziel, die Druckfestigkeit bei einem Feuchtegehalt $u = 12$ M.-% zu bestimmen. Dazu wird die feuchte Probe durch Gewichtskontrolle so lange getrocknet, bis die Zielfeuchte u_{12} erreicht ist. Es ist die anzustrebende Masse m_{12} der Probe zu berechnen, wenn das Ausgangsgewicht $m_{>>12} = 126{,}7$ g beträgt.

Lösung:
$$h = \frac{m_h - m_d}{m_d} \cdot 100 \text{ M.-\%} \Rightarrow m_d$$
$$= \frac{100}{h} \cdot (m_h - m_d)$$
$$= \frac{100 \cdot m_h}{h} - \frac{100 \cdot m_d}{h}$$
$$\Rightarrow m_d \cdot \left(1 + \frac{100}{h}\right) = \frac{100}{h} \cdot m_h$$
$$m_d = \frac{\frac{100}{h} \cdot m_h}{1 + \frac{100}{h}} = \frac{\frac{100}{12} \cdot 126{,}7}{1 + \frac{100}{12}}$$
$$= 113{,}1 \text{ g} = m_{12}$$

Kontrolle:
$$u_{12} = \frac{126{,}7 - 113{,}1}{113{,}1} \cdot 100 = 12 \text{ M.-\%}$$

Feuchtegehalt, Rohdichte, Druckfestigkeit
Bei der Druckfestigkeitsprüfung von 2 Fichtenholzproben ohne Holzfehler, Kantenlänge = 40 mm, Höhe = 60 mm, wurden folgende Werte ermittelt:
  Probe 1: Masse bei Einlieferung = 47,2 g, Bruchlast = 98,8 kN
  Probe 2: Masse bei Einlieferung = 52,1 g, Bruchlast = 49,7 kN
Bei der anschließenden Trocknung zur Bestimmung des Feuchtegehaltes lösten sich die aufgeklebten Kennzeichen. Beide Proben wogen nach Trocknung 42 g.

a) Ermitteln Sie die Rohdichte nach Einlieferung.
b) Ermitteln Sie die Druckfestigkeit nach Einlieferung.
c) Ermitteln Sie den Feuchtegehalt und ordnen ihn der jeweiligen Probe zu.

Lösung:

a) Probe 1: $\rho_1 = \dfrac{46{,}2}{4 \cdot 4 \cdot 6} = 0{,}481 \text{ g/cm}^3$

Probe 2: $\rho_2 = \dfrac{55{,}2}{4 \cdot 4 \cdot 6} = 0{,}575 \text{ g/cm}^3$

b) Probe 1: $f_{c1} = \dfrac{93{,}8}{1{,}6} = 58{,}6 \text{ N/mm}^2$

Probe 2: $f_{c2} = \dfrac{39{,}2}{1{,}6} = 24{,}5 \text{ N/mm}^2$

c) $h_x = \dfrac{46{,}2 - 41{,}9}{41{,}9} \cdot 100 = 10{,}3 \text{ M.-\%}$

$\Rightarrow$ Probe 1

$h_y = \dfrac{55{,}1 - 41{,}9}{41{,}9} \cdot 100 = 31{,}5 \text{ M.-\%}$

$\Rightarrow$ Probe 2

Zu Verformungen von Holz

Ein Fichtenholz mit den Abmessungen $l \cdot b \cdot h = 420 \cdot 15 \cdot 15$ cm und dem skizzierten Jahrringverlauf wird bei einem Feuchtegehalt von 33 M.-% ausgeformt. Im späteren Einbauzustand wird eine Ausgleichsfeuchte von $u = 15$ M.-% erwartet.

a) Wie groß sind die rechnerischen Verformungen des Kantholzes in den Querschnittsdiagonalen 1–1, 2–2 und in Längsrichtung?
b) Skizzieren Sie den verformten Querschnitt (Festpunkt bei A).

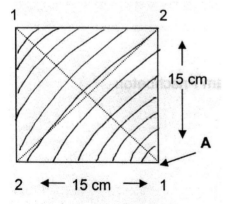

Lösung:

a) $\Delta u = 33 - 15 = 18$ M.-%

Diagonale $d = \sqrt{15^2 + 15^2} = 21{,}2$ mm

1–1: $\Delta l = \alpha_r \cdot \Delta u \cdot l_D / 100$
$= -0{,}16 \cdot 212 / 100 = -6{,}11$ mm

2–2: $\Delta l = \alpha_t \cdot \Delta u \cdot l_D / 100$
$= -0{,}32 \cdot 18 \cdot 212 / 100$
$= -12{,}21$ mm

Längsrichtung:

$\Delta l = \alpha_r \cdot \Delta u \cdot l / 100$
$= -0{,}01 \cdot 18 \cdot 4200 / 100$
$= -7{,}56$ mm

b)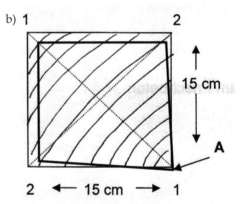

Durchbiegung eines Holzbalkens

Mit einem Fichtenholzbalken soll eine Einzellast $F = 12$ kN so abgefangen werden, dass die Balkendurchbiegung

$$s = (l_0^3 \cdot F) / (48 \cdot E \cdot J) = l_0 / 300$$

nicht überschreitet.

Gegeben:
Stützweite: $l_0 = 380$ cm
Balkenbreite: $b = 16$ cm

Balkenhöhe $h = 20$ cm
Sortierklasse des Balkens C24 M
(früher MS 10)
Widerstandsmoment $J = b \cdot h^3 / 12$

Prüfen Sie, ob die Forderung eingehalten werden kann.

Lösung:
$s = l_0/300 = 380/300 = 1{,}27$ cm max.;
für C24 M: $E_\perp = 370$ N/mm²
aufnehmbar
$F = (s \cdot 48 \cdot E \cdot J)/l_0^3$
$= (1{,}27 \cdot 48 \cdot 16 \cdot 203 \cdot 370)/(380^3 \cdot 12)$
$= 439$ N $= 0{,}44$ kN

→ Last kann nicht aufgenommen werden
alternativ: für C24 M: $E_\mathrm{II} = 11\,000$ N/mm²
→ aufnehmbar $F = 13{,}0$ kN
→ Last kann aufgenommen werden

Zu Kapitel 4 – Naturstein

Der Bodenbelag aus Naturstein einer Terrasse soll einen geringen Verschleiß (≤ 15 cm³/50 cm²) und einen ausreichenden Frostwiderstand aufweisen. Der Nachweis soll durch eine Verschleißprüfung und daran anschließend über die Wasseraufnahme erbracht werden.
❑ Probenabmessung:
$a \cdot b \cdot h = 71{,}5 \cdot 71{,}5 \cdot 68{,}0$ mm
❑ Masse feucht (Ausgangsgewicht)
$m_\mathrm{h} = 920{,}5$ g
❑ Masse trocken vor der
Verschleißprüfung $m_\mathrm{d1} = 900{,}5$ g
❑ Masse trocken nach der
Verschleißprüfung $m_\mathrm{d2} = 861{,}2$ g
❑ Masse nach Wasseraufnahme
unter Atmosphärendruck $m_\mathrm{ha} = 892{,}4$ g
❑ Masse nach Wasseraufnahme
unter Hochdruck (150 bar) $m_\mathrm{hd} = 899{,}9$ g

a) Zu bestimmen ist für die Probe der bei der Verschleißprüfung entstandene
 – Volumenverlust ΔV, bezogen auf die Fläche von 50 cm²,
 – Dickenverlust Δh.

b) Erfüllt der Bodenbelag die Anforderung bezüglich des Abriebs?
c) Wie groß ist der Feuchtegehalt im Naturzustand?
d) Es sind die Wasseraufnahmen W_mha und W_mhd in M.-% zu ermitteln und der Frostwiderstand ist zu beurteilen.

Lösung:

a) Fläche $A = 71{,}5 \cdot 71{,}5 = 5112{,}25$ mm² $= 51{,}1$ cm²

Volumen vor Probe:
$V = 5112{,}3 \cdot 68{,}0 = 347\,633$ mm³
$= 347{,}6$ cm³

$\rho_\mathrm{d} = \dfrac{m}{V} = \dfrac{900{,}5}{347{,}6}$
$= 2{,}59$ g/cm³

– V nach Probe:
$V = \dfrac{m_\mathrm{d2}}{\rho} = \dfrac{861{,}2}{2{,}59}$
$= 332{,}5$ cm³
$\Delta V = 347{,}6 - 332{,}5$
$= 15{,}1$ cm³/51,1 cm²
$\Delta V/50$ cm² $= 15{,}1 \cdot \dfrac{50}{51{,}1}$
$= 14{,}8$ cm³/50 cm²

– Dickenverlust:
$\dfrac{V_1}{V_2} = \dfrac{h_1}{h_2} \Rightarrow h_2$
$= h_1 \cdot \dfrac{V_2}{V_1} = 68{,}0 \cdot \dfrac{332{,}5}{347{,}6} = 65$ mm
$\Delta h = 3$ mm

b) Anforderung an Abrieb erfüllt
$h = 100 \cdot (m_\mathrm{h} - m_\mathrm{d1})/m_\mathrm{d}$
$= 100 \cdot (920{,}5 - 900{,}5)/900{,}5$
$= 2{,}22$ M.-%

c) $W_{mha} = \dfrac{892{,}4 - 861{,}2}{861{,}2} \cdot 100$
$= \dfrac{31{,}2}{861{,}2} \cdot 100 = 3{,}6$ M.-%

d) $W_{mhd} = \dfrac{899{,}8 - 861{,}2}{861{,}2} \cdot 100$
$= \dfrac{38{,}6}{861{,}2} \cdot 100 = 4{,}5$ M.-%

$s = \dfrac{3{,}6}{4{,}5} = 0{,}80$

$\Rightarrow$ Frostwiderstand wahrscheinlich

Zu Kapitel 5 – Gesteinskörnung

Siebversuch

Es ist folgender Siebversuch einer Korngruppe gegeben:

Sieblinie der Gesteinskörnung											
Probe	Summe [g]	Rückstand in g auf dem Sieb									
		0,125	0,25	0,5	1	2	4	8	16	32	63
1	1999	1998	1996	1996	1996	1994	1918	1411	102	0	0
2	1977	1974	1972	1972	1971	1963	1944	1399	82	0	0
Summe											
R [%]											
D [%]											

a) Auswertung des Siebversuch aus hinsichtlich Summe, Rückstand in M.-%, Durchgang in M.-%
b) Welche Korngruppe liegt vor?
c) Wie groß ist die Körnungsziffer k?
d) Wie groß ist die Durchgangssumme D?
e) Wie groß ist der Unterkorn-, wie groß der Überkornanteil der Korngruppe?
f) Sind die Anforderungen der DIN 4226-1 bezüglich der Kornzusammensetzung erfüllt?

Lösung:

a)

Sieblinie der Gesteinskörnung											
Probe	Summe [g]	Rückstand in g auf dem Sieb									
		0,125	0,25	0,5	1	2	4	8	16	32	63
1	1999	1998	1996	1996	1996	1994	1918	1411	102	0	0
2	1977	1974	1972	1972	1971	1963	1944	1399	82	0	0
Summe	3976	3972	3968	3968	3967	3957	3862	2810	184	0	0
R [%]		100	100	1000	100	99	97	71	5	0	0
D [%]		0	0	0	0	1	3	29	95	100	100

b) Korngruppe 4/16 mm
c) $k = 5{,}72$
d) $D = 328$

e) U-Korn (4er)   3 M.-%   zul. 20 M.-%
   Ü-Korn (16er) 5 M.-%   zul. 15 M.-%
f) D bei 16 mm   95 M.-%   zul. 90…99 M.-%, ok
   D bei 2 mm   1 M.-%   zul. 0…5 M.-%, ok
   D bei 8 mm   29 M.-%   zul. 25…70 M.-%, ok

Sieblinie
Gegeben sind die Durchgänge der 3 Korngruppen 0/2, 2/8 und 8/16 mm:

Korn-gruppe	Durchgang in M.-% durch die Siebe										$k =$
	0,125	0,25	0,5	1	2	4	8	16	32	63	
0/2	12	40	50	71	82	100	100	100	100	100	
2/8	1	5	5	5	26	60	96	10	100	100	
8/16	0	0	0	2	5	8	19	90	100	100	

a) Es sind die Anteile [M.-%] der einzelnen Körnungen zu berechnen, um eine Sieblinie B 16 nach DIN 1045-2 zu erhalten.
b) Die Übereinstimmung der k-Werte der Ist- und Soll-Sieblinie ist zu prüfen.
c) Die Ist-Sieblinie ist in das nachstehende Siebliniendiagramm einzutragen.

Korn-gruppe	Anteile M.-%	Durchgang in M.-% durch die Siebe								
		0,125	0,25	0,5	1	2	4	8	16	32	63
0/2											
2/8											
8/16											
Ist-Sieblinie											

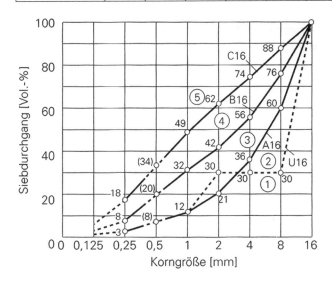

Lösung:

a)

Korn-gruppe	Durchgang in M.-% durch die Siebe										k =
	0,125	0,25	0,5	1	2	4	8	16	32	63	
0/2	12	40	50	71	82	100	100	100	100	100	1,40
2/8	1	5	5	5	26	60	96	10	100	100	4,24
8/16	0	0	0	2	5	8	19	90	100	100	5,84
B 16	6	8	20	32	42	56	76	100	100	100	3,66
HS 0/8	8	11	26	42	55	74	100	100	100	100	2,92

b)

Korn-gruppe	Anteile M.-%	Durchgang in M.-% durch die Siebe										k =
		0,125	0,25	0,5	1	2	4	8	16	32	63	
0/2	34,7	3	12	18	28	32	35	35	35	35	35	
2/8	40,0	1	1	1	1	6	23	38	40	40	40	
8/16	25,3	0	0	0	0	1	1	4	23	25	25	
Ist-Sieblinie		4	13	19	29	39	59	77	98	100	100	3,66

c)

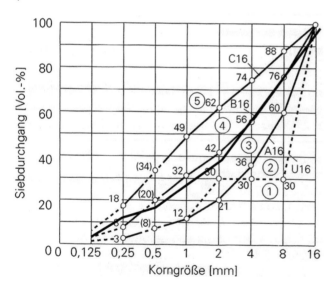

Zu Wassergehalt
Zur Herstellung von Beton wird ein Korngemisch verwendet, bestehend aus Kies und Sand. Vom Sand wird eine Probe von 2500 g und vom Kies von 3500 g entnommen und getrocknet. Der Wassergehalt des Sandes beträgt 160 g, der des Kieses 200 g. Um den Beton herzustellen, werden 1880 kg trockenes Material benötigt. Davon sind 52 M.-% Sand und 48 M.-% Kies. Es sind zu ermitteln:
a) Feuchtegehalt von Sand in M.-%.
b) Feuchtegehalt von Kies in M.-%.
c) Wie viel kg feuchter Sand ist einzuwiegen, um im Beton die erforderliche Menge trockenen Sand zu haben?
d) Wie viel kg feuchter Kies ist einzuwiegen, um im Beton die erforderliche Menge trockenen Kies zu haben?
e) Wie viel Wasser bringen Sand und Kies in den Beton ein?
f) Wie groß ist der Feuchtegehalt zusammengesetzten Mischung von Sand und Kies?

Lösung:

a) $2500 - 160 = 2340{,}0$

$$h = \frac{160}{2340} \cdot 100 = 6{,}84 \text{ M.-\%}$$

b) $3500 - 200 = 3300{,}0$

$$h = \frac{200}{3300} \cdot 100 = 6{,}06 \text{ M.-\%}$$

c) $1880 \cdot 0{,}52 = 977{,}6 \text{ kg}$
$977{,}6 + 977{,}6 \cdot 0{,}0684 = 1044{,}47 \text{ kg}$

d) $1880 \cdot 0{,}48 = 902{,}4 \text{ kg}$
$902{,}4 + 902{,}4 \cdot 0{,}0606 = 957{,}09 \text{ kg}$

e) Sand: $1044{,}47 - 977{,}6 = 66{,}87 \text{ kg}$
Kies: $957{,}09 - 902{,}4 = 54{,}69 \text{ kg}$
Wasser gesamt: $54{,}69 + 66{,}87 = 121{,}56 \text{ kg}$

f) $1044{,}47 + 957{,}09 = 2001{,}56 \text{ kg}$

Wasser gesamt $121{,}56 \text{ kg}$

Gemisch $h = \dfrac{121{,}56}{1880} \cdot 100 = 6{,}47 \text{ M.-\%}$

Zu Kapitel 7 – Beton

Vorausberechnung einer Mischung
Betoniert werden sollen engbewehrte Wände (lichter Abstand der Bewehrung 25 mm) in der Tiefgarage eines Geschäftshauses; Anforderungen an den Beton: wasserundurchlässiger Sichtbeton. Die aus der Tragwerksplanung erforderliche Druckfestigkeit beträgt C25/30.

Es stehen folgende Ausgangsstoffe zur Verfügung:
CEM I 42,5 R, $\rho_z = 3{,}1 \text{ kg/dm}^3$;
Rheinmaterial 0/2 und 2/8 mm mit
$\rho_g = 2{,}63 \text{ kg/dm}^3$, trocken
Kalksteinsplitt 8/16 mm mit
$\rho_g = 2{,}73 \text{ kg/dm}^3$, trocken.
Die Ergebnisse der Siebversuche für die vorhandenen Korngruppen ergeben:

Korn-gruppe	Durchgang in % durch die Siebe [mm]								
	0,125	0,25	0,5	1	2	4	8	16	32
Sand 0/2	3	14	58	81	96	100	100	100	100
Kiessand 2/8	0	0	0	1	3	26	93	100	100
Kalkstein 8/16	0	0	0	0	1	3	9	85	100
Soll-Sieblinie 8/16	–	6	17	28	38	52	70	100	100

Lösung:

a) Zusammensetzung des Korngemisches
Aus den Siebversuchen werden die angegebenen Durchgänge festgestellt.

Gewählt: Sieblinie B (geeignet für wasserundurchlässigen Beton, Sichtbetoneigenschaften)
Festlegung: Größtkorn = 16 mm (< lichten Anstand von 25 mm)

Festlegung Soll-Sieblinie = Sieblinie B 16

a1) Lösungen durch Vergleichen der Siebdurchgänge der Korngruppen
Der Durchgang der Sollsieblinie von 38% bei 2 mm kann zum überwiegenden Teil durch den Sand 0/2 erreicht werden; gewählt werden 38% Sand 0/2. Für den angestrebten Durchgang von 70% bei 8 mm sind außer 38% Sand 0/2 noch 32% Kiessand 2/8 erforderlich. Für Kalkstein 8/16 verbleiben dann noch 30%.
Die Korngruppen haben bei den Siebgrößen 2, 8 und 16 mm Unter- bzw. Überkornanteil. Diese heben sich gegenseitig auf. Die Korngruppe 0/2 weist gegenüber dem gleichmäßigen Anstieg der Soll-Sieblinie ziemlich hohe Durchgänge bei den Sieben 0,5 mm und 1 mm, die Korngruppe 2/8

einen sehr niedrigen Durchgang bei Sieb 4 mm.
Die Siebdurchgänge der Ist-Sieblinie bei den einzelnen Prüfsieben erhält man mit den oben genannten Korngruppenanteilen durch tabellarische Aufstellung in Tabelle A.1 und damit den Vergleich mit der Soll-Sieblinie. Die Differenzen der Ist-Sieblinie zur Soll-Sieblinie heben sich nahezu auf; beide Sieblinien sind also weitgehend gleichwertig.

a2) Lösung durch Rechnung
$$g_1 + g_2 = 100$$
$$g_1 \cdot k_1 + g_2 \cdot k_2 = 100 \cdot k_m$$

Daraus ergeben sich die Anteile

$$g_2 = \frac{k_m - k_1}{k_2 - k_1} \cdot 100 \quad \text{und}$$
$$g_1 = 100 - g_2$$

Mit den aufgestellten Formeln lassen sich unmittelbar nur Gemische aus 2 Korngruppen berechnen. Eine Lösung für Gemische aus mehr Korngruppen ist möglich, wenn auch für Teilgemische angestrebte Sieblinien aufgestellt werden. Diese können aus der angestrebten Sieblinie des Gesamtgemisches entwickelt werden. Für die angestrebte Sieblinie des Ge-

Tabelle A.1

Korngruppe	Anteil [%]	Durchgang in % durch die Siebe [mm]								Körnungsziffer
		0,25	0,5	1	2	4	8	16	32	
0/2	38	5,3	22,0	30,8	36,5	38,0	38,0	38,0	38,0	
2/8	32	0	0	0,3	1,0	8,3	29,8	32,0	32,0	
8/16	30	0	0	0	0,3	0,9	2,7	25,5	30,0	
Ist-Sieblinie 0/16		5,3	22,0	31,1	37,8	47,2	70,5	95,5	100	$k = 3,906$
Soll-Sieblinie 0/16		6,0	17,0	28,0	38,0	52,0	70,0	100,0	100	$k = 3,89$
Differenz Ist-Soll		−0,7	+5,0	+3,1	−0,2	−4,8	+0,5	−4,5	0	

Tabelle A.2

	Durchgang in % durch die Siebe [mm]								Körnungsziffer
	0,25	0,5	1	2	4	8	16	32	
Soll-Sieblinie 0/16	6	17	28	38	52	70	100	100	$k_{0/16} = 3,89$
Teil-Sieblinie 0/8	9	24	40	54	74	100	100	100	$k_{0/8} = 2,99$

misches 0/16 mm wird im Folgenden der Durchgang von 70% bei 8 mm gleich 100% gesetzt und die Durchgänge durch die anderen kleineren Siebe im Verhältnis 100 : 70 vergrößert, siehe Tabelle A.2.

Es ergeben sich folgende Körnungsziffern:
Sand 0/2: $\quad k_{0/2} = 1{,}51$,
Kiessand 2/8: $\quad k_{2/8} = 4{,}77$,
Kalksteinsplitt 8/16 $\quad k_{8/16} = 6{,}02$.

Mit Hilfe der Körnungsziffern wird das Gesamtgemisch stufenweise berechnet, wobei mit dem Größtkorn begonnen wird.

Gemisch 0/16 mm aus 0/8 und 8/16 mm:
$$g_{8/16} = \frac{3{,}89 - 2{,}99}{6{,}02 - 2{,}99} \cdot 100\%$$
$$= 0{,}297 \cdot 100\% = 29{,}7 \approx 30\%$$
$$g_{0/8} = 100 - 29{,}7 = 70{,}3\%$$

Gemisch 0/8 mm aus 0/2 und 2/8 mm:
$$g_{2/8} = \frac{2{,}99 - 1{,}51}{4{,}77 - 1{,}51} \cdot 70{,}3\%$$
$$= 0{,}454 \cdot 70{,}3\% = 31{,}9 \approx 32\%$$
$$g_{0/2} = (1{,}0 - 0{,}454) \cdot 70{,}3\%$$
$$= 0{,}546 \cdot 70{,}3\% = 38{,}4 \approx 38\%$$
$$\text{Kontrolle: } g_{0/16} = 100\%$$

Fazit: Durch Rechnung ergaben sich (nach Rundung) etwa gleiche Anteile und damit die gleiche Sieblinie wie bei der Lösung a1) durch Betrachtung der Siebdurchgänge.

a3) Rechnung mit Tabellenkalkulation
Die oben gezeigten Methoden sind bei Sieblinien, die aus mehreren Korngruppen zusammengesetzt werden, umständlich und zeitaufwendig. In der modernen Betontechnologie werden zur Berechnung der Zusammensetzung der Sieblinie Tabellenkalkulationsprogramme z. B. auf Basis von Excel angewendet. Der %-Anteil der Korngruppen kann nach den Prinzip «Try and Error» auf Kommastelle genau auf die Bedürfnisse des Betons optimiert werden.

Kontrolle der Körnungsziffer
Es gilt allgemein, dass die Körnungsziffer k des Gemisches gleich der Summe der Produkte (Anteil · Körnungsziffer) der einzelnen Korngruppen ist:
$$k_{0/16} = g_{0/2} \cdot k_{0/2} + g_{2/8} \cdot k_{2/8}$$
$$\qquad + g_{8/16} \cdot k_{8/16}$$
$$k_{0/16} = 0{,}38 \cdot 1{,}51 + 0{,}32 \cdot 4{,}77$$
$$\qquad + 0{,}30 \cdot 6{,}02$$
$$= 3{,}906$$

Die angestrebte Körnungsziffer k = 3,89 wird also ausreichend genau eingehalten.

b) **Zusammensetzung des Betons**
Zuordnung in Expositionsklassen: XC3 und XD1.
Festlegung: weiche Konsistenz F3 (wegen der engen Bewehrung)
Aus der gewählten Sieblinie mit der Körnungsziffer k = 3,91 ergibt aus Tabelle 7.9 einen Wassergehalt im oberen Bereich für die weiche Konsistenz von w = 200 dm³/m³. Wegen des 30%igen Anteils an gebrochenen Körnern wird der Wassergehalt um 5 dm³/m³ erhöht auf w = 205 dm³/m³.
Beim Vergleich der Mindest-Betonfestigkeitsklassen aus den Expositionsklassen sind die Anforderungen C20/25 für XC3 und C30/37 für XD1. Gewählt wird der größere Wert C30/37. Für die Festigkeitsklasse C30/37 soll nach bei der Erstprüfung die Festigkeit bei unbekanntem Streubereich der Baustelle um ein Vorhaltemaß von 6…12 N/mm² vergrößert werden; gewählt wird hier Δf_c = 10 N/mm².

Festlegung $f_{c,cube}$ = 37 + 10 = 47 N/mm²

Festlegung w/z aus Druckfestigkeit ~ 0,51 – aus Bild 7.2, Zementfestigkeitsklasse 42,5 R
Festlegung w/z aus Expositionsklassen ~ 0,51 aus XD1 $w/z \leq 0{,}55$ und für XC3 $w/z \leq 0{,}65$. Gewählt $w/z \leq 0{,}55$. Von diesem Wert wird das Vorhaltemaß von 0,02–0,05 abgezogen. Gewähltes Vorhaltemaß von 0,03.

Berechnung z notwendiger Zementgehalt
$$z \geq \frac{205}{0{,}51} = 400 \text{ kg/m}^3$$

Überprüfen Zementgehalt $z < z_{min}$ z_{min} = aus Expositionsklasse XD1 $z \geq 300$ kg/m³.

Festlegung Porengehalt p = 1,5%,: Konsistenz F3 = eine sehr gute Verdichtung,

Ermittlung V_g Stoffvolumen der Gesteinskörnung:
$$V_g = 1000 - \frac{400}{3{,}1} - 205 - 15$$
$$= 651 \text{ dm}^3/\text{m}^3$$

Mischungsaufstellung:
Nachfolgend wird das Stoffvolumen der Gesteinskörnung in die vorher ermittelten Korngruppen zu erst volumenmäßig aufgeteilt und anschließend jeweils mit der Kornrohdichte von 2,63 (für Rheinmaterial) und 2,73 kg/dm³ (für Kalkstein), multipliziert.

Stoffe	Zusammensetzung für 1 m³ [kg/m³]	Mischung für 0,05 m³ [kg]
Wasser	205	10,3
CEM I 42,5 R	400	20,0
Rheinsand 0/2	651 · 0,38 · 2,63 = 651	32,6
Rheinkiessand 2/8	651 · 0,32 · 2,63 = 548	27,4
Kalkstein 8/16	651 · 0,30 · 2,73 = 533	26,7
Gesamt	Rechn. Frischbetonrohdichte ρ_{RbH} = 2337	m_{bH} = 117,0

Bei der Erstprüfung sollen je 3 150 mm-Würfel für Druckfestigkeitsprüfungen nach 7 und 28 Tagen sowie 3 Platten 200 · 200 · 100 für die Wasserundurchlässigkeitsprüfungen hergestellt werden, also mindestens 35 dm³ Beton; die Mischung wird daher für 50 dm³ in dem ausgelegt.

Überprüfen **Mehlkorngehalt** (< 0,125 mm)
$m = z + g_{0{,}125} = 400 + 0{,}03 \cdot 651 = 420$ kg/m³.
Er erfüllt die Anforderungen an den höchstzulässigen Mehlkorngehalt von 600 kg/m³, der nach DIN 1045 für die Expositionsklasse XD1 und XC3 bei einem Zementgehalt von 400 kg/m³ erlaubt ist.

Der **Feinststoffgehalt** (< 0,25 mm) setzt sich zusammen aus dem Zementgehalt und dem Anteil < 0,25 mm im Sand (14% laut Siebversuch) und beträgt demnach
$$f = 400 + 0{,}14 \cdot 651 = 491 \text{ kg/m}^3$$

c) **Sonderfall: Betonzusatzstoff**
Falls die Zugabe eines Betonzusatzstoffes erforderlich wäre, müssten der Wassergehalt und für gleichen w/z-Wert auch der Zementgehalt geringfügig verändert werden. Bei dem errechneten Zementgehalt von 400 kg/dm³ und der Anforderung an dichten Sichtbeton mit guter Verarbeitbarkeit kann die Zugabe eines Betonzusatzstoffes Typ II sinnvoll sein. Für das vorliegende Beispiel könnte ein Ersatz des Zementes durch Flugasche (ρ = 2,3) vorgenommen werden, unter Berücksichtigung der Anforderungen:
$$w/zeq = w/(z + 0{,}4 \cdot f) \quad (1)$$
$$f \leq 0{,}33 \cdot z \quad (2)$$

Daraus resultiert der reduzierte Zementgehalt z'
$$z' = z/1{,}132$$
im vorliegenden Beispiel
$$z' = 400/1{,}132 = 353 \text{ kg}$$

Der Gehalt an Flugasche
Mit diesen Werten erfolgt die Neuberechnung des Stoffraumvolumens für die Gesteinskörnung und die Überprüfung des Mehlkorngehaltes.

d) **Sonderfall: Zusatzmittel**
Bei engliegender Bewehrung und der Anforderung an eine sehr gute Verdichtung mit Konsistenzklasse F3 wäre auch denkbar, die Verarbeitbarkeit durch Zugabe von Fließmittel zu steuern. In diesem Fall, kann in der Eignungsprüfung auch von

einer Konsistenzklasse F2 ausgegangen werden, die einen geringeren Wassergehalt ergibt, und wodurch die Dauerhaftigkeit gewährleistet wird. Wird mehr als 3 l Fließmittels zugegeben, ist das Volumen des Zusatzmittels in der Stoffraumberechnung zu berücksichtigen.

e) **Sonderfall: Feuchte Gesteinskörnung**
Da die Mischungsberechnungen immer von trockener Gesteinskörnung ausgehen, ist im Fall, feuchter Korngruppen deren Feuchtegehalt zu bestimmen. Die Gewichtsanteile der Korngruppen werden unter Berücksichtigung des Feuchtegehalte berechnet. Daraus wird die Menge an Wasser *mw* ermittelt, die an der Oberfläche der Gesteinskörnung haftet. Das Zugabewasser ergibt sich: $w - m_w$.
Im vorliegenden Beispiel für einen Feuchtegehalt von 5% beim Sand, 3% bei der Korngruppe 2/8 und 2% bei der Korngruppe 8/16:
Rheinsand = 651 kg trocken · 1,05% = 683 kg nass $m_{w0/2}$ = 683 − 651= 32 l.
Korngruppe 2/8 und 8/16 ergeben analog 16 l bzw. 10 l Wasser.
Der Wassergehalt des Korngemisches m_w = 32 + 16 + 10 = 58 l.
Das Zugabewasser = 205 − 58 = 147 l.

Nachrechnung einer Mischung
Für Stahlbetonteile ist C16/20, plastische Konsistenz C2, vorgeschrieben. Ohne vorausgegangene Eignungsprüfung wurde der Beton auf der Baustelle wie folgt zusammengesetzt:
  150 kg CEM I 32,5 R
  390 kg Rheinsand 0/2 feucht
  170 kg Rheinmaterial 2/8 feucht
  330 kg Rheinkies 8/32 feucht
   60 kg Zugabewasser
 1100 kg Mischung (= m_b)

Die Konsistenzprüfung des Frischbetons ergab ein Setzmaß s = 43 mm und damit das Verdichtungsmaß
$$c = \frac{400}{400 - 43} = 1{,}12$$

Die Rohdichte des verdichteten Frischbetons ergab D = 2,33 kg/dm³. Nach Trocknen von 10,00 kg Frischbeton verblieben 9,16 kg trockene Masse.

a) Berechnung der Masse der trockenen Gesteinskörnung: aus der Masse $m_{g,h}$ und der Eigenfeuchte h in M.-%
$$m_{gd} = \frac{m_{gh} \cdot 100}{100 + h}$$
die Eigenfeuchte m_w in kg zu
$$w_m = m_{gd} \cdot h / 100$$

b) Für die **Korngruppen** der Baustellenmischung errechnen sich folgende Werte:
Da die Korngruppen aus Gestein etwa gleicher Kornrohdichte bestehen, kann die Kornzusammensetzung nach den Korngruppenanteilen in M.-% beurteilt werden. Mit 43% Sand 0/2 liegt die Sieblinie mindestens bei 2 mm und sehr wahrscheinlich auch bei 0,5 und 1 mm über der Sieblinie B 32 in im brauchbaren Bereich. (Für eine genaue Beurteilung wären mit den Korngruppen noch Siebversuche durchzuführen.)

c) Das Volumen des verdichteten Betons entspricht dem Schalungsinhalt, der mit der Mischung gefüllt werden kann. Aus festgestellten Frischbetonrohdichte ρ_{bh} erhält man folgenden Ansatz: 2,33 kg Beton ergeben 1 dm³, die Mischung mit m_b = 1100 kg ergibt
$$V_b = \frac{1 \cdot m_b}{\rho_{bh}} = \frac{1 \cdot 1100}{2{,}33} = 4{,}72 \text{ dm}^3$$

d) Berechnung des Zementgehalts: in der Mischung mit m_b = 1100 kg sind enthalten m_z = 150 kg Zement. In 1 m³ mit 2,33 · 1000 kg sind enthalten:
$$z = \frac{m_z \cdot \rho_{bh} \cdot 1000}{m_b}$$
$$z = \frac{150 \cdot 2{,}33 \cdot 1000}{1100}$$

Der Mindestzementgehalt für C16/20 beträgt 320 kg/m³.
Mit dem festgestellten Verdichtungsmaß c = 1,12 entspricht die Konsistenz dem an-

gegebenen Bereich C2. Die Kornzusammensetzung liegt mindestens teilweise im brauchbaren Bereich für 0/32 mm.

e) Berechnung des w/z- Wertes: Unter Berücksichtigung der Eigenfeuchte der Gesteinskörnung errechnet er sich zu

$$w/z = \frac{60+34}{150} = 0{,}63$$

Wenn die Eigenfeuchte der Gesteinskörnung nicht bekannt ist, kann der Wasserzementwert aus dem Trocknungsverlust m'_w einer Frischbetonprobe m'_b berechnet werden. Der Wassergehalt der Mischung m_b wird berechnet:

$$m_w = \frac{m'_w \cdot m_b}{m'_b}$$

$$m_w = \frac{(10{,}00 - 9{,}16) \cdot 1100}{10{,}00} = 92{,}4 \text{ kg}$$

Daraus resultiert der Wasserzementwert zu

$$w/z = \frac{92{,}4}{150} = 0{,}62$$

Betondruckfestigkeit: mit w/z = 0,62 und einer mittleren Normdruckfestigkeit N 28 = 43 N/mm² des CEM I 32,5 R wird aus dem w/z-Diagramm eine Betondruckfestigkeit $f_{c,cube}$ = 31 N/mm² abgelesen. Dieser Wert liegt über der für C16/20 verlangten Festigkeit von mindestens 20 N/mm².

Einfluss der Zementfestigkeit

Ein Beton hergestellt mit einem Zement mit einer Normdruckfestigkeit N28 = 41 N/mm² erreicht eine Betonfestigkeit f_c = 46 N/mm². Bei Austausch des Zementes durch einen höherfesten Zement mit N28 = 58 N/mm² ist (bei sonst gleichen Bedingungen) ein f_c = (58/41) · 46 = 65 N/mm² zu erwarten. Die aufgrund der vorhandenen Zementfestigkeit und des w/z-Wertes zu erwartende Betondruckfestigkeit ist aus Bild 7.2 abzulesen.

Wasser-Zement-Wert

Ein Beton mit w = 165 l/m³ Wassergehalt und z = 300 kg Zement der Festigkeitsklasse 42,5 (w/z = 0,55) wird bei normaler Verdichtung ca. einen Luftgehalt $\rho_0 \sim$ 1% nach Bild 7.2 eine Festigkeit $f_{c,dry,cube}$ = 46 N/mm² erreichen.

Weist dieser Beton mehr Luftporen auf (durch LP-Mittel oder schlechte Verdichtung), z. B. ρ_1 = 5%, dann ist $\Delta\rho$ = 4% = 40 l/m³, so erreicht dieser Beton mit dem wirksamer w/z (165 + 40)/300 = 0,68 eine Festigkeit $f_{c,dry,cube}$ = 34 N/mm² zu erwarten.

Um auch mit Luftporenbildner LP wieder die Festigkeit von 46 N/mm² zu erhalten, muss der wirksame w/z= 0,55 betragen. Mit LP wird jedoch für die gleiche Konsistenz weniger Wasser benötigt, z. B. 15 l/m³. Damit errechnet sich der erforderliche Zementgehalt zu z = (165 – 15 + 40)/0,55 = 345 kg/m³.

Fazit: Um bei einem höheren Luftporengehalt die gleiche Festigkeit zu erreichen, ist ein höherer Zementgehalt erforderlich.

Frischbetonprüfung

Bei der Prüfung des Frischbeton wurde Folgendes ermittelt: ein Ausbreitmaß a = 42 cm, der Abstich s = 39 mm, Masse der Würfelform (150 mm): m_0 = 1,28 kg, Gesamtmasse Form + verdichteter Frischbeton: m = 9,28 kg. 10 kg Frischbeton wiegen nach dem Trocknen $m_{b,d}$ = 9,30 kg.
a) Welche Konsistenz hat der Frischbeton?
b) Wie groß ist die Frischbetonrohdichte?
c) Wie groß ist der Wassergehalt w in kg/m³?

Lösung:

a) F3, C2

b) $\rho = \dfrac{(9{,}28 - 1{,}28)}{3{,}375} = 2{,}370 \text{ kg/m}^3$

c) 166 l

Frischbetonprüfung

Unter Verwendung von m_z = 50 kg Zement CEM II/A-LL 42,5 R werden 400 kg Frischbeton hergestellt. Bei der Frischbetonprüfung wird Folgendes ermittelt:
Ausbreitmaß: a = 42 cm
Abstich beim
Verdichtungsversuch: s = 40 mm
Masse der Würfelform (150 mm): m_0 = 2,75 kg,

Gesamtmasse Form +
verdichteter Frischbeton: $m = 10{,}75$ kg,
10 kg Frischbeton wiegen nach
dem Darren: $m_{b,d} = 9{,}32$ kg.

a) Welcher Konsistenzklasse bzw. Konsistenz ist der Frischbeton zuzuordnen?
b) Wie groß ist die Frischbetonrohdichte?
c) Wie groß ist der Wassergehalt w in kg/m³?
d) Wie groß ist der Zementgehalt z in kg/m³?
e) Wie groß ist der w/z-Wert der Mischung?
f) Welche Betondruckfestigkeit ist zu erwarten?
g) Welcher Druckfestigkeitsklasse wird der erhärtete Beton entsprechen?

Lösung:

a) Ausbreitmaß   F3   Konsistenz
   Verdichtungsmaß C2 plastisch/ weich

b) $\rho = \dfrac{m}{V}$

   $m = 10{,}75 - 2{,}75 = 8{,}0$ kg

   $V = 15 \cdot 15 \cdot 15 = 3375$ cm³

   $\rho = \dfrac{8 \cdot 10^3}{3375} = 2{,}37$ kg/dm³

c) w in 10 kg Frischbeton: $10{,}0 - 9{,}32 = 0{,}68$ kg
   w in 2370 kg Frischbeton:
   $\dfrac{2370}{10} = \dfrac{w}{0{,}68} \Rightarrow w = 161$ kg/m³

d) $\dfrac{400}{50} = \dfrac{2370}{z} \Rightarrow z = \dfrac{2370 \cdot 50}{400}$
   $= 296$ kg/m³

e) $w/z = \dfrac{161}{296} = 0{,}54$

f) Walz-Kurve: Festigkeit ~ 46...47 N/mm²

g) C30/37

Konformitätsnachweis eines Transportbetons

Für die stetige Herstellung eines Transportbetons der Festigkeitsklasse C20/25 ist die Konformität nachzuweisen. Dazu liegen 15 Prüfergebnisse F [kN] von Würfeln mit 15 cm Kantenlänge nach Trockenlagerung vor. Die Standardabweichung aus der Erstherstellung beträgt $\sigma = 3{,}55$ N/mm².

Probe	1	2	3	4	5
F [kN]	832,5	700,0	880,0	609,8	598,5
Probe	6	7	8	9	10
F [kN]	832,5	672,8	794,3	879,8	684,0
Probe	11	12	13	14	15
F [kN]	855,0	659,3	648,0	855,0	866,3

Werden die Anforderungen an die Festigkeitsklasse erfüllt?

Lösung:

Probe	f^{ci}	Umrechnung · 0,92	Kriterium 1 min. f_{ci}	Kriterium 2 min. f_{cm}
1	37,0	34,0		
2	31,1	28,6		
3	39,1	36,6		
4	27,1	24,9		
5	26,6	<u>24,5</u>	24,5	31,0
6	37,0	34,0		
7	29,0	27,5		
8	35,3	32,5		
9	39,1	36,0		
10	30,4	28,0		
11	38,0	35,0		
12	29,3	27,0		
13	28,8	26,5		
14	38,0	35,0		
15	38,5	35,4		

$f_{ci} \geq 25 - 4 = 21{,}0$
$f_{cm} \geq 25 + 1{,}48 \cdot \sigma$
$f_{cm} \geq 25 + 1{,}48 \cdot 3{,}55 = 30{,}2$

Zusammenfassende Aufgabe Betontechnologie

Im Winter soll direkt an einer stark befahrenen Straße die Außenwand eines Industriegebäudes in Sichtbeton erstellt werden. Die Wand ist von innen einem mäßigen chemischen Angriff ausgesetzt. Die Anforderungen des Tragwerksplaners sind: bewehrter WU Beton der Druckfestigkeitsklasse C25/30. Der lichte Abstand zwischen den Bewehrungsstäben beträgt 20 mm. Die Überdeckung der Bewehrung soll 40 mm betragen. Für die unteren Betonierlagen ist eine weiche Konsistenz und für die oberen eine plastische Konsistenz einzustellen.

Dem Transportbetonunternehmen stehen als Ausgangstoffe zur Verfügung: CEM I 42,5 R mit ρ = 3,12 kg/dm³; CEM II B-LL 52,5 N mit ρ = 3,18 kg/dm³ und CEM III A 32,5 N mit ρ = 3,28 kg/dm³. Die Temperatur des Zementsilos beträgt maximal 50 °C. Als Gesteinskörnung stehen zur Verfügung: Rheinsand und Rheinkies, gelagert in Taschensilos in Kornfraktion Sand 0/4 mit u = 2,5% und ρ = 2,60 kg/dm³ und einem Mehlkornanteil von 2% sowie gewaschener Rheinkies mit geringem Wasseranspruch der Kornfraktionen 4/8 mit u = 1,2% mit ρ = 2,65 kg/dm³, Kornfraktion 8/16 mit u = 1,25% und ρ = 2,68 kg/dm³, Kornfraktion 16/32 mit u = 1,15% und ρ = 2,65. Mit gleich großen Anteilen der gegebenen Kornfraktionen kann ein Korngemisch mit einer Sieblinie genau in der Mitte des Bereichs 3 zusammengestellt werden. Die Silos haben als niedrigste Temperatur 10 °C. Das Wasser hat im Winter 8 °C.

Betonlabor:
a) Ordnen Sie den Beton den entsprechenden Expositionsklassen zu.
b) Wählen Sie einen verfügbaren Zement aus.
c) Begründen Sie die Wahl des Zementes.
d) Ermitteln Sie die Körnungsziffer der Gesteinskörnung.
e) Welche Anforderung stellen Sie an die Gesteinskörnung?
f) Bestimmen Sie den maximal einzuhaltenden w/z-Wert.
g) Wie groß ist der erforderliche Wassergehalt für 1 m³ Beton (gerundet auf ± 1 l/m³)?
h) Wie groß ist der erforderliche Zementgehalt für 1 m³ Beton?
i) Erstellen Sie die Mischanweisung für 1 m³ Beton hergestellt aus den vorhandenen Ausgangsstoffen.
j) Überprüfen Sie den Mehlkorngehalt der Mischung.
k) Legen Sie fest, ob es ein Beton nach Eigenschaften oder nach Zusammensetzung ist. Begründen Sie die Festlegung.
l) Ordnen Sie den Beton der passenden Überwachungsklasse zu.
m) Berechnen Sie die zu erwartende Frischbetontemperatur.
n) Wie können Sie diese so steuern, dass Sie zu den vorgesehenen Terminen auf alle Fälle betonieren können?

Baustelle:
a) Vor dem Einbau sollen welche wichtigsten Frischbetoneigenschaften geprüft werden?
b) Wie hoch muss die Temperatur des Frischbetons beim Einbau sein?
c) Worauf müssen Sie beim Einbau und der Nachbehandlung achten?
d) Wie überprüfen Sie die Verarbeitbarkeit des Betons?
e) Wie steuern Sie die erforderliche Konsistenzen beim Einbau? Was müssen Sie dabei beachten?
f) Welche Art von Prüfkörper und in welcher Mindestanzahl müssen für den Nachweis der geplanten Eigenschaften hergestellt werden?

Überwachungstelle:
Die Fremdüberwachung hat die an der Baustelle entnommenen Prüfkörper einen Tag nach der Herstellung ausgeschalt, danach 6 Tage unter Wasser und danach im Normklima gelagert. Die Prüfung der Druckfestigkeit im Alter von 7 Tagen ergab folgende Prüfergebnisse:

Würfel Nr.	1	2	3	4	5	6
Bruchlast [kN]	900	980	970	980	980	950

Die Prüfung der Druckfestigkeit im Alter von 28 Tagen ergab folgende Prüfergebnisse:

Würfel Nr.	1	2	3	4	5	6	7	8
Bruchlast [kN]	1250	1220	1280	1270	1300	1420	1320	1280

Die WU-Prüfung im Alter von 28 Tage ergab eine mittlere Eindringtiefe von 40 mm.

Überprüfen Sie, ob die Annahmekriterien nach DIN 1045-2 für diesen Beton erfüllt sind, wenn Sie wissen, dass Betone aus der gleichen Betonfamilie nach 7 Tagen 70% der zu erwartenden Druckfestigkeit erreicht haben.

Lösung:

Betonlabor
a) XC4, XD1, XF2
b) CEM I 42,5 R
c) Winterbaustelle, CEM II wegen Expositionsklasse (D+F ausgeschlossen)
d) D = 16 mm, Mitte Bereich 3 → k = 4,13
da geringer Wasseranspruch und Winter gewählt 170 l
e) MS 25
f) ohne LP w/z aus Expositionsklasse = 0,50 − 0,03 = 0,47
aus Expositionsklasse C35/45 → aus Walzkurve = 0,47
gewählt w/z = 0,47
g) Konsistenz plastisch, Mitte Bereich 3 → w = 167 l ± 15
da geringer Wasseranspruch und Winter gewählt 170 l
h) z = 360 kg > z_{min} = 320 kg
i) $g = 1000 - \dfrac{360}{3{,}18} 170 - 15 = 702$ l

Sand feucht = 617 kg, Kies 4/8 = 621 kg, Kies 8/16 = 628 kg
Zugabewasser = 170 − 30 = 140 l; z = 360 kg

j) Mehlkorn = 360 + 2% · 617
= 372 < 450 kg/m³
k) Beton nach Eigenschaften (WU, Sichtbeton)
l) ÜK 2 (Beton nach Eigenschaften)
m) $T\,°C = 0{,}1 \cdot 50 + 0{,}7 \cdot 10 + 0{,}20 \cdot 8$
= 13,6 °C
n) warmes Wasser usw.

Baustelle:
a) Konsistenz, Temperatur, Rohdichte und Luftgehalt
b) zwischen 5 °C und 30 °C.
c) Einbau:
Schalung nicht gefroren, keine Stahlschalung verwenden, wenn die Baustelle keine Wintereinrichtungen hat; Temperatur des Betons entsprechend den Außentemperaturen wählen
Nachbehandlung:
Schutz gegen vorzeitiges Auskühlen
Wärmedämmende Stoffe verwenden, nicht nässen
Schutz vor Niederschlägen, Schwingungen, Erschütterungen
d) Ausbreitmaß
e) Durch die Zugabe von Fließmittel. Mischzeit nach Zugabe je 1 Minute pro m³ Beton, Mindestmischzeit 5 Minuten
f) Würfel mit der Kantenlänge von 150 mm, mind. 5 Stück.

Überwachungsstelle:

Würfel	Fläche 150 · 150	Bruchlast	Alter	Umrechnungsfaktor Lagerung		$f_{c,cube}$
				im Wasser	trocken	[N/mm²]
1	22,5	900	1,3	1		52,00
2	22,5	980	1,3	1		56,62
3	22,5	970	1,3	1		56,04
4	22,5	980	1,3	1		56,62
5	22,5	980	1,3	1		56,62
6	22,5	950	1,3	1		54,89
1	22,5	1250	1		0,92	55,56
2	22,5	1220	1		0,92	54,22
3	22,5	1280	1		0,92	56,89
4	22,5	1270	1		0,92	56,44
5	22,5	1300	1		0,92	57,78
6	22,5	1420	1		0,92	63,11
7	22,5	1320	1		0,92	58,67
8	22,5	1280	1		0,92	56,89

Annahmekriterien für Baustellen:

Beton	Anzahl Proben n	f_{ck}	f_{ci}	f_{cm}	
C 35/45	14	45	41	48,84	Soll (berechnet)
				56,60	Ist (aus Versuchen)

Kriterium 1 = $f_{ci} > f_{ck} - 4 = 41 \geq 45\text{-}4$ erfüllt
Kriterium 2 = $f_{cm} > f_{ck} + (1{,}65\text{-}2{,}58 \cdot \sqrt{14}) \cdot 4 = 56{,}5 \geq 48{,}84$ erfüllt

$e = 40$ mm WU-Beton erfüllt die Anforderung für Außenbauteil

Zu Kapitel 9 – Mauerwerk

Mauersteine

Die Versuche bei der Eigenüberwachung von Mauersteinen aus Kalksandstein mit Format 3DF ergaben folgende Werte:

	Masse (kg)		Bruchlast				
	Luft-lagerung	nach Ofen-trocknung	max. F (kN)	h (M.-%)	β_D (N/mm²)	ρ_R (kg/dm³)	
Stein 1	7,652	7,502	1142				
Stein 2	7,522	7,360	1033				
Stein 3	7,545	7,404	1180				
			i. M.				

Es sind zu ermitteln:
a) die Gleichgewichtsfeuchte
b) die Festigkeitsklasse der Steine,
c) die Rohdichteklasse der Steine.

Lösung:

	Masse (kg)		Bruchlast max F (kN)	h (M.-%)	β_D (N/mm²)	ρ_R (kg/dm³)
	Luftlagerung	nach Ofentrocknung				
Stein 1	7,652	7,502	1142	2,0	27,2	1,58
Stein 2	7,522	7,360	1033	2,2	24,6	1,55
Stein 3	7,545	7,404	1180	1,9	28,1	1,56
			i. M.	2,1	26,6	1,56

3 DF = 240 · 175 · 113
A = 42 000 mm²
V = 4,746 dm³

a) $h = \dfrac{m_d - m_h}{m_d} \cdot 100$

b) $\beta_d = \dfrac{\max F}{A}$ Einzelwert > 20, Mittel > 25 N/mm²; Festigkeitsklasse 20

c) $\rho_R = \dfrac{m_d}{V} \rho_R < 1,6$ kg/dm³, Rohdichteklasse 1,4

Mauerwerk
Bei der Prüfung von Mauerwerk werden die Mauersteine und der Mauermörtel geprüft. Die Versuche ergaben folgende Einzelwerte für die Trockenmasse m_d und die Bruchlast max. D:

	Probe	Masse m_d (kg)	Bruchlast max. D (kN)	
Mauerstein	1	3,410	982	
240 · 115 · 71 (mm)	2	3,566	1040	
Vollziegel Mz – DIN 105	3	3,312	910	
Kalkzementmörtel	1	–	8,8	8,6
Prismen	2	–	7,6	8,0
40 · 40 · 160 (mm)	3	–	8,2	8,3

a) Geben Sie die vollständige Bezeichnung der Mauersteine an. (Norm – Steinbezeichnung – Festigkeitsklasse – Rohdichteklasse – Format)
b) Welche Festigkeit ist für eine Wandscheibe aus diesen beiden Komponenten zu erwarten?

Lösung:

a) $\rho_z(\text{i.M.}) = \dfrac{m_d}{V} = 1,75$ kg/dm³

$\Rightarrow$ Rohdichteklasse 1,8

$\beta_z(\text{i.M.}) = \dfrac{D}{A} = 35,4$ N/mm²

$\Rightarrow$ Festigkeitsklasse 28

Vollziegel Mz – DIN 105 28 – 1,8 – NF

b) Kalkmörtelprismen: R_f (i. M.) = 8,25 kN,
R_c (i. M.) = 5,2 N/mm²
$$\beta_{WS} = 0{,}8 \cdot \beta_z^{0{,}2} \cdot R_c^{0{,}2} = 0{,}8 \cdot 35{,}4^{0{,}7} \cdot 5{,}2^{0{,}2}$$
$$= 13{,}5 \text{ N/mm}^2$$

Berechnung der Tragfähigkeit einer Mauerwerk-Wandscheibe

Bei der Vorberechnung einer Wandscheibe aus Kalksandsteinen (KS) und Kalkzementmörtel (KZM) sind folgende Vorgaben zu berücksichtigen: Zusammendrückung unter Gebrauchslast
$\Delta = 0{,}15$ mm auf 200 mm Messlänge l_0, Rechenwert des E-Moduls $E = 5400$ N/mm²
a) Wie groß ist die rechnerische Beanspruchung (Spannung in N/mm²) in der Wandscheibe unter Gebrauchslast?
b) Welche Steinfestigkeitsklasse (Mittelwert) ist erforderlich, wenn die Bruchspannung der Wandscheibe als das 3-fache der Gebrauchsspannung und die Bruchfestigkeit des Mörtels mit $R_c = 5$ N/mm² in Ansatz gebracht werden sollen?

Lösung:

a) $E = \dfrac{\sigma}{\varepsilon} \Rightarrow \sigma = E \cdot \varepsilon = E \cdot \dfrac{\Delta l}{l_0}$
$$= 5400 \cdot \frac{0{,}15}{200}$$
$$= 4{,}05 \text{ N/mm}^2$$

b) $\sigma_u = 3 \cdot 4{,}1 = 12{,}3$ N/mm²
$12{,}3 = 0{,}8 \cdot \beta_z^{0{,}7} \cdot R_c^{0{,}2}$
$$\Rightarrow \beta_z^{0{,}7} = \frac{12{,}3}{0{,}8 \cdot 5^{0{,}2}} = 11{,}1 \text{ N/mm}^2$$
$$\beta_z = 11{,}1 \cdot \frac{1}{0{,}7} = 31 \text{ N/mm}^2$$
$\Rightarrow$ Festigkeitsklasse 28

Literaturverzeichnis

[1.1] DIN 4172: Maßordnung im Hochbau, 07-1955.
[1.2] DIN 18 202 und 18 203: Toleranzen im Hochbau – Bauwerke, 08-2006 und 08-2008.
[1.3] DIN V 4108: Wärmeschutz und Energie-Einsparung in Gebäuden
[1.4] DIN EN 13 755: Prüfverfahren für Naturstein – Bestimmung der Wasseraufnahme bei atmosphärischem Druck, 08-2008.
[1.5] DIN 18 195: Bauwerksabdichtungssysteme. 08-2000.
[1.6] DIN 52 108: Prüfung anorganischer nichtmetallischer Werkstoffe – Verschleißprüfung mit der Schleifscheibe nach Böhme – Schleifscheiben-Verfahren, 05-2010.
[1.7] DIN 4102: Brandverhalten von Baustoffen und Bauteilen, 05-1998.
[1.8] DIN 4109: Schallschutz im Hochbau, 11-1989.
[1.9] Neubert, B.; Weber, S.: *Baustoffkunde.* Vorlesungsmanuskript Hochschule für Technik Stuttgart, SS 2005, laufend aktualisiert.

[2.1] DIN EN 10 001: Begriffsbestimmung und Einteilung von Roheisen, 03-1991.
[2.2] DIN EN 1582:, 08-2006 und 08-2008.
[2.3] DIN EN 10 020: Begriffsbestimmung für die Einteilung der Stähle, 07-2000.
[2.4] DIN EN 10 052: Begriffe der Wärmebehandlung von Eisenwerkstoffen, 01-1994.
[2.5] DIN EN 10 027: Bezeichnungssysteme für Stähle, 10-2005.
[2.6] DIN EN 1011: Empfehlungen zum Schweißen metallischer Werkstoffe, 01-2001.
[2.7] DIN EN 10 025: Warmgewalzte Erzeugnisse aus Baustählen, 02-2005.
[2.8] DIN 488: Betonstahl, 08-2009
[2.9] DIN 1045: Tragwerke aus Beton, Stahlbeton und Spannbeton, 08-2008.
[2.10] DIN EN 485: Aluminium und Aluminiumlegierungen – Bänder, Bleche und Platten, 02-2010.
[2.11] DIN EN 754: Aluminium und Aluminiumlegierungen – Gezogene Stangen und Rohre, 06-2008.
[2.12] DIN EN 755: Aluminium und Aluminiumlegierungen – Stranggepresste Stangen, Rohre und Profile, 06-2008.
[2.13] DIN 4113: Aluminiumkonstruktionen unter vorwiegend ruhender Belastung, 05-1980.
[2.14] Neubert, B.; Weber, S.: *Baustoffkunde.* Vorlesungsmanuskript Hochschule für Technik Stuttgart, SS 2005, laufend aktualisiert.

[3.1] DIN 52 182, 52 184, 52 185, 52 186, 52 187, 52 188, 52 189, 52 192: Prüfung von Holz, 09-1976, 05-1979, 09-1976, 05-1978, 05-1979, 05-1979, 12-1981, 05-1979.
[3.2] DIN 4072: Gespundete Bretter aus Nadelholz, 08-1977.
[3.3] DIN EN 338: Bauholz für tragende Zwecke – Festigkeitsklassen, 02-2010.
[3.4] DIN EN 1194: Brettschichtholz – Festigkeitsklassen und Bestimmung charakteristischer Werte, 05-1999.
[3.5] DIN 68 364: Kennwerte von Holzarten, 05-2003.
[3.6] DIN EN 10 025: Warmgewalzte Erzeugnisse aus Baustählen, 02-2005.
[3.7] DIN 488: Betonstahl, 08-2009.
[3.8] DIN 1052: Entwurf, Berechnung und Bemessung von Holzbauwerken – Allgemeine Bemessungsregeln und Bemessungsregeln für den Hochbau, 12-2008.
[3.9] DIN EN 350: Natürliche Dauerhaftigkeit von Vollholz, 10-1994.
[3.10] DIN 68 800: Holzschutz im Hochbau, 05-1974.
[3.11] DIN 68 365: Schnittholz für Zimmerarbeiten – Sortierung nach dem Aussehen - Nadelholz, 12-2008.
[3.12] DIN 18 334: VOB Vergabe- und Vertragsordnung für Bauleistungen – Teil C: Allgemeine Technische Vertragsbedingungen für Bauleistungen – Zimmer- und Holzbauarbeiten, 04-2010.
[3.13] DIN 68 141: Holzklebestoffe – Prüfung der Gebrauchseigenschaften von Klebstoffen für tragende Holzbauteile, 01-2008.
[3.14] DIN EN 636: Sperrholz – Anforderungen, 07-2003.
[3.15] DIN 68 705: Sperrholz, 10-2003.

[3.16] DIN 68 762: Spanplatten für Sonderzwecke im Bauwesen, 03-1982.
[3.17] DIN EN 316: Holzfaserplatten – Definition, Klassifizierung und Kurzzeichen, 07-2009.
[3.18] NEUBERT, B.; WEBER, S.: *Baustoffkunde*. Vorlesungsmanuskript Hochschule für Technik Stuttgart, SS 2005, laufend aktualisiert.

[4.1] DIN 52 106: Prüfung von Gesteinskörnung – Untersuchungsverfahren zur Beurteilung der Verwitterungsbeständigkeit, 07-2004.
[4.2] DIN 52 100: Naturstein – Gesteinskundliche Untersuchungen – Allgemeines und Übersicht, 06-2007.
[4.3] DIN 52 101: Prüfverfahren für Gesteinskörnungen – Probenahme, 06-2005.
[4.4] DIN 52 102: Prüfverfahren für Gesteinskörnungen – Bestimmung der Trockenrohdichte mit dem Messzylinderverfahren und Berechnung des Dichtigkeitsgrades. 02-2006.
[4.5] DIN 52 009: Prüfverfahren für Gesteinskörnungen – Bestimmung der Wasseraufnahme unter Druck, 02-2006.
[4.6] DIN EN 1367: Prüfverfahren für thermische Eigenschaften und Verwitterungsbeständigkeit von Gesteinskörnungen, 06-2007.
[4.7] DIN EN 1926: Prüfverfahren für Naturstein – Bestimmung der einachsigen Druckfestigkeit, 03-2007.
[4.8] DIN 52 106: Prüfung von Gesteinskörnungen – Untersuchungsverfahren zur Beurteilung der Verwitterungsbeständigkeit, 07-2004.
[4.9] DIN 52 108: Prüfung anorganischer nichtmetallischer Werkstoffe – Verschleißprüfung mit der Schleifscheibe nach BÖHME – Schleifscheiben-Verfahren, 05-2010.
[4.10] DIN EN 1097: Prüfverfahren für mechanische und physikalische Eigenschaften von Gesteinskörnungen, 07-2010.
[4.11] DIN EN 12 370: Prüfverfahren für Naturstein – Bestimmung des Widerstandes gegen Kristallisation von Salzen, 06-1999.
[4.12] DIN EN 12 372: Prüfverfahren für Naturstein – Bestimmung der Biegefestigkeit unter Mittellinienlast, 02-2007.
[4.13] DIN EN 933: Prüfverfahren für geometrische Eigenschaften von Gesteinskörnungen, 01-2006.

[4.14] DIN 52 115: Prüfung von Gesteinskörnungen – Schlagversuch, 06-1997
[4.15] DIN EN 1925: Prüfverfahren für Naturstein – Bestimmung des Wasseraufnahmekoeffizienten infolge Kapillarwirkung, 05-1999.
[4.16] DIN 1936: Prüfverfahren für Naturstein – Bestimmung der Reindichte, der Rohdichte, der offenen Porosität und der Gesamtporosität, 02-2007
[4.17] DIN EN 12 371: Prüfverfahren für Naturstein – Bestimmung des Frostwiderstandes, 07-2010.
[4.18] DIN 18 515: Außenwandbekleidungen, 08-1998
[4.19] NEUBERT, B.; WEBER, S.: *Baustoffkunde*. Vorlesungsmanuskript Hochschule für Technik Stuttgart, SS 2005, laufend aktualisiert.

[5.1] DIN EN 12 620: Gesteinskörnungen für Beton, 07-2008.
[5.2] DIN 1045: Tragwerke aus Beton, Stahlbeton und Spannbeton, 08-2008.
[5.3] DIN EN 13 055: Leichte Gesteinskörnungen, 08-2002.
[5.4] DIN V 18 004: Anwendungen von Bauprodukten in Bauwerken – Prüfverfahren für Gesteinskörnungen nach DIN V 20 000-103 und DIN V 20 000-104, 04-2004.
[5.5] DIN 4226: Gesteinskörnungen für Beton und Mörtel, 02-2002.
[5.6] DIN EN 206: Beton, 07-2001.
[5.7] DIN EN 1097: Prüfverfahren für mechanische und physikalische Eigenschaften von Gesteinskörnungen, 07-2010.
[5.8] DIN EN 1367: Prüfverfahren für thermische Eigenschaften und Verwitterungsbeständigkeit von Gesteinskörnungen, 06-2007.
[5.9] DIN EN 1744: Prüfverfahren für chemische Eigenschaften von Gesteinskörnungen, 04-2010.
[5.10] NEUBERT, B.; WEBER, S.: *Baustoffkunde*. Vorlesungsmanuskript Hochschule für Technik Stuttgart, SS 2005, laufend aktualisiert.
[5.11] VDZ: Zement-Taschenbuch, 51. Ausgabe. Düsseldorf: Verlag Bau und Technik, 2008.

[6.1] DIN EN 459: Baukalk, 08-2008.
[6.2] DIN EN 197: Zement, 09-2009.

[6.3] DIN 1164: Zement mit besonderen Eigenschaften, 08-2004.
[6.4] DIN EN 14 216: Zement, Zusammensetzung, Anforderungen und Konformitätskriterien von Sonderzement mit sehr niedriger Hydratationswärme, 08-2004.
[6.5] DIN EN 196: Prüfverfahren für Zement, 05-2005.
[6.6] DIN 51 043: Trass, Anforderungen, Prüfung, 08-1979.
[6.7] DIN EN 450: Flugasche für Beton, 05-2008.
[6.8] DIN EN 413: Putz- und Mauerbinder, 05-2004.
[6.9] DIN 18 506: Hydraulische Beton- und Tragschichtbinder, 02-2002.
[6.10] DIN EN 12 860: Gipskleber für Gips-Wandbauplatten, Begriffe, Anforderungen und Prüfverfahren, 07-2002.
[6.11] DIN EN 13 454: Calciumsulfat-Binder, Calciumsulfat-Compositbinder und Calciumsulfat-Werkmörtel für Estriche, 01-2005.
[6.12] DIN EN 14 016: Bindemittel für Magnesiaestriche – Kaustische Magnesia und Magnesiumchlorid, 04-2004.
[6.13] NEUBERT, B.; WEBER, S.: *Baustoffkunde*. Vorlesungsmanuskript Hochschule für Technik Stuttgart, SS 2005, laufend aktualisiert.
[6.14] VDZ: Zement-Taschenbuch, 51. Ausgabe. Düsseldorf: Verlag Bau und Technik, 2008.

[7.1] DIN EN 206: Beton, 07-2001.
[7.2] DIN 1045: Tragwerke aus Beton, Stahlbeton und Spannbeton, 08-2008.
[7.3] DIN 4030: Beurteilung betonangreifender Wässer, Böden und Gase, 06-2008.
[7.4] DIN EN 197: Zement, 09-2009.
[7.5] DIN 1164: Zement mit besonderen Eigenschaften, 08-2004.
[7.6] DIN EN 12 620: Gesteinskörnungen für Beton, 07-2008.
[7.7] DIN EN 1008: Zugabewasser für Beton, Festlegung für die Probenahme, Prüfung und Beurteilung der Eignung von Wasser, einschließlich bei der Betonherstellung anfallendem Wasser, als Zugabewasser für Beton, 10-2002.
[7.8] DIN EN 12 878: Pigmente zum Einfärben von zement- und/oder kalkgebundenen Baustoffen – Anforderungen und Prüfverfahren, 05-2006.
[7.9] DIN EN 450: Flugasche für Beton, 05-2008.
[7.10] DIN 51 043: Trass, Anforderungen, Prüfung, 08-1979.

[7.11] DIN EN 13 263: Silikastaub für Beton, 07-2009.
[7.12] DIN EN 934: Zusatzmittel für Beton, Mörtel und Einpressmörtel, 04-2008.
[7.13] DIN EN 12 350: Prüfung von Frischbeton, 08-2009.
[7.14] DIN EN 12 504: Prüfung von Beton in Bauwerken, 07-2009.
[7.15] DIN EN 12 390: Prüfung von Festbeton, 02-2001.
[7.16] NEUBERT, B.; WEBER, S.: Baustoffkunde. Vorlesungsmanuskript Hochschule für Technik Stuttgart, SS 2005, laufend aktualisiert.
[7.17] WEBER, S: Betoninstandsetzung, Vieweg + Teubner Verlag, GWV Fachverlage GmbH, Wiesbaden 2009, S. 243.
[7.18] PICKHARDT, R.; BOSE, T.; SCHÄFER, W. : Beton – Herstellung nach Norm,17., überarb. Aufl. Düsseldorf: Verlag Bau+Technik, 2006.
[7.19] Bautabellen für Ingenieure, Herausgegeben A.Goris, 19. Auflage, Werner Verlag, Köln, 2010..
[7.20] VDZ: Zement-Taschenbuch, 51. Ausgabe. Düsseldorf: Verlag Bau + Technik, 2008, S. 894.
[7.21] DIN 1045: Tragwerke aus Beton, Stahlbeton und Spannbeton, 08-2008.
[7.22] DIN EN 14 487: Spritzbeton, 03-2006.
[7.23] DIN 1164: Zement mit besonderen Eigenschaften, 08-2004.
[7.24] DIN EN 206: Beton, 07-2001.
[7.25] DIN 25 413: Klassifikation von Abschirmbetonen nach Elementanteilen, 07-1991.
[7.26] DIN V18 500: Betonwerkstein – Begriffe, Anforderungen, Prüfung, Überwachung, 12-2006.
[7.27] DIN EN 1339: Platten aus Beton – Anforderungen und Prüfverfahren, 08-2010.
[7.28] DIN 483: Bordsteine aus Beton – Formen, Maße, Kennzeichnung, 10-2005.
[7.29] DIN V 1201: Rohre und Formstücke aus Beton, Stahlfaserbeton und Stahlbeton für Abwasserleitungen und -kanäle – Typ 1 und Typ 2 – Anforderungen, Prüfung und Bewertung der Konformität, 08-2004.
[7.30] DIN EN 1916: Rohre und Formstücke aus Beton, Stahlfaserbeton und Stahlbeton, 04-2003.
[7.31] DIN V 18 153: Mauersteine aus Beton, 10-2005.
[7.32] DIN EN 490: Dach- und Formsteine aus Beton für Dächer und Wandbekleidungen – Produktanforderungen, 09-2006.

[7.33] DIN V 4034: Schächte aus Beton-, Stahlfaserbeton- und Stahlbetonfertigteilen für Abwasserleitungen und -kanäle – Typ 1 und Typ 2 – Anforderungen, Prüfung und Bewertung der Konformität, 08-2004.
[7.34] DIN 4052: Betonteile und Eimer für Straßenabläufe, 05-2006.
[7.35] DIN EN 12 843: Betonteile – Maste, 11-2004.
[7.36] DIN EN 494: Faserzement-Wellplatten und dazugehörige Formteile – Produktionsspezifikation und Prüfverfahren, 06-2007.
[7.37] DIN EN 12 763: Faserzementrohre und -formstücke für Hausentwässerungssysteme, 10-2000.
[7.38] DIN EN 492: Faserzement-Dachplatten und dazugehörige Formteile – Produktionsspezifikation und Prüfverfahren, 12-2006.
[7.39] Neubert, B.; Weber, S.: *Baustoffkunde.* Vorlesungsmanuskript Hochschule für Technik Stuttgart, SS 2005, laufend aktualisiert.
[7.40] VDZ: Zement-Taschenbuch, 51. Ausgabe. Düsseldorf: Verlag Bau + Technik, 2008, S. 894.
[7.41] DIN EN 206: Beton, 07-2001.
[7.42] DIN 1045: Tragwerke aus Beton, Stahlbeton und Spannbeton, 08-2008.
[7.43] DIN 4108: Wärmeschutz und Energie-Einsparung in Gebäuden, 07-2001.
[7.44] DIN EN 13055: Leichte Gesteinskörnungen, 08-2002.
[7.45] DIN 4301: Eisenhüttenschlacke und Metallhüttenschlacke im Bauwesen, 06-2009.
[7.46] DIN 4213: Anwendung von vorgefertigten bewehrten Bauteilen aus haufwerksporigem Leichtbeton in Bauwerken, 07-2003.
[7.47] DIN 4223: Vorgefertigte bewehrte Bauteile aus dampfgehärtetem Porenbeton, 12-2003.
[7.48] DIN 4158: Zwischenbauteile aus Beton für Stahlbeton- und Spannbetondecken, 05-1978.
[7.49] DIN 18 150: Baustoffe und Bauteile für Hausschornsteine – Formstücke aus Leichtbeton, 09-1979.
[7.50] DIN 18 147: Baustoffe und Bauteile für dreischalige Hausschornsteine – Formstücke aus Leichtbeton für die Außenschale, Anforderungen und Prüfungen, 11-1982.
[7.51] DIN V 18 151: Hohlblöcke aus Leichtbeton, 10-2005.
[7.52] DIN V 18 152: Vollsteine und Vollblöcke aus Leichtbeton, 10-2005.
[7.53] DIN 18 148: Hohlwandplatten aus Leichtbeton, 10-2000.

[7.54] DIN 18 162: Wandbauplatten aus Leichtbeton, unbewehrt, 10-2000.
[7.55] DIN EN 771: Festlegungen für Mauersteine, 05-2005.
[7.56] DIN 4166: Porenbeton-Bauplatten und Porenbeton-Planbauplatten, 10-1997.
[7.57] Neubert, B.; Weber, S.: *Baustoffkunde.* Vorlesungsmanuskript Hochschule für Technik Stuttgart, SS 2005, laufend aktualisiert.
[8.1] DIN EN 771: Festlegungen für Mauersteine, 05-2005.
[8.2] DIN V 20 000: Anwendung von Bauprodukten in Bauwerken, 06-2005.
[8.3] DIN V 105: Mauerziegel, 10-2005.
[8.4] DIN 105: Mauerziegel – Leichtlanglochziegel und Leichtlangloch-Ziegelplatten, 05-1984.
[8.5] DIN EN 1304: Dachziegel und Formziegel – Begriffe und Produktanforderungen, 07-2008.
[8.6] DIN EN 539: Dachziegel für überlappende Verlegung – Bestimmung der physikalischen Eigenschaften, 12-2005.
[8.7] DIN EN 14 411: Keramische Fliesen und Platten – Begriffe, Klassifizierung, Gütemerkmale und Kennzeichnung, 03-2007.
[8.8] DIN EN ISO 10 545: Keramische Fliesen und Platten, 03-1999.
[8.9] DIN EN 295: Steinzeugrohre und Formstücke sowie Rohrverbindungen für Abwasserleitungen und -kanäle, 05-1999.
[8.10] DIN 18 361: VOB Vergabe- und Vertragsordnung für Bauleistungen – Teil C: Allgemeine Technische Vertragsbedingungen für Bauleistungen – Verglasungsarbeiten, 04-2010.
[8.11] DIN 1249: Flachglas im Bauwesen, 09-1986.
[8.12] DIN 4108: Wärmeschutz und Energie-Einsparung in Gebäuden, 07-2001.
[8.13] DIN EN 1051: Glassteine und Betongläser, 04-2003.
[8.14] DIN 4242: Glasbaustein-Wände, 01-1979.
[8.15] Neubert, B.; Weber, S.: *Baustoffkunde.* Vorlesungsmanuskript Hochschule für Technik Stuttgart, SS 2005, laufend aktualisiert.

[9.1] DIN 1053: Mauerwerk, 11-1996.
[9.2] DIN V 105: Mauerziegel, 10-2005.
[9.3] DIN V 106: Kalksandsteine mit besonderen Eigenschaften, 10-2005.
[9.4] DIN V 4165: Porenbetonsteine, 10-2005.
[9.5] DIN V 18 151: Hohlblöcke aus Leichtbeton, 10-2005.

[9.6] DIN V 18 152: Vollsteine und Vollblöcke aus Leichtbeton, 10-2005.
[9.7] DIN V 18 153: Mauersteine aus Beton (Normalbeton), 10-2005.
[9.8] DIN EN 771: Festlegungen für Mauersteine, 05-2005.
[9.9] DIN V 20 000: Anwendung von Bauprodukten in Bauwerken, 06-2005.
[9.10] DIN EN 998: Festlegungen für Mörtel im Mauerwerksbau, 03-2010.
[9.11] DIN EN 1015: Prüfverfahren für Mörtel für Mauerwerk, 05-2007.
[9.12] DIN 4172: Maßordnung im Hochbau, 07-1955.
[9.13] DIN 18 554: Prüfung von Mauerwerk – Ermittlung der Druckfestigkeit und des Elastizitätsmoduls, 12-1985.
[9.14] Neubert, B.; Weber, S.: *Baustoffkunde*. Vorlesungsmanuskript Hochschule für Technik Stuttgart, SS 2005, laufend aktualisiert.
[9.15] A. Goris (Hrsg.): *Bautabellen für Ingenieure*, 19. Auflage. Köln: Werner Verlag, 2010.
[9.16] DIN EN 998: Festlegungen für Mörtel im Mauerwerksbau, 03-2010.
[9.17] DIN 18 555: Prüfung von Mörteln mit mineralischen Bindemitteln, 09-1982.
[9.18] DIN EN 1015: Prüfverfahren für Mörtel für Mauerwerk, 05-2007.
[9.19] DIN 1053: Mauerwerk, 11-1996.
[9.20] DIN V 18 550: Putz und Putzsysteme – Ausführung, 04-2005.
[9.21] DIN 1045: Tragwerke aus Beton, Stahlbeton und Spannbeton, 08-2008.
[9.22] DIN 18 560: Estriche im Bauwesen, 09-2009.
[9.23] DIN EN 13 318: Estrichmörtel und Estriche, 12-2000.
[9.24] DIN EN 13 813: Estrichmörtel und Estrichmassen – Eigenschaften und Anforderungen, 01-2003.
[9.25] DIN 1100: Hartstoffe für zementgebundene Hartstoffestriche – Anforderungen und Prüfverfahren, 05-2004.
[9.26] DIN EN 445: Einpressmörtel für Spannglieder – Prüfverfahren, 01-2008.
[9.27] DIN EN 446: Einpressmörtel für Spannglieder – Einpressverfahren, 01-2008.
[9.28] DIN EN 447: Einpressmörtel für Spannglieder – Allgemeine Anforderungen, 01-2008.
[9.29] Neubert, B.; Weber, S.: *Baustoffkunde*. Vorlesungsmanuskript Hochschule für Technik Stuttgart, SS 2005, laufend aktualisiert.

[10.1] DIN EN 1427: Bitumen und bitumenhaltige Bindemittel – Bestimmung des Erweichungspunktes, Ring- und Kugelverfahren, 12-1999.
[10.2] DIN EN 1426: Bitumen und bitumenhaltige Bindemittel – Bestimmung der Nadelpenetration, 12-1999.
[10.3] DIN EN 12 593: Bitumen und bitumenhaltige Bindemittel – Bestimmung des Brechpunktes nach Fraaß, 04-2000.
[10.4] DIN 52 013: Prüfung von Bitumen, Bestimmung der Duktilität, 07-1985.
[10.5] DIN EN 12596: Bitumen und bitumenhaltige Bindemittel – Bestimmung des dynamischen Viskosität mit Vakuum-Kapillaren, 06-2007.
[10.6] DIN EN 12 606: Bitumen und bitumenhaltige Bindemittel – Bestimmung des Paraffingehaltes, 06-2007.
[10.7] DIN EN 12 592: Bitumen und bitumenhaltige Bindemittel – Bestimmung der Löslichkeit, 06-2007.
[10.8] siehe Buch Schelling Hinweis Seite 201
[10.9] DIN EN ISO 2592: Bestimmung des Flamm- und Brennpunktes – Verfahren mit offenem Tiegel nach Cleveland, 09-2002.
[10.10] DIN EN 12 591: Bitumen und bitumenhaltige Bindemittel – Anforderungen an Straßenbaubitumen, 08-2009.
[10.11] DIN 1995: Bitumen und bitumenhaltige Bindemittel – Anforderungen an die Bindemittel, 08-2005.
[10.12] DIN EN 12 697: Asphalt – Prüfverfahren für Heißasphalt, 11-2007.
[10.13] DIN 1996: Prüfung von Asphalt, 07-1984.
[10.14] DIN 18 560: Estriche im Bauwesen, 09-2009.
[10.15] DIN 18 195: Bauwerksabdichtungen, 08-2000.
[10.16] DIN 52 129: Nackte Bitumenbahnen – Begriff, Bezeichnung, Anforderungen, 11-1993.
[10.17] DIN 18 190: Dichtungsbahnen mit Metallbandeinlage – Begriff, Bezeichnung, Anforderungen, 10-1992.
[10.18] DIN 52 128: Bitumendachbahnen mit Rohfilzeinlage – Begriff, Bezeichnung, Anforderungen, 03-1977.
[10.19] DIN 52 143: Glasvlies-Bitumendachbahnen – Begriff, Bezeichnung, Anforderungen, 08-1985.
[10.20] DIN 52 130: Bitumen-Dachdichtungsbahnen – Begriffe, Bezeichnung, Anforderungen, 11-1995.
[10.21] DIN 52 131: Bitumen-Schweißbahnen – Begriff, Bezeichnung, Anforderungen, 11-1995.

[10.22] DIN 52 123: Prüfung von Bitumen- und Polymerbitumenbahnen, 08-1985.
[10.23] DIN EN 1107: Bestimmung der Maßhaltigkeit, 10-1999.
[10.24] Forschungsgesellschaft für Straßen- und Verkehrswesen: *Technische Lieferbedingungen im Straßenbau*. Köln: FGSV-Verlag, 2000.
[10.25] NEUBERT, B.; WEBER, S.: *Baustoffkunde*. Vorlesungsmanuskript Hochschule für Technik Stuttgart, SS 2005, laufend aktualisiert.

[11.1] DIN 7724: Polymere Werkstoffe – Gruppierung polymerer Werkstoffe aufgrund ihres mechanischen Verhaltens, 04-1993.
[11.2] DIN EN 607: Hängedachrinnen und Zubehörteile aus PVC-U- Begriffe, Anforderungen und Prüfung, 02-2005.
[11.3] DIN RN 654: Elastische Bodenbeläge – Polyvinylchlorid-Flex-Platten – Spezifikation, 09-2010.
[11.4] DIN EN 649: Elastische Bodenbeläge – Homogene und heterogene Polyvinylchlorid-Bodenbeläge-Spezifikation, 08-2010.
[11.5] DIN EN 650: Elastische Bodenbeläge – Bodenbeläge aus Polyvinylchlorid mit einem Rücken aus Jute oder Polyestervlies oder auf Polyestervlies mit einem Rücken aus Polyvinylchlorid-Spezifikation, 08-2010.
[11.6] DIN 8061: Rohre aus weichmacherfreiem Polyvinylchlorid (PVC-U) – Allgemeine Güteanforderungen, Prüfung, 10-2009.
[11.7] DIN 8062: Rohre aus weichmacherfreiem Polyvinylchlorid (PVC-U) – Maße, 10-2009.
[11.8] DIN 8063: Rohrverbindungen und Rohrleitungsteile für Druckrohrleitungen aus weichmacherfreiem Polyvinylchlorid (PVC-U), 12-1986.
[11.9] DIN 8074: Rohre aus Polyethylen (PE) – PE 80, PE 100 – Maße, 06-2010.
[11.10] DIN 8075: Rohre aus Polyethylen (PE) – PE 80, PE 100 – Allgemeine Güteanforderungen, Prüfungen, 06-2010.
[11.11] DIN 8076: Druckrohrleitungen aus thermoplastischen Kunststoffen – Klemmverbinder aus Metallen und Kunststoffen für Rohre aus Polyethylen (PE) – Allgemeine Güteanforderungen und Prüfung, 11-2008.
[11.12] DIN 8077: Rohre aus Polypropylen (PP) – PP-H, PP-B, PP-R. PP-RCT – Maße, 09-2008.
[11.13] DIN 8078: Rohre aus Polypropylen (PP) – PP-H, PP-B, PP-R. PP-RCT – Allgemeine Güteanforderungen, Prüfung, 09-2008.

[11.14] DIN 8079: Rohre aus chloriertem Polyvinylchlorid (PVC-C) – Maße, 10-2009.
[11.15] DIN 8080: Rohre aus chloriertem Polyvinylchlorid (PVC-C) – Allgemeine Güteanforderungen, Prüfung, 10-2009.
[11.16] DIN ISO 161.
[11.17] DIN 16 892: Rohre aus vernetztem Polyethylen hoher Dichte (PE-X), 07-2000.
[11.18] DIN 16 965: Rohre aus glasfaserverstärkten Polyesterharzen (UP-GF), 07-1982.
[11.19] DIN 16 966: Formstücke und Verbindungen aus glasfaserverstärkten Polyesterharzen (UP-GF), 11-1988.
[11.20] DIN 16 967: Formstücke und Verbindungen aus glasfaserverstärkten Polyesterharzen (EP-GF), 07-1982.
[11.21] DIN EN ISO 1452: Kunststoff-Rohrleitungssysteme für die Wasserversorgung und für erdverlegte und nicht erdverlegte Entwässerungs- und Abwasserdruckleitungen – Weichmacherfreies Polyvinylchlorid (PVC-U), 04-2010.
[11.22] DIN EN 12 201: Kunststoff-Rohrleitungssysteme für die Wasserversorgung und für Entwässerungs- und Abwasserdruckleitungen – Polyethylen (PE), 02-2010.
[11.23] DIN 19 531: Rohre und Formstücke aus weichmacherfreiem Polyvinylchlorid (PVC-U) für Abwasserleitungen innerhalb von Gebäuden, 12-1999.
[11.24] DIN EN 1519: Kunststoff-Rohrleitungssysteme zum Ableiten von Abwasser (niedriger und hoher Temperatur) innerhalb der Gebäudestruktur – Polyethylen (PE), 01-2000.
[11.25] DIN 19 535: Rohre und Formstücke aus chloriertem Polyvinylchlorid (PVC-C) für heißwasserbeständige Abwasserleitungen (HT) innerhalb von Gebäuden, 12-1999.
[11.26] DIN 19 560: Rohre und Formstücke aus Polypropylen (PP) für heißwasserbeständige Abwasserleitungen (HT) innerhalb von Gebäuden, 03-1999.
[11.27] DIN 19 561: Rohre und Formstücke aus Styrol-Copolymerisaten für heißwasserbeständige Abwasserleitungen (HT) innerhalb von Gebäuden, 12-1999.
[11.28] DIN EN 1401: Kunststoff-Rohrleitungssysteme für erdverlegte drucklose Abwasserkanäle und -leitungen – Weichmacherfreies Polyvinylchlorid (PVC-U), 07-2009.

[11.29] DIN EN 12 666: Kunststoff-Rohrleitungssysteme für erdverlegte Abwasserkanäle und -leitungen – Polyethylen (PE), 03-2006.

[11.30] DIN 16 964: Rohre aus glasfaserverstärkten Polyesterharzen (UP-GF), 11-1988.

[11.31] DIN 1187: Dränrohre aus weichmacherfreiem Polyvinylchlorid (PVC hart), 11-1982.

[11.32] DIN EN 495: Bestimmung des Verhaltens beim Falzen bei tiefen Temperaturen, 02-2001.

[11.33] DIN 18 195: Bauwerksabdichtungen, 08-2000.

[11.34] DIN 4108: Wärmeschutz und Energie-Einsparung in Gebäuden, 07-2001.

[11.35] DIN 18 159: Schaumkunststoffe als Ortschäume im Bauwesen – Polyurethan-Ortschaum für Wärme- und Kältedämmung – Anwendung, Eigenschaften, Ausführung, Prüfung, 12-1991.

[11.36] DIN 18 558: Kunstharzputze – Begriffe, Anforderungen, Ausführung, 01-1985.

[12.1] DIN 4108: Wärmeschutz und Energie-Einsparung in Gebäuden, 07-2001.

[12.2] DIN 18 365: VOB Vergabe- und Vertragsordnung für Bauleistungen – Teil C: Allgemeine Technische Vertragsbedingungen für Bauleistungen (ATV) – Bodenbelagarbeiten, 04-2010.

[12.3] DIN ISO 2424: Textile Bodenbeläge – Begriffe, 01-1999.

[12.4] DIN EN 548: Elastische Bodenbeläge – Spezifikation für Linoleum mit und ohne Muster, 08-2010.

[12.5] DIN EN 14 521: Elastische Bodenbeläge – Spezifikation für ebene Elastomer Bodenbeläge mit oder ohne Schaumunterschicht mit einer dekorativen Schicht, 09-2004.

[12.6] DIN EN 12 199: Elastische Bodenbeläge – Spezifikation für homogene und heterogene profilierte Elastomer-Bodenbeläge, 12-2009.

[12.7] DIN 18 366: VOB Vergabe- und Vertragsordnung für Bauleistungen – Teil C: Allgemeine Technische Vertragsbedingungen für Bauleistungen (ATV) – Tapezierarbeiten, 04-2010.

[12.8] DIN EN 13 300: Wasserhaltige Beschichtungsstoffe und Beschichtungssysteme für Wände und Decken im Innenbereich – Einteilung, 11-2002.

[12.9] DIN 6164: DIN-Farbenkarte, 02-1980.

[12.10] DIN 18 363: VOB Vergabe- und Vertragsordnung für Bauleistungen – Teil C: Allgemeine Technische Vertragsbedingungen für Bauleistungen (ATV) – Maler- und Lackierarbeiten – Beschichtungen, 04-2010.

[12.11] DIN EN 923: Klebstoffe – Benennungen und Definitionen, 06-2008.

[12.12] DIN 18 540: Abdichten von Außenwandfugen im Hochbau mit Fugendichtstoffen, 12-2006.

[12.13] DIN 18 361: VOB Vergabe- und Vertragsordnung für Bauleistungen – Teil C: Allgemeine Technische Vertragsbedingungen für Bauleistungen (ATV) – Verglasungsarbeiten, 04-2010.

[12.14] DIN 18 545: Abdichten von Verglasungen mit Dichtstoffen – Anforderungen an Glasfalze, 02-1992.

[13.1] DIN 1076: Ingenieurbauwerke im Zuge von Straßen und Wegen – Überwachung und Prüfung, 11-1999.

[13.2] DIN 1961: VOB Vergabe- und Vertragsordnung für Bauleistungen – Teil B: Allgemeine Vertragsbedingungen für die Ausführung von Bauleistungen, 08-2010.

[13.3] WEBER, S.: Betoninstandsetzung. Vorlesungsmanuskript Hochschule für Technik Stuttgart, SS 2006, laufend aktualisiert.

[13.4] WEBER, S: *Betoninstandsetzung*. Wiesbaden: Vieweg + Teubner Verlag, GWV Fachverlage GmbH, 2009, S. 243.

Quellenverzeichnis der Bilder

[1] R. WEBER und R. TEGELAAR: *Guter Beton.* 20. Auflage. Berlin: Verlag Bau + Technik.

[2] REINHARDT, H. W.: *Ingenieurbaustoffe.* Berlin: Verlag Wilhelm Ernst und Sohn.

[3] MÖHLER, K.: *Holz als Werkstoff, Holzbauatlas,* Teil 1. München: Institut für Internationale Architektur.

[4] WESCHE, K.: *Baustoffe für tragende Bauteile, Band 1 bis Band 4.* Wiesbaden: Bauverlag.

[5] KOLLMANN, F.: *Technologie des Holzes und der Holzwerkstoffe.* Berlin: SpringerVerlag.

Stichwortverzeichnis

A
Abdichtungen 197, 208
Abflussrohre 160
abgeschreckt 43
Abnutzungsvorrat 235
Abnutzungswiderstand 68
Abrieb 89
Abschirmbetone 155
Absetzversuch 94
Abwasserleitungen 223
Abweichung 235
Acrylharze 225
Adhäsion 233
Adsorption 67
aktiver Korrosionsschutz 42
Alkaligehalt, niedrig wirksamer 109
Alkali-Kieselsäure-Reaktion 89
Alterung 43
Alterungsbeständigkeit 32, 221
Aluminium 59
amorphe Baustoffe 15
Anfangsfestigkeit (N)
–, hohe 110
–, normale 110
Anforderungsklasse
– 1 176
– 2 176
Angriff 121
–, chemischer, Betonkorrosion 121
–, lösend 121
–, treibend 121
Anhydritbinder 112
Anlassen 47
Annahmekriterien 150
Anrechnung von Zusatzstoffen des Typs II 116
Ansteifen, falsches 109
Anstrichstoffe 208, 231
Arbeitsfugen 144
Asphalt 197
–mastix 206
–platten 207
Äste 65
Augenschein, Prüfung nach 83
Ausblühungen 31
Ausbreitmaß a 133
Ausbreitmaßklassen F 133
Ausgleichsfeuchte 20, 67
Ausgussbeton 154
aushärtbare Legierungen 59
Ausschalfristen 146

Außenputz 189, 226
Außenrüttler 143
Außenwandputz 190
Auswaschversuch 94

B
Bast 63
Baugipse 112
Baukalke 103
Baustähle 51
–, wetterfeste 54
Baustellen-Estriche 192
Baustellenmörtel 186
Baustoffe
–, amorphe 15
–, bituminöse 197
–, fasrige 15
–, feuerfeste 178
–, keramische 171
–, kristalline 15
–, künstliche 15
–, natürliche 15
–, spröde 22
–, thermoplastische 30
–, zähe 22
Bautenschutz 223
Bauwerksabdichtungen 208
BE 132
Beanspruchungsklasse 1 155
Befeuchten der Gesteinskörnung über 4 mm, gleichmäßiges 165
Befördern 142
beruhigter Stahl 44
Beschichtung 225, 231
besonders beruhigter Stahl (FF) 44
Beständigkeit 31
–, chemische 32, 221
Bestandteile AS_i, schwefelhaltige, Gehalt an 94
Bestellung 100
Beton 115
–, flüssigkeitsdichter (FD-Beton) 155
–, flüssigkeitsdichter nach Eindringprüfung (FDE-Beton) 155
–, hochfester 157
–, Mindestfestigkeitsklasse 116
– nach Eigenschaften 142
– nach Zusammensetzung 142
–, wasserundurchlässiger 154
Betondachsteine 160
Betondeckung 118

Betonfamilien 148
Betongläser 181
Betonieren
– bei hohen Temperaturen 145
– bei niedrigen Temperaturen 144
Betonkorrosion 116
– infolge chemischer Angriffe 121
Betonrohre 159
Betonstabstähle 55
Betonstähle 54
Betonstahlmatten 56
Betontragschichten 156
Betonverflüssiger BV 131
Betonwaren 158
Betonwerksteinerzeugnisse 159
Betonzusatzmittel 131
Betonzusatzstoffe 128
Bewehrungsdraht 55 f.
Bewehrungskorrosion 116
– infolge von Chloriden 121
– infolge von Karbonatisierung 119
Biegefestigkeit 24
– β_B/β_{BZ} 24
Bindemittel 103
–, hydraulische 103
Binderschichten 206
Bitumen 197
–bahnen 208
–emulsion 201
–, polymermodifiziertes 201
bituminöse Baustoffe 197
Blei 61
Bluten 118
Bodenbeläge, textile 230
Bohrkerne 137
Bordsteine 159
Borke (Rinde) 64
Brandschutzbekleidung 190
Brandschutzgläser 180
Brandverhalten 32
Brechpunkt 200
– nach Fraaß 200
Brechsand 85
Brenntemperaturen 171
Brettschichtholz (BSH) 77
Brinell-Härte 26
Bruchdehnung 29
BSH 77
BV 131

C
Calciumhydroxid 104
Calciumkarbonat 104
Calciumsilkathydrat 104
Calciumsulfat-Estriche 194
Cellulose 64

CE-Zeichen 35
chemische
– Angriffe, Betonkorrosion 121
– Beständigkeit 32, 221
Chemosorption 67
Chlorid Cl_i, Gehalt an 94
Chloride, Bewehrungskorrosion infolge von 121
Colcrete 154
Copolymerisation 213

D
Dachabdichtungen 208
Dachplatten 160
Dachziegel 176
Dämmstoffe 229
Dauerfestigkeit 50
Dauerschwingfestigkeit 23, 50
Dauerstandfestigkeit 22
Dauerstandverhalten 220
Deckanstrich 233
Deckschichten 206
Dehnung ε 28
Destillationsbitumen 197, 201
Dichte 18
dichte Scherben 172
Dichtstoffe 234
Dichtungsanstrich 208
Dicke des Estrichs 192
Dispersionen 217
Dispersionsklebstoffe 234
Drahtseile 58
Dränrohre 223
Drehwuchs 64
Druckfestigkeit 23
– f_c 23
– $f_{c,0}$ parallel zur Faserrichtung 67
– $f_{c,90}$ quer zur Faserrichtung ($\perp$) 67
Druckfestigkeitsklassen 137, 175
Druckrohre 160
D-Summe 96
Duktilität 49, 200
Dünnbettverfahren 191
Durchgänge 96
Duroplaste 214

E
Edelsplitt 85
Edelstähle
–, legierte 46
–, unlegierte 45
Eigenschaften, Beton 142
Eignungsprüfung 35, 148
Einbringen 142f.
Eindruckwiderstand 26
Einfriertemperaturbereich 212
Einkornbeton 166

Einlagerungsmischkristall 39
Einpresshilfe 195
Einpressmörtel 195
Einscheiben-Sicherheitsglas 180
Einschnürdehnung 49
Einschnürung 48
Eisen 43
– -Kohlenstoff-Diagramm 40
elastisches Verhalten 28
Elastizitätsmodul 28
Elastomer-Bodenbeläge 230
Elastomere 214
–, thermoplastische 214
elektromechanische Korrosion 42
Eloxierung 61
E-Modul 139
Emulsionen 201
–, stabile 201
–, unstabile 201
Entlüftungsrohre 161
Entmischen 144
erforderlicher Wassergehalt 125
Ergussgesteine 81
Erhärten 110
Erhärtungsprüfungen 147
erhärtungsstörende Stoffe 94
Erosion 26
Erstarren 109
–, frühes, Zement 153
Erstarrungsbeginn 109
Erstarrungsbeschleuniger BE 132
Erstarrungsende 109
Erstarrungsgesteine 80
Erstarrungsverhalten 109
Erstarrungsverzögerer VZ 132
Erstprüfung 35, 148
Erweichungspunkt Ring und Kugel 198
Erweichungstemperaturbereich 212
Estrich
– auf Trennschichten (T) 192, 207
–, Dicke 192
–, schwimmender (S) 192, 207
–mörtel 191
Expositionsklassen 116

F
falsches Ansteifen 109
Faltversuch 50
Farbe 109
Faser 129
–betonbaustoffe 160
–dämmstoffe 229
–sättigungspunkt 67
–zementbaustoffe 160
fasrige Baustoffe 15
Fassadenbekleidung 84

Fäulnis 65
FD-Beton 155
FDE-Beton 155
Feinanteile 91, 94
feine Gesteinskörnung 91
Feinkalk 104
Fensterglas (F) 179
Fertigteil 158
–Estriche 192
Festigkeit f 22
Festigkeitsklassen 23, 110
Festigkeitsprüfungen, zerstörungsfreie 25
Festlegungen 141
Feuchtegehalt h 20
Feuerbeton 156
feuerfeste
– Baustoffe 178
– Steine 171
Feuerverzinkung 53
Feuerwiderstand 32
Firstziegel 176
Flächenkorrosion 42
Flachglas 178
Flachzeug 53
Fliesen, keramische 177
Fließbereich 48
Fließmittel FM 131
Fließtemperaturbereich 213
Fließvermögen 195
Fließwert 202
flüssigkeitsdichter
– Beton (FD-Beton) 155
– Beton nach Eindringprüfung (FDE-Beton) 155
Fluxbitumen 202
FM 131
Foamglas 180
Fördern 142
Formänderungen 27
Formate 173, 183
Formlinge 171
Formstücke 159
– für Hausschornsteine 167
Fremdüberwachung 35
Frischbeton, Temperatur 136
Frischbetonrohdichte 135
Frost, Widerstand gegen 31
Frostbeständigkeit 31
Frostwiderstand 93
frühes Erstarren, Zement 153
Frühholz 64
Fugen 30
Fugendichtungsmassen 224
Fugendichtungsprofile 224
Fugenmörtel 191
Fugenvergussmassen 209
Füller 203

Füllstoffe 213
Fußbodenbeläge, organische 230

G
Ganggesteine 81
Gartenblankglas 179
Gartenklarglas 179
gebrochenes Korn 138
Gefährdungsklassen 75
Gefüge
–, gemischporiges, Leichtbeton 161
–, geschlossenes, Leichtbeton 161
–, gleichmäßig poriges, Leichtbeton 161
–, haufwerksporiges, Leichtbeton 161
gegossen 177
Gehalt an
– organischen Verunreinigungen 94
– schwefelhaltigen Bestandteilen AS_i 94
Gehalt an Chlorid Cl_i 94
Gehwegplatten 159
gemischporiges Gefüge, Leichtbeton 161
gerippte Oberfläche 55
Geröll 81
geschlossenes Gefüge, Leichtbeton 161
Gesteinskörnung 87
–, feine 91
–, grobe 91
–, künstlich hergestellte 87
–, leichte 88, 162
–, natürliche 87
–, normale 88
–, organische leichte 166
–, rezyklierte 88
–, schwere 88
– über 4 mm, gleichmäßiges Befeuchten 165
–, werkgemischte 100
Gitteranomalien 38
Glas 178
Glasdachsteine 181
Glasfaserbeton 161
Glasfasern 161, 181
Glassteine 181
Glaswolle 181
glatte Oberfläche 55
Gleichgewichtsfeuchte 20, 67
Gleichmaßdehnung 49
gleichmäßig poriges Gefüge, Leichtbeton 161
gleichmäßiges Befeuchten der Gesteinskörnung über 4 mm 165
Gleitlager 224
Glühen 47
Grifföffnungen 174
grobe Gesteinskörnung 91
Größtkorn 101
Grundanstrich 233
Grünstandfestigkeit 158

gummielastisch 214
Gussasphalt 206
– innerhalb von Gebäuden 207
–bauweisen 204
–beläge außerhalb von Gebäuden 207
–Estrich (AS) 195, 207
Gusseisen 43
Gussglas 179
Güteprüfung 35

H
Haftbrücke 192
Haftfestigkeit β_H 25
Haftkleber 201
Haftklebstoffe 234
Haftung 186
Härte 25
–klassen 207
–messung 26
Härten 46
Hartstoff-Estriche 194
haufwerksporiges Gefüge, Leichtbeton 161
Hauptarten 107
Hausschornsteine, Formstücke 167
hdp-Gitter 37
HD-Ziegel 173
Heißeinbau 204
Hintermauerwerk 184
hochfester
– Beton 157
– Leichtbeton 158
Hochleistungsbeton 157
Hochlochziegel 173
Hochofenzemente 109
Höchstlast 48
hohe Anfangsfestigkeit (R) 110
hohe Temperaturen, Betonieren 145
hoher
– Sulfatwiderstand 109
– Wassereindringwiderstand 154
Hohlblocksteine 160
Hohlprofile 53
Holz 63
–faserplatten 78
–faserwerkstoffe 77
–schutzmittel 74
–spanwerkstoffe 77
–verbundwerkstoffe 78
–werkstoffe 63
–wolleichtbauplatten 78
Hüttenbims 162
Hydratation 106
Hydratationswärme 110
–, niedrige 109
–, niedrige, Zemente 154
–, sehr niedrige 109

hydraulische
– Bindemittel 103
– Kalke 104
Hydrocrete-Verfahren 154
Hydroventilverfahren 154
hygroskopisch 65

I
Imprägnierung 225, 231
Industrieböden 156
Inhomogenitäten 64
Innenputz 190, 226
Innenrüttler 143
Insekten 73
–fraßgänge 65
Inspektion 235
Instandhaltung 235
Instandsetzung 235
interkristalline Korrosion 42
irreversibel 29
Isoliergläser 179
Isolierpapiere 231
Ist-Zustand 235

J
Jahrringe 64

K
Kalke, hydraulische 104
Kalksandsteine 104
Kalksteine 83
Kaltaushärtung 59
Kaltbitumen 202
Kalteinbau 204
kaltgezogene Spanndrähte 57
Kaltprofile 53
kaltverformt 43
Kaltverformung 45, 47
Kambium 63
Kaolin 171
kapillare Wasseraufnahme 21
Kapillarporen 127
Karbonatisierung 104
–, Bewehrungskorrosion infolge von 119
Karbonatisierungsfront 120
Karton 231
katodischer Korrosionsschutz 43
Kehlziegel 176
Kennzeichnung 186
keramische
– Baustoffe 171
– Fliesen 177
–, Platten 177
Kerbschlagarbeit 51
Kerbschlagbiegeversuch 26, 50
Kernbeton 159

Kerndämmung 184
Kernfeuchte 92, 125
Kernholz 64
kfz-Gitter 38
Kies 81
klastische Sedimente 81
Klebstoffe 233
Klinker 171
Kohäsion 233
Konformität 148
Konformitätserklärung 100
Konformitätskontrolle 148
Konglomerate 81
Konsistenz 132
Konstruktionsleichtbeton 162
Kontaktklebstoffe 234
Kontaktkorrosion 42
Kontraktorverfahren 154
Kontrollprüfung 35
Kork 229
Korn, gebrochenes 138
Kornfestigkeit 162
Kornform 89, 91
–kennzahl SI_{xx} 92
–schiebelehre 92
Korngemisch 91
Korngruppe 85, 89
Körnungsziffer k 96
Kornverteilung 91
Kornzusammensetzung 89
Korrosion 31, 42
–, elektromechanische 42
–, interkristalline 42
Korrosionsschutz 42
–, aktiver 42
–, katodischer 43
–, passiver 42
Korrosionswiderstand 32
Kriechen 29
Kriechzahl φ 29
kristalline Baustoffe 15
krz-Gitter 38
Kunstharzbeton 217
Kunstharz 217
– -Estriche (SR) 194, 226
–mörtel 217
–putze 226
künstlich hergestellte Gesteinskörnung 87
künstliche Baustoffe 15
Kunststoffe 211
Kunststofferzeugnisse 221
Kupfer 61
Kurzbezeichnung 175
Kurzzeichen 173
– der Zemente 107

L

Lacke 231
Lagenholz 77
Lagerfläche 174
Längenänderung 49
Langlochziegel 173
Lasurfarben 233
Laubholz (LH) 63
LD-Ziegel 173
legierte
– Edelstähle 46
– Qualitätsstähle 46
– Stähle 45
legiertes Roheisen 43
Legierungen 37
–, aushärtbare 59
Lehm 81
Leichtbeton 161
– mit geschlossenem Gefüge 161
– mit gleichmäßig porigem Gefüge 161
– mit haufwerksporigem Gefüge 161
– mit gemischtporigem Gefüge 161
leichte Gesteinskörnung 88, 162
Leichtkorn 162
Leichtsand 163
Leime 225
LH 63
–, Zemente 109
Lieferkörnungen 85
Lieferschein 100, 152
Linoleum 230
Lochfraß 42
–korrosion 121
Los-Angeles-Koeffizient LA 93
Löschen 104
lose Trümmergesteine 81
lösend 121
Löß 81
LP 131
Luftbindemittel 103
Luftkalk 104
Luftporen Δp 128
Luftporenbildner LP 131
Luftporengehalt p 136
Lüftungsziegel 176

M

Magerungsstoffe 171
Magnesiabinder 114
Magnesia-Estriche 194
Magnesiumsulfat-Verfahren 93
Mahlfeinheit 109
Mangel 235
maschinelle Sortierung 68
Maße 173
Masse 18

Massenbeton 153
Mauermörtel 105, 187
Mauersteine 168, 171
Mauerwerk 183
–, mörtelloses 185
–, zweischaliges, mit Luftschicht 184
Mauerwerksfestigkeit 185
Mauerziegel 173
maximaler w/z-Wert 116
Mehlkorngehalt 91, 96, 132
Mehrscheibenisoliergläser 180
Metallbindungen 37
Metalle 37
Metallgefüge 37
Mikrosilika 128
Mindestdauer 146
Mindestfestigkeitsklasse des Betons 116
Mindestzementgehalt 116, 120, 123
Mineralstoffe 203
–, pulverförmige 213
Mischen 142
Mischzeit 142
Mohs'sche Härteskala 26
Mörtel 183
–gehalte 165
–loses Mauerwerk 185
–taschen 174

N

Nachbehandlung 146
Nachbehandlungsdauer 147
Nachverdichten 143
Nadelholz (NH) 63
Nadelpenetration 198
Nassspritzverfahren 153
naturhart 45
naturharte Spannstähle 57
natürliche
– Baustoffe 15
– Gesteinskörnung 87
Natursteine 79
Naturwerksteine 83
NH 63
Nichteisenmetalle 59
nichtrostende Stähle 54
niedrig wirksamer Alkaligehalt 109
niedrige
– Hydratationswärme 109
– Temperaturen, Betonieren 144
– Zemente 154
Normalbeton 139
normale
– Anfangsfestigkeit (N) 110
– Gesteinskörnungen 88
Normalglühen 47
Normklima 137

Normmörtel 110
Normsteife 109
Nutzungsklasse
– A 155
– B 155

O
obere Streckengrenze 48
Oberfläche 55 ff.
Oberflächenfeuchte 92, 125
Oberflächenrüttler 143
organische
– Fußbodenbeläge 230
– leichte Gesteinskörnungen 166
– Verunreinigungen, Gehalt an 94
Oxidationsbitumen 201

P
Papiere 230
Pappen 230
Paralleldrahtbündel 59
passiver Korrosionsschutz 42
Passivierungsschichten 61
Passivschutz 119
Pflastersteine 159
Pigmente 156, 214, 232
Pilze 73
Planziegel 173
plastischer Zustand 213
plastisches Verhalten 29
Plastizitätsspanne 200
Platten, keramische 177
Plattigkeitskennzahl FI_{xx} 92
Polieren 89
–, Widerstand gegen 94
Polyaddition 211
Polykondensation 211
polymere Werkstoffe 214
Polymerisatharze 217
Polymerisation 211
polymermodifiziertes Bitumen 201
Polypropylenfasern 158
Polystyrol 166
Porenbeton 167
–-Bauplatten 169
poröse Scherben 172
Porosität 19
Portlandkompositzemente 107
Portlandzement 107
–klinker 106
Porzellan 171, 177
Prepakt 154
Pressbohlen 143
Pressdachziegel 176
Proben, proportionale 48

Produktionskontrolle, werkseigene WPK 35
profilierte Oberfläche 55
proportionale Proben 48
Prüfung
– nach Augenschein 83
–, zerstörungsfreie 138
pulverförmige Mineralstoffe 213
Punktkorrosion 42
Putzmörtel 105, 189
Putzsystem 189
Putzweise 189
Puzzolane 107, 112

Q
QS 35
Qualitätssicherung (QS) 35
Qualitätsstähle
–, legierte 46
–, unlegierte 45
Quarzite 81
Quellen 30
Querdehnzahl 28

R
Raumbeständigkeit der Zemente 111
Reaktionsharze 215, 217
Reaktionsklebstoffe 234
Reflexionsgläser 180
Reifegrad 147
Reifhölzer 64
Rekristallisation 43
Rekristallisationsglühen 47
Relaxation 29
Restwasser 125
reversibel 28
rezyklierte Gesteinskörnungen 88
Rinde 64
Ring und Kugel, Erweichungspunkt 198
Risse 65
Rockwell-Härte HR 26
Rohdichte 19
Rohdichteklasse 174 f.
Roheisen 43
–, legiertes 43
–, unlegiertes 43
Rohrleitungen 223
Rost 42
Rückbiegeversuch 56
Rückprall 153
–hammer 138
Rückstände R_i 91
Rundholz 75
Rüttelbohlen 143
Rüttler 143

S

Sand 81
–stein 81
Sandwich-Elemente 224
Sättigungswert S 21
Saugfähigkeit 186
Schaden 235
Schallschutz 34
–gläser 180
Schalung 143
Schamotte 171
Schaumbeton 167
Schaumglas (Foamglas) 180
Schaumkunststoffe 216, 224
Schaumstoffkugeln 166
Scherben
–, dichte 172
–, poröse 172
–rohdichte 174
Scherfestigkeit β_A 25
Schichtpressholz 78
Schlagfestigkeit 25
Schlagzertrümmerungswert SZ 83, 93
Schleifverschleiß 27
Schleuderbeton 153
Schmelzklebstoffe 234
Schotter 84
Schubmodul 28
Schüttdichte 19
schwefelhaltige Bestandteile AS_l, Gehalt an 94
Schweißbahnen 209
Schweißeignung 51
Schweißen 51
Schwerbeton 139
schwere Gesteinskörnungen 88
schwimmende Estriche (Kurzzeichen S) 192, 207
Schwinden 30
Schwindrisse 118
Sedimente 81
–, klastische 81
sehr niedrige Hydratationswärme 109
Setzen 143
Setzmaß s 133 f.
Setzmaßklassen S 134
Setzzeit 134
–klassen V 134
Sicherheitsgläser 179 f.
Sichtbeton 156
Sichtmauerwerk 184
Siebdurchgänge 91
Sieblinien 97
–, stetige 125
Silane 225
Siliconharze 225
Silika-Staub 128
Sinterung 171

Soll-Zustand 235
Sonderformen 176
Sonderprofile 53
Sortierklassen 68
Sortierung
–, maschinelle 68
–, visuelle 68
Spachtelmassen 208
Spaltzugfestigkeit 139
Spanndrähte, kaltgezogene 57
Spanndrahtlitzen 57
Spannkanäle, Verpressung 195
Spannstähle
–, naturharte 57
–, vergütete 57
Spannung σ 22
Spannungen, zulässige 23
Spannungsarmglühen 47
Spannungsrisskorrosion 42
Spanplatten 78
Spätholz 64
Sperrholz 78
Spiegelglas (Kurzzeichen S) 179
Spiralseile 59
Splintholz 64
Splitt 85
Splittereis 154
Spritzbeton 152
Spritzbewurf 189
spröd 22
Sprödbruch 28
Stäbchensperrholz 78
stabile Emulsionen S 201
Stabilisatoren 164
Stabilität 202
Stabsperrholz 78
Stabstahl 53
Stahl 43
–, beruhigter 44
–, besonders beruhigter (FF) 44
–, unberuhigt erstarrender 44
Stahlbetondielen 167
Stähle
–, legierte 45
–, nichtrostende 54
–, unlegierte 45
Stahlfasern 129
Stahlfaserspritzbeton 153
Stahlleichtbeton 162
Standardbeton 123, 141
Steine, feuerfeste 171
Steingut 171, 177
Steinkohleflugasche f 112, 128
Steinrohdichte ϱ_{Stein} 174
Steinzeug 171, 177
stetig 124

stetige Sieblinien 125
Stoffe, erhärtungsstörende 94
Stoffraumgleichung 140
Strahlenschutzbeton 155
Strangdachziegel 176
stranggepresst 177
Straßenbaubalken 139
Straßenbaubitumen 197
Streckgrenze
–, obere 48
–, untere 48
Streckgrenze $f_{y,k}$ 48
Stückkalk 104
Substitutions-Mischkristalle 39
Sulfatwiderstand, hoher 109

T
Tapeten 230
Tausalze, Widerstand gegen 31
Temperatur des Frischbetons 136
temperaturabhängiges Verhalten 30
Temperaturen
–, hohe, Betonieren 145
–, niedrige, Betonieren 144
Teppichwaren 230
textile Bodenbeläge 230
Thermoplast 214
thermoplastische
– Baustoffe 30
– Elastomere 214
Tiefengestein 80
Tiefrippung 56
Toleranzen 18
Ton 81, 171
–erdeschmelzzement 156
–schiefer 81
Torsionsfestigkeit β_T 25
Tragdeckschichten 206
Trägereinlagen 208
Tragschichten 205
Trass 112
treibend 122
Trennmittel 143
Trennschichten, Estrich 192
Trittschalldämmung 229
trockengepresst 177
Trockenmörtel 186
Trockenrohdichte 140
Trockenspritzverfahren 152
Trümmergesteine, lose 81

U
Überkorn 91
Überwachungsklassen 149
Umgebungsbedingungen 116
Umwandlungsgesteine 83

unberuhigt erstarrender Stahl 44
unlegierte
– Edelstähle 45
– Qualitätsstähle 45
– Stähle 45
unlegiertes Roheisen 43
unstabile Emulsionen U 201
unstetig 124
untere Streckgrenze 48
Unterkorn 91
Unterwasserbeton 154
Unterwasser-Injektionsbeton 154
Ü-Zeichen 35, 152

V
Vakuumbeton 156
Verblend-Mauerwerk 184
Verbundestriche (Kurzzeichen V) 192, 194, 207
Verbundsicherheitsglas 180
Verdichtung 143
Verdichtungsarbeit 158
Verdichtungsmaß 133
–klassen C 133
Verfärbungen 65
Vergüten 47
vergütete Spanndrähte 57
vergütetes Vollholz 77
Verhalten
–, elastisches 28
–, plastisches 29
–, temperaturabhängiges 30
–, zeitabhängiges 29
Verlegemörtel 191
Verpressung von Spannkanälen 195
Verschleißwiderstand 25
Versiegelung 225, 231
Verunreinigungen, organische, Gehalt an 94
Verwitterungsbeständigkeit 31
Vickers-Härte 26
viskoelastisch 29
visuelle Sortierung 68
Vollblocksteine 160
Vollholz, vergütetes 77
Vollziegel 173
Voranstrich 208
Vormauer-Hochlochziegel 173
Vormörtel 186
Vorsatzbeton 159
VZ 132

W
w/z-Wert 106
– bei Anrechnung von Zusatzstoffen des Typs II 116
–, normaler 116
W<small>ALZ</small>-Bänder 127

Walzbeton 156
WALZ-Diagramme 127
Wannen 161
Wärmebehandlung 43, 45
Wärmedämmputz 190
Wärmedämmziegel 173
Wärmedurchgangskoeffizient U 34
Wärmedurchlasswiderstand 34
Wärmeentwicklung 153
Warmeinbau 204
Wärmeleitfähigkeit l 33
Wärmeschutz 33
Wärmeübergangswiderstände
– R_{sa}/R_{si} 34
Wartung 235
Waschbeton 157
Wasseraufnahme
– bei atmosphärischem Druck 21
–, kapillare 21
– unter Druck von 150 bar 21
Wasseraufsaugen 21
Wassereindringwiderstand, hoher 154
Wassergehalt, erforderlicher 125
wasserundurchlässiger Beton 154
Wasserundurchlässigkeit 21
Wasserzementwert, wirksamer 128
Weichbrand 171
weichelastischer Zustand 212
Weichglühen 47
Weichmacher 213
Wellpappen 231
Wellplatten 160
werkgemischte Gesteinskörnung 100
Werkmörtel 186
werkseigene Produktionskontrolle WPK 35
Werkstoffe, polymere 214
wetterfeste Baustähle 54
Widerstand gegen
– Frost und Tausalze 31

– Polieren 94
– Zertrümmerung 93
wirksamer Wasserzementwert 128
WPK 35

Z

zäh 22
zeitabhängiges Verhalten 29
Zement mit frühem Erstarren 153
Zementarten 107
Zemente 106
– mit niedriger Hydratationswärme 154
–, Raumbeständigkeit 111
Zementestriche (CT) 193
Zementgehalt 122
Zementleim 106
Zementmörtel 191
Zementstein 106
Zersetzungstemperaturbereich 213
zerstörungsfreie
– Festigkeitsprüfungen 25
– Prüfung 138
Zertrümmerung, Widerstand gegen 93
Ziegelware 171
Zink 61
Zugabewasser 125
Zugfestigkeit
– f_t 23
– $f_{t,0}$ parallel zur Faserrichtung (II) 67
zulässige Spannungen 23
Zusammensetzung, Beton 142
Zusatzstoffe 214
Zustand 235
–, plastischer 213
–, weichelastischer 212
zweischaliges Mauerwerk mit Luftschicht 184
Zwischenbauteile 167

[*Fachwissen griffbereit*]

Mallon, Thomas

Bauchemie

Zahlreiche Bilder
1. Auflage 2005
ISBN 978-3-8343-3007-9

Ingenieuren, Architekten, Studierenden und versierten Praktikern wird Grundwissen geboten zum aktuellen Tagesgeschäft, über Zement und Zusatzmittel, von Kunststoffen zu Kalk, von Korrosion zu Keramik, von Formaldehyd zu Fasern usw. Die baupraktische Anwendung und Darstellung der Baubindemittel unter normativen und anwendungstechnischen Gesichtspunkten sowie Chemismus und Zusammenhang untereinander sind zentrale Themen. Besonderes Gewicht liegt auf dem Praxisbezug sowie umweltrelevanten und gesundheitlichen Aspekten.

- Chemische Grundlagen, Prüfung betonangreifender Wässer, Radioaktivität
- Elektrochemie, Silikatchemie
- Baumetalle, Eisen und Stahl
- Baukalk, Latenthydraulische Stoffe und Puzzolane, Zement, Gips und Anhydrit, Magnesiabinder
- Korrosion, Bauschädliche Salze, Betonzusätze
- Kunststoffe, Bitumen, Holz, Anstriche, Schadstoffe beim Bauen und Wohnen

Vogel Buchverlag, 97064 Würzburg, Tel. 0931 418-2419
Fax 0931 418-2660, www.vogel-buchverlag.de

[*Fachwissen griffbereit*]

Jacobs, Olaf

Werkstoff-kunde

2. Auflage 2009
400 Seiten, zahlreiche Bilder
ISBN 978-3-8343-3152-6

Für Maschinenbauer und Wirtschaftsingenieure ist eine aktuelle Werkstoffkunde unverzichtbar. Technische Innovationen sind häufig nur mit neuen Werkstoffen möglich und eine zielorientierte Werkstoffauswahl sorgt für Kostenreduzierung und Verbesserung der Qualität.

- Aufbau von Werkstoffen
- Werkstoffkennwerte
- Werkstoffprüfung
- Werkstoffgruppen
- Werkstoffauswahl

Durch leichtverständliche Darstellung und umfangreiche Bebilderung wird der Stoff ideal vermittelt. Die Definition der Lernziele erleichtert das Vorgehen, Übungsaufgaben ermöglichen Selbstkontrolle und Prüfungsvorbereitung.

Vogel Buchverlag, 97064 Würzburg, Tel. 0931 418-2419
Fax 0931 418-2660, www.vogel-buchverlag.de